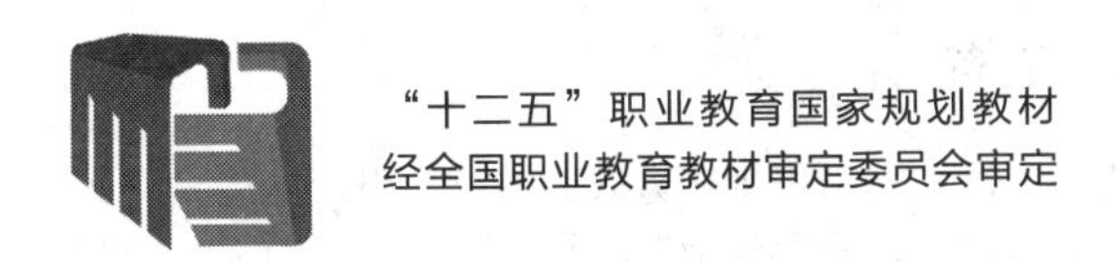

木材干燥技术（第2版）

Technology for Drying of Wood

郝华涛　主编

中国林业出版社

内容简介

本书打破了传统教材的编写模式，以木材干燥生产方式为载体，引入生产实例，具体内容围绕企业生产过程进行展开，内容选取与实际生产有机结合，理论教学和技能训练有机结合，突出实践教学环节和学生能力的培养，理论联系实际。全书共包括5个学习项目，19个工作任务，涵盖了大气干燥、常规干燥、除湿干燥、真空干燥、联合干燥等干燥方式，充分体现了现代木材干燥企业的生产实际情况。

本书按照教、学、做一体化的教学理念，以实际工作岗位需求为目标，就业为导向，技术应用能力培养为核心进行编写，可作为高等职业教育木材加工与家具制造类专业木材干燥课程教材，同时也可作为木材干燥技术短期培训教材或木材加工企业工程技术人员的参考资料。

图书在版编目（CIP）数据

木材干燥技术 / 郝华涛主编．—2版．—北京：中国林业出版社，2015.3
"十二五"职业教育国家规划教材经全国职业教育教材审定委员会审定
ISBN 978-7-5038-7742-1

Ⅰ．①木…　Ⅱ．①郝…　Ⅲ．①木材干燥－高等职业教育－教材
Ⅳ．①S781.71

中国版本图书馆CIP数据核字（2014）第274428号

中国林业出版社·教育出版分社
责任编辑：张东晓　杜　娟
电　　话：（010）83143560　83143553
E-mail：jiaocaipublic@163.com

出版发行：中国林业出版社（100009　北京西城区德内大街刘海胡同7号）
电话：（010）83143500
http：//lycb.forestry.gov.cn
经　　销：新华书店
印　　刷：北京市昌平百善印刷厂
版　　次：2007年5月第1版（共印2次）
2015年3月第2版
印　　次：2015年3月第1次印刷
开　　本：787mm×1092mm　1/16
印　　张：16.5
字　　数：475千字
定　　价：33元

《木材干燥技术》编写人员

主　编

郝华涛　黑龙江林业职业技术学院

副主编

李　月　黑龙江林业职业技术学院

编写人员（按姓氏笔画排序）

龙大军　广西生态工程职业技术学院

张英杰　杨凌职业技术学院

李俊明　圣象集团牡丹江圣象木业有限公司

杨　雪　辽宁林业职业技术学院

董明光　云南林业职业技术学院

序

为了推动林业高等职业教育的持续健康发展，进一步深化高职林业工程类专业教育教学改革，提高人才培养质量，全国林业职业教育教学指导委员会（以下简称“林业教指委”）按照教育部的部署，对高职林业类专业目录进行了修订，制定了专业教学标准。在此基础上，林业教指委和中国林业出版社联合向教育部申报“高职‘十二五’国家规划教材”项目，经教育部批准高职林业工程类专业 7 种教材立项。为了圆满完成该项任务，林业教指委于 2013 年 11 月 24～25 日在黑龙江省牡丹江市召开“高职林业工程类专业‘十二五’国家规划教材和部分林业教指委规划教材”（以下简称规划教材）编写提纲审定会议，启动了高职林业工程类专业新一轮教材建设。

2007 年版的高职林业工程类专业教材是我国第一套高职行业规划教材。7 年来，随着国家经济发展战略的调整，林业工程产业结构发生了较大的变化，林业工程技术有了长足进步，新产品、新工艺、新设备不断涌现，原教材的内容与企业生产实际差距较大；另一方面，基于现代职教理论的高职教育教学改革迅速发展，原教材的结构形式也已很难适应改革的要求。为了充分发挥规划教材在促进教学改革和提高人才培养质量中的重要作用，根据教育部的有关要求，林业教指委组织相关院校教师和企业技术人员对第一版高职林业工程类专业规划教材进行了修订，并补充编写了部分近几年新开发课程的教材。

新版教材的编写全部以项目为载体。项目设计既注重必要专业知识的传授和新技术的拓展，又突出职业技能的提高和职业素质的养成；既考虑就业能力，又兼顾中高职衔接与职业发展能力。力求做到项目设计贴近生产实际，教学内容对接职业标准，教学过程契合工作过程，充分体现职业教育特色。

项目化教学的应用目前还处于探索阶段，新版教材的编写难免有不尽完善之处。但是，以项目化教学为核心的行动导向教学是职业教育教学改革发展的方向和趋势，新版教材的问世无疑是林业工程类专业教材编写模式改革的有益尝试，此举将对课程的项目化教学改革起到积极推动作用。诚恳希望广大师生和企业工程技术人员在体验和感受新版教材的新颖与助益的同时，提出宝贵意见和建议，以便今后进一步修订完善。

此次规划教材的修订与补充，得到了国家林业局职业教育研究中心和中国林业出版社的高度重视与热情指导，在此致以衷心的感谢！此外，在教材编写过程中，还得到了黑龙江林业职业技术学院、辽宁林业职业技术学院、湖北生态工程职业技术学院、广西生态工程职业技术学院、云南林业职业技术学院、陕西杨凌职业技术学院、江苏农林职业技术学院、江西环境工程职业学院、中南林业科技大学、大兴安岭职业学院、博洛尼家居用品（北京）股份有限公司、圣象集团牡丹江公司、广东华润涂料有限公司、广西志光办公家具有限公司、广东梦居装饰工程有限公司、柳州家具商会等院校、企业及行业协会的大力支持，在此一并表示谢忱！

全国林业职业教育教学指导委员会

2014 年 6 月

第 2 版前言

木材干燥技术是高等职业教育木材加工技术与家具制造类专业的一门必修专业课程。本书是在教育部高职高专教育林业类专业教学指导委员会规划教材《木材干燥技术》第 1 版的基础上，通过持续广泛收集企业木材干燥实际生产案例并进行市场调查，按照教、学、做一体化的教学理念，以实际工作岗位需求为目标、就业为导向、技术应用能力培养为核心进行编写的。

本书在编写过程中彻底打破了传统教材的编写模式，以木材干燥生产方式为载体，引入生产实例，具体内容围绕企业生产过程进行展开，设计了 5 个学习项目，19 个工作任务，涵盖了大气干燥、常规干燥、除湿干燥、真空干燥、联合干燥等干燥方式，充分体现了现代木材干燥企业的生产实际情况。

本书内容选取与实际生产有机结合，理论教学和技能训练有机结合，突出实践教学环节和学生能力的培养，理论联系实际。每个项目是一种完整的木材干燥方式，每个任务是一个完整的工作过程。项目开篇列出了需要掌握的知识目标和技能目标，每个任务按照任务提出、工作情景、材料工具、知识准备、任务实施要求、学习引导问题、任务实施步骤、成果展示、拓展提高、总结评价、巩固训练、思考练习等内容展开。在内容的选取与编排上坚持实用为主、够用为度的原则。

本书采用了最新相关国家标准和行业标准，充分体现了最新最成熟的木材干燥技术，同时充分考虑职业技能鉴定的需要，力求以直观的图表和丰富的实例帮助学生加深知识的理解，突出职业能力的培养。

本书由郝华涛主编并统稿，编写人员分工为：郝华涛编写课程导入及项目 2 中的任务 2.1～2.5；李月编写项目 1；龙大军编写任务 2.6～2.7；李俊明编写任务 2.8；杨雪编写项目 3；董明光编写项目 4；张英杰编写项目 5。

本书在编写过程中，得到了国家林业局职业教育研究中心、黑龙江林业职业技术学院、辽宁林业职业技术学院等单位及领导的关心、指导和支持，同时也得到了木材节约发展中心国家木材保护技术开发与培训基地、圣象集团有限公司等单位的大力支持，中国林业出版社为本书的出版付出了辛勤的劳动，在此表示衷心的感谢。

由于时间紧迫及编者能力所限，书中难免有不当之处，恳请各位读者批评指正。

郝华涛

2014 年 10 月

第1版前言

木材干燥技术是高等职业教育木材加工与家具制造类专业的一门必修专业课。由于高职教育的特点，所用教材在内容的取舍、侧重点和编排等方面与本科教材及中职教材都有所不同。然而我国一直没有相应的高职教材，各校只能自编讲义或参考本科教材进行教学。

本书依据2005年教育部《高职林业工程类专业教学内容与实践教学体系的研究》课题组开发的《木材干燥技术教学大纲》编写，已在黑龙江林业职业技术学院试用。

本书以常规室干为重点，简要介绍了常用干燥介质的性质、与干燥有关的木材性质及木材干燥机理等基础知识，详细介绍了目前常用木材干燥室的基本结构、主要设备、检测仪表及干燥工艺等。同时还介绍了木材大气干燥与强制气干、除湿干燥、太阳能干燥、真空干燥、微波干燥及联合干燥等干燥方法的基本原理、方法特点及其适用性。

本书采用了最新相关国家标准和行业标准，充分体现了最新成熟干燥技术。在内容的取舍和编排上充分考虑职业技能鉴定的需要，注重理论与实践的结合，力求以直观的图表和丰富的实例帮助学生加深知识的理解，突出职业能力培养。为了便于教学，每章前列出了该章学习的知识目标和技能目标，章尾附有相应的技能训练和思考题。

本书为高等职业教育木材加工与家具制造类专业木材干燥课程教材，也可用作木材干燥技术短期培训教材或木材加工企业工程技术人员参考资料。

本书由郝华涛主编并统稿。编写人员的分工是：郝华涛编写第1章和第3～5章；翟龙江编写第2章；张晓坤编写第6章；张英杰编写第7章。

本书由东北林业大学王逢瑚教授审阅。王逢瑚教授对本书的编写提出了许多很好的意见和建议，在此表示衷心的感谢！

本书在编写过程中，得到了国家林业局职业教育研究中心、黑龙江林业职业技术学院、陕西杨凌职业技术学院等单位及领导的关心、指导和支持，在此表示诚挚的谢意！

由于编者水平有限，书中难免有不当之处，敬请各位读者批评指正。

郝华涛

2006年10月

目录

课程导入
走入木材干燥

所谓木材干燥即在热力作用下把木材中的水分以蒸发或沸腾的汽化方法由木材中排出的过程。下面让我们一起来了解一下木材干燥以及学习木材干燥课程需要注意哪些事项。

1 木材干燥的研究对象

木材取自树木，是一种天然高分子多孔性材料。由于树木的生理需要，木材中含有大量的水分，另外木材在水运、水中保存和加工过程中还可能浸入或吸收水分，只有当这些水分大部分排出后，木材才能有效利用。所谓木材干燥就是指排除木材中所含水分的处理过程。

木材水分可以通过蒸发、沸腾或传导方式排除，其中以蒸发为主。当湿木材周围空气中的水蒸气含量低于该温度下的最大蒸汽含量时，木材中的水分就会蒸发。一般空气（阴雨天空气除外）中的水蒸气含量都低于同温下的最大蒸汽含量。因此，正常气温下，空气中的湿木材都会蒸发水分，如同湿衣服在空气中会变干一样。从这个意义上说，湿木材只要曝露在空气中，随时都在干燥。当然，我们所讨论的木材干燥不仅限于此，主要是指有组织、有控制、按照一定规程进行的干燥过程。木材干燥技术则是实施和控制这一干燥过程的具体方法和手段。

木材干燥所指的木材为实体木材（solid wood），因此，其研究对象主要指锯材和地板块毛料、梭坯毛料、鞋楦毛料等其他小木料或半成品。至于胶合板、刨花板、纤维板生产中的单板、碎料、木片等薄小木质材料的干燥，在方法上与实体木材干燥有所不同，因此，不包括在本课程范围之内，将在相关课程中介绍。

值得注意的是教材中关于干燥对象用到了 3 个名词："木材""锯材"和"木料"，三者略有区别。"木材"较笼统，没有具体到其形态或类别，因此不涉及具体对象时一般用"木材"一词，如在介绍有关干燥理论知识和设备时都用"木材"。"锯材"是木材工业中的专用术语，在 GB 11917—2009《制材工艺术语》中定义为："原木经制材加工得到的产品。"可见"锯材"有其明确的形态和类别范围，在讨论工艺和干燥操作时，为了使讨论的对象更具体明确，多用"锯材"，如"锯材干燥质量""锯材堆垛"等。锯材又叫成材，它包括板材和方材。木材干燥最主要的研究对象是锯材。"木料"没有明确的定义，是相对木制品而言的一个通俗用语，它更强调其原料属性，形态概念较为模糊，可以包括集成材、地板块、梭坯、鞋楦及其他各种规格更小木制品的毛料，是"锯材"的外延。在着意强调干燥的操作对象时用到，如"被干木料"等。

2 木材干燥处理的目的

木材干燥的目的，概括起来主要有以下 4 个方面：

（1）防止木材变形和开裂，保证产品的加工质量

木材含水率在纤维饱和点以下范围内变化时，木材就会发生干缩或湿胀。由于这种干缩或湿胀的不均匀性，必然会引起木材变形甚至开裂。如将木材干燥到其含水率与使用环境相适应的程度，就能保持木材形状和尺寸的稳定。因此，适当干燥木材是生产高质量产品的重要前提。例如按东北地区采暖条件要求干燥的水曲柳镶拼地板（含水率 8%左右），运销到港澳铺装使用（最高平衡含水率约为 17%），就会因吸湿膨胀而变形凸起。而按上海使用条件（平均平衡含水率约为 15.6%）干燥的水曲柳镶拼地板用于包头（平均平衡含水率约为 10.7%），又会因失水干缩而产生缝隙，二者均不符合使用要求。

（2）提高木材的力学强度，改善木材的物理性能　含水率低于纤维饱和点时，除抗冲击韧性外，木材的其他力学强度都随着含水率的降低而增高，反之强度降低。例如松木由含水率 30%降到 18%，静曲强度从 50MPa 增至 110MPa。另外，含水率适度降低，还可降低木材的导电性和导热性，改善木材的工艺性能，提高制品的加工质量、胶合质量和涂装效果。

（3）预防木材腐朽变质，延长木材的使用寿命　木腐菌和昆虫的寄生都需要一定的温度、湿度、空气和养料，4 个条件缺一不可。当木材含水率低于 20%或高于 100%时，木腐菌和昆虫难以生存。因此，只要把木材干燥到含水率低于 20%，就可以增加木材的抗腐蚀性能，确保木材的固有特性，延长使用寿命。

（4）减轻木材重量，降低运输费用　经过干燥的木材，重量一般可减轻约 30%~40%。如在林区将原木就近制材，并将锯材干燥到含水率低于 20%再外运，将会节约大量运力，降低费用，保证质量。

综上所述，干燥是合理利用木材、节约木材的重要技术措施，是木材“精”、“深”加工过程中至关重要的关键环节。木材干燥涉及行业很多，包括家具、装饰、建筑、造车、造船、纺织、乐器、军工、机械制造、仪器制造、邮电器材、体育用品、文具玩具等，几乎所有使用木材的部门都要进行木材干燥。因此，木材干燥对社会的进步和经济的繁荣都具有重要意义。

3 木材干燥的方法

木材干燥的方式、方法很多。按照木材中水分排出的方式分为 3 种：热力干燥、机械干燥和化学干燥。热力干燥是通过热力作用使木材中的水分产生蒸发或沸腾排出木材的方法；机械干燥是通过离心力或压榨作用排出木材中的水分；化学干燥是使用吸水性强的化学品（如氯化钠等）吸取木材中的水分。其中，机械干燥和化学干燥由于存在严重缺点，除偶尔用作辅助干燥方法外，极少采用。实际木材干燥生产采用的都是热力干燥，以后如不特别说明，我们讨论的都是热力干燥。

热力干燥按干燥条件控制与否可分为大气干燥（简称气干，也称为天然干燥）和人工干燥两类。大气干燥完全利用自然界中大气的热能、湿度和风力对木材进行干燥。除大气干燥外，所有人为控制干燥条件的干燥方法都称为人工干燥，包括人为提高气流速度的大气干燥法——强制气干。

根据木材加热方式不同，热力干燥又可分为对流干燥、电介质干燥、辐射干燥和接触干燥。

对流干燥是以干燥介质流动将热量传给木材的干燥方法。根据干燥介质不同，对流干燥还可分为湿空气干燥、过热蒸汽干燥、炉气干燥、有机溶剂干燥等。其中以湿空气为介质的干燥方法包括大气干燥、常规室干（按照干燥介质温度的高低可分为低温室干、常温室干和高温室干）、除湿干燥、太阳能干燥、

真空干燥（间歇式）等。

电介质干燥包括高频干燥和微波干燥。该方法是将湿木材作为电介质，置于高频或微波电磁场中，在交变电磁场作用下，木材内部水分子极化，摩擦生热干燥木材。

辐射干燥主要指红外线干燥，木材热能是由加热器辐射传递的。

接触干燥是通过被干木材与加热物体表面直接接触传导热量并蒸发水分的方法。

需要特别说明的是，常规干燥是以常压湿空气为干燥介质，以饱和蒸汽、热水、炉气等为热媒，通过散热器间接加热，用进排气道换气辅助调节介质温湿度，对木材进行干燥处理的方法。这是一种传统的人工干燥木材方法，也是国内外应用最普遍、最重要的方法。无论过去还是现在，在木材干燥生产中都占有绝对的主导地位。过去称为“空气干燥”（也叫蒸汽干燥），后来由于以此为基础的除湿干燥（除湿方法不同）、太阳能干燥（热源不同）、真空干燥（负压加速木材中水分蒸发）等的出现，为了与这些以湿空气为介质的新干燥方法区别，把传统的“空气干燥”概括为“常规干燥”。

4 我国木材干燥工业的现状

我国木材干燥工业在新中国成立 30 年间初步形成，改革开放 30 多年间得到全面发展，目前已成为一个完善的行业体系。尤其近几年，随着我国木材用量的逐渐增多，木材干燥市场可谓繁荣昌盛，给我国木材干燥工业的快速发展带来了良好的契机。目前，我国木材干燥工业具有以下几个特点：

（1）企业的干燥意识增强。过去靠简单晾晒或土法干燥解决木材干燥的现象已经很少见，企业在干燥设备上的投资力度明显加大。另外干燥已不单纯是木材加工企业服务自身的一个车间工段，而是成为一个相对独立的产业，甚至在绥芬河、满洲里等一些木材集散地出现了集中近百家木材干燥专业企业的干燥城，且投资该产业的资金仍呈逐年递增之势，说明我国木材干燥工业正处在快速发展时期。

（2）干燥方法呈现以常规干燥为主，除湿干燥、太阳能干燥、真空干燥、高频干燥、微波干燥、炉气干燥等各种干燥方法并存的多样化格局。其中，木材干燥专营企业多采用大容量常规干燥室，木材加工企业的自用干燥室则由于其所干木材树种、数量、质量要求、地理位置等不同，在干燥方法上各不相同，干燥室容量大小兼有。

（3）经营模式逐渐与国际接轨，集中加工、集中干燥的局面初步形成。随着我国“天然林保护工程”的实施和木材用量的逐年增多，进口木材量不断增大。原木外运受运输成本和口岸城市运力的限制，迫使木材加工企业纷纷到口岸城市落户或建立原材料加工基地。这在客观上形成了集中加工、集中干燥的木材城。而这正是国际推崇的经营模式，从这个意义上说，我国木材干燥工业已经走上了良性发展之路。

（4）干燥能力持续增长。仅以绥芬河市为例，1998 年有干燥室 4 间，总设计装材量为 $300m^3$；2002 年有干燥室 126 间，总设计装材量为 $9925m^3$；到 2004 年，干燥室近 400 间，总设计装材量约 $32000m^3$。

（5）干燥设备科技含量不断增加，性能不断提高。新建干燥室多采用全金属壳体，三防室内电动机，复合管高效加热器，吊挂式单扇大门，自动和手动双重检测与控制系统，叉车装卸，这使干燥室的防腐性、工艺性、保温性、气密性、可靠性都有明显提高。

（6）木材干燥规范化管理标准基本齐备。近 20 年来，我国先后颁布了《锯材干燥质量标准》《锯材窑干工艺规程》《锯材气干工艺规程》《木材干燥工程设计规范》等标准和规定，使我国木材干燥技术的规范化发展有法可依。

我国木材干燥工业在快速发展的同时，也还存在一些不容忽视的问题，主要表现在：

（1）木材干燥技术管理与操作人员奇缺，现有技术人员技术水平偏低，对干燥过程的控制、质量检验、设备维护、事故处理等方面能力较差，由此造成一些不应有的损失。

（2）干燥质量检验不够规范。虽然国家早已颁布实施了 GB/T 6491—1999《锯材干燥质量》，但由于干燥技术人员和客户对该标准理解不透或约定不清，经常出现质量争议，造成不应有的纠纷，这将影响木材干燥工业的健康发展。

（3）节能意识不强。能源消耗是木材干燥的主要成本因素，尤其是超大规模的木材干燥企业，节能增效潜力极为可观，但目前极少有干燥企业在这方面采取措施。目前，我国已提出建设节约型社会，并出台相应的政策措施，这为木材干燥工业节能工作提供了良好的发展契机。

据有关资料统计，目前国外干燥材占锯材 30%以上，美国西部达 60%。近几年我国木材干燥工业的快速发展虽然使锯材干燥率明显提高，但远没有达到发达国家水平。好在我国木材干燥工业已经有了一个良好的开端，只要我们不断解决发展中存在的人才、质量等关键问题，木材干燥工业必将为我国经济发展起到积极的推动作用。

5 木材干燥技术的发展趋势

随着国内外木材加工工业化程度的不断提高和电子技术、节能技术、材料技术的快速进步，木材干燥技术也有了很大的发展。除湿干燥、太阳能干燥等新技术得到广泛应用，常规干燥设备的工艺性、保温性、密封性、防腐性进一步增强，干燥成本降低，干燥质量和经济效益大为提高，为木材工业产品质量的提高奠定了基础。

未来木材干燥的发展集中体现在以下几方面：

（1）干燥方法仍以常规干燥为主，其他干燥为辅　从干燥量来看，目前国内外 80%～90%木材采用常规室干和气干。气干虽然简单易行，经济实用，但由于干燥速度慢、周转时间长、占地面积大、终含水率高等，难以收到常规干燥的效果，发展有一定的局限性。因此，常规干燥应是未来发展的主要趋势。

特种干燥目前就干燥量而言所占比例并不大，但这些方法各有其特点，在某些方面的优越性是常规干燥所不及的，因此，在一些行业或地区有其独特的适用性。

（2）发展联合干燥　联合干燥可综合不同干燥方法的优点，取长补短，是木材干燥技术发展的重要方向。根据德国资料介绍，大容量直接室干比气干后再室干每立方米投资费用高 8%，干燥成本高 6%。由此可见气干—室干联合干燥的优越性。同样微波—真空联合干燥、除湿—太阳能联合干燥等都具有良好的节能效果。

（3）节能降耗　木材干燥的能源消耗约占制品生产能耗的 40%～70%。因此，降低木材干燥的能源消耗，对节约能源、降低成本具有重要意义。节能途径有：①发展太阳能干燥、除湿干燥等节能干燥方法；②进一步改进常规干燥室的性能，如提高干燥室壳体的保温和密封性，回收废气热量；③适当采用木材废料作燃料。

（4）完善干燥工艺　由于木材材种和质量要求的不同，高温、常温和低温干燥都将得到发展。其中，低温干燥以其适合硬阔叶树材的干燥、干燥质量稳定等特点近年来倍受重视，根据欧美在发展低温预干方面的成功经验，未来低温预干在我国将会广泛采用。高温干燥的应用要扬长避短。常温干燥有待进一步完善。

6 从事木材干燥工作的主要岗位与职责

按照从事木材干燥工作的职业上升不同阶段，其对应的岗位职责见表 0-1。

表 0-1　木材干燥工作岗位与职责

岗 位	要 求
干燥操作工	能根据干燥基准准确操作干燥室，合理控制干燥过程和干燥质量，能熟练使用各种检测工具和仪表等
干燥技术员	能根据树种、规格、干燥质量要求制定干燥工艺，并能组织工人和干燥操作工正确地生产，能解决干燥过程中所遇到的有关设备和工艺问题等
干燥车间主任	能驾驭全厂干燥室的生产，能够合理组织、指导、监督木材干燥各生产环节

7 课程教学要关注的知识、技能与素质

课程教学中要注重知识与技能的学习，同时还要关注学生个体差异，强调学生的参与性，加强对各学习环节的考核，注重过程考核；团队考核与个别考核相结合，突出团队考核。在教学中还要关注学生以下素质目标的养成：

（1）有团队合作、与人协作、换位思考的意识；

（2）自主学习、自我管理的能力；

（3）收集、归纳、提炼、上传、下达信息的能力；

（4）与他人交流，传递信息、语言表达的能力；

（5）提出问题、解决问题的能力；

（6）掌握英文专业术语，借助工具书查阅英语木材干燥资料的能力；

（7）吃苦耐劳，爱岗敬业的职业道德。

项目 1
木材大气干燥

知识目标

1. 明确干燥介质的概念与作用，了解水蒸气的 3 种状态及其性质和特点。

2. 掌握湿空气的组成和主要参数。

3. 了解炉气的概念及木材干燥用炉气的要求。

4. 了解木材中水分的存在状态和移动途径，明确纤维饱和点的概念及其提出的意义，了解木材水分的蒸发过程与木材平衡含水率的概念及影响因素；掌握木材内部水分移动的动力及影响水分移动的因素。

5. 掌握木材干缩湿胀性及与木材变形的相互关系。

6. 掌握木材的对流干燥机理及影响因素。

7. 明确大气干燥的概念，了解其特点及影响因素。

8. 掌握大气干燥对场地的要求、板院的布置原则及隔条的作用和要求。

9. 掌握各种长短木料气干的堆垛方式及要求。

10. 明确强制气干的概念，掌握几种常见强制气干的通风方式。

技能目标

1. 熟练掌握根据压力或温度查表确定饱和蒸汽其他参数的方法和根据温度查表确定常压过热蒸汽其他参数的方法。

2. 学会自制干湿球温度计，熟练掌握用干湿球温度计测量空气湿度的方法。

3. 熟练掌握通过空气温湿度确定木材平衡含水率的方法。

4. 学会查资料确定常见木材的干缩系数，并计算木料干缩（湿胀）量或干、湿木料的尺寸。

5. 能结合现场实际选择气干场地及材堆布置方向。

6. 能根据木料的具体情况合理选择堆垛方式。

7. 能按技术要求指导或独立进行气干堆垛作业。

任务1.1　干燥生产订单（合同）签订与木材验收

工作任务

1. 任务提出

对被干木材进行检验，确定木材的树种、规格、材积以及质量等级并记录，能利用木材含水率检测仪器准确进行木材即时含水率检测，了解木材干燥企业合同的主要内容，模拟木材干燥合同的签订。

2. 工作情景

班级学生分为若干学习小组（每组 4～5 人为宜），各组分别成立模拟木材干燥企业，为企业设计名称及标志，组员进行责任分工，分别担任厂长、木材干燥车间主任、工艺员、质检员、操作工等；教师展示拟被干木材样板，每组“工艺员”“质检员”“操作工”分别辨识木材的树种、使用游标卡尺测量木材厚度、利用含水率测定仪检测木材水分含量、计算木材材积，并由“厂长”“木材干燥车间主任”进行复核，最终每组提交一份模拟木材干燥生产订单（合同）。

3. 材料及工具

不同树种、尺寸及等级的普通锯材，含水率测定仪，钢卷尺、皮尺，教材、笔记本、笔，多媒体设备等。

知识准备

1 木材商品名称与针阔叶树材

树木的名称和木材商品的名称是两个不同的概念。树木的名称是按树木分类学确定的。木材取自树木的干部，一般不同树种的木质构造各不相同，因此，过去木材的名称都是依据其树种的名称确定的，如柞木、桦木、杨木、水曲柳、红松、落叶松等。但有些不同种的树木的木质构造和性质非常相近，加工成木材后很难区分，对木材使用也没有影响，从一般使用的角度严格区分意义不大。因此，1997 年国家技术监督局发布了 GB/T 16734—1997《中国主要木材名称》，确定了 396 种国产木材名称。这些木材商品名称不完全是其树种的名称，而是依据树木分类和木材性质，把有些构造和性质相近的不同树种木材定为一个名称。如东北红松、华南广东松、海南五针松、西南华山松、西北新疆五针松的木材统一为软木松。该标准是规范木材流通和使用过程中木材商品名称的主要依据。但目前在实际生产中还没有完全按标准木材商品名称使用，多数仍然沿用过去的树种名。本书为了尊重引用资料原文，仍使用以树种名为主要依据的木材名称，请注意对照。

按照树木分类，树木根据其叶形不同可分为阔叶树和针叶树两大类，阔叶树具有较宽阔的树叶，如柞树、桦树、枫香、榆树等。针叶树的树叶有的呈鳞片状，如雪松；其他为针状，如红松、云杉、马尾松等。据此，无论是新标准木材商品名称，还是传统木材名称，都把木材划分为阔叶树材和针叶树材两大类。

在实际生产中，阔叶树材又俗称杂木，并按照木材硬度的不同，将杨木、柳木、椴木等硬度较低者称为软杂（木），柞木、枫香、槭木等硬度较高者称为硬杂（木）。

2 木材缺陷识别与等级评定

（1）节子的检量

各类锯材对节子的检量是计算节子的尺寸与查定节子的个数，节子尺寸不足 15mm 和阔叶树的活节，均不计尺寸和个数。

板材只检量宽材面上的节子，窄材面上的不计；方材则按 4 个材面检量。

① 节子尺寸　如图 1-1 所示，对于圆形节和椭圆形节应在宽材面上垂直板方材的纵长方向量取其尺寸，与材面标准宽度相比，以百分率表示；如图 1-2 所示。

对于条状节或掌状节则沿其纵长方向垂直检量最宽处的尺寸，与所在材面标准宽度相比，以百分比表示，均代入下式计算。

$$K=\frac{d}{B}\times 100\% \tag{1-1}$$

式中　K——节径比率，%；

d——节子直径，mm；

B——材面标准宽度，mm。

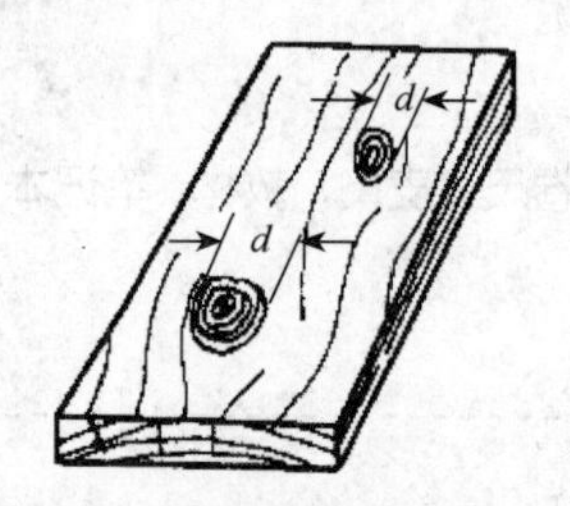

图 1-1　锯材中圆形节的检量

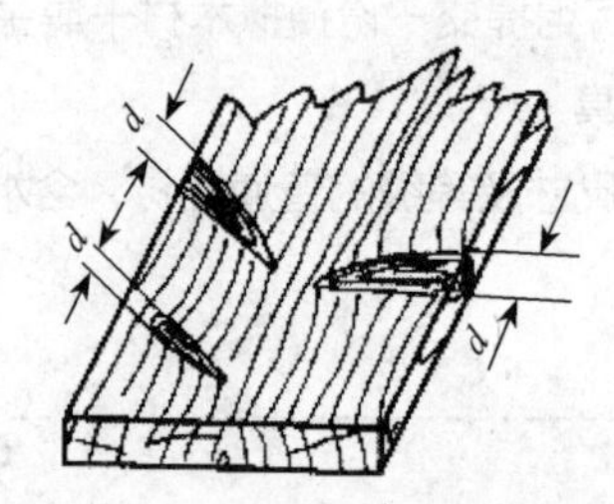

图 1-2　锯材中条状节的检量

注明：（a）圆形节及椭圆形节的尺寸，是与板方材纵长方向垂直检量，不分贯通程度，以量得的实际尺寸计算。

（b）对于条状节、掌状节的尺寸，是与节子本身纵长方向垂直检量其最宽处的尺寸，以量得实际尺寸计算，一律不打折扣。

（c）在与材长方向相垂直的同一直线上的圆形节、椭圆形节和条状节，其尺寸应按该垂直直线上实际接触的尺寸相加计算，当横断面面积在 225cm^2 以上时，只检量其中尺寸最大的一个，不相加计算。

② 节子的个数　锯材中的节子个数是在标准长度内任意选择节子最多的 1m 中查定，但跨于该 1m 长一端交线上不足二分之一的节子，不计算个数。

注明：（a）板材以节子最多的 1 个宽材面为准。

（b）方材以 4 个材面中节子最多的 1 个材面为准。

（c）腐朽节按死节计算，掌状节应分别计量和计算个数。

（2）腐朽的检量

锯材中的腐朽、通常按腐朽发生的面积与所在材面面积相比，并以百分率表示，其计算公式如下：

$$R=\frac{a}{A}\times100\% \quad (1\text{-}2)$$

式中　R——腐朽率，%；

a——腐朽面积，mm^2；

A——材面面积，mm^2。

注明：（a）板材上的腐朽，按宽材面计算；方材则按 4 个材面中腐朽最严重的面计算。

（b）锯材的横截面积在 225 cm^2 以上时，其腐朽按 6 个材面中的严重材面评定。

（c）有数块腐朽在 1 个材面上表现时，不论其相互间距大小，均应相加计算。

（3）裂纹、夹皮的检量

沿材长方向检量裂纹长度（包括未贯通部分在内的裂纹全长）与检尺长相比，以百分率表示。

$$L_s=\frac{l}{L}\times100\% \quad (1\text{-}3)$$

式中　L_s——纵裂（夹皮）长度比率，%；

l——纵裂（夹皮）长度，cm；

L——检尺长度，cm。

注明：（a）相邻或相对材面的贯通裂纹，不论裂缝宽度大小均予计算；对非贯通裂纹其最宽处不足 3mm 的不计，自 3mm 以上的应检量裂纹全长。

（b）数根彼此接近的裂纹，相隔的木质不足 3mm 的按整条裂纹计算，自 3mm 以上的，分别检量，以其中最严重的一条裂纹为准。

（c）斜向裂纹按斜纹与裂纹两种缺陷中降等最低的 1 种评定；如斜向裂纹自一个材面延伸到另一个材面的，检量裂纹长度，按两个材面的裂纹水平总长计算

（d）夹皮仅在端面存在的不计，在材面上存在的，按裂纹计算。

（4）虫害

虫眼只检量最小直径自 3mm 以上的，而无深度规定，在检尺长范围内查定虫眼最多 1m 中的个数。

注明：（a）计算虫眼以宽材面为准，窄材面不计；正方材按虫眼最多的材面评定。

（b）跨于任意 1m 长交界线上的虫眼和表现在端面上的虫眼，均不计个数。

（5）钝棱

钝棱的检量是以宽材面最严重的缺角尺寸与检尺宽相比，以百分率表示，见下列公式和图 1-3。

$$T=\frac{b}{B}\times100\% \quad (1\text{-}4)$$

式中　T——钝棱缺角比率，%；

b——钝棱缺角尺寸，mm；

B——检尺宽，mm。

注明：（a）在同一材面的横断面上有两个缺角时，缺角尺寸要相加计算。

（b）窄材面以着锯为限。

（c）整边锯材钝棱上存在的缺陷，应将缺陷并入宽材面计算。检查缺棱时只计算钝棱，锐棱不许有。

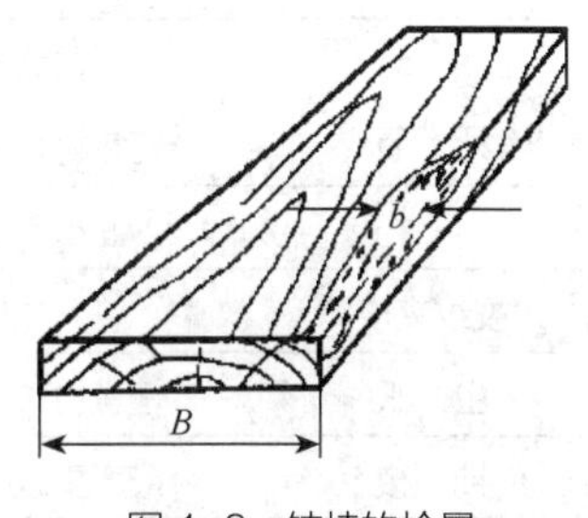

图 1-3　钝棱的检量

（6）弯曲的检量

锯材的弯曲一般要检量翘横弯和顺弯，均检量其最大弯曲拱高与内曲面水平长度（或宽度）相比，以百分率表示，见下列公式及图 1-4 和图 1-5。

$$P=\frac{h}{l}\times100\% \tag{1-5}$$

式中 P——翘曲程度，%；

h——最大弯曲拱高，cm；

l——内曲面水平长度，cm。

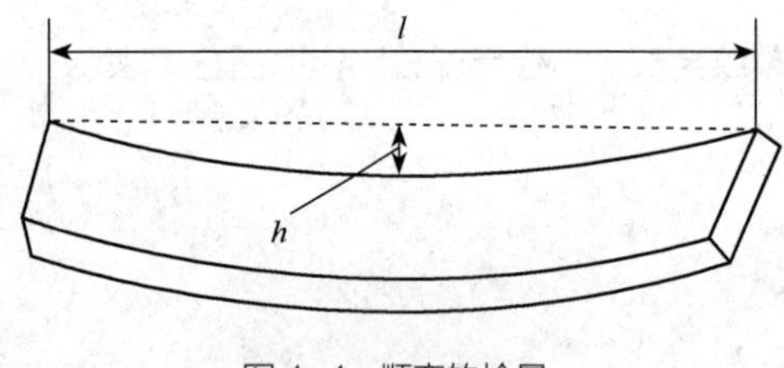

图 1-4 顺弯的检量

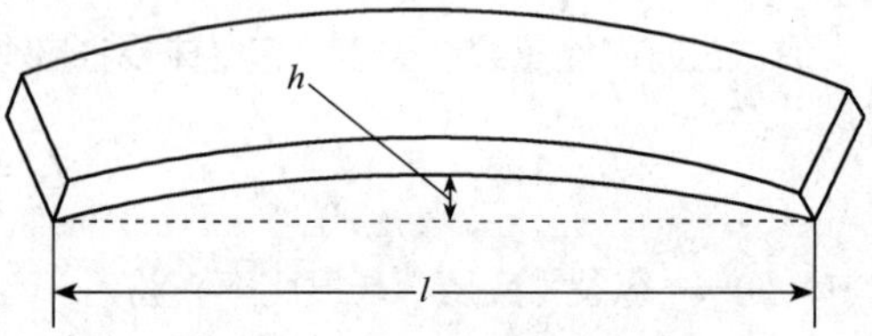

图 1-5 横弯的检量

注明：正方材量其最严重的弯曲面，按顺弯进行评等。

（7）斜纹的检量

在任意材长范围内，所检量的纹理倾斜高度与该水平长度相比，以百比率表示，见下列公式及图 1-6。

$$D_G=\frac{h}{l}\times100\% \tag{1-6}$$

式中 D_G——斜纹程度，%；

h——斜纹的倾斜高度，cm；

l——斜纹的水平长度，cm。

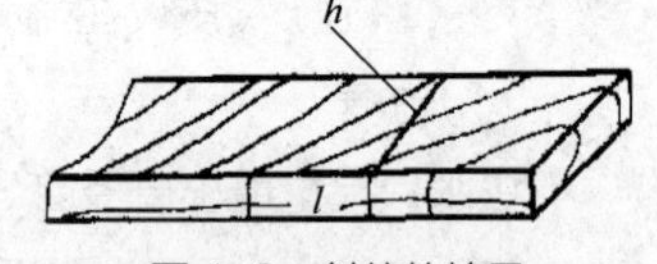

图 1-6 斜纹的检量

（8）锯材的等级评定

按缺陷在锯材上允许限度，针、阔叶树锯材分为特等锯材、普通锯材；普通锯材中又分为一、二、三等，其缺陷允许限度见表 1-1 和表 1-2。

表 1-1 针叶树锯材材质等级

缺陷名称	检量与计算方法	允许限度			
		特等锯材	普通锯材		
			一等	二等	三等
活 节	最大尺寸不得超过材宽的	15%	25%	40%	不限
死 节	任意材长 1m 范围的个数不得超过	4	6	10	
腐 朽	面积不得超过所在材面面积的	不许有	2%	10%	30%
裂纹夹皮	长度不得超过材长的	5%	10%	30%	不限
虫 眼	任意材长 1m 范围的个数不得超过	1	4	15	不限
钝 棱	最严重缺角尺寸，不得超过材宽的	5%	20%	40%	60%

（续）

缺陷名称	检量与计算方法	允许限度			
		特等锯材	普通锯材		
			一等	二等	三等
弯 曲	横弯最大拱高不得超过水平长的	0.3%	0.5%	2%	3%
	顺弯最大拱高不得超过水平长的	1%	2%	3%	不限
斜 纹	斜纹倾斜高不得超过水平长的	5%	10%	20%	不限

注：① 长度不足 2m 的不分等级，其缺陷允许限度不低于三等材。
② 摘自 GB/T 153—2009。

表 1-2 阔叶树锯材材质等级

缺陷名称	检量与计算方法	允许限度			
		特等锯材	普通锯材		
			一等	二等	三等
死 节	最大尺寸不得超过材宽的	15%	25%	40%	不限
	任意材长 1m 范围的个数不得超过	3	5	6	
腐 朽	面积不得超过所在材面面积的	不许有	5%	10%	30%
裂纹夹皮	长度不得超过材长的	10%	15%	40%	不限
虫 眼	任意材长 1m 范围的个数不得超过	1	2	8	不限
钝 棱	最严重缺角尺寸，不得超过材宽的	10%	20%	40%	60%
弯 曲	横弯最大拱高不得超过水平长的	0.5%	1%	2%	4%
	顺弯最大拱高不得超过水平长的	1%	2%	3%	不限
斜 纹	斜纹倾斜高不得超过水平长的	5%	10%	20%	不限

注：① 长度不足 2m 的不分等级，其缺陷允许限度不低于三等材。
② 摘自 GB/T 4817—2009。

■ 实例分析

［例 1］ 有一樟子松锯材，长度 3.98m，宽度 243mm，厚度 42mm，材面上有一大节子尺寸为 4.5cm，试判断标准尺寸与等级。

［解］

按锯材国家标准这块板材的标准尺寸为：

检尺长：按 0.2m 单位进级检得尺寸为 4.0m；

检尺宽：按表 1-1 所示，检得尺寸为 240mm；

检尺厚度：40mm。

节径比计算：

$$K=\frac{d}{B}\times100\%=45/240\times100\%=18.75\%$$

按针叶锯材材质等级国家标准（表 1-1）特等锯材节径比限度为 15%，一等锯材节径比限度为 25%，应评为一等锯材。

该锯材标准尺寸长、宽、厚分别为 4.0m、240mm 和 40mm，材质评定为一等锯材。

［例 2］ 椴木板材，长度 4.06m，宽度 302mm，厚度 38mm，材面上有一宽度。4mm，长度 95cm 的非贯通裂纹，还有一面积为 40cm^{2}的腐朽，试判断标准尺寸与等级。

［解］

按锯材国家标准这块板材的标准尺寸为：检尺长 4.0m；检尺宽 300mm；检尺厚度 40mm。

按裂纹允许限度计算：

$$L_s=\frac{l}{L}\times100\%=95/400\times100\%=23.75\%$$

按阔叶锯材材质等级国家标准（表 1-2）一等锯材裂纹允许限度为 15%，二等限度为 40%，应评为二等锯材。

按腐朽允许限度计算

$$R=\frac{a}{A}\times100\%=40/(30\times400)\times100\%=0.33\%$$

按阔叶锯材国家标准特等锯材腐朽不许有，一等锯材腐朽面积不得超过所在材面面积的 5%，所以应评为一等锯材。

综合上述评定结果，以最严重缺陷为准，该锯材应为二等锯材。

该锯材标准尺寸长、宽、厚分别为 4.0m、300mm 和 40mm，材质评定为二等锯材。

任务实施

■ 任务实施要求

1. 任务实施前需认真阅读知识准备内容并完成引导问题的回答。

2. 本次任务的负责人由每个虚拟企业（小组）的厂长负责。

3. 对游标卡尺、含水率测定仪等仪器要按照操作规程使用，爱护工具，认真保养维护。

4. 查找有关签订木材干燥委托生产合同的样本，思考合同签订过程中分别作为委托方与接受委托生产方该如何规避各自风险。

5. 小组之间对木材树种、缺陷辨识、等级评定、水分测量进行相互验证，在反复鉴别与测量中巩固知识与技能。

6. 做好记录，善于总结，学会自我管理，保护学习环境。

■ 学习引导问题

请同学们认真阅读知识准备内容，独立完成以下引导问题。

1. 填空

（1）按树种锯材可分为_________和_________两种。

（2）按用途锯材可分为_________和_________两种。

（3）常见的木材生长缺陷主要有_________、_________、_________、_________、_________、_________以及_________等。

2. 选择题

（1）一块标准宽度为 300mm 的红松锯材，在材面上分别有直径为 40mm、45mm 和 57mm 的圆形活节，按国家标准该锯材应评为________。

A. 特等锯材　　B. 一等锯材　　C. 二等锯材　　D. 三等锯材

（2）针叶树普通锯材的节子计算起点是________。

A. 15mm　　B. 20mm　　C. 50mm　　D. 30mm

■ 任务实施步骤

1. 木材宏观构造识别

教师为每个干燥小组发放待干燥木材样板，学生根据木材宏观特性，综合考虑三切面特征、是否具有管孔、生长轮、早晚材、心边材、木射线等明显特征辨别木材的树种。

2. 测量待干木材尺寸

（1）测量长度、宽度和厚度 3 种尺寸

① *长度及进级* 锯材长度为两端面之间的最短距离。量至 cm，不足 1cm 尺寸舍去，按普通锯材尺寸检量规定，经进舍后取检尺长。针叶树材为 1～8m；阔叶树材为 1～6m。长度按 0.2m 进级，同时有 2.5m 长级；不足 2m 的锯材按 0.1m 进级。

② *宽度、厚度尺寸及进级* 厚度为相对宽材面之间的垂直距离；宽度为相对窄材面之间的垂直距离。锯材宽度测量时用钢卷尺在材长范围内除去两端各 15cm 的任意无钝棱部位检量两窄材面之间最短直线距离，量至 mm，不足 1mm 尺寸舍去。锯材厚度测量时用钢卷尺在材长范围内除去两端各 15cm 的任意无钝棱部位检量两宽材面之间最短直线距离，量至 mm，不足 1mm 尺寸舍去。对于针、阔叶树锯材的宽度及厚度规定见表 1-3。

表 1-3　针、阔叶树锯材宽度、厚度规定　　mm

分　类	厚　度	宽　度	
		尺寸范围	尺寸进级
薄　板	12，15，18，21	60～300	10
中　板	25，30，35		
厚　板	40，45，50，60		

注：① 特等锯材是用于各种特殊需要的优质锯材，其长度为 2m 以上，宽、厚度和树种，按需要供应。
② 普通锯材如制定某种宽度或上表以外的厚度，由供需双方商定。

（2）确定尺寸公差

现行国家锯材标准中，对针、阔叶树特等锯材和普通锯材的加工质量即尺寸公差作了具体规定，见表 1-4 所列。

① 实际材长小于标准长度，但不超过负偏差，仍按标准长度计算；如超过负偏差，则按下一级长度计算，其多余部分不计。

② 板材厚度和方材宽、厚度的正、负偏差允许同时存在，并分别计算。

③ 板材实际宽度小于标准宽度，但不超过负偏差时，仍按标准宽度计算，如超过负偏差限度，则按下一级宽度计算。

表 1-4　针、阔叶树锯材的尺寸公差

种　类	尺寸范围	公　差
长度/m	不足 2.0	$^{+3}_{-1}$cm
	2.0 以上	$^{+6}_{-2}$cm
宽度、厚度/mm	25 以下	±1mm
	25～100	±2mm
	101 以上	±3mm

（3）计量单位

① 长度以 m 为单位，量至 cm，不足 1cm 的尺寸舍去。

② 宽度、厚度以 mm 为单位，量至 mm，不足 1mm 的尺寸舍去。

（4）锯材尺寸检量实例

［例 3］ 有一板材，量得长度 3.15m，厚度在最薄处为 29mm，宽度 265mm，如该材为普通材，则其标准尺寸为多少?

［解］ 板材实际长度为 3.15m，按规定标准长应为 3m（与标准长 3.2m 比较，存在负偏差 5mm 超过允许公差：±3mm，则按下一级长度计算）。

板材实际厚度为 29mm，按规定标准厚应为 30mm（与标准厚 30mm 比较，存在负偏差 1mm，不超过允许公差±2mm，则按标准长度计算）。

板材实际宽度为 265mm，按规定标准宽度为 260mm（与标准宽 270mm 比较，存在负偏差 5mm，超过允许公差±3mm，则按下一级宽度计算）。

3. 确定待干锯材质量等级

按缺陷在锯材上允许限度，针、阔叶树锯材分为特等锯材、普通锯材；普通锯材中又分为一、二、三等，其缺陷允许限度见前文表 1-1 和表 1-2。

木材缺陷及对材质的影响已在木材概论课程中作了详细的阐述，这里只对锯材各种缺陷的检量方法作介绍。

对于锯材评定总的要求是：在同一材面上有两种以上缺陷同时存在时，以降等最低的一种缺陷为准；在标准长度范围外的缺陷，除端面腐朽外，其他缺陷均不计；宽度、厚度上多余部分的缺陷，除钝棱外，其他缺陷均应计算。各项标准中未列入的缺陷，均不予计算。

在锯材尺寸检量时：凡检量纵裂长度、夹皮长度、弯曲高度、内曲面水平长度、斜纹倾斜高度和斜纹水平长度的尺寸时，均应量至 cm 止，不足 1cm 的舍去；检量其他缺陷尺寸时，均量至 mm 止，不足 1mm 的尺寸舍去。

4. 计量锯材的材积

（1）整边锯材和方材材积的计算

对于整边锯材和方材材积的计算，可按下列公式计算：

$$V=\frac{BHL}{1000000} \tag{1-7}$$

式中 V——锯材材积，m^3；

B——锯材宽度，mm；

H——锯材厚度，mm；

L——锯材长度，m。

对于在实际生产中，也可按国家制定的锯材材积表查定锯材材积。

（2）毛边板材积的计算

毛边板的材面宽度随着原木尖削度的变化而使板面形成梯形，在断面上由于外材面比内材面窄也形成梯形。因此，计算材积时，毛边板的宽度是检量材长中央部位外材面和内材面的宽度，相加后除以 2，但此宽度为实际尺寸，还需按一定进位尺寸进舍后计算得其标准宽度尺寸，代入式（1-7）计算。

（3）板皮材积计算

板皮材积一般按一垛板垛的长、宽、高三者乘积确定其层积立方米。如计算单块板皮材积可按下式计算：

$$V=\frac{\frac{2}{3}BHL}{1000000} \tag{1-8}$$

式中　V——板皮材积，m^3；

B——离大头端 4/10 材长处的宽度，mm；

H——离大头端 4/10 材长处的厚度，mm；

L——板皮长度，m。

5. 测量木材含水率

木材含水率的测定除了用烘干称重法外，为快速得到测量结果，常采用各种电测仪表确定木材含水率。电测法是根据木材的某些电学特性如电阻、电容等与含水率的关系设计的仪表测定方法，该方法方便、快速且不破坏木材，但测量范围有限。木材含水率检测仪通常称为木材测湿仪，也称为木材测定仪或含水率计。根据其工作原理不同可分为电阻式、介电式等，其中尤以电阻式含水率检测仪应用最广。

（1）直流电阻式木材测湿仪

电阻式木材测湿仪实质上是兆欧表，用两个电极探测器与木材接触，测得两电极之间的电阻，再转换成含水率由仪表显示出来。但由于木材的电学性能和木材的其他性能指标一样，不仅取决于其含水率，而且与木材的密度、生物学构造及测量时环境条件等有关，所以测量精确有限。只有在含水率为 6%～30%范围内测量较准确。因此一般用于测量干燥材。

使用这种木材测湿仪要注意以下事项：

① *不同树种要进行修正*　不同树种，其构造和内含物、灰分及无机盐含量都不相同，这些对木材的导电性都有影响，但木材密度对导电性影响不大，因此，修正最好不要简单地按针叶与阔叶或软木与硬木区分，而应按其导电性划分更细一些。比较好的电阻式木材测湿仪一般分 4 个以上修正档，并附有树种分类表。如国产 ST—85 数字式木材测湿仪有 4 个树种修正档。产品说明书的树种修正表中未列树种可自行试验确定归档，方法是：将没有含水率梯度的已知树种气干材用该仪器进行分档测试，并与烘干法进行对照试验，偏差最小的档即为该树种的修正档。

② *温度修正*　温度升高，电阻率减小，含水率读数增加，大约温度每增加 10℃，含水率读数增加 1.5%。各种木材测湿仪是在 20℃条件下进行标定的，因此当木材温度不等于 20℃时，测定结果也必须进行修正。一般木材测湿仪的温度修正范围为－10℃～＋100℃，甚至更大。测量时只要将温度修正钮调到相应木材温度值即可（刚从干燥室取出木材的温度可近似视其为介质温度）。

③ *纹理方向*　木材横纹方向的电阻率比顺纹方向大 2～3 倍，弦径方向差别不大，可忽略不计。各种木材测湿仪通常是按横向电阻率进行标定的，测量时注意电极探针必须横跨纹理。但注意在测量平衡含水率的感湿片时，其电极是两个木片夹，所测的是顺纹电阻率。

④ *注意电极探针的插入深度*　测量锯材含水率的针状电极有二针二极，也有四针二极，使用差别不大。由于探针的形状、间距等对测量结果都有影响，因此不同仪器探针不可随意换用。有的仪器还备有不同长度的探针，以适应不同厚度木材的测量。探针有绝缘探针和无绝缘探针两种，前者只曝露针极的端头，可测量木材内部的含水率。后者全针裸露，测得的是整个插入深度范围内最湿部分的含水率。如当被测木材表面被滴湿时，采用无绝缘探针将会产生较大的误差。探针插入深度一般为板厚的 1/5～1/4，此时所测结果

近似为整个厚度的平均含水率。对于较薄的板，如插入深度为板厚的 1/2，测得的是芯层偏高的含水率。

电阻式木材测湿仪有室外型和室内型。室外型又分便携式和袖珍式。便携式适用厚度范围略宽，如图 1-7 所示；袖珍式体积小，探针短小，适合检测表面或薄板含水率，如图 1-8 所示。室内型主要用于干燥过程中木材含水率的连续监测或木材干燥的自动化控制。室内型并不是将仪表置于干燥室内，而是将探针钉入检验板（待测木板）后用专用耐高温导线将其接到室外仪表上。针的安装要在干燥室装材堆时进行，安装探针的检验板的选择、布置等将在项目 2 详细介绍。室内型一般设计成多点检测，各测点在仪器的盘面有单独控制按钮。另外室内型拓宽了测量范围，但测量误差较大。如国产 SMS—2 型室用木材测湿仪（图 1-9），探测含水率范围为 6%～70%。当含水率≤28%时，测量误差±2%；当含水率＞28%时，测量误差为±5%。干燥过程中要测量木材含水率时，先根据被测木材的树种及当时木材的温度，调整好树种修正旋钮和温度旋钮，然后用检测旋钮检测各点的含水率。

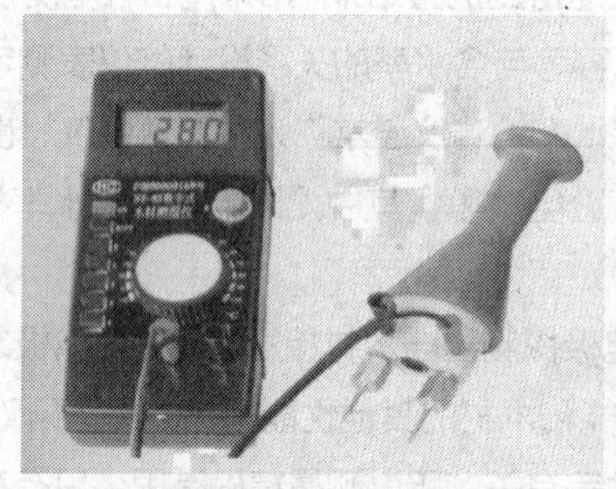

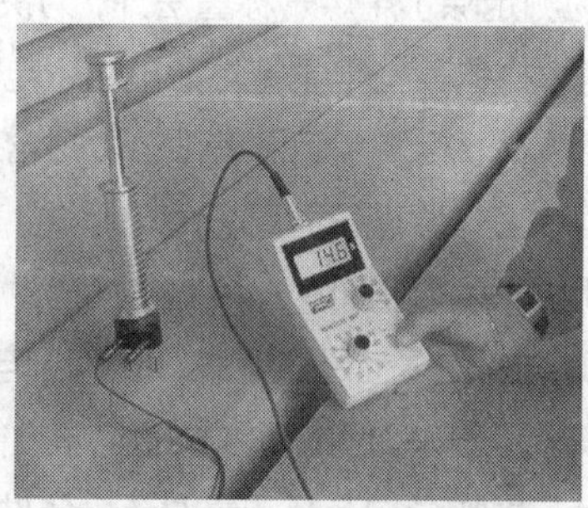

图 1-7　便携式木材测湿仪

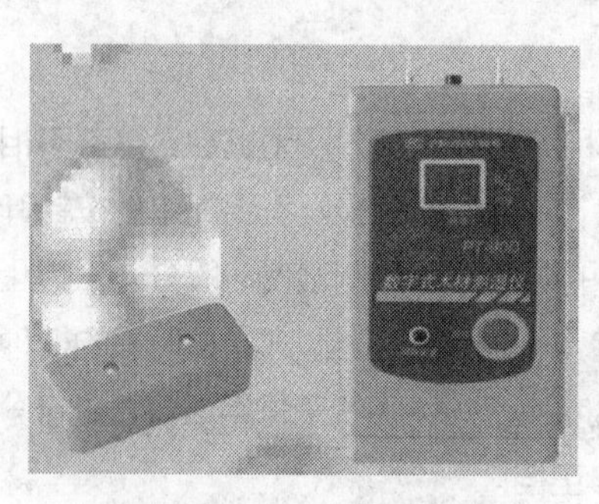

图 1-8　袖珍式木材测湿仪图

图 1-9　室内用木材测湿仪

将仪表中的温度修正设计成温度自动跟踪线路，可实现干燥过程的自动控制。即根据设定的干燥基准和木材的含水率变化，来控制介质的温度和湿度（或平衡含水率）。这种方法方便、迅速，并可多点连续监测，是未来发展的趋势。但目前使用还存在一些问题，一是测量误差较大，在高含水率阶段几乎不能测量；二是干燥过程中由于木材内外收缩不一致，导致电极探针与木材接触不良，以至于测量失真，发现这种情况应将该测点的数据剔除。

目前国际上常用的根据干燥梯度原理设计的木材干燥自动控制装置，几乎都采用这种电阻式的含水率监测方法。

（2）交流介电式木材测湿仪

这种仪器是根据木材的介电常数和功率损耗角正切值在一定频率下随木材含水率的增加而增加的原理制成的。实际上它有两种形式。一种是只测定木材介电常数随含水率而变化的，称为电容式木材测湿仪；另一种是能同时测定介电常数和功率损耗角正切值随含水率而变化的，称为功率损耗式木材测湿仪。这种仪器具有一个能发射高频电磁波的高频振荡器，采用板状电极或冲头式电极。测量时把极板紧贴在木材表面，如图 1-10 所示，实际上相当于被测木材置于由极板组成的电容器中。这种仪器测量迅速，操作容易，但精度差。影响因素主要是密度、纹理方向和含水率梯度，而温度影响较小，适于测定无含水率梯度的干材。电容式木材测湿仪的精度不如功率损耗式木材测湿仪，很少使用。

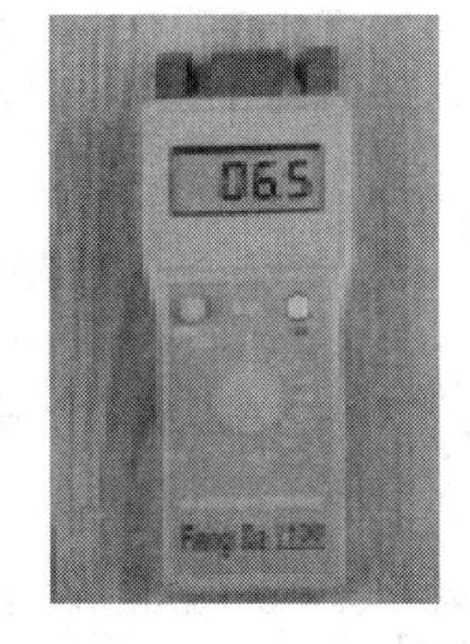

图 1-10　介电式木材测湿仪

介电式木材测湿仪也有室内型，但不同的介电式木材测湿仪，其工作原理略有区别，详细从略。介电式木材测湿仪的电极无须插入木材内部，不受木材干缩的影响，如使用正确，测量精度比电阻式连续监测仪高，但也只适合测量纤维饱和点以下木材含水率。

6. 填写木材入库确认单

木材入库确认单示例如下：

____________________公司烘干材入库确认单

编号：　　　　　　第　　联　　　　　　年　　月　　日

委托干燥单位：		
材　种：		备　注
规格/mm	数量/块（包）	

库管员（签字）：　　　　现场负责人（签字）：　　　　用户（签字）：

7. 签订木材干燥订单（合同）

木材干燥企业往往是接受其他企业委托为其进行干燥生产，为了避免产生纠纷，签订干燥生产合同是保障双方权益的最好办法，以下为委托干燥方与承接干燥生产企业签订合同样本，仅供参考。

木材干燥委托生产合同（样本）

甲方：____________________

乙方：____________________

根据《中华人民共和国合同法》及相关法律规定：经甲、乙双方友好协商，一致同意签订本协议书，共同信守执行以下内容。

一、甲方将厂内烘干木材任务承包给乙方：

1. 甲方委托乙方烘干处理________木材________包（块）合________立方米，要求烘干后的木材含水率在________以内。

2. 烘干工费为________元/立方米，其费用中包括（干燥工、小工、锅炉工）的费用。

3. 干燥后木材等级为______________________________；若木材产生降等，乙方需赔偿甲方______________________________。

4. 乙方木材烘干达不到要求水分标准，后期返工的所有费用由乙方承担。

5. 乙方将原材料烘干后放置厂内指定地点。

6. 运费由________承担，装卸货由________负责。

7. 乙方预计交货时间为________________________。

8. 结算方式：甲方需在乙方交付货________日内结清生产费用。

二、其他

1. 本合同一式两份，甲、乙双方各执一份，自盖章签字后生效。

2. 本合同未尽事宜，按劳动法有关规定执行。如出现劳资纠纷，双方应协商解决，协商不成时，可申请劳动仲裁或向当地人民法院诉讼解决。

甲方（盖章）　　　　乙方（盖章）

甲方代表人：　　　　乙方代表人：

签约日期：　年　月　日　　　　签约日期：　年　月　日

■ 成果展示

1. 每个小组至少选择出不同树种、规格的锯材 5 块，进行检验与等级评定。完成锯材检验报告单（表 1-5）。

2. 每组模拟签订木材干燥生产合同一份，思考、讨论、完善其中合同内容。

表 1-5　锯材检验报告单

试材编号	树种	锯材规格						锯　材		主要缺陷		计算及评等		
		检量尺寸			标准尺寸									
		长度/m	宽度/mm	厚度/mm	长度/m	宽度/mm	厚度/mm	材积/m³	含水率/%	尺寸	个数	计算/%	允许/%	等级

■ 总结评价

在本任务的学习过程中，同学们要能熟练运用钢卷尺、皮尺测量木材的长、宽、厚尺寸，利用含水率测定仪准确进行木材含水率的测定，识别木材树种及生长缺陷种类并对木材进行等级评定，了解木材干燥生产订单（合同）样式，为后续学习打下良好基础。

实训考核标准

序　号	考核项目	满　分	考核标准	得　分	考核方式
1	树种判断是否准确	20	对所检锯材的树种是否根据结构特征来判断		现　场
2	尺寸检量是否正确	20	尺寸检量中：实际尺寸与公差的确定是否合理，标准尺寸确定是否正确无误，设备使用是否规范		现　场

（续）

序 号	考核项目	满 分	考核标准	得 分	考核方式
3	材质评定是否准确	30	材质检验中：主要缺陷是否判断清楚，是否按国家标准进行计算和判断		现 场
4	报告规范性	10	酌情扣分		报 告
5	实训出勤与纪律	10	迟到、早退各扣 3 分，旷课不得分		考 勤
6	答辩	10	能说明每一步操作的目的和要求		个别答辩
	总计得分	100			

巩固训练

1. 一块材长 4.95m、宽 298mm、厚 39mm 的樟子松板材，材面最严重 1m 长度内分别有 82mm、78mm、65mm 3 个活节，求该锯材的标准尺寸、缺陷百分率及等级。

2. 一块材长 3.95m、宽 246mm、厚 58mm 的椴木板材，材面上有两条横向间距为 2mm、宽度 4mm 及 5mm，长度 50cm 及 65cm 的裂纹，第一条起点与第二条终点距离是 96cm，按国家锯材标准，求：（1）锯材的标准尺寸。（2）计算缺陷百分率并评定等级。

思考与练习

1. 选择题

（1）一块标准长度为 4.0m 的椴木锯材，在其材身上有一条宽 5mm，长 95cm 的裂纹，按国家锯材标准规定，该锯材应为________。

A. 特等锯材　　B. 一等锯材　　C. 二等锯材　　D. 三等锯材

（2）有一块针叶锯材，实际宽度量得 48mm，按锯材国家标准规定，其标准宽度应是________。

A. 40mm　　B. 45mm　　C. 50mm　　D. 48mm

（3）有一块杨木锯材，实际量得长、宽、厚度分别为 3.98m、301mm、42mm，按锯材国家标准规定其标准材积应是________。

A. 0.00503m^3　　B. 0.0048m^3　　C. 0.00504m^3　　D. 0.048m^3

2. 对于普通锯材的宽、厚度、尺寸公差和进级是怎样规定的?

3. 比较直流电阻式木材测湿仪与交流介电式木材测湿仪的优缺点。

任务 1.2　不同状态湿空气温湿度测定

工作任务

1. 任务提出

明确木材在干燥过程中可以使用的干燥介质的种类与作用，了解水蒸气的 3 种状态及其性质特点，了解木材干燥使用炉气的要求，掌握湿空气的组成和主要参数，能够动手制作简易的干湿球湿度计并进行室内空气相对湿度的测量。

2. 工作情景

课程在木材干燥实训室进行教学，学生以干燥小组形式进行课程学习。组员利用工具合作完成干湿球湿度计的制作，并根据干球温度与干湿球温度差查表获得室内相对湿度数据，各组进行比较并撰写实训报告。

3. 材料及工具

120℃量程的同型号玻璃温度计两根，300mm×100mm胶合板1块，150mm×100mm×50mm金属或塑料水盒1个，锥子1把，医用脱脂纱布、棉线、细铁丝若干，市场购买的寒暑表，教材、笔记本、笔、多媒体设备等。

知识准备

木材干燥是一个复杂过程，包含着多种物理现象，涉及许多科学理论，只有了解这些物理现象，掌握其变化规律，进而采取科学有效的工艺措施，我们才能取得满意的干燥效果。对流干燥是木材干燥的重要方法。对流干燥必须借助干燥介质，干燥过程的控制是通过调整干燥介质状态来实现的，学习木材干燥技术必须了解干燥介质。另外，空气是最重要的干燥介质，木材的运输、存放、加工、使用都是在空气中进行的，其含水率将随空气状态变化而变化，正确把握空气中木材的含水率变化规律也要了解空气的性质。因此，本节专门介绍包括空气在内的常用木材干燥介质的性质。

干燥介质是指在干燥过程中将热量传给木材，同时将木材排出的水蒸气带走的媒介物质。干燥介质可为气体，亦可为液体。在常规室干中，干燥介质为湿空气；在过热蒸汽干燥中，干燥介质为过热蒸汽；在炉气干燥中，干燥介质为炉气；在有机溶剂干燥中，干燥介质为有机溶剂。目前，木材干燥生产中最为常用的干燥介质主要有3种：湿空气、水蒸气和炉气。

1 水蒸气与过热蒸汽

水可分为饱和水和不饱和水。一定气压下，达到沸腾温度时的水称为饱和水，否则为不饱和水。水达到饱和状态时的温度称为该压力条件下的饱和温度，用符号 t_{bh} 表示。一定的压力对应有相应的饱和温度，通常所说的水的沸点特指常压下水的饱和温度。

水蒸气按其存在状态可分为干饱和蒸汽、湿饱和蒸汽和过热蒸汽。

（1）干饱和蒸汽

干饱和蒸汽简称干蒸汽，是与沸腾水处于相平衡的蒸汽或无沸腾水的蒸汽，呈无色、透明状。从蒸汽锅炉引出的蒸汽即为干饱和蒸汽。干饱和蒸汽的压力称为饱和压力 p_{bh}，相应的温度称为饱和温度 t_{bh}，二者有对应关系，见表1-6。由表可以看出，当温度不高时，饱和压力很小，随着温度的升高，饱和压力明显迅速增加。表中其他参数：密度 ρ 指单位体积的质量；比容 v 指单位质量的体积；汽化潜热指单位质量饱和水蒸发成等温蒸汽所吸收的热量；焓 I 指以0℃水所含热量（能量）为零时，单位质量干蒸汽所含有的全部热量（能量）；焓与汽化潜热之差（$I-\lambda$）即为等温水所含有的热量。由此可以看出，水汽化所需热量远远大于等温水所含有的热量。

表 1-6　干饱和蒸汽参数表

压力 p_{bh}/MPa	温度 t_{bh}/℃	密度 ρ/（kg/m）^{3}	比容 v/（m^3/kg）	汽化潜热 λ/（kJ/kg）	焓/（kJ/kg）
0.001	6.9	0.0077	129.3	2484	2514
0.002	17.5	0.0149	66.97	2460	2533
0.005	32.9	0.0355	28.19	2423	2561
0.01	45.8	0.0681	14.68	2393	2584
0.02	60.1	0.131	7.65	2358	2609
0.05	81.3	0.309	3.242	2305	2646
0.10	99.6	0.590	1.694	2258	2675
0.12	104.8	0.700	1.429	2244	2684
0.14	109.3	0.809	1.236	2232	2691
0.16	113.3	0.916	1.091	2221	2697
0.18	116.9	1.023	0.977	2211	2702
0.20	120.2	1.129	0.885	2202	2707
0.25	127.4	1.392	0.718	2182	2717
0.30	133.5	1.651	0.606	2164	2725
0.35	138.9	1.908	0.524	2148	2732
0.4	143.6	2.163	0.462	2134	2738
0.45	147.9	2.416	0.414	2121	2744
0.5	151.8	2.669	0.375	2108	2749
0.6	158.8	3.169	0.316	2086	2756
0.7	165.0	3.666	0.273	2066	2763
0.8	170.4	4.161	0.240	2047	2768
0.9	175.3	4.654	0.215	2030	2773
1.0	179.9	5.139	0.1946	2014	2777
1.2	188.0	6.124	0.1633	1985	2783
1.5	198.3	7.593	0.1317	1946	2790
2.0	212.4	10.04	0.0996	1889	2797
2.5	223.9	12.50	0.0799	1839	2801

在 90℃～250℃范围内，还可近似地用以下经验公式表示，即：

$$p_{bh}=10\left(\frac{t_{bh}}{10}\right)^4 \quad (Pa) \tag{1-9}$$

应该指出，蒸汽的饱和温度等于在该压力下水的沸点温度。

（2）湿饱和蒸汽

湿饱和蒸汽简称湿蒸汽，是水在汽化过程中形成的汽和水的两相混合物，亦即含有悬浮沸腾水滴的蒸汽，呈白色、雾状。湿蒸汽中汽、水的成分比例，通常用干度表示。干度是指湿蒸汽中的干蒸汽与湿蒸汽总质量之比，用符号 x 表示。即：

$$X=\frac{干饱和蒸汽质量}{饱和水质量+干饱和蒸汽质量} \tag{1-10}$$

显然，饱和水的干度 x=0，干饱和蒸汽的干度 x=1，而湿饱和蒸汽的干度介于 0 和 1 之间。

（3）过热蒸汽

过热蒸汽是温度高于相同压力下饱和蒸汽温度的蒸汽，它是无色、透明的。过热蒸汽一般是将干蒸汽进一步加热后得到的。

过热蒸汽的物理性质近似理想气体，其状态参数之间的关系可用理想气体状态方程式来表述。对于1kg蒸汽来说，可以写出：

$$p_{gr}v_{gr}=R_{sz}T \tag{1-11}$$

式中 p_{gr}——过热蒸汽的压力，Pa；

v_{gr}——过热蒸汽的比容，m^3/kg；

T——绝对温度，K，其值可根据 $T=(273+t)$ 确定；

t——摄氏温度，℃；

R_{sz}——水蒸气的气体常数，等于461J/（kg·K）。

过热蒸汽的温度与同压力下饱和蒸汽温度的差值 $\Delta t=t_{gr}-t_{bh}$ 称为过热度，它的大小说明蒸汽过热的程度。

过热蒸汽是还可另外吸收水蒸气的蒸汽，因此称为未饱和蒸汽，其饱和度（φ）可以表示为：

$$\varphi=\frac{\rho_{gr}}{\rho_{bh}}=\frac{p_{gr}}{p_{bh}} \tag{1-12}$$

式中 ρ_{gr}，ρ_{bh}——分别为同一温度下过热蒸汽和饱和蒸汽的密度，kg/m^3；

p_{gr}，p_{bh}——分别为同一温度下过热蒸汽和饱和蒸汽的压力，Pa。

显然$\varphi=0\sim1$。

压力为一个大气压的过热蒸汽称常压过热蒸汽。用作干燥介质的过热蒸汽一般为常压过热蒸汽。常压过热蒸汽的参数见表1-7。其中，I_{gr}为过热蒸汽所含的全部热量，I_0为过热蒸汽过热部分的热量。

过热蒸汽木材干燥室内的过热蒸汽开始用来自锅炉供给的饱和蒸汽加热而成，以后则由被干木材中的蒸发水分加热而成。干燥室内的过热蒸汽因经过排气道与室外大气相通，其压力和大气压力基本相等，故为常压过热蒸汽。常压饱和蒸汽的温度约为100℃，因此常压过热蒸汽的温度都在100℃以上。

表1-7　常压过热蒸汽参数表（p_{gr}=0.1MPa）

过热蒸汽温度 t/℃	过热温度 Δt/℃	饱和度 φ	密度 ρ_{gr}/（kg/m^3）	比容 v_{gr}/（m^3/kg）	过热蒸汽 I_{gr}/（kJ/kg）	蒸汽过热部分焓 I_0/（kJ/kg）
99.6	0	0.000	0.50	1.695	2675	0.0
100	0.4	0.992	0.589	1.697	2676	0.8
102	2.4	0.916	0.586	1.709	2680	5.0
105	5.4	0.814	0.581	1.722	2687	11.3
110	10.4	0.677	0.573	1.746	2697	21.8
115	15.4	0.566	0.565	1.770	2707	31.8
120	20.4	0.477	0.557	1.794	2717	41.9
125	25.4	0.405	0.550	1.818	2727	51.9
130	30.4	0.346	0.543	1.842	2737	62.0
135	35.4	0.298	0.536	1.866	2747	72.0
140	40.4	0.258	0.529	1.890	2757	81.7
145	45.4	0.224	0.522	1.914	2766	91.4
150	50.4	0.196	0.515	1.938	2776	101.0

2 湿空气的性质

完全不含水蒸气的空气称为干空气，纯净的干空气主要由 N_2（76.8%）和 O_2（23.2%）组成。含有水蒸气的空气称为湿空气。也就是说，湿空气是干空气和水蒸气的混合物。自然界中的大气、木材干燥室内的空气等都是湿空气。

干空气和水蒸气都可近似视为理想气体。存在于湿空气中的水蒸气，由于其分压很小，比容很大，也可以视为理想气体。因此二者状态参数之间的关系，都可用理想气体的状态方程来描述。即：

$$pv=RT \tag{1-13}$$

式中 p——气体的压力，Pa；

v——气体的比容，m^3/kg；

T——绝对温度，K，其值可根据 $T=(273+t)$ 确定；

t——摄氏温度，℃；

R——气体常数，其大小与气体的性质有关，对于干空气，$R_{gk}=287J/(kg·K)$；对于水蒸气 $R_{sz}=461J/(kg·K)$。

由于 $\rho=1/v$，干空气的密度 ρ_{gk} 为：

$$\rho_{gk}=\frac{p_{gk}}{R_{gk}T}=\frac{p_{gk}}{287(273+t)} \tag{1-14}$$

式中 p_{gk}——干空气压力或分压，Pa。

在木材常规干燥中，用作干燥介质的湿空气虽然温度和湿度与大气不同，但其压力与大气是相同的，因此，以后所研究的湿空气均指常压湿空气。

当大气压力为 0.1MPa，温度为 20℃时，干空气的密度 $\rho_{gk}=1.19kg/m^3$。

根据道尔顿定律，大气的总压力 p 等于干空气分压力 p_{gk} 与水蒸气分压力 p_{sz} 之和。即：

$$p=p_{gk}+p_{sz} \tag{1-15}$$

由于常压下 $p=0.1MPa$ 是不变的，因此，水蒸气的分压 p_{sz} 越大，干空气的分压 p_{gk} 越小。在一定的温度条件下，湿空气的水蒸气分压越大，说明其中水蒸气的含量越多，空气也越潮湿，如果湿空气中水蒸气的含量（或水蒸气的分压 p_{sz}）超过某一限度，在湿空气中就有水珠析出。这说明，在一定温度条件下，湿空气中容纳水蒸气的量是有一定限度的，也就是说，湿空气中水蒸气的分压力有一个极限值。达此极限值时，水蒸气处于饱和状态，这种水蒸气处于饱和状态的湿空气称为饱和空气（注意与饱和蒸汽相区分），相应的水蒸气的分压力称为该温度时的饱和分压力 p_{bh}。一般湿空气中的水蒸气分压力 p_{sz} 都低于相同温度下的饱和分压力 p_{bh}，即湿空气仍具有一定吸收水蒸气的能力，称这种湿空气为未饱和空气。

由以上分析可以看出，在一定温度条件下，湿空气中水蒸气分压的大小，是衡量水蒸气含量，即湿空气干燥与潮湿的基本指标之一。

湿空气的性质不仅与其组分有关，还取决于它所处的状态。描述湿空气的状态，除 p、v、t 等参数外，还需要有表示湿空气独有特性的状态参数，如绝对湿度、相对湿度、湿含量等。

（1）湿度

湿度即空气的干湿程度，一般用空气中所含水分的量表示。根据计算方法不同，湿度可分为绝对湿度和相对湿度两种。

① 绝对湿度与湿容量 每 $1m^3$ 湿空气中所含水蒸气的质量克数，称为湿空气的绝对湿度（单位为

g/m^3）。其大小等于水蒸气在相同分压力和相同温度下密度的 1000 倍，即 $\rho_{sz}\times1000$。

在一定温度下，每 $1m^3$ 湿空气最大限度含有干饱和蒸汽量的克数，或者说饱和空气的绝对湿度称为湿容量。湿容量表示湿空气吸收水蒸气的能力，其大小与温度密切相关，温度升高，湿容量明显增大，反之迅速降低。处于高温下的未饱和空气经冷却，就会析出凝结水珠，除湿干燥正是利用这一原理来使湿空气变干的。绝对湿度只能说明湿空气中实际所含水蒸气的多少，而不能用它直接说明干湿程度。因此，还必须引入相对湿度的概念。

② 相对湿度　湿空气中实际水蒸气的含量与同温度下可能含有的最大水蒸气量之比，亦即，未饱和空气的绝对湿度 $1000\rho_{sz}$ 与同温度下饱和湿空气的绝对湿度 $1000\rho_{bh}$ 之比，用符号 φ 表示：

$$\varphi=\frac{\rho_{sz}}{\rho_{bh}}\times100 \\ =\frac{\rho_{sz}}{\rho_{bh}}\times100\quad(\%) \tag{1-16}$$

显然，相对湿度反映了湿空气中所含水蒸气量接近饱和的程度，故也称为饱和度（注意与过热蒸汽饱和度相区分）。φ 值小，表示湿空气干燥，吸收水分的能力强；φ 值大，表示湿空气潮湿，吸收水分的能力弱。当 φ 为 0 时，则为干空气；φ 为 100%时，则为饱和空气（但不能说空气中全部是水蒸气）。所以不论空气中的水蒸气多少，由 φ 值的大小，就可直接判断出它的干湿程度。

（2）湿含量

在含有 1kg 干空气的湿空气中，所含水蒸气的质量，以克（g）计，称为湿含量，用符号 d 表示。如果湿空气中有 G_{sz}kg 水蒸气和 G_{gk}kg 干空气，则：

$$d=1000\frac{G_{sz}}{G_{gk}}=1000\frac{\rho_{sz}}{\rho_{gk}}\quad(\text{g/kg 干空气}) \tag{1-17}$$

由上式可以看出，当大气压力 p 为一定值时，空气中水蒸气的含量 d，只取决于空气中水蒸气分压力 p_{sz} 的大小，湿含量随水蒸气分压力的升降而增减。因此，d 与 p_{sz} 本质上是同一参数。

注意，虽然湿容量和湿含量都表示湿空气中含水蒸气的克数，但定义不同。

（3）焓

焓指含有 1kg 干空气的湿空气的热含量，符号为 I。它是 1kg 干空气的焓和 0.001 kg 水蒸气的焓的总和，或者说是（1+0.001）kg 湿空气的焓，其计算公式如下：

$$I=1.0t+2.5d+0.0019dt\quad(\text{kJ/kg 干空气}) \tag{1-18}$$

式中　I——湿空气的焓，kJ/kg；

t——湿空气的温度，℃；

d——湿空气的湿含量，g/kg。

（4）密度

湿空气的密度用 $1m^3$ 湿空气中含干空气的质量和水蒸气的质量的总和来表示。经过推导后可用下式计算：

$$\rho=\frac{p}{287T}-0.001315\frac{\varphi p_{bh}}{T}\quad(\text{kg/m}^3) \tag{1-19}$$

从式中可以看出，当大气压力 p 和绝对温度 T 不变时，φ、p_{bh} 越大，ρ 越小，即湿空气的密度随着相对湿度的增大而减小。由此说明湿空气比干空气轻，当空气的相对湿度 $\varphi=0$ 时，空气为干空气，此时其密度最大。因此说，湿空气的密度将永远小于干空气的密度。

（5）比容

含有 1kg 干空气的湿空气或者说（$1+0.001d$）kg 湿空气所占据的容积，当大气压力为 0.1MPa 不变时，比容用下式计算：

$$v_{1+0.001d}=4.62\times10^{-6}T(622+d) \quad (m^3/kg\ 干空气) \tag{1-20}$$

由上式可以看出，以 1kg 干空气为基准的空气的比容与湿含量及温度均成正比关系。$d=622$ 较 $d=0$ 时增加 1 倍，$d=1244$ 时增加两倍，余类推。

注意：湿空气的比容并非普通意义上的比容，它是以 1kg 干空气为基准的，即（$1+0.001d$）kg 湿空气所占有的体积，而不是 1kg 湿空气的体积。

3 炉气

燃料燃烧产生的炽热气体称为炉气。炉气可以由固体燃料（如煤和木材废料）、液体燃料（如石油）或气体燃料（如天然气和焦炉煤气）燃烧产生。炉气也是一种混合气体，其组分较空气更为复杂，主要由氮、氧、二氧化碳、二氧化硫、水蒸气、一氧化碳及灰分等成分组成。

炉气既可用作干燥介质，又可用作载热体。用作干燥介质的炉气有如下要求：少烟或无烟；无火花和灰尘；温度适宜稳定；炉气的气流量连续稳定。

木材干燥常用的炉气主要是木材废料燃烧产生的。木燃料主要由碳、氢、氧、氮和钙等元素组成，其特点是含硫极微，灰分量少（1%～2%），挥发物质多，含水率变化范围大。

炉气具有与湿空气类似的性质，因此关于炉气的状态方程、主要参数与湿空气基本相同。在实际生产中，炉气干燥的测控方式与湿空气干燥也基本相同，因此本节仅就木材燃烧及炉气有关主要参数的计算作简要介绍。

（1）木燃料的发热量

实验室中测得的包括烟气中水蒸气汽化潜热在内的发热量称为高位发热量，扣除水蒸气汽化潜热后的发热量称低位发热量。

木燃料的理论高位发热量可根据燃料的元素成分用门捷列夫经验公式计算（因计算复杂略），实际计算可用下式近似求得：

$$Q_B=198(100-W_0)=\frac{1980000}{100+W} \quad (kJ/kg) \tag{1-21}$$

若水的汽化潜热按 600×4.18＝2510 kJ/kg，则低位发热量为：

$$Q_H=Q_B-25.1(9m_H+W_0) \quad (kJ/kg) \tag{1-22}$$

式中 W_0——木材相对含水率，%；

W——木材绝对含水率，%；

m_H——木燃料中氢的质量分数，%。绝干木材为 6.1%。相对含水率为 W_0 的木燃料氢的质量分数按 $m_H=6.1(1-W_0/100)$ 计算。

显然，当含水率 $W_0=0$ 时，木材发热量为 18422kJ/kg。

（2）燃料燃烧生成的干炉气量

燃料燃烧生成的干炉气量（G_c）与燃料质量、所用空气量、产生灰分量及水蒸气量有关。

若用 G_a 表示木燃料燃烧实际所用空气量，G_0 表示理论空气量，则 G_a/G_0 称为过剩空气系数，用 α

表示，即：$\alpha=G_a/G_0$。

α 确定后，燃料燃烧生成的干炉气量为：

$$G_c=(0.0596\alpha+0.0043)(100-W_0) \quad (kg/kg) \tag{1-23}$$

式中 W_0——木材相对含水率，%；

G_c——干炉气量，kg/kg；

α——过剩空气系数。

（3）炉气的湿含量

炉气中的水蒸气除了燃料燃烧所产生的水蒸气外，还有空气带入的水蒸气。空气带入的水蒸气不仅与其湿含量 d_0 有关，而且还与过剩空气系数 α 有关，其计算式较复杂，实际应用中用下式近似计算：

$$D=\frac{9210+75.7W_0}{\alpha(100-W_0)} \quad (g/kg\ 干空气) \tag{1-24}$$

（4）炉气的焓 I

炉气的焓 I 应为：

$$I=\frac{3323+\alpha I_0}{0.072+\alpha} \quad (kJ/kg\ 干空气) \tag{1-25}$$

式中 I_0——空气的焓，kJ/kg 干空气。

可以看出，木燃料完全燃烧生成的炉气的热量 I 与 W_0 无关，而由过剩空气系数 α 及流入炉灶空气的热量 I_0 来确定。

当 $\alpha=1$，并取 $I_0=0$ 时，最大焓为：$I_{max}=3100$ kJ/ kg。

■ 实例分析

［例 1］ 已知干燥室内循环空气的干球温度为 80℃，湿球温度为 72℃，查表求相对湿度。

解 $\Delta t=t-t_M=80-72=8$℃，则根据 $t=80$℃、$\Delta t=8$℃查表 1-8 得：$\varphi=70\%$。

［例 2］ 已知某干燥阶段循环空气的干球温度为 56℃，相对湿度为 53%，此时空气湿球温度为多少？

解 根据 $t=56$℃、$\varphi=53\%$查表 1-8 得 $\Delta t=11$℃，因此湿球温度 $t_M=t-\Delta t=56-11=45$℃。

表 1-8 空气湿度表 φ %

干球温度 t/℃	干湿球温度差 Δt/℃ （气流速度为 1.5～2.5m/s）																													
	0	1	2	3	4	5	6	7	8	9	10	11	12	13	14	15	16	17	18	19	20	22	24	26	28	30	32	34	36	38
30	100	93	87	79	73	66	66	55	50	44	39	34	30	25	20	16														
32	100	93	87	80	73	67	62	57	52	46	41	36	32	28	23	19	16													
34	100	94	87	81	74	68	63	58	54	48	43	38	34	30	26	22	19	15												
36	100	94	88	81	75	69	64	59	55	50	45	40	36	32	28	25	21	18	14											
38	100	94	88	82	76	70	65	60	56	51	46	42	38	34	30	27	24	20	17	14										
40	100	94	88	82	76	71	66	61	57	53	48	44	40	36	32	29	26	23	20	16										
42	100	94	89	83	77	72	67	62	58	54	49	46	42	38	34	31	28	25	22	19	16									
44	100	94	89	83	78	73	68	63	59	55	50	47	43	40	36	33	30	27	24	21	18									
46	100	94	89	84	79	74	69	64	60	56	51	48	44	41	38	34	31	28	25	22	20	16								
48	100	95	90	84	79	74	70	65	61	57	52	49	46	42	39	36	33	30	27	24	22	17								

（续）

干球温度 t/℃	干湿球温度差 Δt/℃ （气流速度为 1.5~2.5m/s）																													
	0	1	2	3	4	5	6	7	8	9	10	11	12	13	14	15	16	17	18	19	20	22	24	26	28	30	32	34	36	38
50	100	95	90	84	79	75	70	66	62	58	54	50	47	44	41	37	34	31	29	26	24	19	14							
52	100	95	90	84	80	75	71	67	63	59	55	51	48	45	42	38	36	33	30	27	25	20	16							
54	100	95	90	84	80	76	72	68	64	60	56	52	49	46	43	39	37	34	32	29	27	22	18	14						
56	100	95	90	85	81	76	72	68	64	60	57	53	50	47	44	41	38	35	33	30	28	23	19	15						
58	100	95	90	85	81	77	73	69	65	61	58	54	51	48	45	42	39	36	34	31	29	25	20	17						
60	100	95	90	86	81	77	73	69	65	61	58	55	52	49	46	43	40	37	35	32	30	26	22	18	14					
62	100	95	91	86	82	78	74	70	66	62	59	56	53	50	47	44	41	38	36	33	31	27	23	19	16					
64	100	95	91	86	82	78	74	70	67	63	60	57	54	51	48	45	42	39	37	34	32	28	24	20	17					
66	100	95	91	86	82	78	75	71	67	63	60	57	54	51	49	46	43	40	38	35	33	29	25	22	18	15				
68	100	95	91	87	82	78	75	71	68	64	61	58	55	52	49	46	44	41	39	36	34	30	26	23	19	16				
70	100	96	91	87	83	79	76	72	68	64	61	58	55	52	50	47	44	41	39	37	35	31	27	24	20	17				
72	100	96	91	87	83	79	76	72	69	65	62	59	56	53	50	47	45	42	40	38	36	32	28	25	21	18				
74	100	96	92	87	84	80	76	72	69	65	63	60	56	53	51	48	46	43	41	39	37	33	29	26	22	19	14			
76	100	96	92	87	84	80	77	73	70	66	64	61	57	54	52	49	47	44	42	40	38	34	30	27	23	20	15			
78	100	96	92	88	84	80	77	73	70	66	64	61	58	55	53	50	48	45	42	40	38	34	31	27	24	21	16			
80	100	96	92	88	84	80	77	73	70	66	64	61	58	55	53	50	48	45	43	41	39	35	31	28	25	22	17			
82	100	96	92	88	84	80	77	74	71	67	65	62	59	56	54	51	49	46	44	42	40	36	32	29	26	23	18			
84	100	96	92	88	84	80	77	74	71	68	65	62	59	56	54	51	49	46	44	42	40	36	32	29	26	23	19	14		
86	100	96	92	88	84	80	78	75	72	69	66	63	60	57	55	52	50	47	45	43	41	37	33	30	27	24	20	15		
88	100	96	92	89	85	81	78	75	72	69	66	63	60	57	55	52	50	48	46	44	42	38	34	31	28	25	21	16		
90	100	97	93	89	85	81	79	75	72	69	66	63	61	58	56	53	51	49	47	45	43	39	35	32	29	26	22	18		
92	100	97	93	90	86	82	79	76	73	70	67	64	62	59	57	54	52	50	47	45	43	39	36	33	30	26	22	19	16	
94	100	97	93	90	86	82	79	76	73	70	67	65	62	60	57	54	52	50	48	46	44	40	37	33	30	27	23	20	17	
96	100	97	93	90	87	83	80	76	73	70	68	65	62	60	58	55	53	51	48	46	44	41	37	34	31	28	24	21	18	
98	100	97	93	90	87	83	80	77	74	71	68	65	63	60	58	55	53	51	49	47	45	41	38	34	31	28	25	22	19	16
100	100	97	93	90	87	83	80	77	74	71	68	66	63	61	59	56	54	52	49	47	45	42	38	35	32	29	26	23	20	17
102			94	91	88	84	81	78	75	72	69	67	64	62	59	56	54	52	50	48	46	42	38	35	32	29	26	23	21	18
104					88	84	81	78	75	72	69	67	64	62	60	57	55	53	50	48	46	42	39	35	32	30	27	24	22	19
106							81	78	75	72	69	67	64	62	60	57	55	53	50	48	46	43	39	36	33	30	27	24	22	20
108									75	72	69	67	64	62	60	57	55	54	51	49	46	43	40	36	33	31	28	25	23	21
110											69	67	65	63	61	58	56	54	51	49	46	43	41	37	34	31	29	26	24	21
112													65	63	61	58	56	54	52	50	47	44	42	38	35	33	30	27	24	22
114															61	58	56	54	52	50	48	45	42	38	35	33	30	27	25	22
116																	57	55	53	51	49	46	43	39	36	34	31	28	25	23
118																			53	51	50	46	43	40	37	34	32	29	26	23
120																					50	47	44	41	38	35	32	29	26	24
125																								41	38	35	33	30	27	25
130																										35	33	31	28	26

（续）

干球温度 t/℃	干湿球温度差 Δt/℃ （气流速度小于0.5m/s）																													
	0	1	2	3	4	5	6	7	8	9	10	11	12	13	14	15	16	17	18	19	20	22	24	26	28	30	32	34	36	38
20		88	78	67	57	47																								
22		89	79	69	60	50																								
24		90	80	71	62	53	45																							
26		91	81	73	64	56	48	40																						
28		91	82	74	66	58	51	43																						
30		92	83	75	68	60	53	46	39																					
32		92	84	76	69	62	55	49	42																					
34		92	85	77	71	64	57	51	45	39																				
36		93	85	78	72	65	59	53	47	41																				
38		93	86	79	73	67	61	55	49	44	39																			
40		93	87	80	74	68	62	57	51	46	41																			
42		93	87	81	75	69	63	58	53	49	43																			
44		93	87	81	75	70	64	59	54	50	45	40																		
46		94	88	82	46	71	66	61	56	51	47	42																		
48		94	88	82	77	72	67	62	57	53	49	44	40																	
50		94	88	83	78	73	68	63	59	54	50	46	42																	
52		94	89	83	78	73	69	64	60	55	51	48	44																	
54		94	89	84	79	74	69	65	61	56	52	49	45	41																
56		95	90	84	79	74	70	66	62	57	53	50	46	43																
58		95	90	85	80	75	71	67	63	58	56	51	47	44	41															
60		95	90	86	80	75	71	67	63	59	56	52	48	45	42															
62		95	90	85	81	76	72	68	64	60	57	53	49	46	43	40														
64		95	90	86	81	76	73	69	65	61	58	54	51	47	44	41														
66		95	91	86	82	77	73	69	65	62	58	56	52	48	45	42	40													
68		96	91	86	82	77	73	70	66	62	59	57	53	49	46	43	41													
70		96	91	87	82	78	74	71	66	63	60	57	54	50	47	44	42	39												
72		96	91	87	83	78	74	71	67	64	60	58	55	51	48	45	43	40												
74		96	91	87	83	79	75	72	67	65	61	58	55	52	49	46	44	41	39											
76		96	91	87	83	79	75	72	68	65	62	59	56	53	50	47	45	42	40											
78		96	91	87	84	80	76	73	68	66	63	60	56	54	50	48	46	43	41	39										
80		96	91	88	84	80	76	73	69	66	63	60	57	55	51	49	47	44	42	39										
82		96	92	88	84	80	77	74	69	67	64	61	58	55	52	50	47	45	42	40	38									
84		96	92	88	84	81	77	74	70	68	64	61	58	56	53	51	48	46	43	41	39									
86		96	92	88	85	81	78	74	70	68	65	62	59	56	53	51	49	46	44	42	40									
88		96	92	88	85	81	78	75	71	68	66	62	59	57	54	52	49	47	45	43	40									
90		96	92	88	85	82	78	75	71	69	66	63	60	57	55	53	50	48	45	43	41									

任务实施

■ 任务实施要求

1. 任务实施前需认真阅读知识准备内容并完成引导问题的回答。

2. 学会自制干湿球湿度计，熟练掌握用干湿球湿度计测量空气湿度。

3. 操作步骤和检测过程规范，测定结果准确，小组之间对测定的结果相互验证，做好记录，善于总结。

■ 学习引导问题

请同学们认真阅读知识准备内容，独立完成以下引导问题。

1. 普通蒸锅正常情况时锅内的水蒸气是什么状态？如果锅中的水被烧干，在烧干的瞬时和短时间内（锅未烧坏），锅内蒸汽分别呈什么状态？为什么？

2. 通过管路引出的锅炉蒸汽为何种蒸汽？其温度与什么有关？如果蒸汽表压力为 0.4MPa 和 0.6MPa，其温度分别为多少？

3. 已知空气干燥介质的干球温度为 80℃，如果要求介质的相对湿度为 77%，试问湿球温度应为多少？

■ 任务实施步骤

相对湿度的测定一般使用干湿球湿度计，它由两支温度计组成。其中一支温度计的温包外面包裹着纱布，纱布下端浸入水中，使温包外面的纱布保持湿润状态，这支温度计称为湿球温度计，用它测得的温度称为湿球温度 t_M；另一支温包不包纱布的温度计称为干球温度计，测得的温度称为干球温度 t，如图 1-11 所示。在不饱和空气中，湿球温度总是低于干球温度，这是由于温度计湿球温包上的水分蒸发散失热量的结果，这种差值称为干湿球温度差 Δt（注意与过热蒸汽过热度相区分）。空气越干，水分蒸发越快，散失热量越多，Δt越大；反之空气越湿，则 Δt越小。当空气被水蒸气所饱和时，Δt为 0，水分停止蒸发。湿度的测定（或干湿球温度差 Δt）在一定程度上受空气流动速度的影响，因此测定湿度首先要确定气流速度。表 1-8 前后分别列出了气流速度为 1.5～2.5m/s 和气流速度小于 0.5m/s 两种情况下的空气相对湿度数值，只要根据干球温度和干湿球温度差即可查得相对湿度。木材干燥中，强制循环干燥一般可视其气流速度为 1.5～2.5m/s，大气干燥和自然循环干燥可视其气流速度小于 0.5m/s。

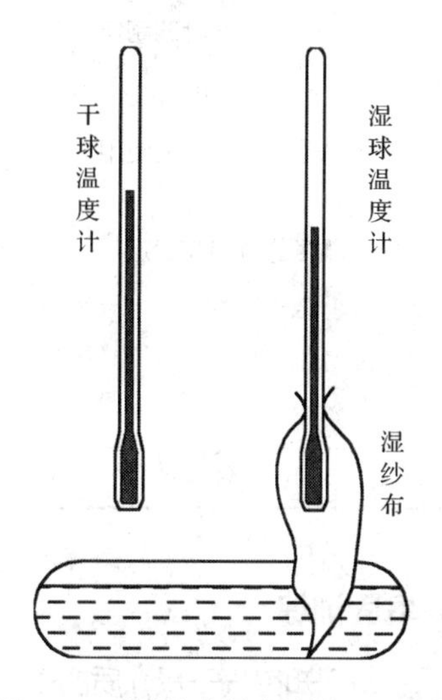

图 1-11　干湿球湿度计原理示意图

1. 干湿球湿度计制作方法

（1）按图 1-11 所示将两根同型号温度计固定于胶合板上，同时将水盒固定在胶合板下端。

（2）将棉纱叠成 3～4 层，一端包裹在一只温度计的温包上用线系牢，另一端自然垂落到水盒中。

（3）读取两支温度计的读数。

（4）向水盒中注水达 3/4 高度，并使脱脂纱布全部湿润，保持未裹纱布的温度计温包干燥。

（5）两次读取两支温度计的读数并与前次读数进行比较。

（6）记录读数，查相对湿度表，确定空气的相对湿度。

（7）组间进行数据对比，并与市场上购买的寒暑表显示的温湿度进行比较，检验测量数据的准确性。

（8）写出实训报告。

2. 干湿球湿度计制作注意事项

（1）棉纱湿润后，应待其温度计读数稳定后再读取数值。

（2）温度计裹棉纱的温包距水盒水面 30～50mm 为宜。

■ 成果展示

1. 每人写一份实训报告。
2. 用示意图说明干湿球湿度计的结构。
3. 说明湿球温度计的棉纱湿润前后温度变化的原因。

■ 总结评价

在本任务的学习过程中，同学们要能熟练掌握制作干湿球湿度计的方法，准确进行室内湿度的测定，了解干燥介质的种类与作用，了解水蒸气的 3 种状态及其性质特点，了解木材干燥使用炉气的要求。

实训考核标准

序 号	考核项目	满 分	考核标准	得 分	考核方式
1	干湿球湿度计的制作	30	结构正确 10 分，部件相对位置合理 10 分，操作基本熟练 10 分		现场、作品
2	干湿球湿度计的使用	25	能发现湿球温度计的棉纱湿润前后温度的变化及与干球温度计的关系 10 分；能正确读取干湿球温度计的数值 10 分		现 场
3	湿度的测量与确定	15	操作方法正确 3 分，结果正确 2 分		现场、报告
4	报告规范性	10	酌情扣分		报 告
5	实训出勤与纪律	10	迟到、早退各扣 3 分，旷课不得分		考 勤
6	答辩	10	能说明每一步操作的目的和要求		个别答辩
	总计得分	100			

■ 巩固训练

1. 已知空气干燥介质的干球温度为 68℃，湿球温度为 62℃，介质的相对湿度为多少？

2. 已知空气干燥介质的干球温度为 84℃，如果要求介质的相对湿度为 74%，试问湿球温度应为多少？

■ 思考与练习

1. 干饱和蒸汽简称________，是与沸腾水处于相平衡的蒸汽或无沸腾水的蒸汽，呈________状态。

2. 湿度即空气的干湿程度，一般用空气中所含水分的量表示。根据计算方法不同，湿度可分为________和________两种。

3. 水可分为饱和水和不饱和水。一定气压下，达到沸腾温度时的水称为________，否则为________。

4. 炉气既可用作干燥介质，又可用作载热体。用作干燥介质的炉气有哪些要求？

任务1.3 不同状态湿空气中木材平衡含水率测定

工作任务

1. 任务提出

通过任务实施，同学们要了解木材中水分的存在状态和移动途径，明确纤维饱和点的概念及其提出的意义，了解木材水分的蒸发过程与木材平衡含水率的概念及影响因素；掌握木材内部水分移动的动力及影响水分移动的因素；熟练掌握通过空气温湿度确定木材平衡含水率的方法。

2. 工作情景

课程在木材干燥实训室进行教学，学生以干燥小组形式进行课程学习。通过任务 1.2 不同状态湿空气温湿度测定的学习，同学们利用已经自制的干湿球湿度计，测量室内干球温度与湿球温度，查表获得该状态下木材的平衡含水率，利用小型木材干燥设备（或烘箱），在不同干湿球温度下查表得到不同的木材平衡含水率，组间进行比较并撰写实训报告。

3. 材料及工具

干湿球湿度计、小型木材干燥设备（或烘箱）、教材、笔记本、笔、多媒体设备等。

知识准备

1 木材中水分的存在状态

（1）木材的湿物体属性

一切能够容纳水分的物体，从它们和水分之间的相互作用来看，可以分为 3 类：一类是毛细管多孔体，如焦炭、砖等，这些物体在所含水分增加或减少时，尺寸不变；另一类是胶体，如胶、生面团、黏土等，这些物体在吸收水分时能无限膨胀，直至丧失其几何形状；第三类是介于以上两类之间，称为毛细管多孔胶体，它能吸收一定量的水分，在吸收或失去水分时，其尺寸发生有限的变化，即在一定范围内吸水时尺寸增大，失水时尺寸缩小。

（2）木材水分的存在状态

木材是由为数极多的各种细胞组成的，每一个细胞都有细胞壁和细胞腔。相邻细胞间，通过细胞壁上的纹孔及部分细胞（导管）底壁的穿孔使多数细胞的细胞腔相互沟通，形成一套联系树木各部分的平均半径为（1~2）$\times 10^{-5}$cm 的大毛细管系统。另外在细胞壁的内部还有极细微的间隙，它们相互连通，构成多级微毛细管系统。木材中的水分就包含在这两类毛细管系统之内，并可沿着系统的通路向纵横方向移动。

根据流体力学理论，毛细管半径越小，其表面张力越大，若毛细管半径在 10^{-5}cm 以上，毛细管对水分束缚力很小或几乎无束缚力。

由细胞腔、纹孔等构成的大毛细管系统由于平均半径为（1~2）$\times 10^{-5}$cm，对水分束缚力很小或无束缚力，其中的水分大致和自由水面上的水分一样蒸发，故称为自由水。这个系统能向空气蒸发水分，但不能吸收空气中的水分子形成自由水，只有把木材浸入水中，才可能再吸入自由水。

微毛细管系统平均半径不超过 0.25×10^{-5}cm，对水分有不同的束缚作用，微毛细管中的水分只能根据周围空气温湿度有限蒸发，在一定条件下还具有从空气中吸收水蒸气的能力，因此称微毛细管中的水分为吸着水（或结合水）。

（3）纤维饱和点

吸着水包含在细胞壁内，而细胞壁能容纳水分的空间是有限的，因此吸着水的量是有一定限度的，木材细胞壁最多含有吸着水的量用含水率表示即为纤维饱和点。木材在空气中蒸发水分时，由于自由水和吸着水与木材结合力不同，自由水先于吸着水蒸发。当自由水已全部蒸发完毕，而吸着水尚未开始蒸发时（木材厚度足够薄），此时的木材含水率即可确认为纤维饱和点。纤维饱和点因树种和温度略有不同，一般近似视其为 30%。由此可以看出，当木材含水率低于纤维饱和点时，所含水分均为吸着水，高于纤维饱和点时，自由水和吸着水都有。

纤维饱和点只是理论上的一个临界状态点，这个状态点的存在虽然只是短暂的瞬间，但纤维饱和点的提出具有重要意义，它是木材物理力学性质的转折点。如含水率在纤维饱和点以下时，其变化对木材导电性、导热性、尺寸稳定性、力学强度都有明显的影响，而含水率在纤维饱和点以上时，其变化对上述性质影响很小。

2 空气中木材水分的蒸发

（1）气体的扩散

当两种或两种以上的气体置于同一种容器中时，由于分子运动引起的气体间连续相互渗透称为扩散。扩散也是质转移方式之一。研究表明：气体扩散的流量（速度）与混合气体中该气体的浓度差（或密度差）成正比。

（2）空气中自由水面水分的蒸发

空气中自由水面水分的蒸发是典型的气体扩散过程。根据湿空气的性质，只有当水面的空气没有被水蒸气所饱和时，水分才可能蒸发。因此，自由水面周围的空气必须是未饱和空气。

与水分表面直接接触的空气层，通常首先被蒸汽所饱和，其水蒸气分压为蒸发温度下的饱和蒸汽压 p_{bh}，远远大于周围空气内的水蒸气分压 p_{sz}，正是这种压力差（$p_{bh}-p_{sz}$）使得蒸汽不断向周围空气中扩散，同时自由水又不断蒸发，液态水向饱和空气层补充，这样自由水就能连续不断地蒸发。此时蒸汽的扩散速度等于水面的蒸发速度。因此，自由水面水分的蒸发可以借助气体扩散规律来讨论。

在大气压力下自由水面的蒸发量 i 可近似用道尔顿公式计算，即：

$$i=B(p_{bh}-p_{sz})\quad [kg/(m^2\cdot h)] \tag{1-26}$$

式中　B——水分蒸发系数。

当气流方向平行于被蒸发的水面，温度在 60℃ ~ 250℃范围内时，$B \approx 0.0017+0.0013\omega$，其中：$\omega$ 为平行水面的气流速度；当气流方向垂直水面时，蒸发系数加大 1 倍。

水蒸气压力差（$p_{bh}-p_{sz}$）称为蒸发势。它的确定比较困难，但可以通过 $\Delta t=t-t_M$ 间接确定，二者相互关系如下：

$$p_{bh}-p_{sz}=\Delta t(650.0006p_{sz}) \quad (Pa) \tag{1-27}$$

式中 Δt——干燥势。

显然干燥势的确定较蒸发势方便得多。

式（1-27）表明自由水面的蒸发强度与周围空气中的水蒸气分压 p_{sz}（或相对湿度）成反比，与相同温度下空气的饱和蒸汽压力 p_{bh} 和空气的水蒸气分压 p_{sz} 的压力差（$p_{bh}-p_{sz}$）成正比。空气越干，水分蒸发速度就越快。此外与水面上的空气流动速度 ω 有着密切的关系，因为水面上常具有一层薄薄的被蒸汽所饱和的空气层，水面上的气流速度越大，饱和空气层的厚度就越小，蒸发就越快。

根据以上分析，常压下决定水分蒸发强度的主要参数就变成了干湿球温度差（即干燥势）Δt 和水面的气流速度 ω。

（3）空气中木材水分的蒸发

木材在空气中水分的蒸发有几种不同情况，表层含水率高于纤维饱和点的湿木材表面的水分蒸发，与自由水面的水分蒸发情况相同，可以用式（1-26）确定水分蒸发量。但是从木材表层含水率降低到纤维饱和点以下的瞬间开始，情况就发生了变化，此时木材表面的水蒸气压力 p_b 将低于同温度下饱和空气的水蒸气分压 p_{bh}，但仍大于周围空气的水蒸气分压 p_{sz}（或相对湿度），即 $p_b-p_{sz}<p_{bh}-p_{sz}$，因此蒸发强度降低。此时木材表层的水分蒸发量，是由木材内部水分向表面的移动速度来决定的。具体可用下式计算：

$$i=\alpha'\rho_0(W_b-EMC) \quad [kg/(m^2 \cdot h)] \tag{1-28}$$

式中 W_b——木材表面含水率，%；

EMC——周围空气相应的平衡含水率，%；

α'——换水系数，表明水蒸气分子逸过木材表面上的边界扩散到周围空气中的能力；

ρ_0——木材绝干密度，g/cm^3。

木材属于吸湿材料，它可在不同温度、湿度和含水率情况下与周围的气体介质进行湿交换。如使木材既不变干又不变湿，必须使木材表面的水蒸气压力 p_b 和周围介质中的水蒸气分压 p_{sz} 相一致，即 $p_b=p_{sz}$。如果 $p_b>p_{sz}$，则水分由木材向外蒸发。反之如果 $p_b<p_{sz}$，木材表面将从周围介质中吸收水蒸气。

3 木材内部水分的移动（传导）

（1）木材内部水分移动的路径、状态和动力

在木材内部，既有沿着纤维方向的水分移动，也有垂直纤维方向的水分移动。对于生产用材的干燥和湿润过程，几乎由垂直纤维方向的水分移动来决定。因此，下面仅就横纹方向的水分移动进行讨论。

在含水率低于纤维饱和点的条件下，木材中的大毛细管系统不含自由水，充满着空气，此时木材内的水分同时以蒸汽状态和液体状态沿着下列两种水分传导路径向表面移动。

① 大毛细管路径 即在水蒸气分压差的作用下，水分呈蒸汽状态沿着由相邻的细胞腔、纹孔及纹孔膜上的微孔所组成的大毛细管系统向木材表面扩散，如图 1-12 中的 a。水蒸气分压差是由于木材表

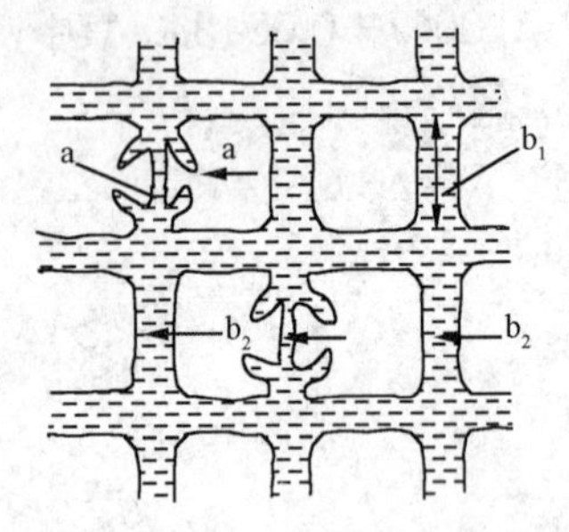

图 1-12　木材横断面水分移动

（Серговскийэ，1952）

面蒸发水分使木材内外形成含水率梯度而产生的。含水率低处空气中的水蒸气分压小，含水率高处空气中的水蒸气分压大。

② *微毛细管路径*　即在毛细管表面张力差的作用下，水分呈液体状态沿着连续不断的微毛细管系统移动，如图 1-12 中的 b_1 和 b_2。木材由于表面水分的蒸发，表层含水率比内层低，这意味着其微毛细管直径比内层小。根据流体力学有关毛细管表面张力随着毛细管直径缩小而增大的规律，表层微毛细管的表面张力大于内层，正是在这种张力差的作用下，促使吸着水从含水率高的内部向含水率低的表面移动。

木材水分在实际移动过程中，不一定始终沿一种路径，以一种形式移动，也可能在移动过程中相互转换（有人将其归为第三种路径——混合路径）。

（2）木材内部水分移动的规律与影响因素

木材干燥过程中水分的移动大体可分为等温水分移动和不等温水分移动两种情况。

所谓木材等温水分移动即在木材各处温度相同条件下水分的移动。研究表明：温度不变时水流量与木材内外含水率差及导水性有关，含水率差越大，木材导水性越好，水流量越大。木材等温水分移动实际并不多见，但它是不等温水分移动的基础。木材不等温水分移动即木材在温度变化条件下水分的移动。

木材在实际干燥过程中，水分的蒸发要带走热量，同时要使木材继续干燥就要不断补充热量，因此严格地说木材等温干燥是不存在的，而不等温干燥却是普遍的。通常情况下木材干燥过程中水分的移动是在含水率差（水分向含水率降低方向移动）和温度差（水分向温度降低方向移动）的共同作用下进行的。前者与水分传导有关，后者与所谓热湿传导有关。

影响木材水分移动的因素很多，下面仅就几个主要因子说明如下：

① *树种*　不同树种的木材具有不同的构造，它的纹孔大小和数量，以及纹孔膜上微孔的大小都有很大的差异，因此对水分移动的阻力各不相同。一般环孔阔叶树材水分移动能力小于散孔阔叶树材和针叶树材；而散孔阔叶树材和针叶树材中，密度大的木材水分移动能力明显小于密度小的木材。

② *木材部位*　心材的水分传导总是比边材小，因为心材的纹孔多是闭塞的，第二种水分传导路径的效率低。

③ *水分移动的方向*　顺纹方向的水分传导比横纹方向大 10～20 倍，除干燥铅笔板和鞋楦之类短料外，实际意义不大。同是横纹方向，径向比弦向水分传导能力大 10%～20%。

④ *温度*　随着温度的升高，各种木材的水分传导能力都有明显的增大，这是因为温度的升高可以提高水蒸气的扩散强度，降低液态水的黏度。

4 木材在气体介质中的对流干燥机理

关于木材在气体介质中对流干燥的机理，在含水率低于纤维饱和点和高于纤维饱和点的状态下是有区别的，因此一般分含水率低于纤维饱和点和高于纤维饱和点两种情况。

（1）含水率低于纤维饱和点时木材的干燥机理

当含水率低于纤维饱和点时，木材内的自由水已蒸发完毕，不含自由水，细胞腔内只充满着空气。如将厚度为 S、最初含水率为 $W_{初}$ 的木材放在一定状态的空气中进行干燥，由于向空气中蒸发水分，木材表层的含水率在干燥过程开始之后立即降低，结果在木材断面上产生了内高外低的含水率梯度。在含水率梯度的作用下，水分开始由内部向表面移动，其中一部分结合水变为蒸汽沿大毛细管向外移动，另一部分仍然以液态形式沿微毛细管向外移动，木材含水率也随之降低。木材横断面上的任何一点在瞬间的水流量和含水率梯度成正比，越接近干燥终点，含水率梯度越小，因此干燥速度越慢。

（2）含水率高于纤维饱和点时木材的干燥机理

当含水率高于纤维饱和点时，木材细胞腔内含有液态自由水。此时，由于整个木材厚度上的含水率相等，不会形成毛细管张力差，所以没有沿着微毛细管的液态水分的移动。又由于细胞腔内含有液态水分，也没有蒸汽状态的水分沿着大毛细管的移动。在这种情况下，表层的液态自由水只能在其表面水蒸气压与外界水蒸气分压差的作用下向外移动。

如将厚度为 S、最初含水率为 $W_{初}$的木材放在一定状态的空气中进行干燥。水分蒸发过程一开始，表层的含水率降低，当表层的含水率没有低于纤维饱和点的时候，木材内部的水分不能移动，表层水分的蒸发与自由水面相同。但从表层的自由水完全被排除去的瞬间开始，木材内层和表层之间产生了毛细管压力差；在毛细管压力差的作用下，促使自由水按照水分蒸发的强度向表层移动。最初，木材外层向内吸取自由水，此时表层的含水率保持在接近纤维饱和点的固定水平。在这个期间内，木材干燥过程的干燥速度固定不变。并由木材表面的水分蒸发强度来决定。

随着木材表层自由水的排除，移动路径也逐渐加长，水分移向表面的速度就逐渐减小，从移动速度小于蒸发速度的瞬间开始，表层的含水率即降低到纤维饱和点以下，木材干燥速度也逐渐趋缓。从这一瞬间以后，木材的厚度上就形成了两个区域：含水率低于纤维饱和点的外区和含水率高于纤维饱和点的内区。外区水分的移动完全受含水率梯度的作用，内区则受毛细管压力的作用。内区在毛细管压力作用下使自由水移到上述两个区域的交界处，一部分变为蒸汽，另一部分仍在液态下继续沿着外区的微毛细管移动。当内区自由水全部蒸发完后，内外区含水率都低于纤维饱和点，此后的干燥过程同前。

（3）影响木材对流干燥的因素

木材在气体介质中的对流干燥过程主要取决于两种现象：即木材内部水分的移动和木材表面水分的蒸发。综合这两种现象的相关因子可知，决定木材在气体介质中干燥速度的因素主要有：空气（或其他介质）的温度、空气湿度、空气流过木材表面的速度、木材的温度、木材的含水率梯度、树种等。

在以上诸因素中，前 3 项因素是影响后 3 项的外界条件。木材的温度梯度和含水率梯度之所以能够在外界条件下起变化，与木材本身的性质有关。木材的性质取决于树种，在同样的外界条件下，木材温度升高和降低的速度、水分移动的速度及温度和含水率分布的均匀度等，都因树种而异。因此，工艺上一般以木材的树种和厚度作为选择干燥基准的根据。空气的温度、湿度、气流速度以及木材的温度梯度和含水率梯度 5 个影响干燥速度的因素都可以在干燥过程操作中加以控制，这就是说，木材干燥速度在一定范围内是可以人为调整的。

木材含水率梯度是决定干燥速度的主要内因，梯度越大，水分由内向外移动的趋势越强烈。但是，过分地加大含水率梯度，对木材的完整性会产生不良后果，如产生表裂、内裂、端裂等干燥缺陷。

空气的温度是决定木材干燥速度的主要外因。木材（包括木材内部水分）的温度随着空气温度的升降而变化。水分的温度升高后，木材中水蒸气的压力和液态水的流速都增大，干燥速度也将加快。根据资料得知，木材加热到 115℃时，其干燥速度比 50℃时的干燥速度大 3～8 倍。

空气的湿度是决定干燥速度的另一个外因。当温度不变时，湿度升高，空气内水蒸气分压增大，木材表面水蒸气不易向空气中蒸发，干燥速度也将减慢。但是湿度增加后，能改变木材表面因变干而形成的塑性变形，减轻或避免表裂、端裂等的发生，保证板面的完整性。因此不同干燥阶段要采用相应的温度和湿度。

影响干燥速度的外因中还有气流循环速度。当气流速度增大到 1m/s 以上时，在材堆内部流动的空气为紊流，可使传热、传湿条件得到改善，加快干燥速度。

任务实施

■ 任务实施要求

1. 任务实施前需认真阅读知识准备内容并完成引导问题的回答。

2. 利用任务 1.2 课程制作的干湿球湿度计进行干球温度与湿球温度的测定，操作要规范。

3. 注意湿球温度计上医用纱布包裹层数与水盒中水量的多少。

4. 测定结果准确，查读木材含水率表迅速正确。

5. 小组之间对测量结果进行相互验证，在反复鉴别与测量中巩固知识与技能。

6. 做好记录，善于总结，学会自我管理，保护学习环境，理解木材平衡含水率在木材干燥中的实际意义。

■ 学习引导问题

请同学们认真阅读知识准备内容，独立完成以下引导问题。

1. 木材纤维饱和点因树种和温度略有不同，一般近似视其为________%。当木材含水率低于纤维饱和点时，所含水分均为________，高于纤维饱和点时，________和________都有。

2. 木材属于吸湿材料，它可在不同________、________和________情况下与周围的气体介质进行湿交换。

3. 纤维饱和点只是理论上的一个临界状态点，这个状态点的存在虽然只是短暂的瞬间，但纤维饱和点的提出具有重要意义，请阐述纤维饱和点对木材干燥的实际意义。

■ 任务实施步骤

木材平衡含水率对木材干燥具有重要意义，是制定干燥基准、控制和调节干燥过程、保证成品质量等所必须考虑的参数。

一块足够薄的湿木片，在饱和空气中不会蒸发水分，在未饱和空气中首先蒸发自由水，然后蒸发部分吸着水。若木片在此空气中存放的时间足够长，吸着水蒸发到一定程度后不再蒸发，木块的含水率稳定在一个确定的值，这个含水率值称为该空气状态相应的平衡含水率，常用 *EMC*（equilibrium moisture content）(%) 表示。

显然，平衡含水率与空气状态有关，而与木材的树种、厚度及初含水率无关。不同树种、不同厚度、不同初含水率木材在同一空气条件下只是达到平衡含水率的时间不同而已。在自然环境或常规干燥中，一般忽略空气压力和流速变化的影响，这样空气的平衡含水率就只与温度 t 和相对湿度 φ 有关。

表 1-9 为木材平衡含水率表，表 1-10 为我国部分主要城市木材平衡含水率估计值表。当温度低于 100℃时，常压下木材平衡含水率与空气温度和湿度的变化关系也可由图 1-13 确定。

当木材的含水率（在纤维饱和点以下）高于周围空气相应的平衡含水率时，木材将蒸发水分使其含水率降低，这种现象称为解吸。反之，当木材含水率低于平衡含水率时，木材将从空气中吸收水蒸气，使其含水率提高，这种现象称为吸湿。

较厚的木材在解吸或吸湿过程中，含水率逐渐趋近于平衡含水率，但都达不到平衡含水率。解吸时只能达到某一个略高于平衡含水率的值，称此为解吸稳定含水率 $W_{解}$；吸湿时只能达到某一略低于平衡含水率的值，称此为吸湿稳定含水率 $W_{吸}$。

同一空气状态下，木材解吸稳定含水率高于吸湿稳定含水率，这种现象叫吸湿滞后。二者之差叫吸湿滞后区，即 $\Delta W = W_{解} - W_{吸}$（图 1-14）。室干材吸湿滞后区稍大，一般 $\Delta W = 2.5\%$，气干材很小，通常忽略。

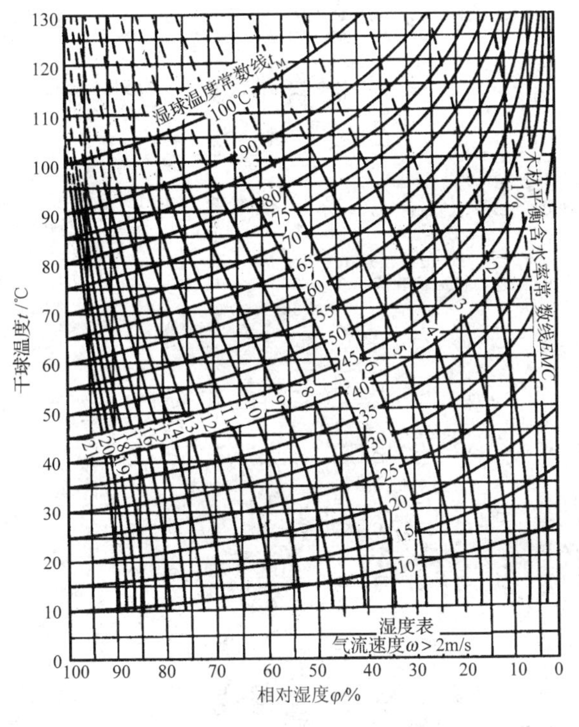

图 1-13　木材平衡含水率图

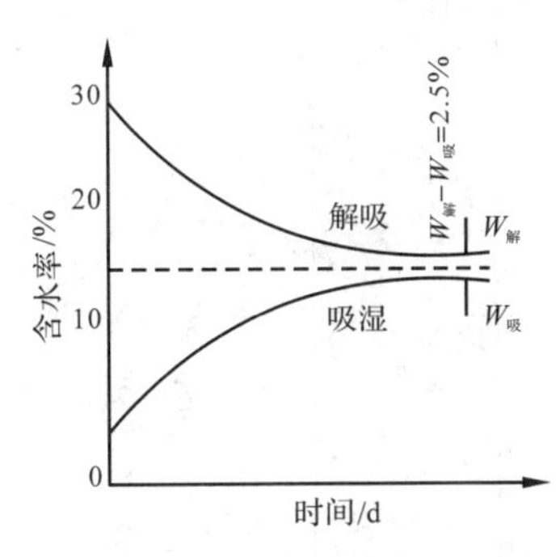

图 1-14　木材的解吸与吸湿曲线

值得注意的是，解吸仅指吸着水的排出，是一种自然现象，而干燥则包括自由水和吸着水二者的排除，是人为的过程。木材干燥可以利用木材解吸规律。

木材平衡含水率的测定方法：

1. 自制干湿球湿度计测定室内干球温度与湿球温度；

2. 根据木材含水率表（表 1-9），查表获得该条件下木材平衡含水率；

3. 将干湿球湿度计置入小型木材干燥机（或烘箱），测定不同干球温度与湿球温度下的木材平衡含水率。

表 1-9　木材平衡含水率

%

干球温度	干湿球温度差 Δt/℃																									
t/℃	0	1	2	3	4	5	6	7	8	9	10	11	12	13	14	15	16	17	18	19	20	21	22	23	24	25
120																					4.5	4	4	4	3.5	3.5
118																			4.5	4.5	4.5	4	4	4	4	3.5
116																	5	5	5	4.5	4.5	4	4	4	4	3.5
114															5.5	5.5	5.5	5	5	4.5	4.5	4	4	4	4	3.5
112													6.5	6.5	6	5.5	5.5	5	5	4.5	4.5	4.5	4.5	4	4	3.5
110											7.5	7	6.5	6.5	6	5.5	5.5	5	5	5	4.5	4.5	4.5	4	4	4
108									8.5	8	7.5	7	6.5	6.5	6	5.5	5.5	5	5	5	4.5	4.5	4.5	4	4	4
106							10	9.5	8.5	8	7.5	7	6.5	6.5	6	5.5	5.5	5	5	5	4.5	4.5	4.5	4	4	4
104					11.5	11	10	9.5	8.5	8	7.5	7	6.5	6.5	6	5.5	5.5	5.5	5	5	4.5	4.5	4.5	4	4	4
102			14.5	13	11.5	11	10	9.5	9	8.5	7.5	7	6.5	6.5	6	6	5.5	5.5	5	5	4.5	4.5	4.5	4	4	4
100	22	16.5	15	13	12	11	10	9	9	8.5	7.5	7	6.5	6.5	6	6	5.5	5.5	5	5	4.5	4.5	4.5	4	4	4
98	22.5	17	15	13.5	12	11	10	9.5	9	8.5	8	7.5	7	6.5	6	6	5.5	5.5	5	5	4.5	4.5	4.5	4	4	4
96	23	17	15	13.5	12	11.5	10	10	9	8.5	8	7.5	7	6.5	6	6	5.5	5.5	5	5	4.5	4.5	4.5	4	4	4
94	23	17.5	15.5	14	12	11.5	10.5	10	9	8.5	8	7.5	7	6.5	6.5	6	5.5	5.5	5	5	4.5	4.5	4.5	4	4	4
92	23.5	18	15.5	14	12	11.5	10.5	10	9	8.5	8	7.5	7	6.5	6.5	6	5.5	5.5	5	5	4.5	4.5	4.5	4	4	3.5
90	24	18	15.5	14	12.5	11.5	10.5	10	9.5	8.5	8	7.5	7.5	6.5	6.5	6	6	5.5	5.5	5	4.5	4.5	4.5	4	4	3.5
88	24	18.5	15.5	14	12.5	11.5	10.5	10	9.5	8.5	8	7.5	7.5	6.5	6.5	6	6	5.5	5.5	5	4.5	4.5	4.5	4	4	3.5
86	24.5	18.5	15.5	14.5	12.5	11.5	11	10	9.5	8.5	8	8	7.5	6.5	6.5	6	6	5.5	5.5	5	4.5	4.5	4.5	4	4	3.5
84	24.5	19	16	14.5	12.5	11.5	11	10	9.5	9	8.5	8	7.5	7	6.5	6	6	5.5	5.5	5	4.5	4.5	4.5	4	4	3.5
82	24.5	19	16	14.5	13	12	11	10	9.5	9	8.5	8	7.5	7	6.5	6	6	5.5	5.5	5	4.5	4.5	4.5	4	4	3.5
80	25	19	16	14.5	13	12	11	10	9.5	9	8.5	8	7.5	7	6.5	6.5	6	5.5	5.5	5	5	4.5	4.5	4	4	3.5

例：干球温度 t=82℃，干湿球温度差 Δt=11℃，则平衡含水率为 8%。

（续）

干球温度	干湿球温度差 Δt/℃																									
t/℃	0	1	2	3	4	5	6	7	8	9	10	11	12	13	14	15	16	17	18	19	20	21	22	23	24	25
78	25	19	16	15	13	12	11	10	9.5	9	8.5	8	7.5	7	6.5	6.5	6	5.5	5.5	5	5	4.5	4	4	4	3.5
76	25	19.5	16.5	15	13	12	11	10	9.5	9	8.5	8	7.5	7	6.5	6.5	6	5.5	5.5	5	5	4.5	4	4	4	3.5
74	25.5	19.5	16.5	15	13	12	11	10	9.5	9	8.5	8	7.5	7	6.5	6.5	6	5.5	5.5	5	5	4.5	4	4	4	3.5
72	25.5	20	17	15	13.5	12.5	11	10	9.5	9	8.5	8	7.5	7	6.5	6.5	6	5.5	5.5	5	5	4.5	4	4	4	3.5
70	26	20	17	15.5	13.5	12.5	11	10.5	9.5	9	8.5	8	7.5	7	6.5	6.5	6	5.5	5.5	5	5	4.5	4	4	4	3.5
68	26	20	17.5	15.5	13.5	12.5	11.5	10.5	9.5	9	8.5	8	7.5	7	6.5	6.5	6	5.5	5.5	5	5	4.5	4	4	4	3.5
66	26.5	20.5	17.5	15.5	13.5	12.5	11.5	10.5	10	9	8.5	8	7.5	7	6.5	6.5	6	5.5	5.5	5	5	4.5	4	4	4	3.5
64	26.5	20.5	17.5	15.5	13.5	12.5	11.5	10.5	10	9	8.5	8	7.5	7	6.5	6.5	6	5.5	5.5	5	5	4.5	4	4	4	3.5
62	27	21	17.5	15.5	13.5	12.5	11.5	10.5	10	9	8.5	8	7.5	7	6.5	6.5	6	5.5	5.5	5	5	4.5	4	4	4	3.5
60	27	21	18	15.5	14	12.5	11.5	10.5	10	9.5	8.5	8	7.5	7	6.5	6.5	6	5.5	5	5	4.5	4.5	4	4	3.5	3.5
58	27	21	18	15.5	14	12.5	11.5	10.5	10	9.5	8.5	8	7.5	7	6.5	6.5	6	5.5	5	5	4.5	4.5	4	3.5	3.5	3.5
56	27.5	21	18	15.5	14	13	11.5	10.5	10	9.5	8.5	8	7.5	7	6.5	6.5	6	5.5	5	5	4.5	4	4	3.5	3.5	3
54	27.5	21.5	18	16	14	13	11.5	10.5	10	9.5	8.5	8	7.5	7	6.5	6.5	6	5.5	5	4.5	4.5	4	3.5	3.5	3	3
52	28	21.5	18	16	14	12.5	11.5	10.5	10	9	8.5	8	7.5	7	6.5	6	5.5	5.5	5	4.5	4.5	4	3.5	3.5	3	2.5
50	28	21.5	18.5	16	14	12.5	11.5	10.5	10	9	8.5	8	7.5	7	6.5	6	5.5	5.5	5	4.5	4	4	3.5	3	3	2.5
48	28	21.5	18.5	16	14	12.5	11.5	10.5	10	9	8.5	8	7.5	7	6.5	6	5.5	5	4.5	4.5	4	3.5	3.5	3	2.5	2
46	28.5	21.5	18.5	16	14	12.5	11.5	10.5	9.5	9	8.5	8	7.5	7	6.5	6	5.5	5	4.5	4	4	3.5	3	2.5	2.5	2
44	28.5	22	18.5	16	14	12.5	11.5	10.5	9.5	9	8.5	7.5	7	6.5	6	5.5	5.5	4.5	4.5	4	3.5	3	2.5	2.5	2	
42	28.5	22	18.5	16	14	12.5	11.5	10.5	9.5	9	8	7.5	7	6.5	6	5.5	5	4.5	4	4	3.5	3	2.5	2		
40	29	22	18.5	16	14	12.5	11.5	10.5	9.5	9	8	7.5	7	6.5	6	5.5	4.5	4.5	4	3.5	3	2.5	2			

表1-10　我国55城市木材平衡含水率估计值　　%

城市	1月	2月	3月	4月	5月	6月	7月	8月	9月	10月	11月	12月	年平均
北京	10.3	10.7	10.6	8.5	9.8	11.1	14.7	15.6	12.8	12.2	12.0	10.8	11.4
哈尔滨	17.2	15.1	12.4	10.8	10.1	13.2	15.0	14.5	14.6	14.0	12.3	15.2	13.6
齐齐哈尔	16	14.6	11.9	9.8	9.4	12.5	13.6	13.1	13.8	12.9	13.5	14.5	12.9
佳木斯	16	14.8	13.2	11.0	10.3	13.2	15.1	15.0	14.5	13.0	13.9	14.9	13.7
牡丹江	15.8	14.2	12.9	11.1	10.8	13.9	14.5	15.1	14.9	13.7	14.5	16.0	13.9
克山	18	16.4	13.5	10.5	9.9	13.3	15.5	15.1	14.9	13.7	14.6	16.1	14.3
长春	14.3	13.8	11.7	10.0	10.1	13.8	15.3	15.7	14.0	13.5	13.8	14.6	13.3
四平	15.2	13.7	11.9	10.0	10.4	13.5	15.0	15.3	14.0	13.5	14.2	14.8	13.2
沈阳	14.1	13.1	12.0	10.9	11.4	13.8	15.5	15.6	13.9	14.3	14.2	14.5	13.4
大连	12.6	12.8	12.3	10.6	12.2	14.3	18.3	16.9	14.6	12.5	12.5	12.3	13.0
呼和浩特	12.5	11.3	9.9	9.1	8.6	11.0	13.0	12.1	11.9	11.1	12.1	12.8	11.2
天津	11.6	12.1	11.6	9.7	10.5	11.9	14.4	15.2	13.2	12.7	13.3	12.1	12.1
太原	12.3	11.6	10.9	9.1	9.3	10.6	12.6	14.5	13.8	12.7	12.8	12.6	11.7
石家庄	11.9	11.6	11.7	9.9	9.9	10.6	13.7	14.9	13.0	12.8	12.6	12.1	11.8
济南	12.3	12.1	11.1	9.0	9.6	9.8	13.4	15.2	12.2	11.0	12.2	12.8	11.7
青岛	13.2	12.3	13.9	13.0	14.9	17.1	20.0	18.3	14.3	12.8	13.1	13.5	14.4
郑州	13.2	14.0	14.1	11.2	10.6	10.2	14.0	14.6	13.2	12.4	13.4	13.0	12.4
洛阳	12.9	13.5	13.0	11.9	10.6	10.2	13.7	15.9	11.1	12.4	13.2	12.8	12.7
乌鲁木齐	16.0	18.8	15.5	14.6	8.5	8.8	8.4	8.0	8.7	11.2	15.9	18.7	12.7
银川	13.6	11.9	10.6	9.2	8.8	9.6	11.1	13.5	12.5	12.5	13.8	14.1	11.8
西安	13.7	14.2	13.4	13.1	13.0	9.8	13.7	15.0	16.0	15.5	15.5	15.2	14.3
兰州	13.5	11.3	10.1	9.4	8.9	9.3	10.0	11.4	12.1	12.9	12.2	14.3	11.3
西宁	12.0	10.3	9.7	9.8	10.2	11.1	12.2	13.0	13.0	12.7	11.8	12.8	11.5
成都	15.9	16.1	14.4	15.0	14.2	15.2	16.8	16.8	17.5	18.3	17.6	17.4	16.0
重庆	17.4	15.4	14.9	14.7	14.8	14.7	15.4	14.8	15.7	18.1	18.0	18.2	15.9
雅安	15.2	15.8	15.3	14.7	13.8	14.1	15.6	16.9	17.0	18.3	17.6	17.0	15.3
康定	12.8	11.5	12.2	13.2	14.2	16.2	16.1	15.7	16.8	16.6	13.9	12.6	13.9
宜宾	17	16.4	15.5	14.9	14.2	11.2	16.2	15.9	17.3	18.7	17.9	17.7	16.3
昌都	9.4	8.8	9.1	9.5	9.9	12.2	12.7	13.3	13.4	11.9	9.8	9.8	10.3
拉萨	7.2	7.2	7.6	7.7	7.6	10.2	12.2	12.7	11.9	9.0	7.2	7.8	8.6
贵阳	17.7	16.1	15.3	14.6	15.1	15.0	14.7	15.3	14.9	16.0	15.9	16.1	15.4
昆明	12.7	11.0	10.7	9.8	12.4	15.2	16.2	16.3	15.7	16.6	15.3	14.9	13.5
上海	15.8	16.8	16.5	15.5	16.3	17.9	17.5	16.6	15.8	14.7	15.2	15.9	16.0
南京	14.9	15.7	14.7	13.9	14.3	15.0	17.1	15.4	15.0	14.8	14.5	14.5	14.9
徐州	15.7	14.7	13.3	11.8	12.4	11.6	16.2	16.7	14.0	13.0	13.4	14.4	13.9
合肥	15.7	15.9	15.0	13.6	14.1	14.2	16.6	16.0	14.8	14.2	14.6	15.1	14.8
芜湖	16.9	17.1	17.0	15.1	15.5	16.0	16.5	15.7	15.3	14.8	15.9	16.3	15.8
武汉	16.4	16.7	16.0	16.0	15.5	15.2	15.3	15.0	14.5	14.5	14.8	15.3	15.4
宜昌	15.5	14.7	15.7	16.3	15.8	15.0	11.7	11.1	11.2	14.8	14.4	15.6	15.4

（续）

城市	1月	2月	3月	4月	5月	6月	7月	8月	9月	10月	11月	12月	年平均
杭州	16.3	18.0	16.9	16.0	16.0	16.4	15.4	15.7	16.3	16.3	16.7	17.0	16.5
温州	15.9	18.1	19.0	18.4	19.7	19.9	18.0	17.0	17.1	14.9	14.9	15.1	17.3
南昌	16.4	19.3	18.2	17.4	17.0	16.3	14.7	14.1	15.0	14.4	14.7	15.2	16.0
九江	16.0	17.1	16.4	15.7	15.8	16.3	15.3	15.0	15.2	14.7	15.0	15.3	15.8
长沙	18.0	19.5	19.2	18.1	16.6	15.5	14.2	14.3	14.7	15.3	15.5	16.1	16.5
衡阳	19.0	20.6	19.7	18.9	16.5	15.1	14.1	13.6	15.0	16.7	19.0	17.0	16.8
福州	15.1	16.8	17.6	16.5	18.0	17.1	15.5	14.8	15.1	13.5	13.4	14.2	15.6
永安	16.5	17.7	17.0	16.9	17.3	15.1	14.5	14.9	15.9	15.2	16.0	17.7	16.3
厦门	14.5	15.6	16.6	16.4	17.9	18.0	16.5	15.0	14.6	12.6	13.1	13.8	15.2
崇安	14.7	16.5	17.6	16.0	16.7	15.9	14.8	14.3	14.5	13.2	13.9	14.1	15.0
南平	15.8	17.1	16.6	16.3	17.0	16.7	14.8	14.9	15.6	14.9	15.8	16.4	16.1
南宁	14.7	16.1	17.4	16.6	15.9	16.2	16.1	16.5	14.8	13.6	13.5	13.6	15.4
桂林	13.7	15.4	16.8	15.9	16.9	15.1	14.8	14.8	12.7	12.3	12.6	12.8	14.4
广州	13.3	16.0	17.3	17.6	17.6	17.5	16.6	16.1	14.7	13.0	12.4	12.9	15.1
海口	19.2	19.1	17.9	17.6	17.1	16.1	15.7	17.5	18.0	16.9	16.1	17.2	17.3
台北	18.0	17.9	17.2	17.5	15.9	16.1	14.7	14.7	15.1	15.4	17.0	16.9	16.4

4. 查读我国 55 个主要城市木材平衡含水率估计值（表 1-10），回答若木材含水率为 12%，如果制成产品后分别销往拉萨市、太原市、昆明市和海口市，产品在使用过程中是否会发生变化？为什么？

成果展示

1. 每人提交一份实训报告，详细记录木材平衡含水率测定方法与过程。
2. 每组测定 5 组不同干湿球温度下木材平衡含水率数值填入下表。

干球温度 t/℃	湿球温度 t_M/℃	干湿球温度差 Δt/℃	木材平衡含水率 EMC/%

3. 若木材干燥终含水率为 12%，请完成下表。

使用城市	木材将产生的变化	原因分析
拉萨		
太原		
昆明		
海口		

■ 总结评价

在本任务的学习过程中，同学们要能熟练利用干湿球湿度计准确进行木材平衡含水率的测定，了解木材中水分的存在状态和移动途径，明确纤维饱和点的概念及其提出的意义，了解木材水分的蒸发过程与木材平衡含水率的概念及影响因素；理解木材平衡含水率对木材干燥的实际指导意义。

实训考核标准

序号	考核项目	满分	考核标准	得分	考核方式
1	干湿球湿度计测定干球温度与湿球温度	30	操作规范熟练（15分），数据读取准确（15分）		现场
2	查表确定木材平衡含水率	15	查表准确迅速（15分）		现场、报告
3	12%含水率木材在不同城市使用分析	25	不同使用城市木材产生变化描述准确（10分），原因分析合理（15分）		现场、报告
4	报告规范性	10	酌情扣分		报告
5	实训出勤与纪律	10	迟到、早退各扣3分，旷课不得分		考勤
6	答辩	10	能说明每一步操作的目的和要求		个别答辩
	总计得分	100			

■ 巩固训练

若北京故宫存放的一件实木古家具，如果分别送往哈尔滨市、呼和浩特市、台北市，家具在这些城市存放过程中是否会发生变化？发生怎样的变化？

■ 思考与练习

1. 平衡含水率与空气状态有关，而与木材的______、______及______无关。不同______、不同______、不同______木材在同一空气条件下只是达到平衡含水率的时间不同而已。

2. 决定木材在气体介质中干燥速度的因素主要有：空气（或其他介质）的______、______、______、木材的温度、木材的含水率梯度、树种等。

3. 已知干燥室干球温度为 88℃，如果要求干燥介质相应的木材平衡含水率为 14%，试问湿球温度为多少？

任务 1.4 木材干缩量的测定与计算

工作任务

1. 任务提出

掌握木材干缩湿胀性及与木材变形的相互关系；使用烘干法测定木料含水率，利用烘箱将湿木料烘干至规定终含水率，测定木材的干缩率及干缩系数；学会查找资料确定常见木材的干缩系数，并计算木料干缩（湿胀）量或干、湿木料的尺寸。

2. 工作情景

课程在木材干燥实训室进行教学，学生以干燥小组形式进行课程学习。每组分别通过平行试验，测定不同树种实木样块，根据 GB 1932—2009《木材干缩性测定方法》进行木材干缩性能检测，同时根据 GB 1931—2009《木材含水率测定方法》、GB 1933—2009《木材气干密度测定方法》进行木材含水率测定和木材气干密度测定，与“我国主要木材的密度、干缩性及干燥特性表”进行对比，理解木材作为圆柱形各向异性体其干燥特性在实际干燥生产中的现实意义。

3. 材料及工具

不同树种实木样块，试样尺寸为 20mm（弦）×20mm（径）×20mm（纵）；电子天平、全自动电脑恒温鼓风干燥箱、干燥器、游标卡尺、教材、笔记本、笔、多媒体设备等。

知识准备

木材含水率随着周围空气条件的变化而变化。含水率的增减将导致木材体积与尺寸的改变。这种变化仅限于含水率在纤维饱和点与绝干状态之间，且干缩或湿胀量与吸着水排除或吸收多少成正比关系。木材的干缩对干燥工艺有较大影响。

1 木材的干缩率

木材干缩以干缩率 Y（%）表示，即干缩前后尺寸（或体积）的变化量与干缩后尺寸（或体积）的百分比。计算公式如下：

$$Y=\frac{l_1-l_2}{l_2}\times100\% \tag{1-29}$$

式中 Y——尺寸（或体积）干缩率，%；

l_1——干缩前试样尺寸（或体积），mm（mm^3）；

l_2——干缩后试样尺寸（或体积），mm（mm^3）。

正常木材由生材干燥到全干材，弦向干缩率最大，约为 8%～12%；径向次之，为 4.5%～8%；纵向最小，为 0.1%。纵向收缩生产上一般忽略不计。

2 木材的干缩系数

显然，干缩率受含水率变化量的影响。同一试样，当含水率变化量不同时，相应的干缩率也不相同，这不便于使用和比较。为此，提出了干缩系数的概念。所谓干缩系数是指含水率每减少 1%引起的木材干缩率，或者说含水率每减少一个百分点引起的木材尺寸（或体积）变化百分率，用符号 K 表示。其计算式如下：

$$K=\frac{Y}{\Delta W}\quad(\%) \tag{1-30}$$

式中 K——尺寸（或体积）干缩系数，%；

Y——尺寸（或体积）干缩率，%；

ΔW——含水率变化百分点数，%。

由于木材径向、弦向和纵向的干缩率不同，因此干缩系数也不相同。我国常见商品木材的干缩系数值见表 1-11。

表 1-11 我国主要木材的密度、干缩系数及干燥特性

序号	材 种	密度/（g/cm³）		干缩系数/%			干燥特性
		基本	气干	径向	弦向	体积	
1	槭木（色木）	0.616	0.749	0.200	0.332	0.544	不易干，易变形、翘曲，有端裂及内裂
2	白牛槭	—	0.680	0.170	0.294	0.472	不易干
3	桤 木	0.424	0.518	0.126	0.279	0.425	易干
4	栲 树	0.470	0.583	0.139	0.286	0.444	难干，易变形、内裂、皱缩
5	红 椎	0.584	0.733	0.206	0.291	0.515	难干，易变形、内裂、皱缩
6	香 樟	0.469	0.558	0.132	0.236	0.389	不易干，易变形
7	水青冈	0.610	0.793	0.204	0.387	0.617	难干，易生翘曲和内裂
8	水曲柳	0.509	0.665	0.184	0.338	0.548	难干，易生翘曲及内裂
9	核桃楸	0.420	0.527	0.191	0.296	0.491	难干，有湿心、内裂、弯曲、皱缩等缺陷
10	枫 香	0.473	0.603	0.165	0.333	0.528	不易干，易变形、翘裂
11	毛泡桐	0.231	0.278	0.079	0.164	0.261	较易干，易皱缩
12	泡 桐	0.247	0.310	0.105	0.208	0.321	易干
13	梧 桐	0.417	0.529	0.156	0.260	0.436	较易干，易变形
14	黄波罗	0.430	0.449	0.128	0.242	0.368	不易干，有湿心
15	加拿大白杨	0.379	0.458	0.141	0.268	0.430	较易干
16	拟赤杨	0.359	0.445	0.131	0.273	0.423	易干
17	沙兰杨	0.352	0.376	0.122	0.231	0.381	易干
18	白 杨	0.495	0.607	0.208	0.284	0.433	不易干，易翘曲、变形
19	山 杨	0.396	0.442	0.156	0.292	0.489	不易干，常有皱缩缺陷
20	麻 栎	0.684	0.896	0.192	0.370	0.578	难干，常有表裂、内裂及纵向扭曲
21	柞 木	0.603	0.757	0.190	0.317	0.555	难干，易翘曲，常有表裂及内裂
22	栓皮栎	0.707	0.895	0.203	0.403	0.620	难干，易翘曲，常有表裂及内裂
23	刺 槐	0.667	0.802	0.184	0.267	0.472	较难干
24	檫 木	0.473	0.569	0.161	0.281	0.462	易干
25	荷 木	0.502	0.642	0.172	0.284	0.481	难干，易翘曲，常有表裂及内裂
26	紫 椴	0.355	0.476	0.194	0.257	0.470	易干
27	糠 椴	0.330	0.424	0.187	0.235	0.447	易干
28	南京椴	0.468	0.613	0.205	0.235	0.462	较易干
29	粉 椴	0.379	0.485	0.135	0.200	0.343	易干

（续）

序号	材 种	密度/（g/cm³）		干缩系数/%			干燥特性
		基本	气干	径向	弦向	体积	
30	椴 树	0.437	0.553	0.172	0.242	0.433	较易干
31	裂叶榆	0.456	0.548	0.163	0.336	0.517	不易干
32	白 榆	0.537	0.639	0.191	0.333	0.550	难干
33	水石梓	0.464	0.565	0.137	0.263	0.423	较易干
34	木 蓬	—	0.453	0.152	0.280	0.441	较易干
35	大叶灰木	—	0.571	0.170	0.330	0.480	不易干，
36	硕 桦	0.590	0.698	0.272	0.333	0.650	不易干，易翘曲、变形
37	光皮桦	0.570	0.692	0.243	0.247	0.545	不易干，易变形
38	柿 树	0.634	0.820	0.203	0.332	0.561	难干，易翘曲
39	金叶白兰	0.530	0.667	0.220	0.326	0.576	不易干
40	苦 楝	0.369	0.456	0.154	0.247	0.420	较易干
41	苍山冷杉	0.401	0.439	0.217	0.373	0.590	易干
42	杉松冷杉	—	0.390	0.122	0.300	0.437	易干
43	柳 杉	0.294	0.352	0.090	0.248	0.362	易干
44	杉 木	0.300	0.369	0.124	0.276	0.421	易干
45	柏 木	0.474	0.567	0.134	0.194	0.348	不易干，易翘曲
46	兴安落叶松	0.528	0.669	0.178	0.403	0.604	较难干，常有表裂、端裂、环裂缺陷
47	长白落叶松	—	0.594	0.168	0.408	0.554	较难干，常有表裂、端裂、环裂缺陷
48	长白鱼鳞云杉	0.378	0.467	0.198	0.360	0.545	易干
49	红皮云杉	0.352	0.426	0.139	0.317	0.470	易干
50	红 松	0.360	0.440	0.122	0.321	0.459	易干，有端裂、湿心缺陷，高温干燥时性脆易断
51	马尾松	0.431	0.536	0.156	0.300	0.486	易翘曲、开裂，高温干燥时性脆易断
52	樟子松	0.376	0.467	0.144	0.324	0.491	易干
53	云南松	0.483	0.594	0.198	0.352	0.570	易干，常有翘裂缺陷
54	铁 杉	0.460	0.526	0.165	0.284	0.468	较易干
55	冷 杉	—	0.433	0.174	0.341	0.537	易干
56	长苞铁杉	0.542	0.661	0.215	0.310	0.538	较易干
57	陆均松	0.543	0.643	0.179	0.286	0.486	不易干

注：杉松、冷杉、鱼鳞云杉及红皮云杉通常合称白松。

关于进口木材的有关资料，国内暂未做全面系统的测定，目前所能查到的资料多为直接引用国外文献。由于国内外测试方法和标准不同，数据含义也有区别，因此在查阅时一定要注意其测试条件、表示方法及所用单位。如有的木材干缩性以干缩系数表示，有的是以干缩率表示（注意含水率变化区间）。

利用干缩系数可以算出纤维饱和点以下任何含水率对应的木材干缩率值。计算公式如下：

$$Y_w = K(30 - W) \quad (\%) \tag{1-31}$$

式中 Y_w——含水率为 W 时木材干缩率，%；

K——干缩系数，%；

W——纤维饱和点以下某含水率百分数，%。

生产实践中，经常要根据干木料尺寸（构件尺寸）来确定湿木料尺寸。

当湿木料含水率高于 30%时，计算公式为：

$$l_{30} = [1 + K(30 - W_g)]l_g \tag{1-32}$$

当湿木料含水率低于 30%时，计算公式为：

$$l_s = \frac{K(30 - W_g) + 1}{K(30 - W_s) + 1} l_g \tag{1-33}$$

式中 W_g——干木料含水率百分数，%；

l_{30}——含水率高于 30%时湿木料尺寸，mm；

l_s——含水率低于 30%时湿木料尺寸，mm；

l_g——干木料尺寸，mm；

W_s——湿木料含水率百分数，%；

K——干缩系数，%。

利用式（1-32）和式（1-33）也可以由湿木料尺寸计算干木料尺寸。

3 木材干缩与变形

木材变形即木材原有几何形状发生了变化。木材干缩往往具有不均匀性，这种干缩如果是在自由状态下无约束地进行，必然产生变形；如果在非自由状态下干缩，则在木材内部形成内应力，当内应力超过一定极限，木材就会产生开裂。

木材的不均匀干缩来自两方面。

（1）构造原因

如前所述，木材干缩时，在纵向、径向和弦向的尺寸收缩量各不相同，且弦向＞径向＞纵向。其中径弦干缩差异是木材产生变形的重要原因。取自树干不同部位的不同形状木块，如果在自由状态下干燥，各种变化形态如图 1-15 所示。这种由于构造而形成的不均匀干缩是木材固有特性，一般难以避免，但通过某些措施可加以缓解。如合理制材、干燥过程中施加外力等。

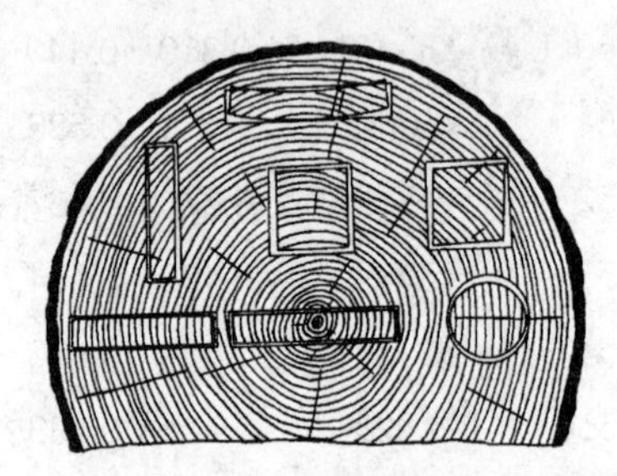

图 1-15　木材不均匀干缩产生的各种变形

（2）含水率不均匀分布

含水率不均匀分布造成的木材局部不均匀收缩往往同时伴随着内应力和变形，这种内应力和变形可能是暂时的，当含水率趋于一致后，可能恢复。但如果处理不当，也可能留下残余变形。木材室干过程中，出现含水率暂时性的不均匀分布是不可避免的，但只要掌握其内在的变化规律，适当加以控制，完全可以消除应力，减轻变形。

对变形幅度不大的木料，通过表面加工基本可以校正，不影响使用。但如果变形幅度较大，可能造成木料报废，因此，干燥必须控制变形。

4 木材的弹—塑性

材料在一定外力作用下产生变形，如果除去外力后，变形随之消失，这种性能称为弹性。反之如果除去外力后，变形仍然存在，材料不能恢复原来形状，这种性能称为塑性。

木材既有一定弹性，又有一定塑性，因此称木材为弹—塑性体。

木材的弹性和塑性不仅因树种（木材密度和构造等）而异，而且和含水率、温度等密切相关。含水率和温度越高，木材弹性越小，塑性越大。含水率低于纤维饱和点时，这种规律尤为明显。在单板旋切、薄木刨制、纤维分离等生产中，采用汽蒸或水煮的方法软化木材就是基于这一原理。

木材细胞间胞间层的主要化学成分为木素。木素具有玻璃化特性，即高温软化。胞间层软化后木材的塑性必然提高，弹性下降。因此高温条件下木材可能产生塑化现象，这种塑化可能使木材的正常收缩受到抑制。

木材细胞壁内存在许多有规律排列的微纤丝，木材吸着水存在于微纤丝之间的微毛细管内，吸着水少时微纤丝距离近，形成氢键结合较多，因此木材弹性好，塑性差。当木材含水率提高时，吸着水增加，微纤丝距离增大，形成氢键较少，因此弹性下降，塑性增强。

木材干燥过程中，中间处理就是通过提高木材的温度和含水率来增强木材的塑性，以释放木材内应力的方法。

■ 实例分析

［例 1］ 已知某种家具零件毛料初含水率为 28%时，测得其宽度为 66mm，当干到含水率为 15%和 8%时，测得其宽度分别为 62.8mm 和 61.2mm，求该零件毛料从初含水率干燥到这两种含水率时的干缩率。

［解］

$$Y_{15}=\frac{66-62.8}{62.8}\times100\%=5.10\%$$

$$Y_{8}=\frac{66-61.2}{61.2}\times100\%=7.8\%$$

［例 2］ 根据例 1 中家具零件毛料干燥前后的宽度变化，求该毛料宽度方向的干燥系数。

［解］

$$K_{15}=\frac{5.07\%}{13}=0.39\%$$

$$K_{8}=\frac{7.8\%}{20}=0.39\%$$

由此可见，木材干缩系数大小与含水率降幅无关。

［例 3］ 某厂生产一种柞木家具构件，已知构件干毛料规格为 60mm×30mm×1000mm，含水率为 10%。若以厂内现有含水率为 28%大方锯制，试确定湿毛料的尺寸（厚度和宽度均按弦向干缩系数计，长度干缩忽略）。

［解］ 查表 1-11，柞木弦向干缩系数为 $K=0.318\%$，因湿木料含水率低于 30%，利用式（1-33），则湿料厚度为：

$$\frac{0.318\%\times(30-10)+1}{0.318\%\times(30-28)+1}\times30=31.7\approx32\text{mm}$$

同理，湿料宽度为：

$$\frac{0.318\%\times(30-10)+1}{0.318\%\times(30-28)+1}\times60=63.4\approx63\text{mm}$$

实际生产中，标准径切板或弦切板极少，绝大部分为半径半弦，为了方便和保险起见，可简单地按弦向干缩系数计算。

任务实施

■ 任务实施要求

1. 任务实施前需认真阅读知识准备内容并完成引导问题的回答。

2. 认真阅读并熟练掌握 GB 1931—2009、GB 1932—2009、GB 1933—2009，并按国家标准严格操作。

3. 试样自烘箱内取出，应迅速放入干燥器内冷却，防止试样吸收空气中水分而影响试验准确性。

4. 试验结果与"我国主要木材的密度、干缩性及干燥特性表"进行对比，验证试验准确性。

5. 根据试验结果分析探寻木材干缩系数与木材密度、木材干燥特性之间的关系趋势。

6. 试验操作规范、结果准确，组员相互合作共同完成，做好记录，善于总结，保护学习环境。

■ 学习引导问题

请同学们认真阅读知识准备内容，独立完成以下引导问题。

1. 木材干缩以干缩率 Y（%）表示，即_________与_________的百分比。

2. 干缩系数是指_________每减少 1%引起的木材干缩率，或者说_________每减少一个百分点引起的木材尺寸（或体积）变化百分率。

3. 木材干缩系数大小与_________无关。

4. 木材的不均匀干缩来自两方面，一是_________，二是_________。

5. 材料在一定外力作用下产生变形，如果除去外力后，变形随之消失，这种性能称为_________。反之如果除去外力后，变形仍然存在，材料不能恢复原来形状，这种性能称为_________。

6. 木材干燥过程中，_________就是通过提高木材的温度和含水率来增强木材的塑性，以释放木材内应力的方法。

■ 任务实施步骤

熟悉与掌握 GB 1931—2009、GB 1932—2009、GB 1933—2009。试样尺寸为 20mm（弦）×20mm（径）×20mm（纵）。每组试验一个树种，每树种平行试验 5 个试样，含水率、干缩性和气干密度在同一试样上测定。

1. 烘干前试样的测量和称重

在试样各相对面的中心位置，用卡尺分别测出弦向、径向和顺纹方向的尺寸，准确至 0.01mm，随即称重，准确至 0.001g。

2. 烘干试样

将试样放入烘箱内，开始温度保持 60℃约 6h，然后将温度提至（103±2）℃再烘 10h 后，从中选定 2～3 个试样进行第一次试称，以后每隔 2h 称量一次，至最后两次质量之差不超过试样质量的 0.5%时，试样即达到全干。将试样自烘箱内取出，放入干燥器内冷却。

3. 烘干后试样的称重和测量

试样冷却至室温后，自干燥器中取出称重，准确至 0.001g。

试样称重后，立即于各相对面的中心位置，分别测出弦向、径向和顺纹方向尺寸，准确至0.01mm。

4. 结果计算

（1）试样含水率（W），按下式计算，以百分率计，准确至0.1%。

$$W=\frac{m_w-m_0}{m_0}\times 100\%$$

式中 m_w——试验时试样质量，g；

m_0——烘干后试样质量，g。

（2）试样弦向或径向的干缩率（Y），均按式（1-29）计算，以百分率计，准确至0.1%。

（3）体积干缩率（β_V），按下式计算，以百分率计，准确至0.1%。

$$\beta_V=\frac{V_w-V_0}{V_w}\times 100\%$$

式中 V_w——气干试样体积，cm^3；

V_0——烘干后试样体积，cm^3。

（4）试样弦向或径向的干缩系数 Y_w，均按式（1-31）计算。

（5）气干密度（ρ_w），按下式计算，以 g/cm^3，准确至 $0.001g/cm^3$。

$$\rho_w=\frac{m_w}{V_w}$$

式中 m_w——气干试样的质量，g；

V_w——气干试样的体积，cm^3。

（6）全干密度（ρ_0），按下式计算，准确至 $0.001g/cm^3$。

$$\rho_0=\frac{m_0}{V_0}$$

5. 结果分析与对比

将5个试样求取平均数据，对比表1-11我国主要木材的密度、干缩系数及干燥特性，分析探寻木材干缩系数与木材密度、木材干燥特性之间的关系趋势。

■ 成果展示

1. 每人提交一份实训报告，详细记录含水率、干缩性和气干密度测定方法与过程。

2. 每组测定同一树种5组不同含水率、干缩性和气干密度数值填入木材干缩性和密度测定记录表（表1-12）。

表1-12 木材干缩性和密度测定记录表

树种：　　　　产地：　　　　实验室温度：　　℃；　　　　相对湿度：　　%

试件编号	试样尺寸/mm						试样体积/cm^3		试样质量/g		含水率%	干缩率/%			密度/（g/cm^3）	
	试验时			全干时												
	弦向	径向	纵向	弦向	径向	纵向	试验时	全干时	试验时	全干时		弦向	径向	体积	气干	全干
1																
2																

（续）

试件编号	试样尺寸/mm						试样体积/cm^3		试样质量/g		含水率%	干缩率/%			密度/（g/cm^3）	
	试验时			全干时												
	弦向	径向	纵向	弦向	径向	纵向	试验时	全干时	试验时	全干时		弦向	径向	体积	气干	全干
3																
4																
5																

平均值	含水率/%	径向干缩率/%	弦向干缩率/%	气干密度/（g/cm^3）	绝干密度/（g/cm^3）
	径向干缩系数		弦向干缩系数		

第　　　组　　　　　　　姓名：　　　　　　　　学号：

总结评价

在本任务的学习过程中，同学们要能熟练掌握 GB 1932—2009 进行木材干缩性能检测，同时根据 GB 1931—2009、GB 1933—2009 进行木材含水率测定和木材气干密度测定，掌握木材干缩湿胀性及与木材变形的相互关系；使用烘干法测定木料含水率，学会查资料确定常见木材的干缩系数，并计算木料干缩（湿胀）量或干、湿木料的尺寸。理解木材干缩率对木材干燥的实际指导意义。

实训考核标准

序　号	考核项目	满　分	考核标准	得　分	考核方式
1	木材干缩率与干缩系数测定	30	操作规范熟练（15 分），数据计算准确（15 分）		现场
2	木材含水率测定	20	操作规范熟练（10 分），数据计算准确（10 分）		现场
3	木材气干密度与绝干密度测定	20	操作规范熟练（10 分），数据计算准确（10 分）		现场、报告
4	报告规范性	10	任务完整、数据清晰、字体整洁		报告
5	实训出勤与纪律	10	迟到、早退各扣 3 分，旷课不得分		考勤
6	答辩	10	能说明每一步操作的目的和要求		个别答辩
	总计得分	100			

巩固训练

某厂生产一种水曲柳木家具构件，已知构件干毛料规格为 53mm×28mm×1000mm，含水率为 9%。若以厂内现有含水率为 30%大方锯制，试确定湿毛料的尺寸（厚度和宽度均按弦向干缩系数计，长度干缩忽略）。

思考与练习

1. 木材的弹性和塑性不仅因树种（木材密度和构造等）而异，而且和__________、__________等密切相关。含水率和温度越高，木材弹性越＿＿＿＿＿，塑性越＿＿＿＿＿。含水率低于＿＿＿＿＿时，这种规律尤为明显。

2. 木材含水率随着周围空气条件的变化而变化。含水率的增减将导致木材体积与尺寸的改变。这种变化仅限于含水率在＿＿＿＿＿与＿＿＿＿＿之间，且干缩或湿胀量与吸着水排除或吸收多少成正比关系。

3. 用新伐水曲柳原木锯制餐台零件，要求毛料规格为 60mm×40mm×100mm，终含水率为10%，试确定湿毛料尺寸（厚度和宽度干缩系数均按弦向考虑）。

任务 1.5 木材气干方案设计

工作任务

1. 任务提出

通过本任务的学习，同学们要明确大气干燥的概念，了解其特点及影响因素；掌握大气干燥对场地的要求、板院的布置原则及堆基与隔条的作用和要求；掌握各种长短木料气干的堆垛方式及要求；明确强制气干的概念，掌握几种常见强制气干的通风方式。能结合现场实际选择气干场地及材堆布置方向；能根据木料的具体情况合理选择堆垛方式；能按技术要求指导或独立进行气干堆垛作业。

2. 工作情景

课程在木材干燥实训室进行教学，如果条件允许，可以在能够进行大气干燥的企业现场教学。学生以干燥小组形式进行课程学习。每组分别模拟一个地区一个树种一个规格的木材大气干燥，选定大气干燥的场地、板院的布局、材堆的堆积方式，估计大气干燥时间，完成大气干燥方案设计，撰写实训报告。

3. 材料及工具

LY/T 1069—2012《锯材气干工艺规程》、教材、笔记本、笔、多媒体设备等。

知识准备

大气干燥的特点是受自然条件制约，干燥过程不易人为调节或控制，干燥周期长，终含水率受限制。影响气干的自然因素包括气候、季节、昼夜等。它们对空气的温度、湿度和气流速度都有影响。

我国地域广阔，各地气候不同：南部沿海地区温度如春，干燥条件适中，可以常年气干木材；东北地区气候干寒，气干较慢。就季节而言，夏季气温较高，木材干燥迅速，冬季气温较低是最不适宜木材气干的季节。但是也有的地区夏季温度高，干燥速度反而缓慢，空气干燥的地区冬季干燥并不太慢的特殊情况。春秋两季是木材气干的最佳季节。温湿度比较适中，既不致因湿度过高而使木材发生青变，也不致因湿度过低而使木材开裂。至于气流，春秋两季常是多风季节，比较适宜气干。但是我国各地区的气候差异很大，不能一概而论，比如南方地区的梅雨季节可长达数月，在梅雨季节期间，空气湿度较高，水分蒸发速度缓慢，木材易受菌类危害，都不利于气干。因此对于每一地区的气候与季节特点，必须具体分析。

大气干燥的另一个特点是由于板院内材堆之间形成小气候区，促使锯材得到干燥。在板院内材堆与材堆互为屏障，材堆内由于锯材与隔条对气流的阻滞，致使在材堆之间和材堆内形成小气候区。合理利用小气候的作用，可以加快气干的过程。小气候的特点，可以从材堆内外水分蒸发强度变化及气流循环方向的转变两方面进行观察。

实测表明：下午水分蒸发强度最大，上午水分蒸发强度居中，夜晚水分蒸发强度最小，仅为下午水分蒸发强度的 1/3。从材堆中的位置来说，棚舍顶棚处水分的蒸发最强，材堆上层次之，中层可以代表整个材堆的平均蒸发强度，下层最小。以材堆内和材堆外相比：在有风的下午，材堆中层水分蒸发强度仅为堆外空地上的 1/5，但在有雾的寒夜，材堆内中层的气温比材堆外的高些，此时材堆中层的水分蒸发强度比空地的大。

材堆内外气流对流循环的方向较为复杂，不仅受变化的风向影响，而且与一昼夜内材堆内外的温度变化有关系，因此，规律性不强。从温度变化来看，夏秋之间的晴朗白昼，上午 8:00 至下午 4:00～5:00 是材堆的加热期间。此时棚舍顶棚的温度最高，材堆上部的温度高于下部，材堆外部的温度高于内部。下午 5:00～6:00 到第二天清晨，顶棚与材堆外四周的空气逐步冷却，但是在夏秋之间的夜晚，材堆内部空气的温度有可能保持不降低，甚至还稍有升高。因此，如果没有风力的影响，由于材堆内外温度的差异，就可能在白昼和夜晚形成不同方向的自然流动。

大气干燥虽然干燥过程不易控制，干燥周期长，占用场地面积大，干燥期间木材容易遭受菌虫的危害，并且木材只能干到与大气状态相平衡的气干程度，不能直接用于家具、地板等生产，但其工艺简单，含水率均匀，应力小，节约能源，干燥成本低，企业如能根据自身实际扬长避短，合理利用，大气干燥不失为一种有效的干燥方法。

任务实施

任务实施要求

1. 任务实施前需认真阅读知识准备内容并完成引导问题的回答。
2. 分组进行大气干燥方案设计，每组成员共同讨论制订一份方案进行组间展示。
3. 锯材气干堆积方式较多，要结合锯材规格及今后使用环境选择合理的堆积方式。
4. 综合考虑气干企业地理位置，结合季节、风向、干燥周期、资金周转等因素制订气干方案。
5. 每人撰写一份实训报告，选定大气干燥的场地、板院的布局、材堆的堆积方式，估计大气干燥时间，完成大气干燥方案设计，详述设计原由。

学习引导问题

请同学们认真阅读知识准备内容，独立完成以下引导问题。

1. 什么是大气干燥？
2. 大气干燥的特点有哪些？

■ 任务实施步骤

木材大气干燥不仅受自然条件的影响，而且与堆放木材的板院和锯材的堆积方法有关。

1. 分组完成以下木材大气干燥的方案设计

（1）南宁冬季，大气干燥榉木生材短料，家具用材。

（2）牡丹江夏季，大气干燥柞木生材，地板表板用材。

（3）呼和浩特秋季，大气干燥落叶松生材长料，家具用材。

（4）石家庄春季，大气干燥水曲柳生材短而薄板材和小方料，地板用材。

（5）柳州冬季，大气干燥桉树生材短小家具毛坯料。

我国气候区域的概略划分参见表 1–13。

表 1–13 我国气候区的概略划分

气候分区	代表城市
严寒地区 A 区	海伦、博克图、伊春、呼玛、海拉尔、满洲里、富锦、齐齐哈尔、哈尔滨、牡丹江、克拉玛依、佳木斯、安达
严寒地区 B 区	长春、乌鲁木齐、延吉、通辽、通化、四平、呼和浩特、抚顺、沈阳、本溪、大同、阜新、哈密、鞍山、张家口、酒泉、伊宁、吐鲁番、西宁、银川、丹东、大柴旦
寒冷地区	兰州、太原、唐山、阿坝、喀什、北京、天津、大连、阳泉、平凉、石家庄、德州、晋城、天水、西安、拉萨、康定、济南、青岛、安阳、郑州、洛阳、宝鸡、徐州
夏热冬冷地区	南京、蚌埠、盐城、南通、合肥、安庆、九江、武汉、黄石、岳阳、汉中、康定、上海、杭州、宁波、宜昌、长沙、南昌、株洲、永昌、赣州、韶关、桂林、重庆、达县、万州、涪陵、南充、宜宾、成都、贵阳、遵义、凯里、绵阳
夏热冬暖地区	福州、莆田、龙岩、梅州、兴宁、英德、河池、柳州、贺州、泉州、厦门、广州、深圳、湛江、汕头、海口、南宁、北海、梧州

2. 气干板院场地的选择原则

气干板院场地的选择应遵循以下原则：通风良好，排水通畅，作业方便。根据这一原则，选择场地要注意几方面要求：

（1）地势平坦或略带坡，避免场内积水。

（2）四周无高层建筑，场内无杂草，以免影响材堆内部的通风，产生菌害。

（3）靠近干燥工段或加工车间，并位于锅炉房的上风方向，与锅炉房及其他易于引起火灾的建筑物之间应保持一定的距离，以免发生火灾。

（4）足够的作业面积。板院面积的大小，主要根据堆放成材数量、堆垛形式和干燥周期等情况来决定。一般情况下，机械堆垛时 $1m^3$ 成材需要板院面积 $1.7 \sim 2.0m^2$，以保证锯材的分等、分类、倒垛等作业。板院场地的选择还要考虑地区的具体情况，湿热地区应选择既干燥又通风的地方；在气候干燥的地区，用来干燥阔叶树材的板院，应选择比较湿润又稍避风的低处，这样可以避免板材在干热季节发生开裂。

3. 材堆在板院的布局

板院的布局应考虑树种、风向、运输及装卸用通道。材堆在板院内应按主风方向来配置，原则上是：易干迎风，难干置中，一般背风。即薄而易干的材堆放置在迎风的一边，中等厚度的材堆放置在背风的后边，厚而难干的材堆放在板院的中部。材堆之间的距离依气候条件、板院位置和材料特性而异。湿度大、通风条件差的场所，材堆间距要大；难干的板材堆得较疏松一些。材堆的具体排列及尺寸如图 1-16、图 1-17 所示。

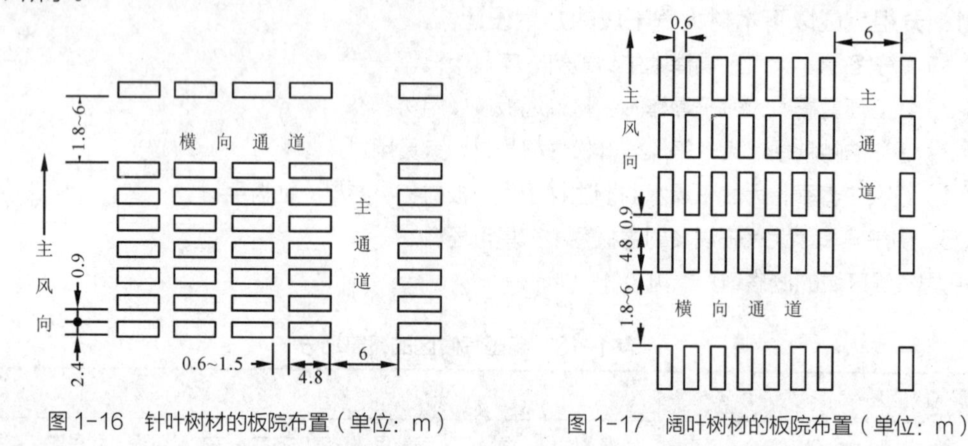

图 1-16　针叶树材的板院布置（单位：m）　　图 1-17　阔叶树材的板院布置（单位：m）

4. 堆垛的要求

大气干燥的木材一般堆置在专用堆基上，材堆应堆置在能经受长期使用而不下沉，并具有足够强度和稳定性的基础上。基础应比地面高出 0.4～0.75m，以保证通风良好，其高度还应超过汛期的最高水位。一般在黄河流域及以北地区其基础高度采用 0.4～0.6m；长江流域及以南地区可采用 0.5～0.7m。基础一般用混凝土或石块制作，如图 1-18 所示。横梁直接放在基础上，对薄板其间隔约 1.3m。如采用木质基础，应选择直径大于 15cm 经防腐处理的心材，木质横梁的截面常用 10cm×15cm，并涂以杂酚或沥青等。

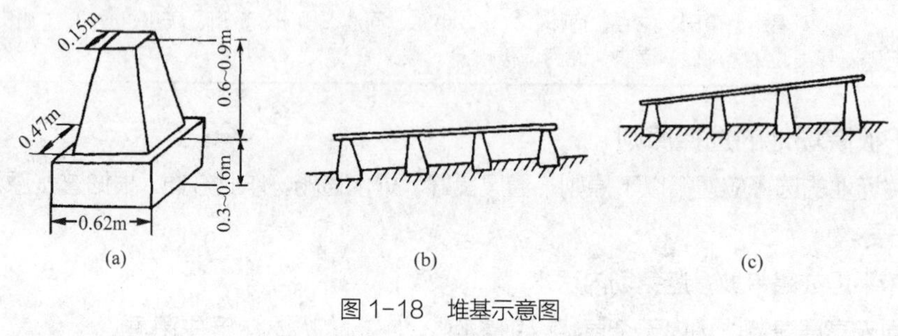

图 1-18　堆基示意图

（a）混凝土堆基　（b）水平式堆基　（c）倾斜式堆基

材堆在堆积时要用到隔条，隔条是指将材堆每层锯材分层隔开的条状垫木，因此也称为垫条。其作用是：①将相邻两层锯材隔开，形成水平气道；②使材堆宽度方向上稳定；③使材堆中的各层锯材相互挟持，以防止或减轻锯材翘曲变形。

气干用隔条一般选用干燥的针叶树心材制作，每根隔条的厚度要求基本均匀，容许厚度公差为±1mm。隔条的厚度对材堆内的空气流速影响较大，因此从理论上说，锯材的树种、厚度、气候条件等不同，其隔条厚度也应不同。如材堆上部的锯材、软材及空气低温高湿的季节所用隔条可稍厚，材堆下部的锯材、硬材及空气高温低湿的季节所用隔条可稍薄。但实际生产中不同厚度隔条使用不方便，因此一般都选用 25mm×25mm 隔条。隔条摆放要与锯材长度（顺纹方向）相垂直，两端的隔条要尽可能靠近锯材的端头，每一列隔条必须对应于栋梁的上方并上下对齐，隔条间距见表 1-14。

表1-14　隔条规格　　mm

层堆法	组堆法			
针阔叶树锯材间隔条	锯材间用隔条		小堆间用隔条	
	针叶树锯材	阔叶树锯材	针叶树锯材	阔叶树锯材
25×40 30×50	22×40 25×50	22×30 22×50	100×100	70×70

表1-15　板间空隙

树　种	材宽/mm	严寒地区 A 区 严寒地区 B 区		寒冷地区		夏热冬冷地区 夏热冬暖地区	
		材厚/mm	空隙/%	材厚/mm	空隙/%	材厚/mm	空隙/%
针叶树锯材	<150	<25	65~75	<25	60~70	<25	70~80
		25~50	55~65	25~50	50~60	25~50	60~70
		>50	50~55	>50	45~50	>50	55~60
	>150	<25	70~80	<25	65~75	<25	75~85
		25~50	55~65	25~50	60~65	25~50	70~75
		>50	60~65	>50	55~60	>50	65~70
软阔叶锯材	<150	<25	60~70	<25	55~65	<25	65~75
		25~50	50~60	25~50	45~55	25~50	55~65
		>50	45~50	>50	40~45	>50	50~55
	>150	<25	65~75	<25	60~70	<25	70~80
		25~50	55~65	25~50	50~60	25~50	60~70
		>50	50~55	>50	45~50	>50	55~60
硬阔叶锯材	<150	<25	35~45	<25	30~40	<25	40~50
		25~50	30~35	25~50	25~30	25~50	35~40
		>50	25~30	>50	20~25	>50	30~35
	>150	<25	40~50	<25	35~45	<25	45~55
		25~50	35~40	25~50	30~35	25~50	40~45
		>50	30~35	>50	25~30	>50	35~40

5. 气干锯材堆垛应遵循的原则

(1) 锯材条件三同或三相近

即树种、厚度和初含水率相同或相近。

(2) 长边短中，上下垂直，两端对齐，材面朝下

长料码边部，短料码中部，以保证材堆稳定，同时减轻短料的端头水分散失。上下垫条垂直对齐，以防木料压弯。两端对齐，指堆积短木料时，要靠两端对齐。

(3) 挂牌作业

每个材堆应挂牌，标明树种、厚度、堆积日期，每次倒垛日期，以便掌握其含水率。

（4）材堆的板间距

依锯材宽度按表 1-15 确定，上下间隙应尽量形成垂直气道。注意，锯材强制气干或经气干后直接进入干燥室强制室干，锯材宽度方向可不留间隙。

（5）加顶盖

气干不等于是在太阳下晾晒。因此过去一般要求在材堆的顶部设置顶盖，以防止阳光直射或雨淋。并要求顶盖应从材堆前端向后端倾斜，带有 0.08°～0.1°的坡度，同时前端伸出 0.75m，后端及两侧伸出 0.5m。顶盖要加油毡、防水纸等防水层。为了固定顶盖，在材堆中段可插入横木，用铁丝将顶盖拴住，也可用螺丝扣拉紧或压以重物。现代企业这种加顶盖的方法少用，因为其制作复杂，不便作业。代之以大型凉棚，不仅防雨、防晒效果好，而且便于叉车装运，还可兼做库房。

6. 材堆尺寸

气干材堆尺寸的确定要有利于干燥，同时要考虑材堆的装运方式及后续作业方式。材堆宽度随环境条件和树种而变化，阔叶树材为 0.9～1.8m，过宽则影响材堆下层木材内部的干燥速度，有的特宽材堆中央留出 A 字形通风道，如图 1-19 所示。采用堆垛机装卸时，宽度可根据装运能力决定。一般标准宽度为 1.3m。若气干后不拆堆直接进行人工干燥，其宽度要与干燥室的尺寸相匹配。材堆高度由基础强度和堆积方法决定，一般手工堆垛时，高度为 2.7～4.8m；机械堆垛的高度可达 6～9m，如图 1-20。堆置小件可达 2～3m。

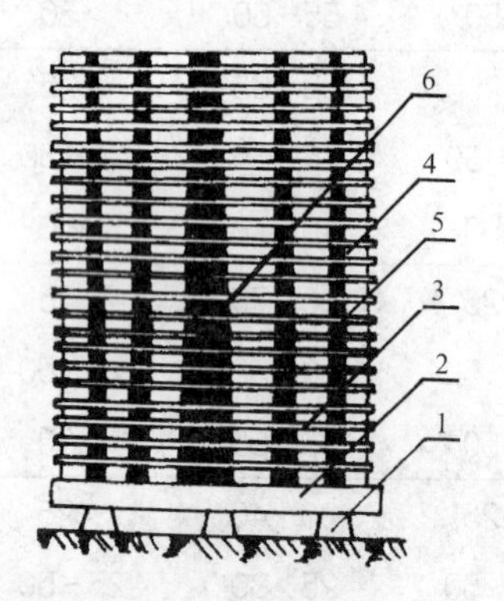

图 1-19　A 字形通风道材堆

1. 基础　2. 横梁　3. 隔条　4. 锯材　5. 边部气道　6. 中心气道

图 1-20　材堆机械堆积

7. 锯材堆积方法

（1）长料的堆积

板院内锯材气干的堆积方式较多，长锯材有水平堆积法和倾斜堆积法，前者也称为平堆法，如图 1-21 所示。这种方法便于叉车作业，因此采用最为普遍。后者简称斜堆法，材堆的前端高，后端低，倾斜度约 1/10，如图 1-22 所示。该方法可以通过气流的上下垂直流动带动水平流动，反之亦然，因此干燥效果好。但作业复杂，不便叉车装卸，因此现在少用。

（2）短料的堆积

短料的堆积方法主要取决于锯材的形态和大小，具体方法如下：

① *叉形堆积法*　如图 1-23 所示。适于稍长而薄的板材，尤其是容易变色的松木和枫香，初含水率很高时，预干速度很快，比水平堆积得快 0.5～1 倍。但也存在干缩不均匀，不用隔条容易产生表裂、端裂、变形等缺点。

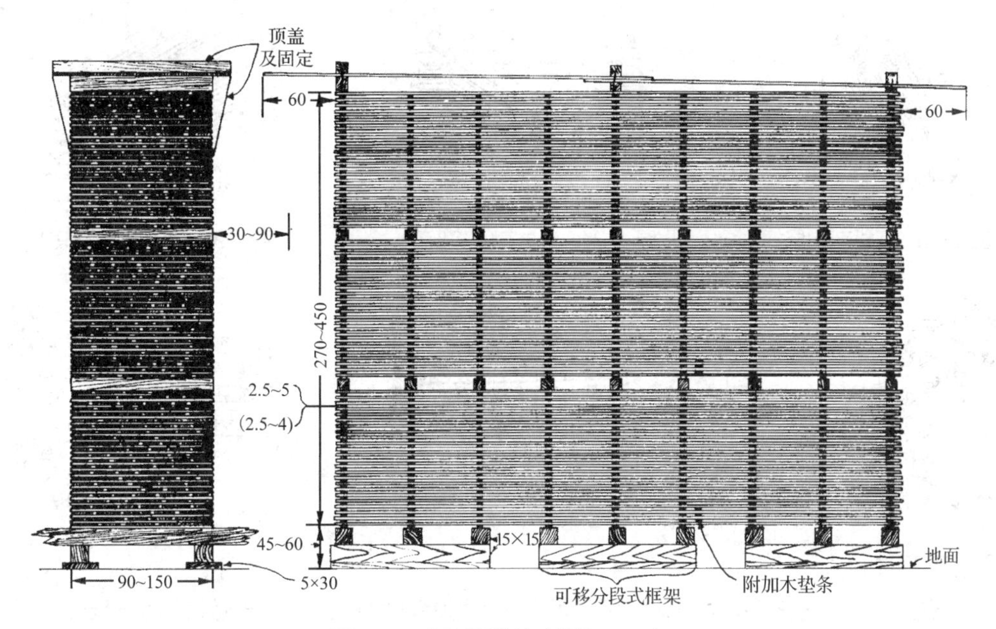

图 1-21　锯材平堆法（单位：cm）

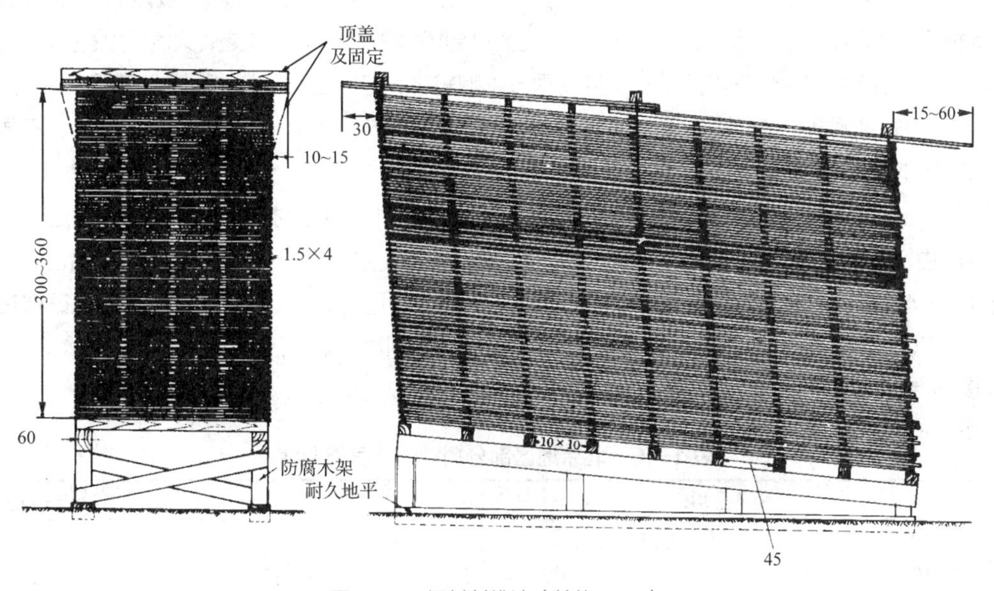

图 1-22　锯材斜堆法（单位：cm）

② 三角形堆积法　如图 1-24 所示。适于短而薄的板材和小方料。

③ 纵横交替堆积法　如图 1-25 所示。适于宽度不大，厚度相同的长短木料。

④ 交替倾斜堆积法　如图 1-26 所示。适于短而厚的方材，它便于排除材面的积水，如铁路枕木。

⑤ 交搭堆积法　如图 1-27 所示。适于短而薄的板材，可堆成大材堆，也可用于室干小料的堆积。

⑥ 井字形堆积法　如图 1-28 所示。适于短小毛料，如为制造锹、镐柄等的短小毛坯料。

为了防止阔叶板材的开裂，径向锯切的长板材放在材堆的两侧，弦切板及短的板材放在材堆的中间。厚度大于 6cm 的湿板材，当含水率下降到 35%之后，最好倒垛一次，将上下部、边中部对换一下。厚度在 4cm 以上的板材气干时，为防止产生端裂，可在其端部涂沥青、防水涂料等，也可以在端头钉上与锯材厚度相同的板条，以减缓端部水分的蒸发。

图 1-23　锯材叉形堆法图

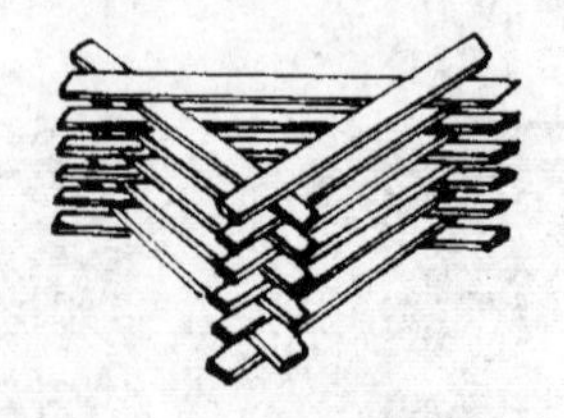

图 1-24　锯材三角形堆法

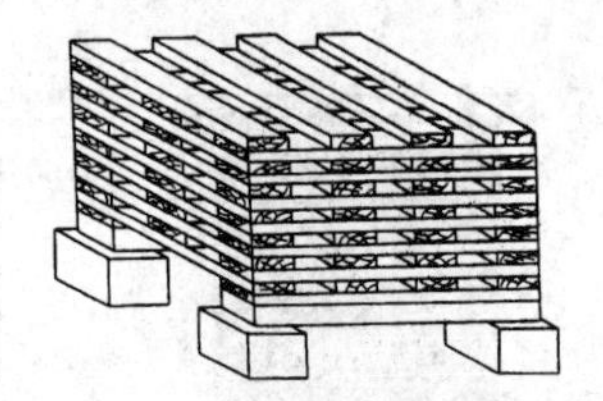

图 1-25　纵横交替堆积法

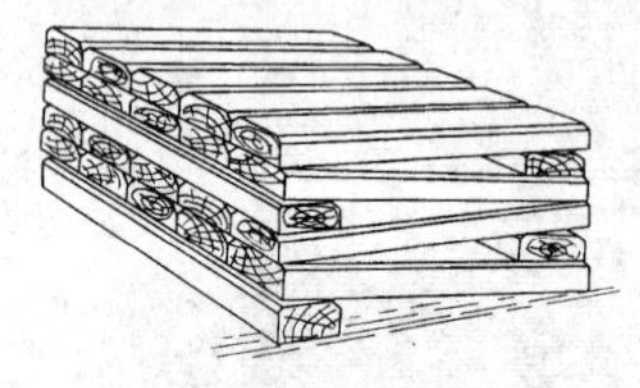

图 1-26　交替倾斜堆积

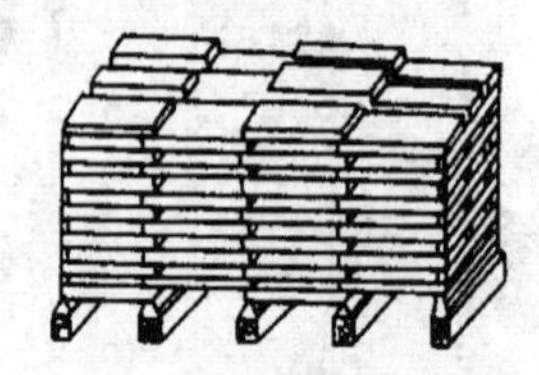

图 1-27　交搭堆积法

图 1-28　井字形堆积法

8. 气干时间

影响锯材气干的因素较多，如锯材树种、厚度、初含水率和大气压力等。一般常规室干难干的树种，气干也较慢；厚度越大、含水率越高，气干时间也越长；大气湿度、温度和风速的影响主要体现在地理位置和季节上。对树种、厚度、初含水率一定的锯材，大气湿度和温度影响较大，风速次之，大气压力的影响最小。

对高含水率锯材，大气干燥的前一个月受季节影响较小，无论任何季节，干燥速度都较快，但在后几个月中干燥则受季节影响较大。因此，为了防止出现干燥缺陷，高含水率阔叶树材堆积后，不要立即在高温低湿的气候条件下进入干燥。

中国林业科学研究院木材工业研究所在北京对东北产的 10 种锯材进行气干周期的测定，厚度为 2~4cm，由初含水率 60%干燥到终含水率 15%，所需要的天数见表 1-16。从表中可以看出，在北京地区，由于 4、5 月初夏季节是平衡含水率最低季节（月平均值各为 8.5%、9.8%），所以锯材在初夏季节易于干燥，干燥周期短。难以气干的树种与易于气干的树种所需干燥周期的比值约为 4：1，冬季气干和夏季气干所需干燥周期的比值约为 2：1。

表 1-16　北京地区部分树种锯材气干周期　　d

材　种	晚冬至初春	初　夏	初　秋	晚秋至冬初
红　松	55	16	42	54
落叶松	57	47	66	94
白　松	—	13	—	23
水曲柳	59	38	50	102
紫　椴	—	12	35	28
裂叶榆	39	16	33	39
桦　木	53	22	69	46
山　杨	55	—	37	30
核桃楸	52	20	43	43
槭　木	—	28	62	58
平　均	53	23	42	56

中国林业科学研究院热带林业科学研究所对海南省 17 种重要用材树种锯材进行了气干试验，结果表明，海南一年中 1、2、11 和 12 月的干燥速率最低，不宜锯材气干；树种与厚度和含水率对干燥速

率影响较大，相对湿度和温度次之，风速与大气压力的影响最小。3、6、9月对17个树种2.5cm厚板材进行气干试验的平均干燥周期见表1-17。气干过程要进行每天按时记录，包括每日最高气温、最低气温、相对湿度、降雨量、降雪量、风向、风速大小等，参见表1-18。

表1-17 海口地区3、6、9月锯材气干试验的平均干燥周期

材 种	生材含水率/%	干燥周期/d		材 种	生材含水率/%	干燥周期/d	
		D_G	D_{30}			D_G	D_{30}
鸡毛松	56.8	17	14	广东钓樟	75.6	51	31
陆均松	85.3	33	19	润 楠	59.8	38	26
黄 杞	74.6	61	34	油 楠	50.6	31	32
盘壳青冈	43.8	86	75	橄 榄	103.8	39	20
白 颜	97.7	40	22	荔 枝	66.9	40	26
小叶胭脂	95.5	35	16	海南杨桐	115.3	37	17
吊兰苦梓	74.1	41	23	荷 木	91.2	51	24
油 丹	50.2	33	22	鸭脚木	88.5	29	19
左氏樟	56.5	26	20				

注：D_G、D_{30}分别为以生材含水率为初含水率和以30%为初含水率。

表1-18 气象记录表

日期	气温/℃		相对湿度/%	降雨			降雪			风向	风速/（m/s）		备注
	最高	最低		大	中	小	大	中	小		五级以上	五级以下	

注：此表逐日填写。　　　　记录人：____________

成果展示

1. 每人提交一份实训报告，详细说明大气干燥的工艺设计方案。
2. 每组组员共同讨论设计方案后填入下表。

被干木材树种		干燥季节	
干燥企业地点		板材规格用途	
气干板院场地选择		材堆堆垛要求	
材堆板院布局图		锯材堆积方法示意图	
气干时间（d）			

■ 拓展提高

强制气干是锯材大气干燥法的发展。它和室干法的区别是在露天下或在稍有遮蔽的棚舍内进行干燥，不控制空气的温、湿度。它和普通气干法的区别是利用通风机加快循环气流通过材堆的速度，以利于热、湿交换。和大气干燥法相比，具有周期短、干燥质量较好，但成本较高等特点。适用于板院小而电源较充裕的地区和企业。

强制气干法的干燥原理和其他对流传热、传湿的干燥法是一样的。木材在干燥过程中，内部水分不断扩散到表面，并以蒸汽状态蒸发到邻近的空气中，形成紧附在木材表面的饱和蒸汽层，称为临界层。临界层既阻碍空气中的热量向木材传递，又阻碍木材中的水分继续向空气中蒸发。强制气干法用通风机加大空气的流动速度，使材堆中锯材表面的风速在 1m/s 以上，这样临界层遭受破坏，并迅速地从锯材表面驱走，从而加快水分的蒸发，提高气干的速度。

采用强制气干时，风机的布置位置依通风方式而异，主要有：堆底风道送风，如图 1-29 所示；两材堆间送风，如图 1-30 所示；两材堆间引风，如图 1-31 所示；材堆侧面送风，如图 1-32 所示。

强制气干还可利用移动式风机，如风机往复式移动送风或抽风，如图 1-33 所示；风机回转式移动送风或引风，如图 1-34 所示。风机在轨道上往复式或沿椭圆形回转式运动，促进材堆内气流循环。需要时，可将加热管与风机组合，在冬季或梅雨季节可吹热风，亦可提高这个时期的干燥速度。在气温低而少风的地区，若采用强制驱动热风，则效果更好，但成本略高。

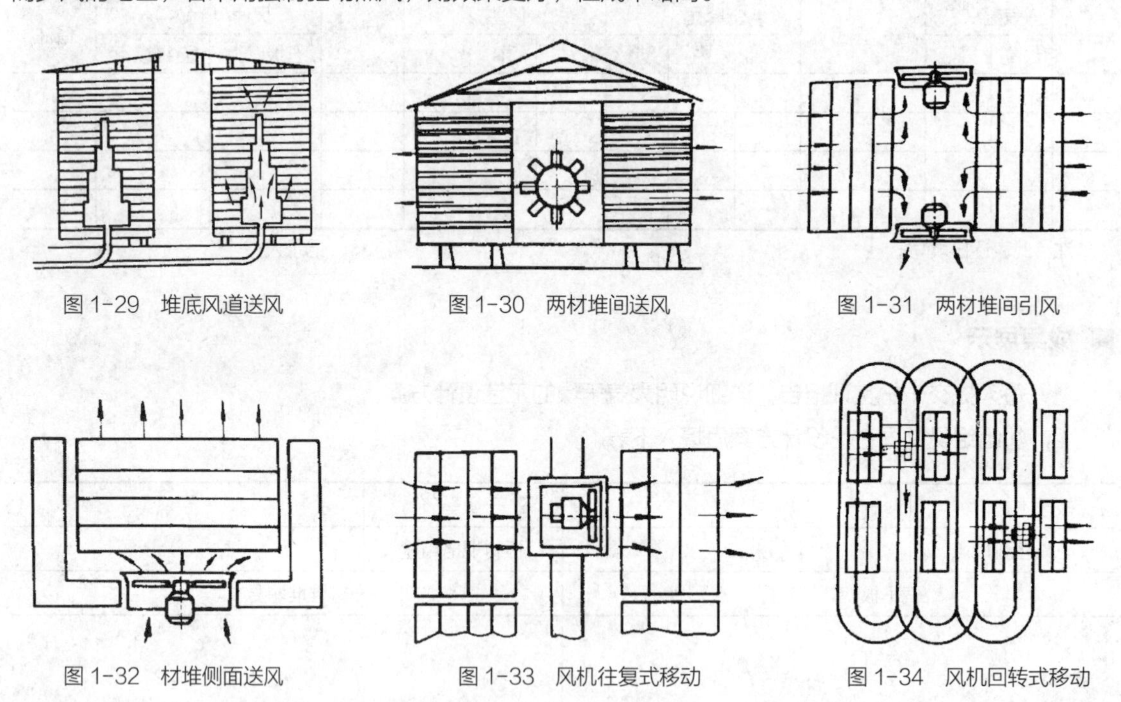

图 1-29　堆底风道送风　　图 1-30　两材堆间送风　　图 1-31　两材堆间引风

图 1-32　材堆侧面送风　　图 1-33　风机往复式移动　　图 1-34　风机回转式移动

图 1-35 所示为一种大型强制气干示意图。干燥针叶锯材及软阔叶薄锯材，空气强制循环速度为 4m/s，强制气干的时间比普通气干约可缩短 1/2～2/3。在空气相对湿度φ<90%和温度 t>5℃时，空气的强制循环是有效的。强制气干的成本比普通气干约高 1/3，但木材不致产生青变，可减少端裂及降等率和损失率。

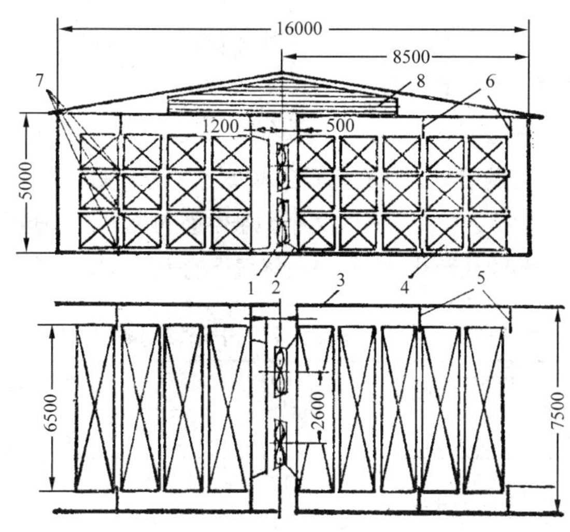

图 1-35　强制气干示意图（单位：mm）

1. 通风机　2. 集流罩　3. 围壁　4. 小堆　5. 端部挡板　6. 顶部挡板　7. 堆间挡板　8. 百叶栅

（选自《木材学》，1985）

据中国林业科学研究院木材工业研究所的研究资料，北京地区 4～5 月为强制气干的有效时期，常用板箱材的干燥时间为 5～8d，最短加风时间为 46h，最长为 105h。12～2 月由于月平均气温在零度以下，水分移动缓慢，干燥周期长，不宜采用此法。

强制气干与自然气干效果的比较见表 1-19、表 1-20。

表 1-19　北京地区箱板材强制气干与自然气干效果比较

气干种类	树种	厚度/mm	含水率/%	干燥时间/h	干燥速度/（%/h）	比值/%	干燥时间
强制气干	雪松	19	67～12	184	0.298	100	1965.6.30～1965.7.7
自然气干	雪松	19	69～12	136	0.419	140.6	1965.6.30～1965.7.5
强制气干	红松	16	68～16	180	0.288	100	1965.9.20～1965.9.27
自然气干	红松	16	73.6～16	122	0.472	163.8	1965.9.20～1965.9.25
强制气干	椴木	15	90.9～15	606	0.124	100	1966.11.3～1966.11.29
自然气干	椴木	15	83.2～15	264	0.258	208	1966.11.3～1966.11.14
强制气干	杨木	21	141.6～13.8	1248	0.102	100	1966.11.3～1966.12.25
自然气干	杨木	21	149.5～13.5	600	0.226	221	1966.11.3～1966.11.28

（选自《木材学》，1985）

表 1-20　北京地区初冬季节椴木强制气干与自然气干速度比较（1966.11）

含水率/%		90.4～80 83.2～80	80～70	70～60	60～50	50～40	40～30	30～20	20～15
干燥时间/h	自然气干	48	51	51	66	84	84	114	108
	强制气干	6	18	18	24	30	27	67	74
干燥速度/（%/h）	自然气干	0.22	0.20	0.20	0.15	0.12	0.12	0.088	0.046
	强制气干	0.53	0.56	0.56	0.42	0.33	0.37	0.15	0.068
比值/%		241	280	280	280	275	308	170	148

（选自《木材学》，1985）

由此可以看出，强制气干的干燥速度比自然气干快 1 倍左右，木材含水率在纤维饱和点以上时干燥较快，低于纤维饱和点时干燥速度逐渐缓慢。

日本高山市对山毛榉锯材进行强制气干，采用直径为 60cm，六叶片风机从材堆侧面送风，材堆中的风速为自然气干状态时风速的两倍，达到的平衡含水率比大气干燥时低 5%~7%。至于送风的干燥效果，边材比心材好，薄板比厚板效果好。在大气干燥条件差的高山市，送风干燥效果比气干条件良好的美依市好，见表 1-21。关于高山市强制气干与自然气干的干燥成本比较见表 1-22。

表 1-21　自然气干和强制气干干燥周期的比较

地　点	树种	板厚/mm	开始日期	干燥方法	30%		25%	
					天数	相对比率	天数	比率
高山市	山毛榉心材	30	7 月 20 日	自然	42	100.0	68	100.0
				强制	17	40.5	22	32.4
			1 月 13 日	自然	117	100.0	130	100.0
				强制	80	68.4	91	70.0
	山毛榉心材	40	7 月 8 日	自然	45	100.0	58	100.0
				强制	29	64.4	37	63.8
			1 月 13 日	自然	149	100.0	156	100.0
				强制	98	65.8	125	80.1
美依市	山毛榉心材	30	7 月 14 日	自然	40	100.0	49	100.0
				强制	34	85.0	38	77.6
	落叶松方材	18	8 月 12 日	自然	7	100.0	9	100.0
				强制	5	71.4	7	77.8
	落叶松方材	45	8 月 12 日	自然	13	100.0	21	100.0
				强制	10	76.9	16	76.2

注：① 天数为从生材含水率干燥到 25%、30%；
② 生材含水率：山毛榉 80%，日本落叶松 50%。

（选自野原正人，1978）

表 1-22　自然气干和强制气干的干燥成本比较　　日元/m^3

开始日期	干燥方法	干燥周期/d	干燥材利息	管理费	电费	折旧费	合　计
7 月 20 日	自然	68	272	136	—	—	408
	强制	22	88	44	154	66	352
1 月 13 日	自然	130	520	260	—	—	780
	强制	91	364	182	637	273	1456

注：① 1$m^3$30mm 厚山毛榉材，从 80%干到 25%；
② 成材价格加上堆积费、防腐处理费为 2.4 万日元/m^3，当年利息 0.065 元，每天约 4 日元/m^3；
③ 顶盖、基础、隔条等一年为 700 日元/m^3，每天约 2 日元/m^3；
④ 强制送风 8 小时，电机 0.75 kW，每天约 7 日元/m^3（1kW4.5 日元）；
⑤ 风机 2000 日元，5 年折完，折旧费每天约 3 日元/m^3；
⑥ 以 1978 年所需日元数为准。

强制气干由于设备简单，容易实现，干燥条件比较温和，干燥缺陷少，降等率低，终含水率分布均匀，能保证干燥质量，干燥速度也比自然气干快，适合作为两段干燥的前期预干。

■ 总结评价

在本任务的学习过程中，同学们通过对不同树种、不同规格、不同地点、不同季节木材大气干燥的气干方案进行了设计，选择了气干板院场地，设计了材堆板院布局，模拟了材堆堆垛方式，在学习过程中要明确大气干燥的概念，了解其特点及影响因素；掌握大气干燥对场地的要求、板院的布置原则及堆基与隔条的作用和要求；掌握各种长短木料气干的堆垛方式及要求；明确强制气干的概念，掌握几种常见强制气干的通风方式。

实训考核标准

序　号	考核项目	满　分	考核标准	得　分	考核方式
1	气干板院场地选择	15	气干板院场地选择合理，分析得当		现场
2	材堆堆垛要求	15	材堆堆垛要求分析合理		现场
3	材堆板院布局图	20	材堆板院布局合理，绘图清晰		现场、报告
4	锯材堆积方法示意图	20	锯材堆积方法正确合理		
5	报告规范性	10	酌情扣分		报告
6	实训出勤与纪律	10	迟到、早退各扣 3 分，旷课不得分		考勤
7	答辩	10	能说明每一步操作的目的和要求		个别答辩
	总计得分	100			

■ 巩固训练

沈阳地区秋冬季大气干燥桦木长短混合锯材家具料，请确定气干方案。

被干木材树种		干燥季节	
干燥企业地点		板材规格用途	
气干板院场地选择		材堆堆垛要求	
材堆板院布局图		锯材堆积方法示意图	
气干时间/d			

■ 思考与练习

1. 大气干燥材堆的堆积有哪些形式？应注意哪些事项？
2. 何谓强制气干？与普通气干有何区别？

3. 材堆在堆积时要用到隔条，隔条是指将材堆每层锯材分层隔开的条状垫木，因此也称为垫条。其作用是什么？

■ 自主学习资料库

1. 朱政贤. 木材干燥. 2 版. 北京：中国林业出版社，1988.
2. 梁世镇，顾炼百. 木材工业实用大全 · 木材干燥卷. 北京：中国林业出版社，1998.
3. 李坚. 木材科学. 哈尔滨：东北林业大学出版社，1994.
4. 王喜明. 木材干燥学. 北京：中国林业出版社，2007.
5. 艾沐野. 木材干燥实用技术. 哈尔滨：东北林业大学出版社，2002.
6. 王恺. 木材工业实用大全 · 木材干燥卷. 北京：中国林业出版社，1998.

项目 2
木材常规干燥（室干）

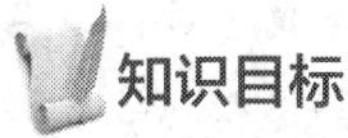

知识目标

1. 了解常规木材干燥室的技术要求和基本构成。
2. 掌握几种典型木材干燥室的基本结构、性能特点和适用性。
3. 掌握木材干燥室评价的基本要素及木材干燥室的选用依据和步骤。
4. 掌握干燥室壳体的基本要求及金属壳体与砖混壳体的一般结构；掌握几种典型干燥室大门的基本结构形式、特点及适用性。
5. 了解木材干燥室加热器的要求，常用几种类型加热器的结构、特点。
6. 了解疏水器的作用、分类与命名方法，常用几种疏水器的工作原理、性能特点；了解蒸汽管路的设计要求及蒸汽锅炉的分类知识。
7. 掌握干燥室介质调湿的必要性，掌握两种增湿方法及其特点和设备要求；掌握干燥室进排气装置的技术要求及布置原则。
8. 掌握干燥室内风机的功能与要求，了解离心通风机和轴流通风机的基本结构与性能特点；掌握常用几类轴流风机的结构与性能特点；了解干燥室内电动机的技术要求。
9. 了解挡风板的功能与技术要求。
10. 了解木材干燥常用装卸机械特点及适用性。
11. 掌握常用木材干燥介质温度、湿度和木材含水率测量仪表的工作原理、基本构造、特点及适用性。
12. 了解木材室干的概念、室干工艺的内容及其确定的主要依据。
13. 掌握室干锯材堆垛的方式、要求及基本要领。
14. 了解木材干燥基准的类型、各自特点与适用性、软基准与硬基准的概念。
15. 掌握干燥基准选用与制定的基本方法和步骤。
16. 了解内应力的概念、内应力分类及木材干燥过程中内应力的变化规律。
17. 掌握热湿处理的种类、各种热湿处理的目的、控制因素及参数确定方法。
18. 了解干燥曲线及其作用、木材高温干燥与低温干燥的特点与适用性、小径木锯材干燥的注意事项。
19. 掌握木材干燥过程测试和干燥质量检测的内容、方法、标准、所用器具及操作步骤。
20. 熟悉木材室干的操作步骤及注意事项。

技能目标

1. 能根据干燥室标准型号准确判断其室型和规格，或根据干燥室实物（图片）准确确定其室型。
2. 能结合干燥室的设备布置方式说明干燥室的合理性。
3. 能根据企业条件或被干锯材实际基本合理地选择干燥室。

4. 掌握热动力式与自由浮球式疏水器的维护方法。
5. 能对风机进行正常的维护，学会根据风机运转声音判断其故障。
6. 熟练掌握各种温度、湿度和含水率仪表的使用。
7. 学会利用相关资料确定各类锯材的终含水率和具体质量要求。
8. 掌握锯材堆垛要领，能正确指导锯材堆垛作业。
9. 能根据锯材条件，熟练选用或制订干燥基准，确定热湿处理参数。
10. 能熟练使用有关工具设备正确进行木材干燥过程检测和质量检测，并统计结果。
11. 能熟练进行木材室干的全程操作。
12. 能正确分析常见操作故障的原因，采取措施正确。
13. 能正确分析常见干燥缺陷产生的原因，调整措施正确。

任务 2.1　5 种木材干燥室的结构及性能比较分析

工作任务

1. 任务提出

通过本任务学习，了解常规木材干燥室的技术要求和基本构成；掌握几种典型木材干燥室的基本结构、性能特点和适用性；掌握木材干燥室评价的基本要素及木材干燥室的选用依据和步骤，能根据干燥室标准型号准确判断其室型和规格，或根据干燥室实物（图片）准确确定其室型；能结合干燥室的设备布置方式说明干燥室的合理性；能根据企业条件或被干锯材实际选择合理干燥室。

2. 工作情景

课程在木材干燥实训室与实训基地（企业）进行现场教学，学生以干燥小组形式进行课程学习。对比上风机型干燥室、侧风机型干燥室、端风机型干燥室、连续式干燥室、炉气干燥室 5 种木材干燥室型，归纳对比 5 种干燥室型的性能特点与适用性，并绘制 5 种干燥室的结构简图。

3. 材料及工具

不同类型干燥室企业，教材、笔记本、笔、多媒体设备等。

知识准备

木材干燥室（也称为干燥窑），是装备一定设备仪器，专门用于干燥木材的室状建筑或容器。它可以人为地调节温度、湿度和气流循环速度与方向，以适应不同木材干燥工艺的需要。

本任务所指干燥室为传统意义上的对流加热干燥室，至于现代干燥技术中的除湿干燥、太阳能干燥、真空干燥、微波干燥、压力干燥等，或者其干燥主体只是传统意义干燥室中的一种，或者由于其干燥方法的特殊性，用于干燥的主体已不是通常意义上的室或窖，因此这类干燥“室”或“机”本任务不做介绍，详见其他项目。

1 干燥室的技术要求

对流加热木材干燥室应能满足以下技术要求：

（1）具有较好的气流循环效果，即气流阻力小，动力消耗低，通过材堆的气流速度能达到 1~3m/s，且分布均匀；

（2）加热能力能满足工艺要求；

（3）温度、湿度和含水率的检测、调节和控制方便、灵活、可靠；

（4）具有良好的保温和气密性能；

（5）具有良好的耐腐蚀性能，室体应能防止由于温度应力引起的开裂；

（6）便于安装、维修和保养；

（7）装料和卸料方便。

2 木材干燥室的一般构成

一个完整的对流加热木材干燥室一般由以下几部分构成：

（1）加热系统，提供木材干燥所需热量；

（2）调湿系统，调整干燥介质的湿度；

（3）通风系统，驱动干燥介质循环；

（4）控制系统，监测并控制干燥过程；

（5）壳体和大门，是干燥室的主体，保证干燥室的密闭、保温、保湿。

3 干燥室的分类

木材干燥室有许多不同的类型，适用于不同的生产条件。可根据以下特征对干燥室进行分类：

（1）按作业方式

按作业方式可分为连续式干燥室和周期式干燥室。

① *连续式干燥室*　呈隧道状，两端都设有室门，室体较长，可装多个材堆。干燥过程中材堆定时前移，由湿端装入湿材堆，同时由干端卸出干材堆。干燥作业定向连续进行，故称连续式干燥室。

② *周期式干燥室*　呈分室状，因此，也称为分室式干燥室。大门一般设在干燥室的一端或两端，干燥作业按周期进行，即材堆一次性装入，干燥结束后一次性卸出。

（2）按加热方式或能源种类

按加热方式或能源种类可分为蒸汽加热干燥室、炉气加热干燥室、电加热干燥室、太阳能干燥室、导热油加热干燥室、热水加热干燥室等。

① *蒸汽加热干燥室*　采用低压饱和水蒸气（p=0.4~0.6MPa）作为载热体，通过蒸汽加热器加热室内的干燥介质来干燥木材。这种干燥室的干燥介质可以是湿空气，也可以是常压过热蒸汽。后者则称为过热蒸汽干燥室。

② *炉气加热干燥室*　以燃烧废木料、燃气或油而产生的炽热气体为加热物质。根据其具体加热方式的不同，可分为炉气干燥室、炉气加热干燥室和热风干燥室 3 种类型。炉气干燥室以炉气作为干燥介

质（国内曾称为炉气直接加热干燥室）；炉气加热干燥室是用炉气作载热体，通过炉气散热器加热室内干燥介质——湿空气（曾称为间接加热炉气干燥室）；而热风干燥室是将室内干燥介质通过管道引入热风炉直接加热，然后再送回干燥室干燥木材。

③ 电加热干燥室　指以电能为热源的干燥室。包括除湿干燥室和真空干燥机（生产上主要指除湿干燥室）。微波干燥和高频干燥设备虽为电加热干燥，但一般不称其为干燥室。

④ 太阳能加热干燥室　一般以太阳能为主要能源，在特殊时间或太阳能不足的季节辅以电加热。

⑤ 导热油加热干燥室　用导热油代替饱和水蒸气作载热体，干燥室其他设施与蒸汽加热干燥室相同。

⑥ 热水加热干燥室　是以热水为载热体，其他也与蒸汽干燥室相同。

（3）按介质循环方式

按介质循环方式可分为自然循环干燥室和强制循环干燥室。前者不设风机，室内干燥介质靠自身“热气上升冷气下降”形成的自然对流循环穿过材堆干燥木材；后者靠风机强制干燥介质循环穿过材堆干燥木材。

（4）按干燥介质

按干燥介质分为湿空气（空气）干燥室、炉气干燥室、过热蒸汽干燥室等。

（5）按风机相对材堆的布置方式

按风机相对材堆的布置方式可分为上风机型、侧风机型、端风机型和喷气式等，每种室型又有多种演变结构。这类干燥室均属强制循环干燥室。

至 20 世纪末，我国木材干燥室中，周期式约占 99%（按容量估算），连续式约占 1%；强制循环约占 80%，自然循环约占 20%。经过近几年的发展，周期式强制循环干燥室所占比例更大。

4 木材干燥室型号编制方法

关于木材干燥室的型号编制方法，国家林业局 2002 年颁布实施了 LY/T1603—2002《木材干燥室（机）型号编制方法》。标准规定，干燥室（机）型号由 8 部分构成：

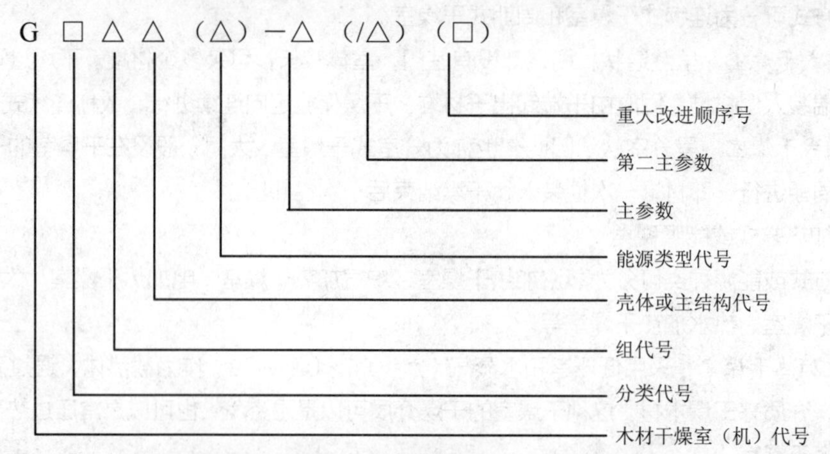

注：有“( )”的代号或数字，当无内容时不表示，若有内容应不带括号。

（1）木材干燥室（机）的分类及代号

木材干燥室（机）共分 7 类，用汉语拼音字母表示，其表示方法见表 2-1。

表 2-1 木材干燥室（机）的分类及代号

常规干燥	除湿干燥	真空干燥	太阳能干燥	高频干燥	微波干燥	其他干燥
C	S	K	T	P	W	Q

注：① 在此常规干燥指以常压湿空气作介质，以蒸汽、热水、炉气或热油作热源，干燥介质温度在 100℃以下；
② 其他干燥包括过热蒸汽干燥，温度为 100℃以上的高温干燥，以及目前使用较少的干燥方法。

（2）干燥室（机）的组、型、能源等的划分及其代号

干燥室（机）的组、型、能源等的划分及其代号见表 2-2。其中，干燥室所用能源的类型，若只有电作能源，该项不作标注。除湿干燥的能源类型指用于干燥升温的辅助能源；主参数为干燥室容量，指按 GB/T 17661 规定的标准木料计算方法计算的实体材积；第二主参数依干燥室类别不同有不同的含义。另外，采用连续干燥（传送带式或转动式）的木材干燥机的主参数为含水率由 50%降到 10%的木材的实材积，计量单位为 m^3/h。

表 2-2 干燥室（机）的组、型、能源等的划分及其代号

类	组		型			主参数	第二主参数
	代号	名称	代号	壳体（或主结构）形式	能源类型		
C	1	顶风式	1	金属壳体	蒸汽	实材积/m^3	干燥室风机总功率/kW
			2	砖混壳体	热水		
			3	砖砌体铝内壳	炉气		
			4	其他	其他		
	2	侧风式	1	金属壳体	蒸汽		
			2	砖混壳体	热水		
			3	砖砌体铝内壳	炉气		
			4	其他	其他		
	3	端风式	1	金属壳体	蒸汽		
			2	砖混壳体	热水		
			3	砖砌体铝内壳	炉气		
			4	其他	其他		
	4	其他	1	金属壳体	蒸汽		
			2	砖混壳体	热水		
			3	砖砌体铝内壳	炉气		
			4	其他	其他		
S	1	高温≥70℃	1	单热源（除湿式）	蒸汽	实材积/m^3	压缩机功率/kW
			2	双热源（热泵除湿式）	热水		
			3	—	炉气		
			4	—	电热		
	2	中温 50℃～70℃	1	单热源（除湿式）	蒸汽		
			2	双热源（热泵除湿式）	热水		
			3	—	炉气		
			4	—	电热		
	3	低温<50℃	1	单热源（除湿式）	蒸汽		
			2	双热源（热泵除湿式）	热水		
			3	—	炉气		
			4	—	电热		

（续）

类	组		型			主参数	第二主参数
	代号	名称	代号	壳体（或主结构）形式	能源类型		
K	1	对流加热	1	圆形金属壳体	蒸汽	实材积/m^3	装机功率/kW
			2	方形金属壳体	热水		
			3	其他	电热		
	2	热压板加热	1	圆形金属壳体	蒸汽		
			2	方形金属壳体	热水		
			3	其他	电热		
	3	高频加热	1	圆形金属壳体			
			2	方形金属壳体			
			3	其他			
T	1	顶风式	1	集热器与室体分离型	蒸汽	实材积/m^3	单位材积的集热器面积/（m^2/m^3）
			2	半温室型	热水		
			3	温室型	炉气		
			4	—	其他		
	2	侧风式	1	集热器与室体分离型	蒸汽		
			2	半温室型	热水		
			3	温室型	炉气		
			4	—	其他		
	3	端风式	1	集热器与室体分离型	蒸汽		
			2	半温室型	热水		
			3	温室型	炉气		
			4	—	其他		
P	1	单一式	1	极板垂直布置		实材积/m^3	高频输出功率/kW
			2	极板水平布置			
			3	极板水平，上板活动			
	2	联合式	1	极板垂直布置			
			2	极板水平布置			
			3	极板水平，上板活动			
W	1	单一式	1	隧道式		实材积/m^3	微波输出功率/kW
			2	谐振腔曲折波导			
			3	多点式			
	2	联合式	1	隧道式			
			2	谐振腔曲折波导			
			3	多点式			

注：除湿机的高温、中温和低温是指在不加辅助热源的情况下，除湿机冷凝出口处可能达到的最高风温。

（3）木材干燥室（机）型号示例

[例 1] 木材常规蒸汽干燥室，顶风式，金属壳体，实材积 100m^3，室内风机总功率为 6×2.2kW，其型号为：GC111—100/13.2

[例 2] 木材常规热水干燥室，侧风式，砖混壳体，实材积 40m^3，室内风机总功率为 5×1.1kW，热水供热功率为 235kW，其型号为：GC222—40/5.5

LY/T1603—2002 标准颁布之前，国内各种木材干燥室的型号均为各生产厂自行确定，因此较为混乱，不同厂家的干燥室型号含义不尽相同；另外，成套进口木材干燥设备的型号根据生产公司不同，其型号含义也各不相同，在实际生产中应引起注意。

5 木材干燥室的评价与选用

目前干燥室的种类很多，怎样评价一种干燥室的好坏，进而正确选用适当的干燥室，这正是本任务要讨论的内容。

（1）标准木料

干燥室的技术经济指标需要以一定的被干木料为前提。为了便于不同干燥室性能的分析比较，提出了标准木料的概念。所谓标准木料，是指厚 40mm、宽 150mm、长度大于 1m，按二级干燥质量从最初含水率 60%干燥到最终含水率 12%的松木整边板材。

对以其他规格或树种为被干木料所测得的有关参数，可以将其换算成标准木料，具体换算方法见有关标准。

（2）干燥室的技术经济分析

有关木材干燥室技术经济性能的评定项目及检测方法，GB/T17661—1999《锯材干燥设备性能检测方法》都做了具体规定，现就干燥室的工艺性、使用性、经济性和节能性介绍部分主要性能参数。

① 工艺性　包括如下 5 个方面。

加热能力　关系到干燥室的单位容积加热面积、加热器的热效率、热载体及壳体保温性等。检测项目有介质升温速度、介质最高温度等。在正常运行条件下，升温范围应能达到 100℃～120℃。

调湿能力　关系到干燥室的保温性、气密性、增湿与排湿能力等。检测项目有保温性、气密性。正常调湿范围应不小于 30%～98%。

风速及其分布　关系到干燥室的风机大小、数量、性能、分布、挡风板的设置及木料的堆积。检测项目有材堆平均循环风速、材堆风速分布等。一般以标准木料为准，要求材堆出风侧水平气道的平均风速不应小于（1±0.2）m/s。

室内温度均匀度　关系到木料的堆积、材堆的码放、加热器的分布及材堆的风速等。检测项目有介质温度分布、介质温差、材堆进出口温差等。要求室内最大温差应小于 6℃～8℃，材堆进出风侧的平均温度差小于 4℃～6℃。

干燥时间　以标准木料从含水率 60%干燥到 12%，干燥质量达到国家标准二级为准，从干燥过程开始到干燥过程结束（不包括冷却时间），干燥时间不大于 94h。其他任意锯材的标准干燥时间按 GB/T17661—1999 计算。

② 使用性　干燥室的使用性包括使用的可靠性、方便性、耐久性和安全性几方面。即设备材料和质量好，耐腐蚀性强，使用寿命长，性能稳定可靠，运行故障少，维护保养方便。干燥过程调控容易，操作方便，劳动强度低，干燥质量有保证，无火灾和其他严重干燥事故的危险性。

③ 经济性　经济性主要指干燥 $1m^3$ 标准木料的干燥成本。用于技术经济分析的干燥成本是指与设备有关的直接费用，包括设备折旧、保养维修、能源消耗、劳动工资和木材降等，但不包括因地区和单位而异的管理费和税费等。

设备折旧费是干燥 $1m^3$ 木材平均所需的设备投资费用，它与设备的有效使用年限有关。设备的有效使用年限要根据其材料、质量、耐久性等估算。对于常规、除湿、太阳能干燥室及其设备：砖砌混凝土壳体为 15～20 年，外钢板内铝板或内外彩色钢板金属壳体、真空干燥设备为 8～10 年，内外铝板或不锈钢板金属壳体、砖砌外壳内衬铝板为 10～15 年。

保养维修费是干燥 $1m^3$ 木材平均所需的维修费用，按设备总投资的比率计，常规蒸汽干燥设备为 1%～2%，除湿干燥设备取 3%～4%，真空干燥设备取 2%～3%。

能源消耗是以标准木料按二级干燥质量标准从初含水率 60%干燥到 12%（非标准木料可进行换算），每 $1m^3$ 木材所用的电能和热能费用。

如用于经济核算，经济成本还应计入管理费、各种税费、土地使用费以及投资与流动资金利息等各项费用。

④ *节能性* 干燥室的节能性实际在经济性中已经体现，但由于不同地区的电能和燃料价格不尽相同，用经济性直接衡量其节能性是不准确的。一般节能性可从单位材积的实际耗能来评价。

实际耗能是以标准木料从初含水率 60%干燥到 12%，干燥质量达到国家标准二级的条件下（非标准木料可进行换算），每 $1m^3$ 木材的总标准煤耗。包括电能和热能两方面。也可以用每蒸发 1kg 水分所消耗的电能、热能及标准煤耗表示。比较好的干燥室，每干燥 $1m^3$ 标准木材的综合能耗（电能和热能的总和）折算成标准煤耗应不大于 $50kg/m^3$，每蒸发 1kg 水分的综合能耗应不大于 0.28kg/kg [1kg 标准煤可生产 7.8kg 蒸汽，或 2.3kw·h 电，而蒸汽的可用热量为 2134kJ/kg，电的有效发热值为 3600kJ/（kw·h）]。

（3）干燥室的选用

干燥室的好坏可以用技术经济性能来衡量。但技术经济性能不是选择干燥室的唯一依据。不同类型的干燥室有不同的适用性，必须根据企业的规模、能源条件、被干燥木料的特点及质量要求等来确定。

① *干燥方法选用* 包括如下几种方法：

蒸汽加热干燥 该方法有以下优点：第一，温湿度容易调节和控制，并可调湿处理，干燥质量有保证；第二，工艺成熟，操作方便，可实施自动化或半自动化操作，便于集中和统一管理；第三，设备性能较好，使用寿命长；第四，干燥室的容量较大，节能效果较好，干燥成本适中或偏低；第五，可以用煤，也可用废木料作燃料。缺点是需要蒸汽锅炉。因此，蒸汽加热干燥是国内外大中型企业应用最普遍的木材干燥方法。产量较大及有现成蒸汽供应的企业，适合采用蒸汽干燥；对干燥质量要求较高，每月干燥量不少于 $300m^3$ 锯材的中小型企业，一般也应考虑蒸汽干燥。

过热蒸汽干燥应慎用。只有当干燥针叶树材薄板，并对干燥质量要求不高时，才可采用。

蒸汽加热干燥室对锅炉供汽能力的要求，可根据干燥室的设计容量和干燥室间数综合考虑，一般平均每 $1m^3$ 木材容量需配备 10kg/h 锅炉蒸发量的供汽能力。供汽压力不小于 0.4MPa。

炉气加热木材干燥 该方法的主要优点是不用锅炉，并以工厂的加工剩余物——木废料为燃料，干燥成本低。缺点是干燥介质的温湿度状态不易调节和控制，对操作技术和责任心要求较高，劳动强度相对较大。这类设备的可靠性与设计合理与否关系极大。设计不合理的“土窑”，干燥不均匀，时间长，质量无保证，还很容易发生火灾。

炉气加热干燥适用于没有蒸汽供应，干燥量不大，并有大量的木废料作燃料的中小型企业。

除湿干燥法 关于除湿干燥详见项目 3，其优点是可回收湿空气冷凝所释放的汽化潜热，即该方法几乎没有或只有少量的废气热损失，且工艺简单，操作容易，干燥安全，一般不会造成木材损伤。缺点是干燥温度低（低温除湿可到 50℃，中温除湿 60℃），干燥时间长，对于厚板或难干材，很不容易干透；并因主要采用电能，干燥成本偏高。

除湿干燥适用于产量较低的小型企业，或因所处环境不便建锅炉或炉气燃烧炉，或电能供应充足、电价较便宜的地方。

其他干燥法 如微波干燥、高频干燥和太阳能干燥等，这些方法投资大、产量低、电能消耗大，干燥成本偏高，操作技术要求高。只适合某些干燥量不大、质量要求高的特殊场合或行业。

② 干燥室型的选用 连续式和自然循环干燥室由于其自身的缺点和局限性，一般不用。最常用的是周期式强制循环干燥室。

目前较好的周期式强制循环干燥室是采用耐高温电动机直联风机和轧片式双金属翅片管加热器，壳体及室内设备防腐性能好（基本不采用黑色金属），干燥过程能自动控制的干燥室。这类干燥室由专业制造厂生产，产品质量有保证，有条件应当首选。就室型而言，大型干燥室应选用上风机型，若被干木料为 2m 或 3m 长的整边板，厂内有叉车，用叉车装卸式；若木料较长，或长度不统一，则用双轨式。中小型干燥室以端风机型、风机上下串联式或前后串联式侧风机型及侧下风机型较好。而侧面风机型只适合容量较小的单轨干燥室。如果干燥批量较大的硬阔叶树材，最好采用联合干燥，即建一座大型预干室和若干间上风机型叉车装卸式干燥室。先预干到含水率 20%左右，然后再常规室干。

③ 干燥室规格的选用 为了避免循环气流短路影响干燥效果，干燥室的材堆必须按装载量装满，不留空当。另外，工艺要求同一室被干木料的树种、厚度相同，初含水率基本一致。因此，必须根据木料的树种与规格（厚度）的复杂程度及周转量的大小来选择干燥室的大小。总的来说，干燥室的容量大，能量利用率高一些，单位产量的设备投资、干燥成本等也相对少一些。但大型干燥室的机动灵活性差。若树种、规格和初含水率较杂，相近木料批量小，可能造成停工待料或不满载运行，不但造成更大的浪费，对干燥质量也会有不良影响。

选择干燥室大小时，还应了解气流穿过材堆的尺寸，应不超过 5m，以免影响干燥均匀性。现在有些干燥设备制造商为了降低干燥室的造价，用低比价吸引用户，片面追求大容量，使气流通过材堆的尺寸长达 7～9m，造成干燥不均匀和干燥时间长，这是不可取的。

任务实施

任务实施要求

1. 任务实施前需认真阅读知识准备内容并完成引导问题的回答。
2. 在干燥企业参观期间学生要注意安全并遵守厂纪厂规。
3. 参观期间要随时记录并绘制各种室型干燥室结构草图，说明各室型中设备的分布特点。
4. 注意干燥室的材堆装卸方式，壳体结构及大门结构。
5. 每人提交一份实训报告。

学习引导问题

请同学们认真阅读知识准备内容，独立完成以下引导问题。

1. 干燥室按所用的气体介质不同可分为________、________、________。
2. 木材干燥室按气流循环性质不同可分为________、________。
3. 评价干燥室优劣的主要技术经济指标是________、________、________、________。

4. 干燥室的工艺性主要包括__________、__________、__________、__________、__________5个方面。

5. 什么是标准木料？

■ 任务实施步骤

上风机型干燥室、侧风机型干燥室、端风机型干燥室、连续式干燥室、炉气干燥室，5种室型性能结构与适用性对比如下。

周期式与连续式比较，机动灵活性大，适应性广，温、湿度容易调节，可进行调湿处理，而强制循环又比自然循环干燥均匀，且装载量大（材堆不留垂直气道），干燥时间短，干燥效率高。因此，生产上多采用周期式强制循环干燥室。这类干燥室结构形式较多，其性能特点也不尽相同。

1. 上风机型干燥室室型辨识

这种干燥室的主要特征是：室内空间用"假天棚"分成上部和下部两部分。上部为风机间，用于安装风机、加热器、喷蒸管和进、排气装置等。下部为干燥间，主要用于摆放材堆，一般只布置温湿度计和含水率检测装置。这种干燥室容量可大可小，一般为50~200m^3，气流速度分布较均匀，干燥质量好，一直是强制循环木材干燥中最常用的结构形式。

上风机型干燥室按照其通风系统结构的不同又分为直联式、纵轴式（也叫长轴式）和横轴式（也叫短轴式）3种。由于纵轴式上风机干燥室目前使用很少，故仅在本任务拓展知识部分做以简单介绍。

（1）直联式干燥室

上风机直联式干燥室是近20年来随着"三防"（防高温、防潮、防腐）电动机的问世而出现的一种新型结构，也是目前应用最多、最典型的上风机干燥室结构。如图2-1、图2-2所示，具有"三防"功能的电动机在室内与循环风机直接相联，与传统纵轴式、横轴式上风机结构相比，省去了电动机与风机之间的传动轴及其辅助装置，结构大为简化，故称直联式。这种"三防"室内电动机一般采用铝合金外壳，体积小，质量轻，耐腐蚀，轴承采用全封闭，终身润滑，无须检修和加油，电动机允许干燥介质温度达到110℃（一般不超过110℃，以便延长电机使用寿命）。所用风机为6$^{\#}$或8$^{\#}$轴流风机，并以高强

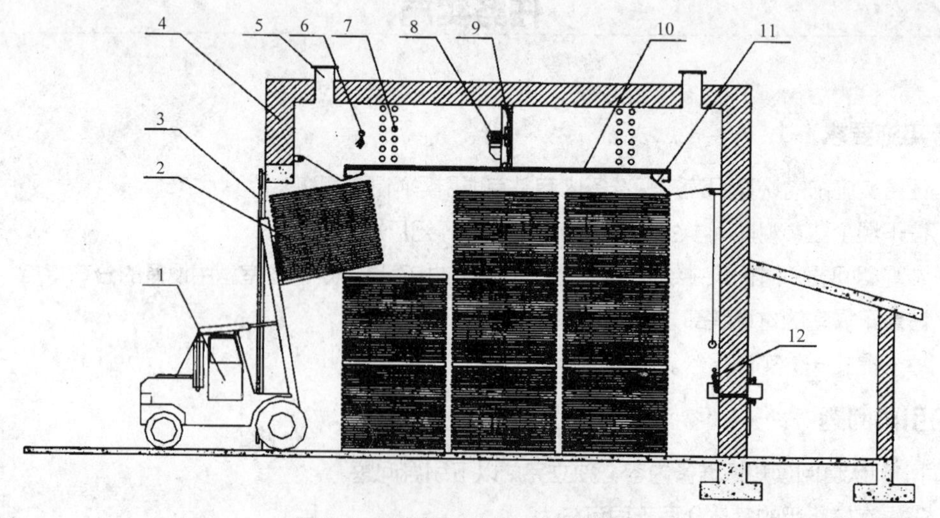

图2-1 叉车装卸上风机直联式干燥室

1. 叉车 2. 材堆 3. 干燥室大门 4. 室体 5. 进排气道 6. 喷蒸管
7. 加热器 8. 三防电机 9. 风机 10. 天棚 11. 挡风板 12. 干湿球温度计

度合金铝精密制造，耐腐蚀，动平衡性能好，效率高，可正反转。风机转速通常为 1400r/min 或采用双速（1400r/min 和 960r/min）甚至多速。数台风机在风机间并列安装，可沿干燥室纵向或横向排列，风机前后通过挡风板隔离，并将风机间分成正压和负压两部分。加热器一般垂直安装在风机前后或水平安装在风机间与干燥间的气道中。进排气窗通常设在风机前后顶棚上，并采用铝合金制造，也有设在风机前后的墙壁上。增湿设备有喷蒸管和喷水管。当风机运转时，产生的气流经加热器加热后垂直向下水平穿过材堆，并在风机的吸引下从另一侧垂直气道向上进入风机间，形成“垂直—横向”循环。当风机逆转时，气流反向循环。通过材堆风速为 1～3m/s。

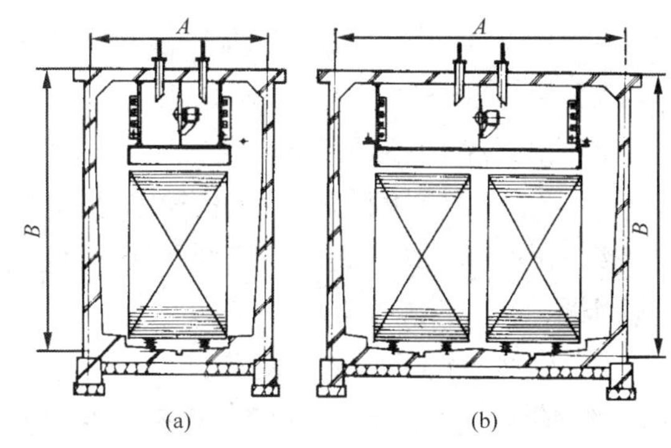

图 2-2　有轨材车装卸干燥室

（a）单轨　（b）双轨

风机间结构的简化和重量的大幅减轻给干燥室壳体的建造也带来了方便，直联式干燥室除采用传统砖混结构土建壳体外，多数采用铝合金装配式壳体。干燥室大门多为大型铝合金吊挂门。木料装卸有叉车装卸和有轨材车装卸两种方式。叉车装卸干燥室大门在材堆侧向，大门宽度略大于材堆长度总和；有轨材车装卸干燥室一般材堆为 1～2 列，材堆宽度为 1.5～2.6m，大门在材堆长度方向一端，大门宽度略大于材堆宽度总和。

上风机直联式干燥室结构简单，风机效率高，气流阻力小，风速分布均匀；避免使用黑色金属材料，耐腐蚀，使用可靠；无电机间，有利于干燥室的气密和保温，便于使用组合式全金属壳体和多室联体建造；但室内电动机造价偏高，另外不能用于高温干燥。直联式上风机结构适合大容量常规干燥室。

（2）横轴式干燥室

横轴式干燥室结构的最大特点是风机间的每台风机都要通过一根短轴单独由操作间（电机间）的一台电动机带动（或两台风机共用一台电动机），如图 2-3 所示。其他设备的布置及室内气流循环方式与

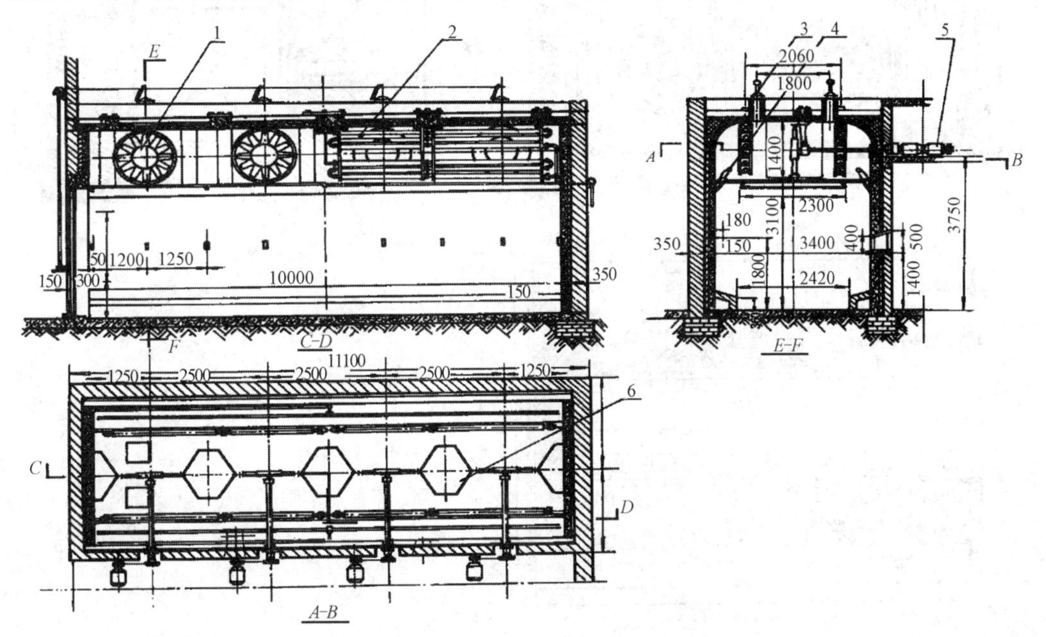

图 2-3　上风机横轴式干燥室（单位：mm）

1. 风机　2. 加热器　3. 进排气道　4. 喷蒸管　5. 电机动　6. 挡风板

直联式结构类似。由于风机轴相对较短，且与干燥室长度方向相垂直，故称横轴式或短轴式。横轴式干燥室有砖混结构壳体，也有金属壳体。

横轴式干燥室克服了纵轴式结构的致命弱点，具有直联式结构的气流循环特性。但结构复杂，轴孔多，不利于壳体密封和防腐。侧向留操作间，热损失较大，不便多室联体建造。

纵轴式与横轴式干燥室是“三防”电动机问世前，为实现室外电动机与室内风机间的动力传递而专门设计的，流行于 20 世纪 60～70 年代。

2. 侧风机型干燥室室型辨识

侧风机型干燥室就是风机间位于干燥室的一侧，即风机、加热器、喷蒸管及进、排气道等设备都装在干燥室内的侧边。由于风机都靠干燥室一侧，因此采用室内外电动机驱动均可。但室内电动机结构更为简单，干燥室气密性更好。因此，新建侧风型干燥室以室内电动机居多。

这种干燥室的气流循环特点是：风机从材堆的局部吸风后，立即转弯 180°再进入材堆的其他部位。即风机的风量两次通过材堆，这虽然可减少风机的风量，但由于风向急转弯，动力损失很大，需要更大的动力压头，与其他室型相比，单位材积的装机功率不但不能减少，还要略有增加。另外，由于风机靠近材堆，一般风机只采用吸风式单向气流循环（吹风式气流速度分布不均匀，风机对面风速太快容易引起干裂），因此，材堆宽度不宜太宽，最好不采用多列材堆，否则，效果较差（上下串联式和前后串联式因结构不同例外），这样干燥室的容量受到限制。侧风机型也有几种不同的结构形式。

（1）侧面风机式干燥室

如图 2-4 所示，几台 12#～16#轴流风机装在干燥室的一侧；室两侧布置有加热器和喷蒸管（均垂直布置）；

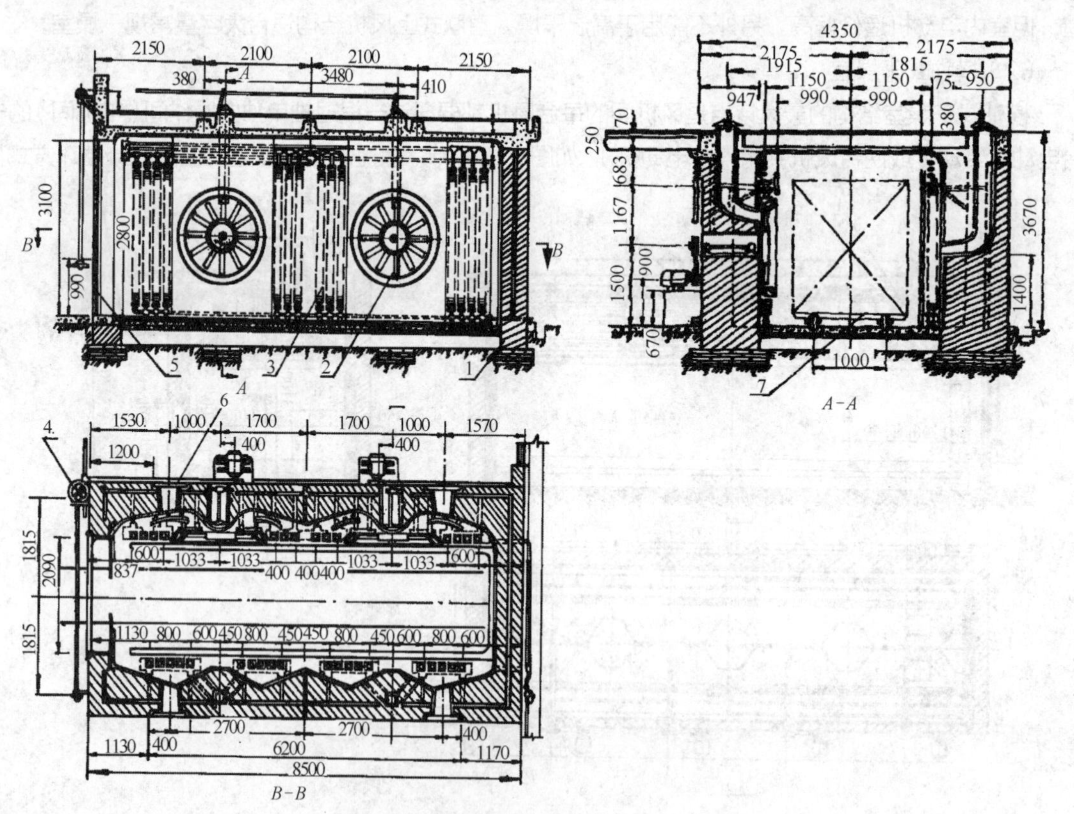

图 2-4　侧面风机式干燥室（单位：mm）

1. 砖墙　2. 风机　3. 加热器　4. 手轮　5. 室门　6. 温湿度计窗　7. 材车

风机背后的侧墙中有排气道，风机对面的侧墙中有进气道；两侧墙上都设有温湿度计窗。为了改善气流循环效果，干燥室的两侧内壁做成波折形，并在风机两侧设分流挡板。气流为吸风式单向“水平—横向”循环。

这种小型干燥室在20世纪60～70年代多用，80年代曾将其修改设计成了金属装配式干燥室。

（2）侧下风机式干燥室

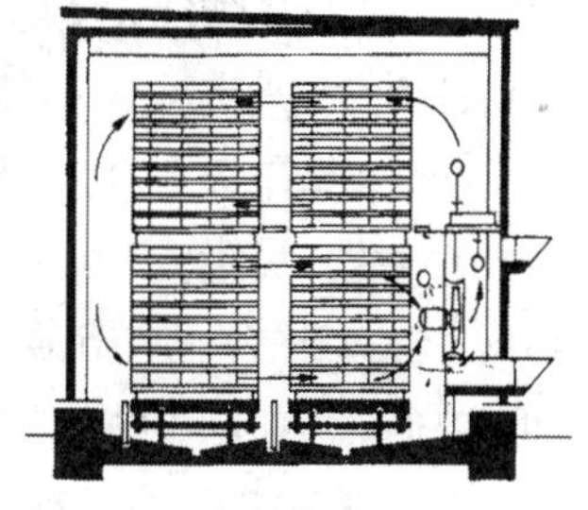
图2-5　双轨侧下风机式干燥室

如图2-5所示为一种侧下风机式干燥室。耐高温电动机在室内直接驱动轴流风机，进、排气道设在侧壁上。前者位于风机下部，开口在风机前边负压区。后者位于风机侧上部，开口在风机后正压区，加热器在侧气道内材堆高度的中部，喷蒸管位于风机前上侧的空间。风机由材堆下半部吸取空气，由侧气道向上流经加热器，由材堆上半部流过，再向下流过材堆下半部，进入风机，如此作单向垂直—横向循环。

该结构是随着耐高温电动机的出现，在老式侧下风结构基础上改造而来的，其结构简单，技术性能稳定，便于采用铝合金装配式壳体，是目前侧风机型干燥室中较合理的一种，因此目前相对应用较多。这种结构也可采用砖混壳体。

（3）侧风机上下串联式

如图2-6所示，在干燥室的一侧下部和另一侧的上部都装有风机，并可正反转，形成风机串联的气流垂直—横向可逆循环。两侧都有加热器水平安装。进、排气道在左上方风机挡板的两边。喷蒸管分别设在右侧的上部和左侧的下部。这种干燥室的气流循环效果比侧下风机型有很大改善。但容积利用率低，风机多，结构更复杂，投资成本高，因此少用。

（4）侧风机前后串联式

如图2-7所示，这种干燥室实际上是两间干燥室并联，风机和加热器设在两室的间墙位置，风机可以是2台12#～16#的大型风机，也可用4台或8台6#～8#的中、小型风机，风机在干燥室的前半部和后半部反方向安装，并采用耐高温电动机室内直接驱动。进、排气道设在室顶风机前后，也可设在侧墙上，加热器在风机前方。气流为前后串联式水平—横向循环，可为单向循环或可逆循环。若采用可逆循环，风机与材堆之间距离不应靠得太近。该室的气流循环效果和节能效果较好，能量利用率较高，设备安装维修也方便，但容积利用率低，实际生产少用。

侧风机型干燥室可以一端开门采用叉车或用有轨材车装卸，也可以采用两端开门。图2-8所示为两端开门的“隧道式”干燥室。其优点是可在两端装卸材堆，缺点是保温、气密性差。由于侧风机型干

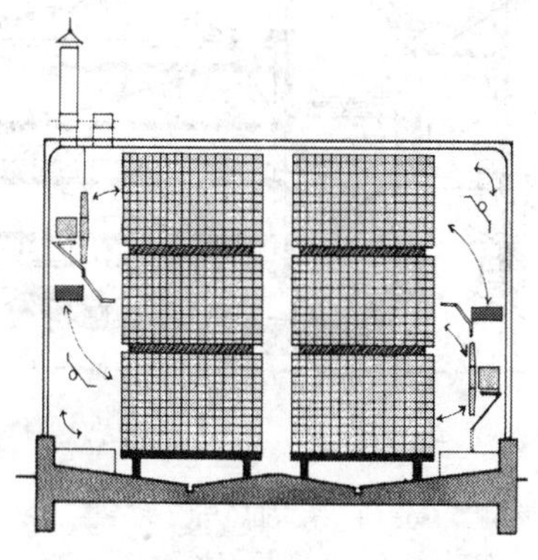
图2-6　侧风机上下串联式干燥室

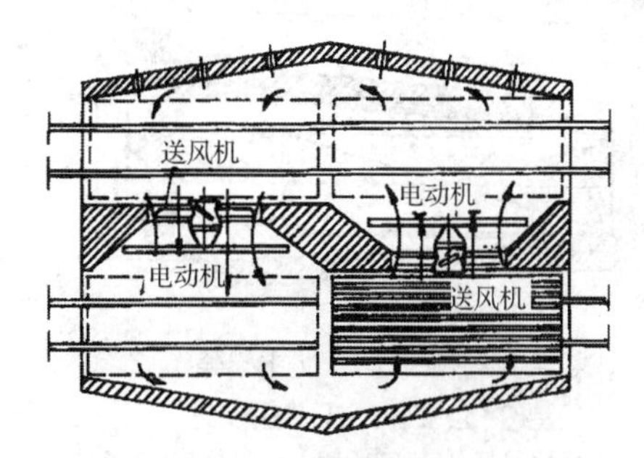

图2-7　侧风机前后串联式干燥室

燥室的空气循环特征，材堆不同部位的气流方向可能截然相反，因此，双列材堆干燥室一定要注意在两列材堆中间空当气流交界处用挡风板隔开，以防止气流短路。

侧风机型干燥室的优点是：①结构比较简单，干燥室的容积利用系数高，投资较少；②容易获得较大的材堆循环风速，干燥速度快，质量较好。缺点是：①除上下串联式和前后串联式（极少用）外，一般材堆循环空气方向不可逆，风速分布均匀性差，影响木料的均匀干燥；②需要侧向操作间，建筑面积利用率低。一般用于中小容量干燥室。

3. 端风机型干燥室室型辨识

这种干燥室用垂直挡板（与材堆同宽）隔成前部干燥间和后部风机间两部分。1 台或 2 台上下排列的轴流风机在风机间内横向安装。干燥间的两侧壁自后部或中部向前逐渐倾斜，成为斜壁形或折壁形。加热器一般布置在风机间内。喷蒸管通常垂直安装在风机间。一对进排气装置设在风机间风机前后的室顶或后端墙上。气流呈横向一水平可逆循环。木料装卸通常采用有轨材车，单轨和双轨均可，木堆总长度为 4m、6m 或 8m，过长会使纵向气流分布不均匀。因此，端风机型干燥室只能设计成中、小型，装载量为 10～30m^3。

端风机型干燥室的风机可以由室外普通电动机间接驱动，也可采用耐高温电动机在室内直接驱动。早期建造的端风机型干燥室大多属前一种，这种结构多采用大风机低转速，并需另配操作间，不便于多室并联建造。而后者可采用小风机高转速，使端风机型干燥室结构和设备更为简化，是该型未来的发展方向。

端风机型干燥室的结构简单，装机功率小，造价低，安装、维修和操作方便，若结构设计合理，气流速度分布均匀，干燥质量较好，干燥效率也较高，适合中、小型企业使用。现就这种干燥室的不同结构形式举例如下：

（1）端风机型单轨干燥室

图 2-8 所示是一种典型的端风机型干燥室，为斜壁式单风机单轨，室外电动机通过皮带驱动轴流风机，风机一般选用 14#～16#，转速 600～800r/min。电动机反转即可实现气流逆向循环。加热器安装在风机间内，进排气道设在风机前后室顶，装载量为 10～15m^3。

（2）端风机型双轨干燥室

图2-9 所示为具有排气热回收装置的端风机双轨干燥室的平面图。该室有外部电机型和内部电机型两种。

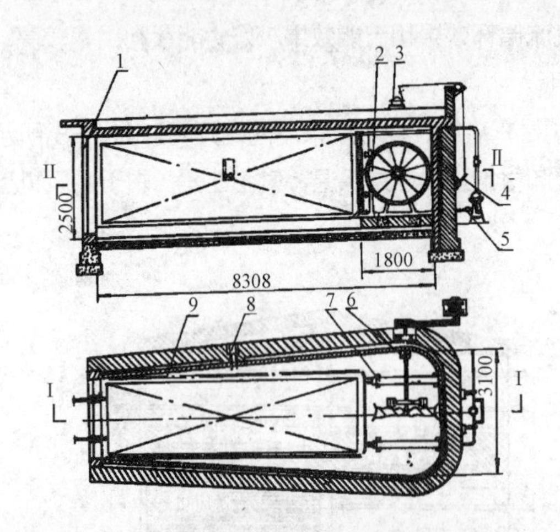

图2-8　端风机型单轨干燥室

1. 室门　2. 风机　3. 进排气道
4. 进排气操纵杆　5. 疏水器　6. 轴密封装置
7. 加热器　8. 温湿度计　9. 喷蒸管

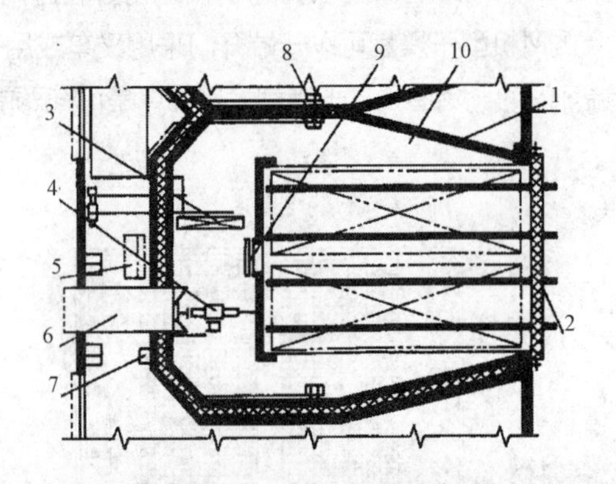

图2-9　端风机型双轨干燥室

1. 室体　2. 室门　3. 加热与喷蒸装置　4. 通风装置
5. 控制柜　6. 进排气换热器　7. 电脑测温记录仪
8. 温湿度传感器　9. 小门　10. 材堆

前者采用两台 12#轴流风机，由普通电动机在室外间接传动，可用于高温干燥。后者采用两台 9#轴流风机，用室内电动机直接驱动，转速 n=1400r/min，适于 100℃以下的常规干燥。双轨材堆，实装材积 30m³。该型为折壁形结构，空气循环速度分布更趋均匀。在后端墙上安装了回收废气余热的进、排气换热装置，从操作间进气，排气通向室外，不但可以回收部分热量，还有利于室内温湿度的稳定和分布均匀。

上述各种类型的强制循环干燥室都采用轴流风机，且置于室内，所有循环空气都经过风机驱动。老式干燥室还有一种喷气型干燥室，其风机置于室外，自室内吸取大约 1/5～1/3 循环空气，经风机增压后，再使这部分循环空气以 40～50m/s 的速度经特制的喷嘴喷到室内，形成自由射流带动其余循环空气循环，两套方向相反的喷气装置交替工作，便可实现可逆循环。这种干燥室容积利用系数较高，但性能不稳定，气道及喷嘴结构复杂，安装维修困难，循环效果很差。现在已淘汰不再使用。

4. 连续式干燥室室型辨识

图 2-10 是典型的连续式干燥室，为上风机强制循环。室内上部为风机间，布置有 3 台用耐高温电动机直接传动的轴流风机及加热器、进排气装置等。进排气装置可以回收废气的部分余热。下部为干燥间，可装入多个材堆。材堆横向装入，由滚筒运输机定时定向带动材堆前移，右端（湿端）装入湿材堆，左端卸出材堆。该室不设喷蒸装置，也不按干燥阶段调节温、湿度。各干燥阶段的温、湿度变化完全靠区段位置自然调节。即干端温度最高，湿度最低。气流穿过材堆后将热量传给木材，并吸收木材所蒸发出来的水分，使其逐渐降温增湿，在湿端温度最低，湿度最高。干燥工艺主要采用时间基准，即通过控制材堆每前移一个材车位置所需时间，使干出的材堆正好达到要求的终含水率。

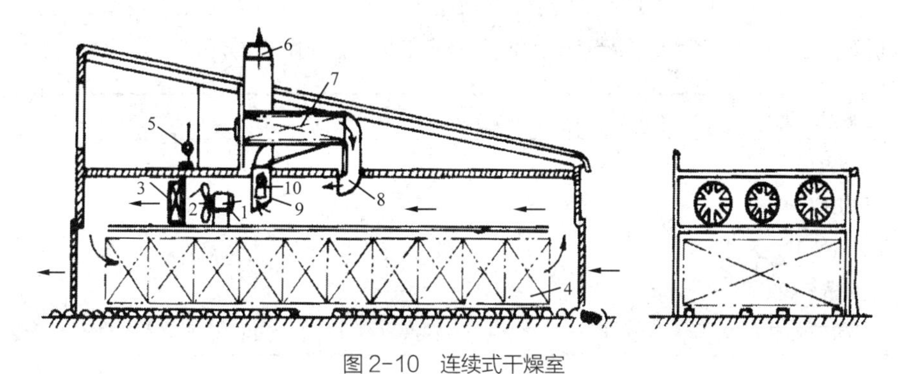

图 2-10 连续式干燥室

1. 电机动 2. 风机 3. 加热器 4. 材堆 5. 电动执行器 6. 排气管
7. 热回收装置外壳 8. 进气管 9. 排气管吸气口 10. 辅助风机
（自梁世镇，1998）

连续式木材干燥室适用于批量较大，且树种与规格比较单一的针叶树材薄板干燥。这种干燥室的缺点是不同含水率阶段的材堆都处在同一干燥室内，难以按含水率阶段调节干燥介质状态；也不能根据应力状况进行调湿处理；另外，在干燥过程中要定时开两端的大门进、出材堆，热损失大。因此这种干燥室除铅笔厂等少数特殊行业外，一般木制品、家具企业应用很少。

5. 炉气干燥室室型辨识

炉气干燥室是以炉气为热源的各种干燥室的统称。根据其加热方式不同又可分为炉气干燥室、炉气加热干燥室和热风干燥室 3 种。所谓的炉气确切说应该是燃烧气，国外所用的燃料有燃油、天然气、废木料等，国内多以废木料为燃料。在此主要介绍以废木料为燃料的炉气干燥室。

比较完善的炉气干燥系统一般炉气发生装置与干燥室主体是分开的。好的炉气发生器燃料燃烧较完全，并配有炉气除灰和调温装置，操作方便，安全可靠。如旋风燃烧炉、汽化二次燃烧炉等。而干燥室主体可采用任何一种性能较好的常规干燥室室型，如端风机型、上风机型或侧风机型等。

炉气干燥室（曾称为炉气直接加热干燥室）也称为直燃式干燥室，无须加热器，只要将经过除灰（以燃油和天然气为燃料时不必）和调温、调湿的炉气送入干燥室作为干燥介质即可。这种方法干燥室内设备结构简单，投资少，热效率高，干燥成本低，但干燥过程调控不便，木料表面有一定污染，过去仅限于一些小企业使用。随着汽化燃烧等新技术的发展，生产清洁无污染炉气技术日渐成熟，另外，通过增加喷水装置从根本上解决了介质调湿的困难，炉气干燥室的应用有不断增多的趋势。

炉气加热干燥室（曾称为炉气间接加热干燥室）是以炉气作热载体，湿空气为干燥介质的干燥室。炉气的散热可以配专用加热器，也有的利用干燥室地面或墙壁烟道。经除尘后的炽热炉气进入专用加热器或地面、墙壁烟道加热室内空气，然后由室外的引风机抽出，经烟囱排入大气。干燥室的其他设备及结构与蒸汽加热干燥室基本相同。

热风干燥室主体可用任一室型，室内也不用加热器，只把热风炉生成的热风（空气）送入干燥室内与循环空气混合即可。热风一般是循环加热，即由室内引出一部分循环空气，送到热风炉加热后再送回干燥室内。这种干燥室的设计要注意热风能在室内均匀分配。这种干燥方式虽然省去了室内的散热设备，但热风炉结构较复杂，与炉气加热干燥相比，热效率较低，因此不适合大容量干燥室。

■ 成果展示

1. 每人提交一份实训报告，详细记录参观企业的干燥室型种类，观察室型特点及设备分布。
2. 分析对比各种干燥室型结构特点，绘制干燥室结构示意图，完成下表。

室型种类	结构特点汇总	干燥室结构示意图
顶风机型干燥室		
侧风机型干燥室		
端风机型干燥室		
连续式干燥室		
炉气干燥室		

■ 拓展提高

随着木材干燥技术不断进步，设备日益更新，目前仅有少数企业仍然使用周期式自然循环干燥室、纵轴式干燥室和预干室，下面做以简单介绍。

1. 周期式自然循环干燥室室型辨识

周期式自然循环干燥室是一种传统的干燥室，在国内外大型企业中新建的很少。然而，由于其设备简单，投资少，在中小型企业干燥一些质量要求不高的木材时，还有一定的实用价值，尤其在电力资源不足的地区还不得不采用这种方法。

（1）自然循环蒸汽干燥室

图 2-11 为周期式自然循环蒸汽干燥室的横断面图。其加热器通常装在材堆下方。进排气道位于加热器之下。由进排气道进入的新空气与室内循环空气一起经加热器加热后，因密度变小而上升进入材堆。热气流在穿过材堆时把热量传给木材，同时吸收木材中蒸发出来的水分，使其温度下降，密度增加，并从材堆两外侧下降流向加热器。其中，一小部分进入排气道排出室外，剩余大部分与新鲜空气混合再经加热器加热上升，从而

形成垂直—横向的自然对流循环。如果设计合理，循环气流速度可达 0.1～0.3m/s。室顶材堆侧边还设有挡风板，防止气流从室顶的通道短路；材堆中应有均匀、整齐的垂直气道。自然循环干燥室虽然可节省通风设备及其动力消耗，干燥质量也较好，但由于干燥周期长，热能消耗大，干燥成较高；另外材堆充实系数小（因需留垂直气道），干燥效率低，所需干燥室数量多。因此，建议生产上尽量采用强制循环。

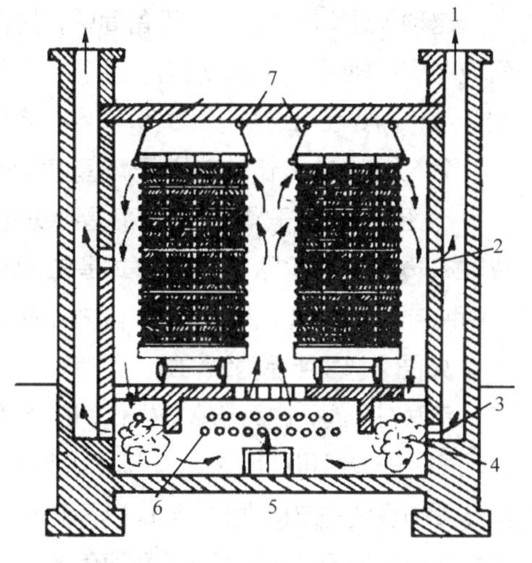

图 2-11　周期式自然循环干燥室

1. 排气道　2、3. 排气口　4. 增湿器　5. 进气道　6. 加热器　7. 挡风板

（自 P. 若利 F. 莫尔-谢瓦利埃）

（2）自然循环炉气干燥室

自然循环炉气干燥室包括熏烟干燥室和烟道干燥室。

熏烟干燥室通过点燃干燥室底部的锯屑，产生烟气直接加热干燥木材。这种方法技术不易掌握，容易引起火灾，而且污染木材表面，因此早已不再使用。

图 2-12 是周期式炉气烟道加热自然循环干燥室的典型例子。在干燥室后端地下设有小型炉灶，炉灶后端有 4 个开口，分别连接 4 条地下水平烟道口，每条烟道在靠近门端附近汇合，并通过一侧的火墙（外侧墙），火墙内烟道呈垂直走向，至后端与烟囱底相连。由炉灶燃烧废木料生成的炉气，分别流过水平烟道，经过两侧火墙，最后流入烟囱排出。室内设有轨道，用有轨材车装卸。轨道做在钢筋混凝土轨梁上，轨梁由 10 个砖墩支承。室顶做成拱形，在前、后端墙的上方各开有两个排气口。室内的空气由底部的水平烟道和两侧的火墙加热，进行自然对流循环加热干燥木材。

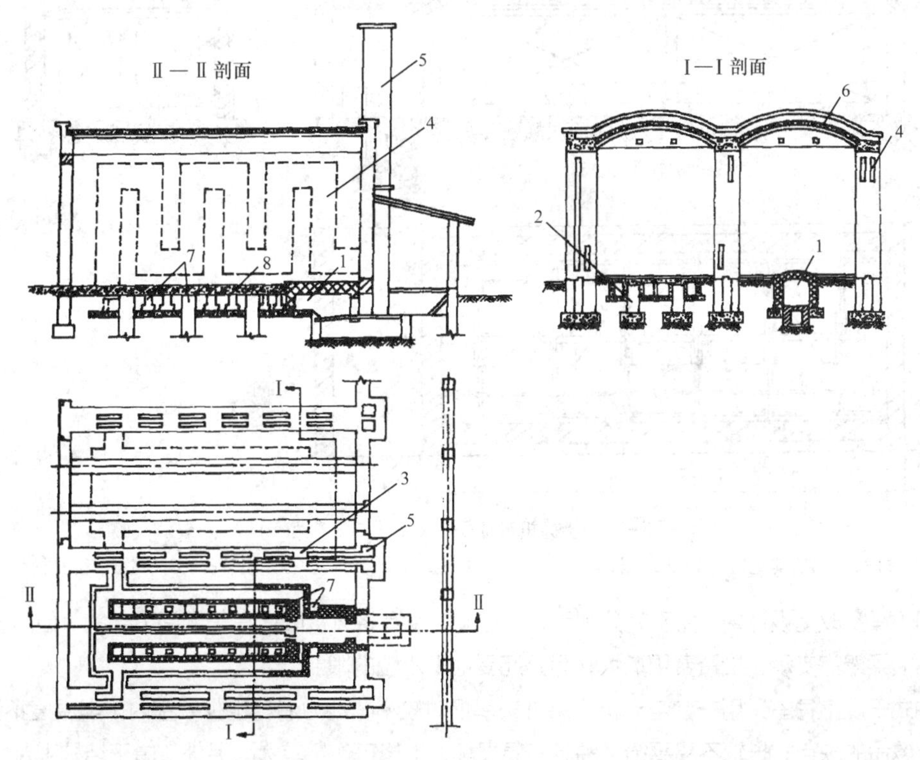

图 2-12　周期式炉气烟道加热自然循环干燥室

1. 炉灶　2. 地下水平烟道　3. 火墙　4. 火墙烟道　5. 烟囱　6. 排气孔　7. 砖垛基础　8. 轨梁

这种干燥室的优点是：设备简单，投资少，建造容易，可利用废木料能源，干燥成本低。缺点是：气流循环不规则，干燥不均匀，且干燥时间较长，温、湿度难控制，干燥质量不易保证，烟道和火墙容易开裂，需要经常维修，烟道积灰难以清除，容易发生火灾等。目前很少使用。

2. 纵轴式（长轴式）干燥室室型辨识

介绍上风机型干燥室，不能不提到纵轴式干燥室和横轴式干燥室。尽管这两种干燥室目前少用，尤其是纵轴式干燥室，很少见，毕竟直联式是在此基础上发展起来的，所谓“直联”是相对纵轴和横轴而言的。另外，这两种结构是室内电动机出现之前国内外应用最多的干燥室结构，对于高温干燥，该结构仍有一定的优越性。

如图 2-13 所示为纵轴式干燥室中具有代表性的一种，数台大型可逆轴流风机（多为 12#）用一根长轴串联在一起，由后端室外操作间楼上的一台电机驱动。因风机轴长并沿室纵向安装，故称纵轴式或长轴式。一般风机间距 2m，沿风机间纵向布置，风机间设有导流挡板，用于引导气流方向。其他设备的布置与直联式结构类似。当风机开动时，轴流风机形成的纵向气流经挡风板导引形成横向气流，经加热器加热后向下进入干燥间的垂直气道，再横向通过材堆干燥木材。同时，流出材堆的气流在风机的吸引下，向上进入风机间，如此形成“垂直—横向”循环。纵轴式结构对干燥室壳体的刚性、稳定性要求较高，因此壳体一般为砖混结构，极少采用金属壳体。

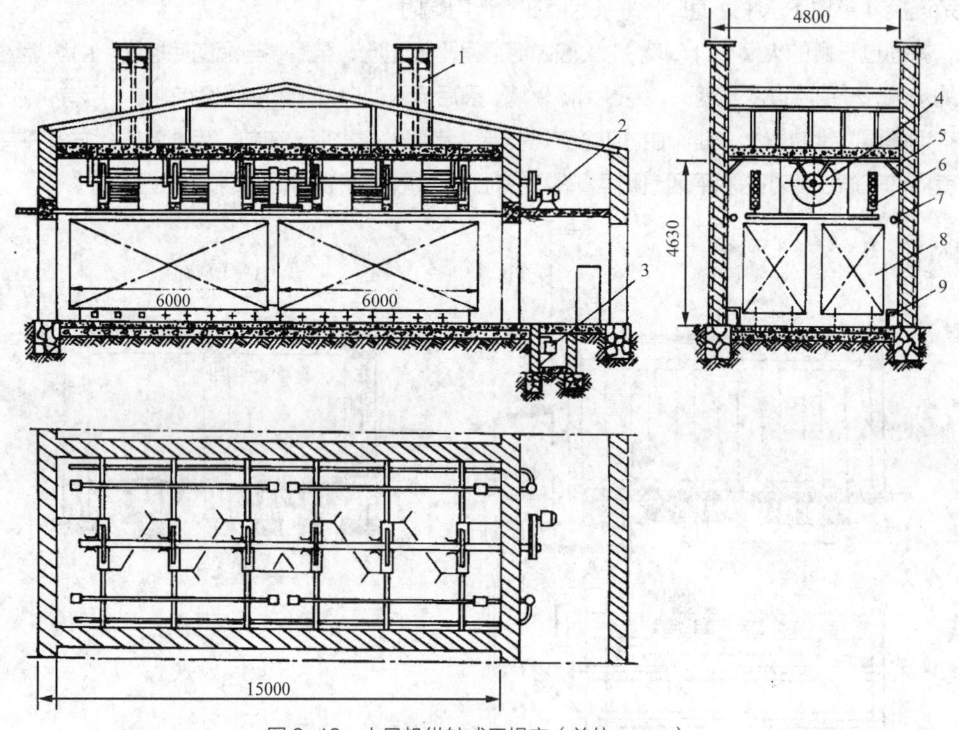

图 2-13　上风机纵轴式干燥室（单位：mm）

1. 排气管　2. 电动机　3. 疏水器　4. 风机　5. 进气道　6. 加热器　7. 喷蒸管　8. 材堆　9. 排气道

在旧干燥室改造设计中，为了充分利用地下空间，也有将风机间设在干燥间下部的。但由于材堆需要较大的横梁架空支承，投资费用增大，另外还受地下水位的限制。

纵轴式干燥室每室只用一台电动机，装机功率相对较小，动力消耗也少，室内干燥温度不受限制；但有一个致命的缺点：长轴不易平衡，轴承容易损坏，维修工作量较大。另外，由于结构限制，只能用于 $60m^3$ 以下容积干燥室。

3. 预干室室型辨识

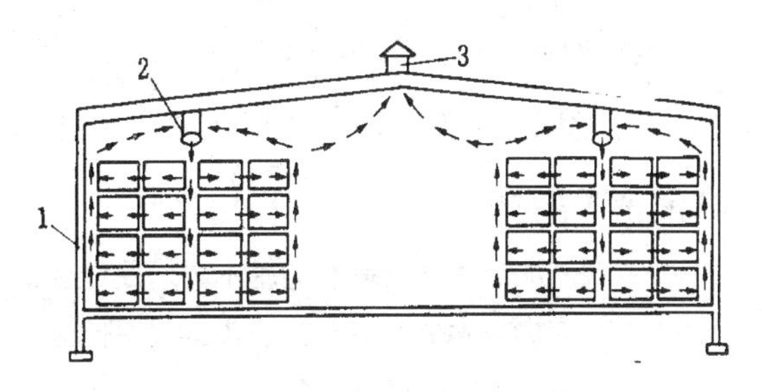

图 2-14　蒸汽加热预干室

1.加热器　2.风机　3.排气道

(自张钟光,1985)

对于难干的硬阔叶树材，因容易产生干燥缺陷，通常要缓慢干燥，干燥时间较长。为了确保干燥质量，降低干燥成本，在木材高含水率阶段，可采取大容量低温预干的方法，将木材含水率降到 20%左右，再转入常规干燥室干燥，这种大容量低温干燥室即所谓预干室。这种联合干燥方法在欧美许多国家应用颇为广泛，尤其适用于产量较高的企业。

比较简易的预干室，实际上就像是一个封闭仓库，其横断面如图 2-14 所示。中间是叉车通道，两侧各有 4 列材堆，在 4 列材堆的中间是垂直气道，气道上方是一排轴流风机，加热器在预干室的两侧边垂直布置，屋顶的中央是排气道，材堆纵向堆放，风机产生的气流呈垂直—横向循环图如图中箭头所示。循环速度可达 2.5～3.5m/s，部分空气由排气道排出。

这种预干室容量较大，可容纳几百乃至上千立方米木材。预干室壳体一般用预制板或金属板构成。采用蒸汽热源，室内温度为 40℃左右。不设调湿装置，可通过控制风机的运转和排气道的闸门来调节室内的相对湿度。操作时应注意：对于生材或易开裂的木材，当室内相对湿度过低（φ< 50%），以及木材表面比较干燥时，应关闭风机和排气道。对于较厚的木材（大于 50mm），甚至可以完全不用风机。不同树种、不同规格的木材可在同一预干室内干燥，但应挂牌记明树种、入室日期及初含水率，并用含水率检验板检测含水率的变化。

预干室的优点是：①对保温和气密性要求不很高，因此结构简单，投资少，既是预干室又可当作木料库；②与强制气干相比，干燥介质不受气候影响，稳定可控，干燥速度快，质量好，不会受虫、菌侵害而使木材降等；③工艺操作简单，不须热湿处理，风机间歇运转，运行费用少，干燥成本低。缺点是：①须有足够的木材储存量；②低温干燥，时间长，资金周转慢；③对易干材或寒冷地区效果不太明显。

■ 总结评价

在本任务的学习过程中，同学们要能了解常规木材干燥室的技术要求和基本构成；掌握几种典型木材干燥室的基本结构、性能特点和适用性；掌握木材干燥室评价的基本要素及木材干燥室的选用依据和步骤，能根据干燥室标准型号准确判断其室型和规格，或根据干燥室实物（图片）准确确定其室型；能结合干燥室的设备布置方式说明干燥室的合理性；能根据企业条件或被干锯材实际选择合理干燥室。

实训考核标准

序　号	考核项目	满　分	考核标准	得　分	考核方式
1	正确判断所参观的各种木材干燥室室型	15	每种室型干燥室 5～7 分		现场、报告
2	各种结构示意图基本正确	25	每种类型干燥室示意图 8～12 分，欠准确酌情扣分		报　告
3	能说明各种干燥室的主要设备及风机分布方式	30	准确记录每种干燥室主要设备，正确说明其分布方式 10～15 分，欠准确酌情扣分		报　告
4	报告规范性	10	酌情扣分		报　告
5	实训出勤与纪律	10	迟到、早退各扣 3 分，旷课不得分		考　勤
6	答辩	10	能说明每一步操作的目的和要求		个别答辩
	总计得分	100			

■ 巩固训练

说明选用干燥室的基本步骤及主要考虑因素。

■ 思考与练习

1. 对流加热木材干燥室的基本要求是什么？
2. 对流加热木材干燥室的一般组成是什么？
3. 连续干燥室的优缺点及适用性是什么？
4. 壳体的基本要求是什么？
5. 试比较炉气干燥 3 种不同加热方式的优缺点。
6. 预干室的优缺点有哪些？

任务 2.2　干燥前设备与壳体的检查

工作任务

1. 任务提出

通过本任务学习，掌握干燥室壳体的基本要求及金属壳体与砖混壳体的一般结构；掌握几种典型干燥室大门的基本结构形式、特点及适用性；了解木材干燥室加热器的要求，常用几种类型加热器的结构、特点；了解疏水器的作用、分类与命名方法，常用几种疏水器的工作原理、性能特点；了解蒸汽管路的设计要求及蒸汽锅炉的分类知识；掌握干燥室介质调湿的必要性，掌握两种增湿方法、特点及设备要求；掌握干燥室进排气装置的技术要求及布置原则；掌握干燥室内风机的功能与要求，了解离心通风机和轴流通风机的基本结构与性能特点；掌握常用几类轴流风机的结构与性能特点；了解干燥室内电动机的技术要求；了解挡风板的功能与技术要求；能对风机进行正常的维护，学会根据风机运转声音判断其故障；熟练掌握各种温度、湿度检测仪表的使用。

2. 工作情景

课程在木材干燥实训室与实训基地（企业）进行联合现场教学，学生以干燥小组形式进行课程学习。学生在木材干燥前对干燥室壳体与大门、供热设备、调湿设备、通风设备以及检测控制仪表进行检查，排查故障与问题，亲自动手拆装风机、疏水器、电磁阀等常用易损设备，掌握其维护、故障判断和修理的方法。

3. 材料及工具

木材干燥室、可供授课拆装的常用木材干燥设备、电磁阀、疏水器、每组拆装工具 1 套、教材、多媒体设备等。

知识准备

1 木材干燥室壳体与门的结构

木材干燥室中气体介质的温湿度变化范围很大，如果冬季使用，东北地区室内温度波动范围可达到 -30℃ ~ 100℃，高温干燥和过热蒸汽干燥高达 120℃，相对湿度最高为 100%。另外干燥介质还含有木材中蒸发出来的甲酸、乙酸和单宁等酸性物质，并以一定的气流速度不断在室内循环。因此，干燥室的壳体应具有较好的保温性、气密性、耐腐蚀性和抗老化性。

壳体保温的原则是确保在高温高湿的工艺条件下，室内表面不结露。因为结露意味着冷凝水所释放的凝结热已大部分通过壳体传出室外，既造成热量损失，增加干燥成本，也使室内温度难以升高；若室顶结露，冷凝水滴落在材堆上，不但影响木材干燥，还造成水渍甚至影响材质。良好的壳体气密性应能防止水蒸气和腐蚀性气体的渗透。

木材干燥室的壳体主要有两种结构形式，即金属结构壳体和砖混结构壳体。金属结构壳体可先在工厂加工预制构件，现场组装，施工期短，但需要消耗大量的铝合金材，价格昂贵。砖混结构就是砖和混凝土的混合结构，是一种传统干燥室壳体结构，它造价低，施工容易。我国现阶段新建干燥室以金属壳体居多，其次是砖混结构。

（1）金属结构壳体

现代金属壳体木材干燥室，几乎都用铝合金材料制成，其外观漂亮，可露天建造各种大型干燥室。

金属壳体的通常做法是：先用混凝土做成船形基础及地面，然后在基础上安装用铝合金型材预制的框架，再安装壁板及设备。目前国内壁板的制作方法有两种。一种是用耐高温聚氨酯泡沫塑料按标准规格预制壁板。内壁为平铝板，外壁为瓦楞铝板或彩塑钢板，中间为耐高温聚氨酯泡沫塑料，两侧有镶嵌槽。安装时只需用锯将长度适当裁剪即可，壁板或顶板用铝合金横梁或压条以螺钉连接将其夹在框架上。预制壁板还可直接用于组装大门（见后文图 2-18）。另一种做法是现场直接填装组合，所用内外壁板材料与预制壁板基本相同，先将内壁板装在框架上，然后装岩棉板保温层，最后装瓦楞面板。内壁板不能用抽心铆钉连接，也应用铝合金横梁或压条以螺钉将其夹在框架上，以减少铆钉孔。壁板安装后，壳体内表面所有接缝都用耐高温硅橡胶涂封，这种胶在-50℃ ~ 150℃内具有较好的弹性、抗老化性和黏合强度。两种壁板制作方法中，预制壁板安装方便，有利于壳体密封，保温效果好，但造价高。该方法最早源于国外，进口干燥室壳体多为此结构。现场填装结构实际是国内企业为降低壳体成本采取的一种改革措施，但施工较复杂，工期长。如果内壁能整体焊缝，则密封效果将更理想。

金属壳体所有构件及连接件都采用铝合金或不锈钢。因此，耐腐蚀性能好，使用寿命长，但价格较贵。适合大容量、多室连体使用，大规模生产可左、右、后三面连体建造。

（2）砖混结构壳体

砖混结构是传统的木材干燥壳体，其造价低，容易建造。但是砖混结构壳体的使用存在一些问题，如防腐性差、壳体开裂等。尤其是壳体开裂，不仅使干燥室热损失增大，气密性下降，壳体因腐蚀性气体的侵入而加速破坏，而且严重影响干燥室的正常使用。因此，在壳体的设计和施工中必须加以预防。

砖混结构壳体各部分具体设计和施工要求如下：

① *基础*　木材干燥室是跨度不大的单层建筑，但工艺要求壳体不能开裂，因此，基础必须有良好

的稳定性，不允许发生不均匀沉降。通常采用刚性条形毛石基础，并在离室内地面 5cm 以下处做 1 道钢筋混凝土圈梁，在找平的圈梁上放 1 层铝板或 2 层油毛毡作为隔断层和防潮层，然后再往上砌筑墙体。基础埋置深度，南方可为 0.8～1.2m，北方可为 1.6～2.0m。基础深埋可增加地基承载能力，加强基础稳定性，但造价也随之增加，且施工麻烦。因此，在满足设计要求的情况下，应尽量将基础浅埋，但埋深不能少于 0.5m，防止地基受大气影响或可能有小动物穴居而受破坏。具体确定主要考虑地质条件和冻土层深度两方面因素。基础应尽可能埋置在老土上，如果地基表面虚土层较厚（例如大于 2m），应考虑用块石垫层或爆扩桩等人工处理方法，以加固弱土地基，将荷载传到下层好土上。为了消除地基土不均匀冻结和融化引起基础不均匀沉降，基础埋置应至少低于冻结线以下 10cm。

② 墙体　为加强整体牢固性，大、中型干燥室最好采用框架式结构，即壳体的四角用钢筋混凝土柱与基础圈梁、楼层圈梁、门框及室顶圈梁连成一体。对多间连体干燥室，应每 2～4 间为一单元，在单元之间的隔墙中间留 20mm 伸缩缝，自基础至屋面全部断开。墙面缝嵌沥青麻丝后表面正常处理，屋面缝按分仓缝处理。

墙体最好采用内外墙夹保温层结构，即内外层墙均为一砖厚（240mm），中间夹 100mm 厚保温层。保温层填充膨胀珍珠岩或蛭石。墙体用砖的标号不低于 MU7.5，水泥砂浆标号不低于 M5。在圈梁下端的外墙中应在适当位置预埋钢管或塑料管，作为保温层的透气孔。也可采用 620mm 厚实心墙，但注意用空心砖砌筑的墙体容易开裂，因此要慎用。另外，中间夹空气保温层结构的保温效果也不甚明显，因为大面积空气保温层的空气可以形成对流传热；不能用木屑等有机物质作保温材料。墙体砌筑过程中要及时做好预留预埋，砖缝要填满填实。

连体干燥室的间墙可用一砖半厚（370mm）。壳体内墙也可采用钢筋混凝土结构，即先做钢筋混凝土内壳，包括内墙（150mm 厚）、门框和棚顶板，一次性浇灌，做成一整体，不留施工缝，然后再砌外墙，并填充保温层。此法可有效提高壳体的耐腐蚀性，但施工困难，造价较高，故使用较少。

③ 室顶　室顶（也称为天棚）宜采用现浇钢筋混凝土板，不能用预制的空心楼板。现浇板上为保温、防水屋面。具体可参考以下做法（自上而下）：100mm 厚 200#现浇钢筋混凝土板，冷底子油一遍，150～200mm 厚膨胀珍珠岩保温层找泛水坡，PVC 卷材一层，20mm 厚 1∶3 水泥砂浆找平，50mm 厚 200#细石钢筋混凝土，二布三油（或二毡三油）水泥浆护面。

二布三油是屋面防水的一种新做法。它采用的是中碱 120D 型玻璃纤维布和 JG-2 冷胶料，不仅造价低，而且使用寿命长。冷胶料分 A 液和 B 液，施工时现场配制：基层第一道和贴玻璃纤维布时，A 液和 B 液的比例为 0.5∶1，涂面层的比例为 1∶1。

现浇顶板做在圈梁上，在侧墙和后墙的找平圈梁上应垫一层 PVC 卷材或油毛毡，使顶板简支在圈梁上。

保温层必须用干燥的、松散或板状的无机保温材料，常用膨胀珍珠岩，但不能用潮湿的水泥膨胀珍珠岩。保温层还应考虑底边能排水，上方可透气，但又不漏入雨水，施工时压实。

④ 地面　干燥室内地面的做法如图 2-15，一般分 4 层：基层素土夯实；300mm 厚炉渣保温层；100mm 厚碎石垫层（或石灰、碎石、炉渣三合土垫层）；120mm 厚 150#素混凝土面层随捣随光。

如铺设轨道，轨道通常埋在混凝土中，轨面标高与地面相同，并直接在混凝土地面中做出与轨道内侧成 45°角的坡面轨槽，这样，一定程度上可防止室内空气对钢轨的腐蚀。常用钢轨为 11～18kg/m 轻轨，轨枕可用 5#槽钢，轨枕间距 1～1.4m。

如果干燥室采用喷水调湿，应在喷水管的下方做一排水坑，地面向着排水方向做 1%～2%的散水坡。排水沟的一端埋一钢管通向室外，在室外钢管的末端做一闸门。一般情况下室内无须排水，可把闸门关闭，防止冷空气进入室内。对于可能有较多积水的干燥室，也可在室内地面上做 1～2 个图 2-16 所示排水坑。这种排水坑在积水多时能自动溢出，水少时也可防止冷空气进入室内。

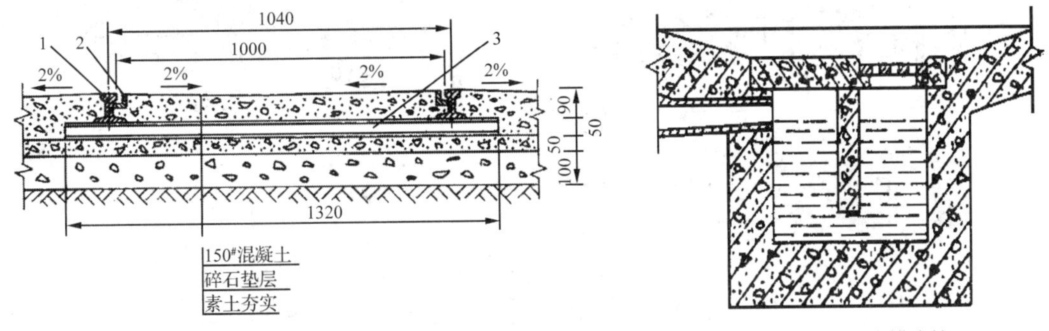

图 2-15　室内地面结构示意图（单位：mm）

图 2-16　室内排水坑

⑤ *壳体内表面的防腐处理*　砖混结构壳体内表面处理通常分两层。第一层为防水砂浆抹面，内墙可用 1：2 水泥砂浆加 1%～1.5%的防水剂制成防水砂浆抹面 20mm 厚。防水剂的种类较多，但应选择耐温达 120℃的材料，常用无水纯净的三氧化二铁。注意不能掺入石灰。钢筋混凝土顶板用防水砂浆抹面如有困难，可在浇灌混凝土时直接加入防水剂，做成防水钢筋混凝土板，但钢筋保护层不得小于 30mm。拆模后还应用建筑胶拌水泥浆补平气孔。第二层涂刷防腐涂料。干燥室用防腐涂料要求耐高温、抗老化性能好、附着力强而且涂刷方便。目前防水防腐涂料的新产品很多，如乳化石棉沥青、JG 型冷胶料、建筑胶油等，其中以 JG-2 冷胶料较适合。这种胶料施工时要求基层干燥、平整，不得有杂物和灰尘或出现松软、蜂窝、剥落等。不宜在雨天、雾天、大风和负温条件下施工。这种胶料既可用于涂刷壳体内表面，也可用做屋面防水层。

除了 JG-2 冷胶料外，也可用高温沥青或锅炉漆涂刷两道。

20 世纪末，国内还用过衬铝壁砖混结构壳体，这种结构综合了砖混结构造价低，金属结构气密性和防腐性能好两者的优点，取长补短，是我国在木材干燥室壳体建设方面的一种尝试。其做法是，先在基础圈梁上安装型钢框架，然后用 1.2mm 或 1.5mm 厚铝板现场焊接成全封闭的内壳，并与框架连接。内壁与框架的连接通常在内壁板后面焊些“翅片”，通过翅片与框架铆接。以避免内壁板直接铆接产生铆钉孔，破坏其完整性。内壁做完后再砌砖外墙壳体，并填充膨胀珍珠岩或石棉板保温材料。该结构务必保证内层铝板达到全封闭，不留任何孔隙，否则蒸汽渗入将使钢骨架迅速腐蚀。这种结构铝内壁施工难度较大，对焊接技术要求高，因此只适用于中、小型干燥室。该做法于 20 世纪 90 年代多用，近年来随着金属壳体技术的完善和成本的下降基本不再采用。

（3）门

干燥室的门主要用于木料的装卸。门越大，装卸越方便。同时门也是干燥室保温和气密的薄弱部位，门过大，不易密封。因此，在不影响装卸的前提下，门应尽可能缩小。

现代干燥室多采用叉车装卸，门的尺寸较大。门洞高度为 3～5m，宽度为 2～14m。这就要求干燥室门不仅要有较好的保温性和气密性，还应能耐腐蚀、开启和关闭灵活、安全可靠。

干燥室门的结构归纳起来有 5 种类型，即单扇或双扇铰链门、多扇折叠门、多扇吊拉门、单扇吊挂门、单扇升降门，如图 2-17 所示。

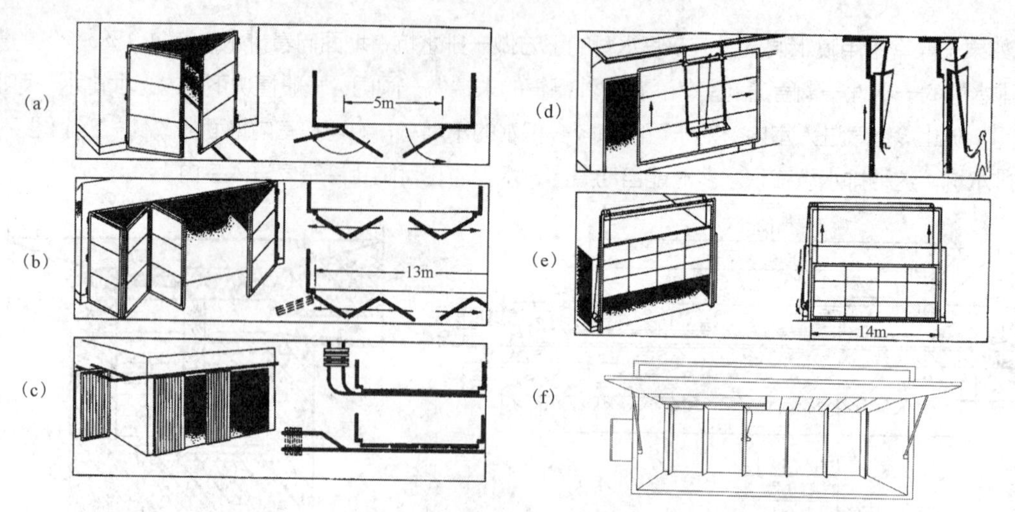

图 2-17　各种干燥室大门结构形式

（a）铰链门　（b）折叠门　（c）吊拉门　（d）吊挂门　（e）升降门　（f）翻门

门扇多用铝合金材料制成，框架为特制的铝合金型材，内外面板均为铝合金板，保温材料用超细玻璃棉或离心玻璃棉板，保温层厚度一般为 120mm。也可用耐高温聚氨酯泡沫塑料预制壁板直接组装，如图 2-18 所示。大门内层的拼缝处用硅橡胶涂封，门扇内表面四周嵌槽中镶嵌密封圈。密封圈通常用氯丁橡胶特制的“Ω”形空心垫圈，对砖混结构干燥室，应在混凝土门框上嵌装合金角铝作门框。

铰链门适用于门洞宽度不超过 4m 的单间干燥室。因铰链门的门扇受力矩的作用容易变形，单扇门的宽度一般不超过 2m，超过 2m 宽的门洞，可采用对开双扇门，或在门洞中间增设一门柱，采用两扇对开的单扇门。单扇门用螺旋压紧器压紧，可确保门的气密性能。而双扇门在中缝处不便密封，门的气密性不易保证。

多扇折叠门和多扇吊拉门用于门洞较宽的单间干燥室，由于其气密效果较差，开关操作也不方便。只适用于对气密性要求不高的除湿干燥室或预干室。

吊挂门适用于两间以上并列的干燥室，门扇的两侧及上端都有“挂耳”，门框相应位置装有向内倾斜的滑道，门扇在重力的作用下紧压门框，如图 2-19。这种结构使门扇受力均匀，不易变形，气密效果较好。门扇由一个可在轨道上横向移动的专用开门器（架）操纵其开启或关闭。开门器（架）的操作机构有杠杆式、机械传动式（利用蜗轮蜗杆原理）、液压传动式（利用液压千斤顶原理）和葫芦吊车式等多种类型，一般都是手动操作。除杠杆式需机械锁定外，其余几种都具有自锁功能，操作轻巧方便，安全可靠。吊挂门是现代干燥室应用最多的一种。

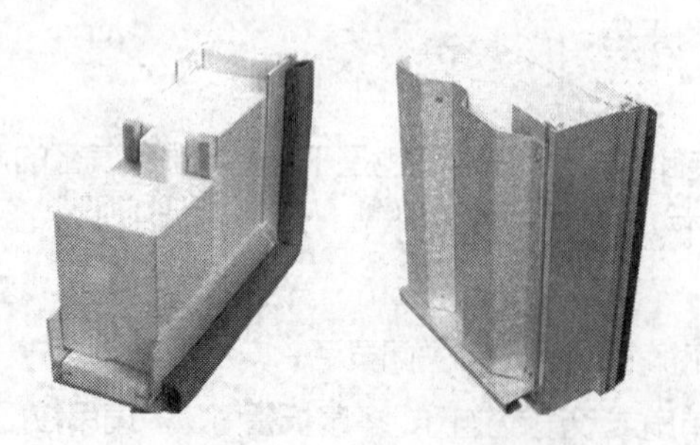

图 2-18　用预制壁板组装大门结构图

图 2-19　吊挂门自动压紧机构图

升降门适用于门洞较大的单间干燥室。用带自锁的机械传动（电控）将大型门扇抬起或放下。当门扇放下时，导轨槽使门扇靠自重自动压紧门框，确保门的密闭性。

2 供热设备

木材干燥供热根据载热体（或能源）不同，可分为蒸汽加热、热水加热、导热油加热、炉气加热、电加热等。其中，蒸汽加热是目前应用最多、最普遍的加热方式；电加热受我国电能源的限制，成本较高，除在除湿干燥中用作辅助加热外，一般不用，在此不予介绍。

（1）蒸汽加热设备

蒸汽加热设备主要包括加热器（也叫散热器）、疏水器、蒸汽管路及锅炉等。现分别介绍如下。

① 加热器　干燥室内加热器的作用是加热室内的湿空气，提高其温度，使湿空气成为含有足够热量的干燥介质，或是使室内水蒸气过热，形成常压过热蒸汽，作为干燥介质来干燥木材。

木材干燥用加热器应满足以下要求：导热性能好，热效率高；体积小散热面积大，供热能力满足基准要求；气流阻力小；耐腐蚀；具有一定的承压能力（不小于 1.6MPa）。

目前干燥室常用的蒸汽加热器主要是片式加热器，老式肋形管加热器和平滑管加热器已基本不用，因此下面主要介绍片式加热器。

加热器的结构类型　片式加热器根据所用加热管的结构不同分为螺旋绕片加热器、套（串）片式加热器和双金属轧片式翅片管加热器 3 种，分别用数根螺旋绕片加热管、套（串）片加热管和双金属轧片式翅片管焊接而成。

螺旋绕片加热管是将一定宽度的薄金属带（铝带、钢带、铜带等）通过机械均匀拉伸外侧同时使内侧折边（铝带）或直接折皱（铜带或钢带）后，按一定螺距直立缠绕在钢管上，使管和片紧密连成一体，如图 2-20 所示。这种加热管的应用极为广泛，我国各地暖风机厂用这类加热管制造的加热器有很多定型产品，一般由 1～3 排螺旋翅片管焊接而成，有钢管绕钢翅片然后镀锌的 SRZ 型、钢管绕铝翅片的 SRL 型、钢管绕铝翅片的 SXL 型及铜管绕铜翅片然后镀锡的 S 型、B 型和 U 型等，其外观尺寸及性能参数详见采暖手册。木材干燥中所用的螺旋绕片式加热管为了提高其抗腐性能，多用钢管绕铝翅片加热管。

套（串）片式加热管也称板状加热管，由直径 20～30mm 的平行排列的钢管束紧密套上许多薄钢片或薄铝片制成，如图 2-21 所示。薄钢片的厚度一般为 0.75～1mm，片距为 5mm 左右。木材干燥中所用多为钢管套（串）铝片。

图 2-20　螺旋绕片式加热管

图 2-21　套片式加热管

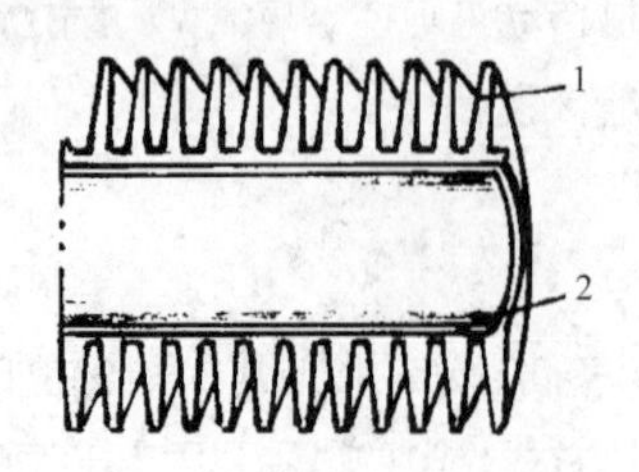

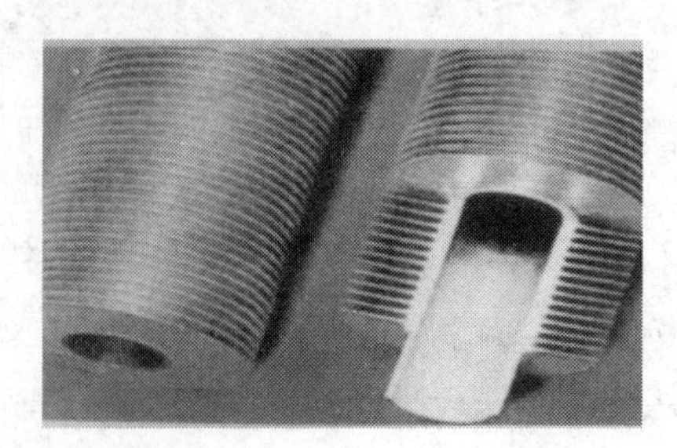

图 2-22　双金属轧片管联

1. 铝翅片管　2. 基管

双金属轧片加热管是将铝管紧套在基管上，然后在铝管上经粗轧、精轧等多道工序，轧出翅片，其结构见图 2-22。木材干燥中所用多为钢铝复合翅片管，内层为钢管，耐压，外层为铝材，抗腐。

上述 3 种片式加热管中，螺旋绕片式加热管和套片式加热管生产加工方便，成本低，散热面积大，结构紧凑，重量轻，安装方便。但对气流的阻力大，翅片间容易被灰尘堵塞，片与管间容易松动，影响散热效果；另外钢管未完全被包裹，很容易被干燥介质腐蚀。双金属轧片加热管克服了螺旋绕片式加热管和套片式加热管的一些缺点，防腐性能好、强度高，两层管壁之间结合牢固紧密，传热性能良好，是一种性能理想的木材干燥加热管，但其生产工艺复杂，造价较高。

目前国外木材干燥室已普遍采用双金属轧片加热管。由于价格等原因，我国木材干燥用加热器仍以钢管绕铝片的螺旋绕片式加热管为多，双金属轧片加热管其次，套片式加热管由于其生产原料利用率低，使用不多。双金属轧片加热管是将来木材干燥加热器的发展趋势。

表 2-3 为国内某公司生产的各种双金属轧片加热管的结构及性能参数。关于螺旋绕片式加热管和套片式加热管的性能参数可查阅有关产品说明书。

表 2-3　双金属轧片加热管规格

翅片外径 D/mm	翅片根径 d/mm	衬管外径 d_0/mm	翅片节距 t/mm	翅片厚度 s/mm	单位长度外表面积 l（m^2/m）	备　注
25	11.2	10	2.3	0.3	0.367	
30	13.2	12	2.3	0.3	0.526	
36	17.2	16	2.3	0.3	0.723	
38	17.2	16	2.5	0.3	0.794	
38	19.2	18	2.5	0.35	0.761	① 最高工作温度 250℃；
44	19.2	18	2.5	0.35	1.037	② 最高工作压力 2.5MPa
50	26.4	25	2.5	0.4	1.257	
50	26.4	25	5	0.5	0.631	
55	26.4	25	3.2	0.4	1.196	
57	26.4	25	2.5	0.4	1.657	
60	28.4	27	2.5	0.4	1.812	

加热器的组装　暖风机厂生产的定型加热器由于外形尺寸、安装方式、散热面积等与干燥室要求都不相同，因此极少直接使用定型产品，而是根据干燥室的实际情况专门设计加工。木材干燥室用加热器一般由 1～2 排加热管组成，每组加热器的结构尺寸、加热管数量及间距等主要根据干燥室的结构尺寸、安装方式、总的散热面积、分组情况等综合考虑。每组加热器两端各有一个集管箱，进汽接口一般设在进汽集管箱上部，

回水管接口设在回水集管箱下部，并尽量偏下，以免积水。加热器焊接后要进行水压检验，以防泄露。

在小木材加工企业还使用一种平滑管代用加热器。这种加热器是用普通钢管焊制而成。其特点是：构造简单，制造与检修方便，接合可靠，承压能力和传热系数大，不易积灰。但散热面积小，易腐蚀，使用寿命短，相同散热面积条件下，占用空间及对气流阻力都较大，因此设计规范的干燥室都不使用。

② 疏水器　疏水器又称为疏水阀，其作用是排除加热器及蒸汽管道中的凝结水，同时阻止蒸汽的漏失，从而提高加热设备的传热效率，节省蒸汽消耗，是蒸汽加热系统的重要标准配件之一。

疏水器的命名　疏水器的命名主要由疏水器名拼音字头 S、连接方式（代号见表 2-4）、疏水器类型（代号见表 2-5）、阀座密封件材料（代号见表 2-6）和承受压力 5 部分组成。

表 2-4　连接形式代号

连接形式	内螺纹	外螺纹	法兰	焊接	对夹	卡箍	卡套
代号	1	2	4	6	7	8	9

表 2-5　疏水器类型代号

疏水阀结构形式	浮球式	钟形浮子式	双金属片式	脉冲式	热动力式
代号	1	5	7	8	9

表 2-6　阀座密封面或衬里材料代号

阀座密封面或衬里材料	铜合金	橡胶	尼龙塑料	氟塑料	锡金轴承合金（巴氏合金）	合金钢	渗氮钢	硬质合金	衬胶	衬铅	搪瓷	渗硼钢	石墨
代号	T	X	N	F	B	H	D	Y	J	Q	C	P	SM

例如 S19H—16 型疏水器的含意是：S——疏水器，1——内螺纹，9——热动力式，H——阀座密封材料为合金钢，16——承受压力 1.6MPa；S41H—16 型为浮球式、法兰连接、阀座密封材料为合金钢、承受压力 1.6MPa 的疏水器。

常用疏水器的工作原理及特点　疏水器的类型较多，木材干燥室中常用的有热动力式和静水力式两类，其中静水力式又分为浮球式、钟形浮子式等。在此仅就热动力式、自由浮球式和钟形浮子式疏水器的工作原理及特点作以介绍。至于其他类型，如双金属型及近几年出现的液体型等，在木材干燥中使用较少，不作详细介绍。

a. 热动力式疏水器：热动力式常用的是 S19H—16 型，适用于蒸汽压力不大于 1570kPa、温度不大于 200℃的蒸汽管路及蒸汽设备。其结构见图 2-23。

工作原理如图 2-24 所示。当进口压力升高时，通过进水孔 1 使阀片 2 抬起，凝结水经环形槽 3 从

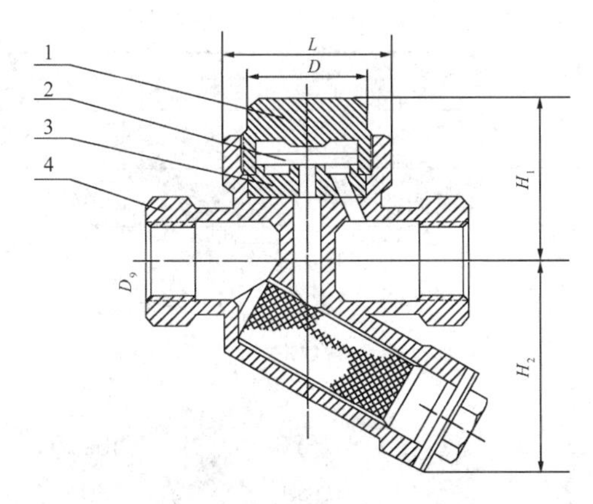

图 2-23　热动力式疏水器结构示意图

1. 阀盖　2. 阀片　3. 阀座　4. 阀体

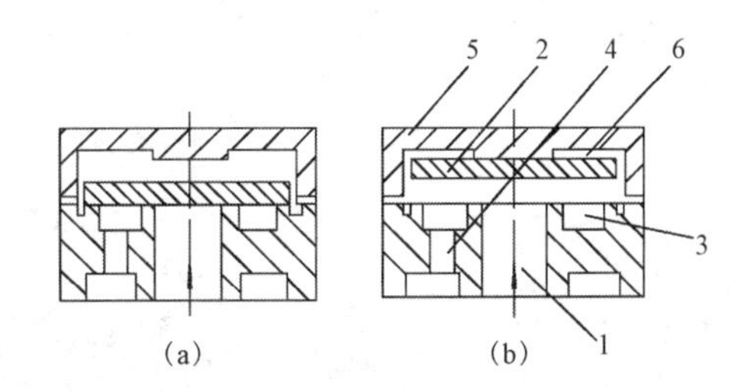

图 2-24　热动力式疏水器工作原理图

（a）关闭状态　（b）开放状态

1. 进水孔　2. 阀片　3. 环形槽　4. 出水孔　5. 阀盖　6. 控制室

出水孔 4 排出，随后由于蒸汽通过阀片与阀盖 5 间的缝隙进入阀片上部的控制室 6，因控制室的气压升高，使阀片上部所受的压力大于进水孔压力，于是阀片下降，关闭进水孔，阻止蒸汽向外漏逸；随后又由于疏水器向外散热，控制室内的气压因冷却而下降，进口压力又大于控制室内的压力，阀片被抬起，凝结水从疏水器排出。

热动力式疏水器体积小，排水量大，抗冲击能力强，价格便宜，但漏汽量偏大。

热动力式疏水器的性能曲线如图 2-25 所示。

b. 自由浮球式疏水器：S41H—16C 型自由浮球式疏水器的结构如图 2-26 所示，它利用浮力原理，浮球根据凝结水量的多少，随水位的变化而作升降，自动调节阀座孔的开度，连续排放凝结水。当凝结水停止进入时，浮球靠自重降到底部，回到关闭位置，排水停止。由于排水阀座孔总是在凝结水位以下，形成水封、水汽自然分离，达到无蒸汽泄漏。浮球式疏水阀近几年还有些改进型，如杠杆浮球式疏水阀、自由半浮球式蒸汽疏水阀等，详细请查阅有关生产企业的产品说明书。

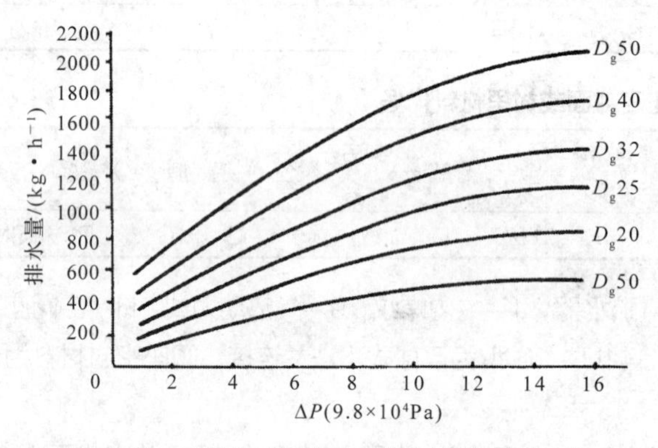

图 2-25　S19H—16 热动力式疏水器的性能曲线

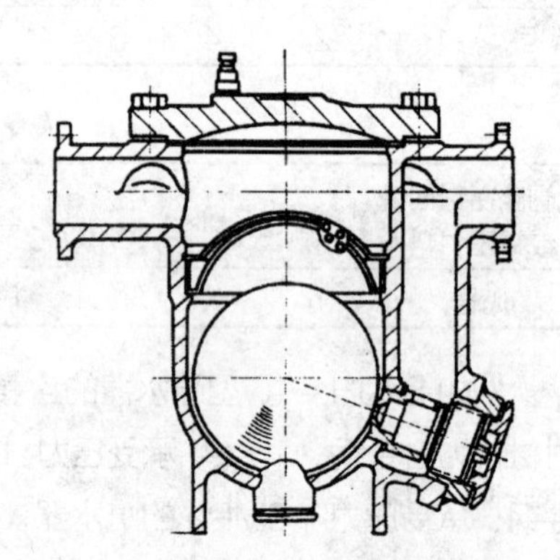

图 2-26　S41H—16C 型自由浮球式疏水器的结构图

自由浮球式疏水器在不同压力差下的最大排水量见表 2-7。这种疏水器适用于工作压力不大于 1570kPa、工作温度不大于 350℃的蒸汽供热设备及蒸汽管路上，它的结构简单，灵敏度高，能连续排水，漏汽量小，但抗水冲击能力差，体积略大，价格较高。

表 2-7　自由浮球式疏水器不同压力差的最大连续排水量

最高工作压力差/kPa	不同球体类型及通径 D_g（mm）的最大排水量			
	B	D	F	G
	15、20、25	25、40、50	50、80	80、100
150	1110	5640	19500	27600
250	1000	5350	18000	25100
400	950	4700	17000	22700
640	810	3590	14300	18200
1000	660	3190	11870	16600
1600	550	2740	9180	12900

c. 钟形浮子式疏水器：S15H—16 型钟形浮子式疏水器的外形见图 2-27。

钟形浮子式（或倒吊桶式）疏水器的核心是利用蒸汽进入充满水的阀中，并在倒置桶内锁定产生浮力，浮力大于桶的重力使桶上浮带动杠杆关闭疏水阀。因为桶是开口的，系统压力的变化使其内外压力一致，所以它能经受水击。利用该阀的高背压及超低泄漏的优良性能，可实现高温凝结水无泵回收。其性能曲线如图 2-28、图 2-29。它适用于工作压力小于 1570kPa、工作温度不大于 200℃的蒸汽管路设备上。其特点与自由浮球式相似。

图 2-27　S15H—16 型钟形浮子式疏水器的外形图

疏水器的选用　选用疏水器首先确定其类型，然后根据疏水器的进出口压力差 $\Delta p=p_1-p_2$，及最大排水量而定。进口压力 p_1 按比蒸汽压力小 0.05～0.1MPa 计算。出口压力 p_2 采用如下数值：若从疏水器流出的凝结水直接排入大气，则 $p_2=0$；若排入回水系统，则 $p_2=0.2$～0.5MPa。蒸汽设备开始使用时，管道中积存有大量的凝结水和冷空气，需要在较短时间内排出，因此疏水器的最大排水量按凝结水常量的 2～3 倍选用。

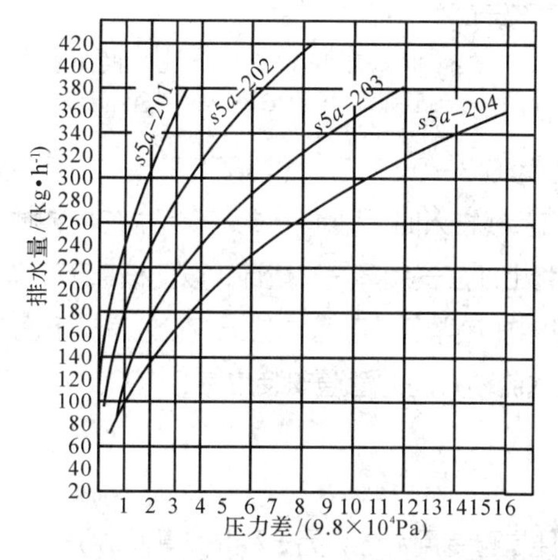

图 2-28　D_g20 钟形浮子式疏水器性能曲线图

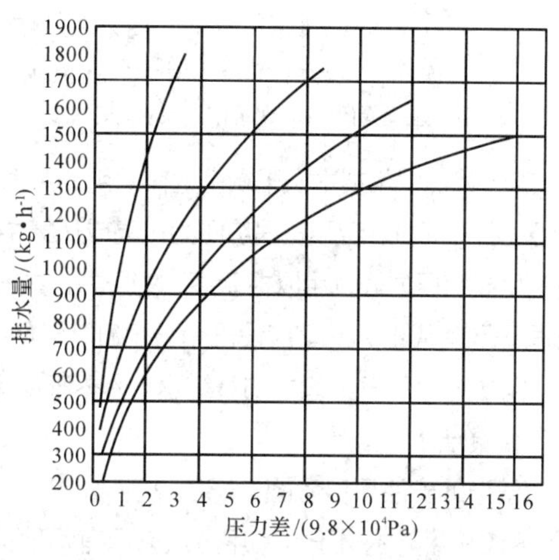

图 2-29　D_g25 钟形浮子式性能曲线图

[例] 已知干燥室加热器的平均耗汽量为 240kg/h，蒸汽压力为 3.2×10^5Pa，凝结水排入大气，如选用热动力式疏水器，试确定其规格。

[解] 疏水器进口压力 $p_1=0.95\times3.2\times10^5=300$kPa；压力差 $\Delta p=p_1-p_2=p_1=300$kPa；疏水器最大排水量 240×2.5=600kg/h，按图 2-25 选用公称直径 D_g32 的 S19H—16 型热动力式疏水器。

疏水器安装使用与保养　注意以下 7 个方面：

a. 疏水器在安装前必须清洗管路，除去杂物。

b. 疏水器应水平安装在管道的最低点，一般应安装在室外低于凝结水管的地方，不可倾斜，管路凝结水的流向与阀体标示的方向一致。

c. 疏水器安装应尽可能靠近加热设备。

d. 每台加热设备要各自安装疏水器，以免互相影响。

e. 要定期保养，检查疏水器，清洗过滤网及阀体内的污物，保证疏水器正常工作，冬季要做好防冻工作。

f. 安装地点要宽敞，以便维修。

g. 为了使疏水器检修期间不停止加热器的工作，须在疏水器的管路上装设旁通管如图 2-30 所示，且装在疏水器的同一水平面内。正常使用时，关闭旁通阀门（10、10′、14），打开疏水器前阀门（9、9′、12），使疏水器正常工作。检修时关闭疏水器前阀门，打开旁通阀门，使加热系统不停止工作。开始通汽时，管道中积存的大量凝结水也通过旁通管排除，以免疏水器堵塞。

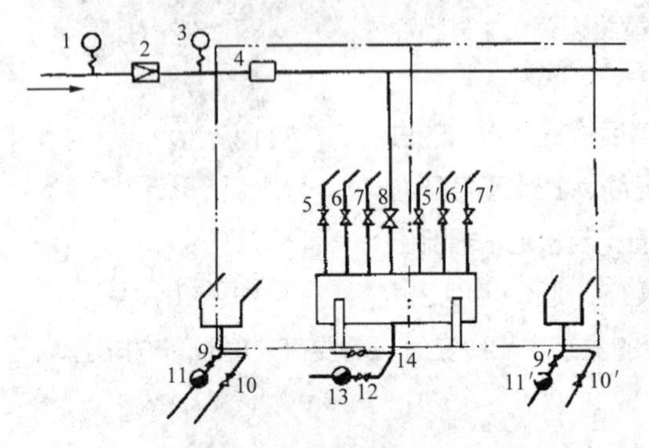

图 2-30　干燥室蒸汽管道图

1、3. 压力表　2. 减压阀　4. 蒸汽流量计　5、6、5′、6′. 散热器的供汽阀门　7、7′. 喷蒸管的供汽阀门　8. 蒸汽主管阀门　9、9′、12. 疏水器前的阀门　11、11′、13. 疏水器　10、10′、14. 旁通管阀门

③ *蒸汽管路*　常规木材干燥室通常采用的蒸汽压力为 0.3～0.5MPa，过热蒸汽干燥室采用的蒸汽压力为 0.5～0.7MPa。若蒸汽锅炉压力过高或从集中供汽管线接入时，则需在接入蒸汽主管上装减压阀，减压阀前后要装压力表，用以检查蒸汽的压力。蒸汽主管上还应安装蒸汽流量计，以便核算蒸汽消耗量。

每间干燥室或相邻两室应设一个分汽缸，以便给各组加热器及喷蒸管均匀配汽。分汽缸下面应装有疏水器，以便排除蒸汽主管中的凝结水。沿蒸汽及冷凝水流动方向的管道安装应有 2/1000～3/1000 的坡度，以便凝结水的排除。

蒸汽管道的安装可参考图 2-30。

④ *蒸汽锅炉*　木材干燥室用蒸汽来源有两种：一种是配专用锅炉，另一种是从集中供汽管线接入。后者仅见于有公用蒸汽锅炉的大型企业、公用设施配套良好的工业开发区或发电厂余热利用。多数干燥室需配专用锅炉。蒸汽锅炉属国家控制使用的压力容器，因此其设计制造都有严格要求，用户只能选用定型产品。现就蒸汽锅炉选用简单介绍如下：

蒸汽锅炉的作用是生产蒸汽。蒸汽锅炉的种类很多，分类也较复杂。按锅炉的蒸发量可分为小型、中型和大型锅炉；按锅炉的蒸汽压力可分为低压、中压、高压和超高压锅炉；按锅炉本体的类型可分为火管锅炉、水管锅炉以及水火管混合型锅炉；按燃烧方式还可分为手工燃烧锅炉和机械化燃烧锅炉等。关于锅炉的详细型号可参见相关手册或锅炉产品目录。

木材干燥生产中常用的属小型（蒸发量低于 20t/h）、低压（蒸汽压力小于 1.6MPa）锅炉。选择锅炉主要根据干燥室每小时需要的最大蒸汽消耗量和蒸汽压力两个参数，然后查阅锅炉产品样本或目录来确定。

[例]　现有蒸汽加热干燥室 3 间，每间干燥室预热期间平均蒸汽消耗量为 310kg/h，干燥期间平均蒸汽消耗量为 100kg/h。试选择蒸汽锅炉。

[解]　确定锅炉的蒸发量，考虑到蒸汽消耗的不均匀性，每室预热期间最大蒸汽消耗量：310×1.25＝

387.5kg/h；干燥期间最大蒸汽消耗量：100×1.25＝125kg/h；需要的总蒸汽消耗量（假设一室在预热，另外两室在干燥）：387.5＋（125×2）＝637.5kg/h。

设蒸汽管道损失的蒸汽量为 5%，则需要的锅炉蒸发量为：637.5×1.05＝670kg/h。

常规干燥室需要的蒸汽压力通常为 0.4～0.5MPa。根据以上蒸发量和蒸汽压力的数值，可选择 KZG1—8 卧式快装水火管混合式锅炉，蒸发量为 1t/h，蒸汽压力为 0.8MPa。

（3）炉气供热设备

① *炉气发生器* 炉气发生器的作用是燃烧煤或木废料，产生洁净、温度适当的炽热气体。普通炉灶就是最简单的炉气发生器，好的炉气发生器应燃烧充分，操作安全，控制方便，清洁卫生。现就几种常用的炉气发生装置介绍如下：

汽化燃烧炉 汽化燃烧以木废料和稻壳、农作物秸秆等农业剩余物为燃料（干燥主要用木废料）。首先在一定热力条件下，将这些生物质燃料转化为 CO、H_2、CH_4 等混合可燃气体，然后将这些气体再与足量空气（氧气）混合后二次点燃产生完全燃烧（也称二次燃烧），便可放出大量的热。燃料的汽化过程是一个复杂的物理和化学变化过程，主要包括：燃烧、热解、裂解及还原等。

木材干燥中汽化燃烧主要采用空气汽化法，即以空气作汽化剂。其基本原理是：在汽化炉中对木质燃料加热，使其干燥，继而产生裂解挥发出 CO、H_2、CH_4 等多种可燃气体，裂解后的剩余物质——木炭与空气中的氧气进行氧化反应（燃烧），燃烧放出的热量用于维持干燥、裂解和还原反应。由于空气汽化过程是一个自供热系统，无须外供热源，而且空气可以任意取得，所以，空气汽化是所有汽化技术中最简单、最经济、最容易实现，因而也是应用最普遍的一种。

汽化炉是实现燃料汽化（第一次不完全燃烧）的装置。其结构合理与否，直接关系到固体燃料的汽化率，好的汽化炉其汽化率可达 70%以上。因此在选用汽化炉时要充分了解其性能。木质燃料的汽化装置有多种，小容量汽化炉多为固定床汽化炉，且分为上吸式和下吸式两种。

图 2-31 为一种下吸式汽化炉的基本结构示意图：主要由燃料仓、汽化室、风管、喷嘴、炉箅（小型可不设）等组成。其燃料在上，燃烧在底部进行。燃烧过程中，燃料可从顶部续加。汽化所需空气通过炉体外侧环形送风管和喷嘴均匀配送，所形成的可燃性气体向下从汽化室底部引出，经过滤器除去炭渣，并与一定空气混合后引到适当的位置再点燃。这种方式便于控制使用，因此目前实际应用较多。也可以将汽化室引出的可燃性体直接点燃，再将形成的炉气引入干燥室，这种方法因二次燃烧温度很高，必须配入适量的新鲜空气或室内循环空气降温后才便于炉气管道输送，相对前者较复杂，应用不多。

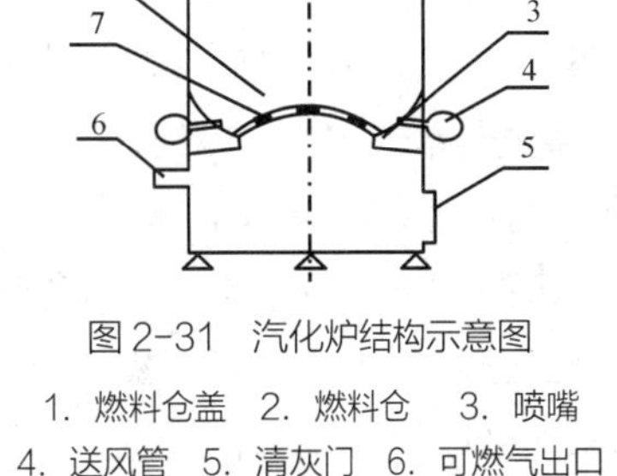

图 2-31 汽化炉结构示意图

1. 燃料仓盖 2. 燃料仓 3. 喷嘴 4. 送风管 5. 清灰门 6. 可燃气出口 7. 炉箅 8. 汽化室

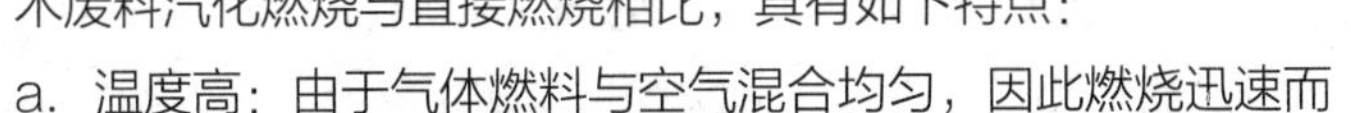

木废料汽化燃烧与直接燃烧相比，具有如下特点：

a. 温度高：由于气体燃料与空气混合均匀，因此燃烧迅速而充分，其燃烧温度比固体燃料直接燃烧高得多。据某牙签厂的对比实测，前者比后者高一倍以上，因此便于集中散热。

b. 清洁无污染：二次燃烧时只要送风量与所产生的可燃气体的比例控制合理，气体燃烧完全，只生成 CO_2、H_2O 等产物，基本没有颗粒物和烟排放，因此对炉具、散热器（加热器）、木材及大气环境几乎不产生污染。

c. 使用方便：汽化炉燃烧可以停炉不熄火，在不需要时只要关闭各种阀门封炉，可保证汽化炉 20h 不熄灭，而且只要重新送风就可再次启动。

d. 可一炉多室：二次燃烧室结构简单，可燃气体可通过管道引到任意适当的位置再点燃，且火力调控方便。对于容量不大的干燥室还可以多间干燥室共用一台汽化炉，既可交替供气也可同时供气。

汽化燃烧炉使用过程中应注意以下几个问题：

a. 燃料大小及含水率要适当，锯屑类碎料要与一定量的块状燃料混合使用，避免使用纯锯屑类碎料或过大的块状燃料。否则，不利于汽化炉的正常稳定汽化。

b. 保持汽化燃烧炉室通风良好。汽化炉所产生的可燃性气体是 CO、CH_4 等的混合物。不仅其中有些气体对人体有害，浓度达到一定程度遇明火还会产生爆炸，因此无论冬夏，在使用时，汽化炉室务必通风良好，以免产生危险。在北方，汽化炉室和干燥室一般分开建。在南方汽化炉可直接安在凉棚下，可燃气体输送管道要做到密封。

c. 定时添加燃料和清灰。当燃料用完 3/4 时就应添加燃料，不能待燃烧尽后再加，这不仅可能烧坏汽化炉，而且造成燃烧中断。汽化炉下部的炉灰（渣）也要及时清除，否则堵塞可燃气体的通路。

d. 遇停电应及时关闭汽化炉的送风阀门和燃气出口阀等。

e. 可燃气体与空气的混合比要合理。空气比例过大，混合气体可能点不燃或在燃烧过程中“断火”；比例过小，混合气体燃烧不充分，炉气有烟。一般以燃烧时二次燃烧室为橙黄色、炉气无烟为宜。

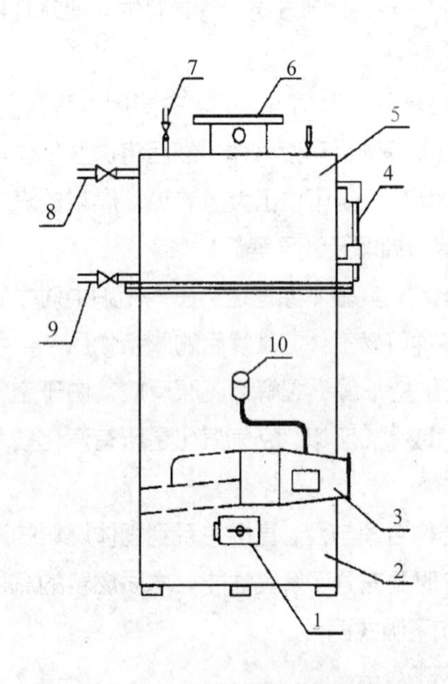

图 2-32　旋风燃烧炉

1. 炉门　2. 燃烧室　3. 螺旋进料管
4. 水位表　5. 蒸发器　6. 炉器引出管
7. 蒸汽管　8. 进水管　9. 排污管　10. 观察孔
（自梁世镇等，1998）

立式旋风燃烧炉　图 2-32 是南京林业大学干燥技术研究所于 20 世纪 90 年代初研制开发的旋风燃烧炉。这种燃烧炉由上、下两部分组装而成。带有双头进料螺旋和顶部蒸发器，是热风、蒸汽混合炉。刨花、锯屑木碎料由振动料斗落入进料风机，再与空气一道鼓入炉下部的双头进料螺旋，被预热和预干后，沿切向从圆周的两对面同时喷入炉膛，这种双头螺旋结构使燃料能更均匀地喷洒入炉内充分燃烧。炉的上部为蒸发器。产生的蒸汽必要时通过喷蒸管直接喷入干燥室内，以提高空气湿度。燃烧炉的出口处有扼流圈和挡灰板，使没有烧完的燃料颗粒受惯性作用被阻挡在炉内，直至燃尽，以减少不完全燃烧热损失。炉筒由耐热钢板卷焊而成，内砌高铝质耐火砖，外包硅酸铝耐火棉，最外层用薄钢板覆面。炉外表温度不超过 40℃，以尽量减少辐射损失，炉内产生的燃气引入炉气调制室，先沉降除尘，再与空气混合调制到约 350℃，再引入室内的炉气加热管。

立式沸腾炉　Jas Perkoch 设计的立式沸腾炉（图 2-33）可以烧湿木废料或树皮。与容量相同的带有炉箅的炉灶相比。这种沸腾炉造价低，热效率高。

沸腾炉的炉膛由同轴心的不锈钢双圆柱组成。内圆柱直径 737mm，壁厚 6mm，内有进料螺旋，将湿的木燃料从炉上部的料斗不断运送到底部。在运送过程中，燃料吸收炉壁的热量，被加热和干燥。外圆柱直径 1245mm，壁厚也是 6mm。外圆柱体与炉外壁之间为空气预热腔，新鲜空气由离心风机从炉顶沿环形预热腔鼓入炉底。空气被预热至 260℃，并以 5～6m/s 的速度从炉底向上喷入炉膛，同时把炉底部的木燃料（打碎的树皮、木片、刨花等）吹入炉膛。使燃料在沸腾的状态下燃烧。炉膛的温度约为 870℃。生成的炉气体，沿环形炉膛上升，到达上部时。由于炉膛外径的膨大，炉气流速降低，使未烧尽的燃料颗粒在炉膛中滞留的时间延长，从而保证燃料的充分燃烧。燃烧生成的灰分与炉气一道从炉子上部的一侧排出，再到沉降室沉降。

炉底部一侧有辅助燃烧器，生火时从此处喷入天然气等可燃气体，或液体燃料，用以将炉子预热。

这种沸腾炉要求木燃料事先须在打碎机中打碎到一定尺寸，才能在沸腾状态下燃烧。

② *炉气加热器及其他辅助设备* 炉气发生器形成的炉气一般需要经过适当的处理后才能送到干燥室或加热器，包括除尘、调湿、调温等。

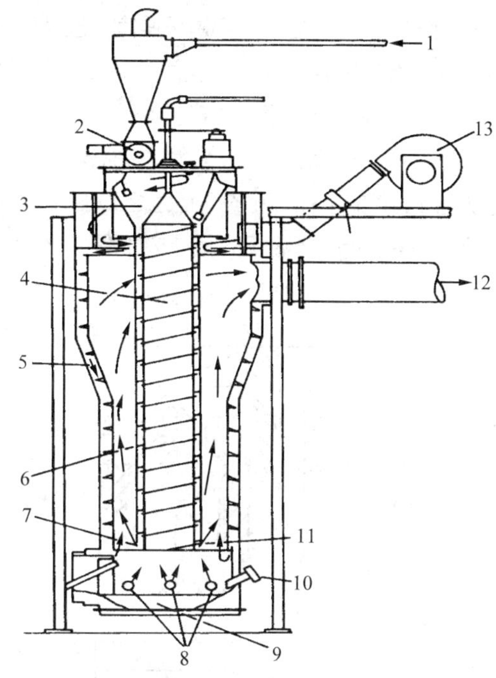

图 2-33 立式沸腾炉

1. 湿燃料入口 2. 气锁落料阀 3. 料斗 4. 进料螺旋
5. 空气预热室 6. 燃烧区段 7. 燃烧段底部
8. 吹风管 9. 耐火材料 10. 辅助燃烧器
11. 干燃料喷出口 12. 炉气体出口 13. 鼓风机
（自梁世镇等，1998）

除尘的目的是避免在干燥室内或加热器内积灰，装置一般为中间有若干横隔的箱体，炉气经过时，由于流速降低，灰尘沉积。炉气调湿一般用于以炉气为介质的干燥室。调湿方法可以在炉气进入干燥室前使其先迂回流过内有多层敞口水槽（水位高度可调节）的调湿箱，使水加热蒸发后与炉气一道进入干燥室，这种方法同时具有降温的作用，还可采用室内喷水调湿的方法。调温的目的是避免炉气温度过高，影响室内设备（包括加热器）的使用，方法是在炉气进入干燥室或加热器前适量吸入循环空气（炉气加热）或新空气。

炉气加热器往往不同于普通加热器（散热器），对承压能力要求不高，但抗高温性能要好，另外在保证必要的散热面积的前提下，要求其内径大，转弯少，便于清除内壁灰尘，对循环空气的阻力小。一般采用铸铁或钢管焊接而成。

（4）加热器在干燥室内的分布与安装

干燥室加热器一般安装在气流速度较高的区域，且翅片与气流方向平行，以提高加热器的散热效率。为了使室内介质温度分布均匀，上风机型和侧风机型干燥室加热器要沿气流垂直方向均匀设置，但不能距材堆太近，以免烤裂木料。加热管在受热和冷却时，会产生一定的膨胀或收缩，安装时长度应能自由伸缩，另外，连接处应有足够的作业空间，以便检修维护。

3 调湿设备

干燥室内的调湿设备有喷蒸管与喷水管。主要用以喷射蒸汽或冷（热）水，是提高室内介质湿度的必需设备。

（1）喷蒸调湿设备

喷蒸管是两端封闭（从中间进汽）或一端封闭（从另一端进汽）的铝管，管径一般为 40～50mm，管上钻有直径 2～4mm 的喷孔，孔间距离为 200～300mm。安装喷蒸管时要注意喷射出来的蒸汽在气流垂直方向上要均匀，大容量干燥室一般从喷蒸管中间进汽，喷射方向尽可能不与介质循环方向相对，也不应直接喷射到材堆上，以免使木材产生污斑。

（2）喷水调湿设备

喷水管用于喷洒冷水或热水，以提高室内介质的湿度。所用管一般为 34mm 不锈钢管，管上钻有直径为 14mm 的小孔，孔的间距为 200mm。在小孔上安装有喷头的支座，喷头拧在支座上。喷头的材料为硬质聚氯乙烯或不锈钢，其结构如图 2-34 所示。当风机旋转时，借助高速流动的气流加速水的雾化。

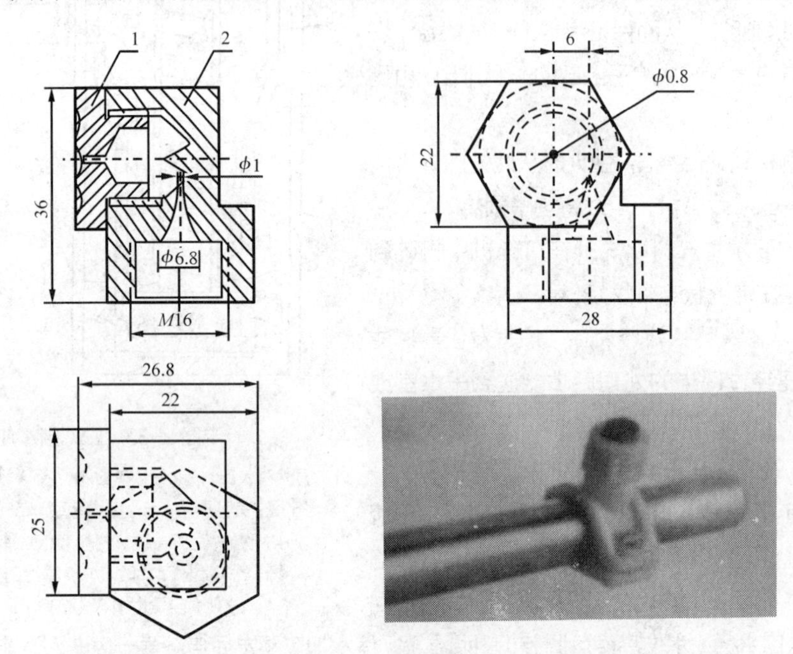

图 2-34　喷水喷头及其结构图（单位：mm）

（自东北林业大学，1985）

喷蒸增湿和喷水增湿各有其特点。喷蒸增湿设备较简单，投入少，对于蒸汽加热干燥室安装和操作都较方便。但是，由于加热系统的饱和蒸汽温度高，在介质增湿的同时也提高了介质的温度，此时即使关闭加热器，温度一时也难以降下来，对于难干锯材而言，这不仅不利于干燥，而且浪费热能。喷水增强设备复杂，投入高，在介质增湿的同时，不影响温度的控制，操作相对灵活，尤其适合炉气干燥和难干锯材干燥。好的现代木材干燥设备同时配备喷蒸管和喷水管，这样使干燥室的适应性更强，应用更合理。

（3）进排气装置

进排气装置的功能是调控室内干燥介质的相对湿度。进排气道的大小、数量和分布不仅要保证室内换气排湿迅速，还应使室内的温度和湿度分布均匀，操作灵活方便可靠，关闭时气密良好。

根据干燥室室型的不同，进排气道可以设在室顶，也可设在干燥室侧壁上。一般成对布置在风机的前后，以便利用风机前后的静压实现换气。位于风机正压侧的为排气道，位于负压侧的为进气道。对于介质可逆循环干燥室，这种进排气道是合二为一的，功能随风机的正反转而互换。也有的干燥室是通过小型专用引风机换气。合理的进气道位置应该使新空气与循环空气在经过加热器前混合，排气道位置应该使循环空气在经过加热器前排出部分废气，以减少热能损失。

进排气装置按控制方式分为手动控制式、自动控制式两种，自动控制式配有电动执行机构，并与干燥室控制系统相连。进排气装置一般用铝材制作。安装进排气道时，室外部分要注意保温、防雨和防风。

干燥室排出的废气往往温度较高，尤其是高温干燥，排出废气带有很高的热量。为了回收这部分热量，有的进排气装置设计有换热装置，用排出的废气来预热吸入室内的新鲜空气，这样可以回收废气部分余热，节省一定能源，也有利于室内介质状态的稳定。图 2-35 是可用于上风机型干燥室和端风机型干燥室的热回收装置结构示意图。

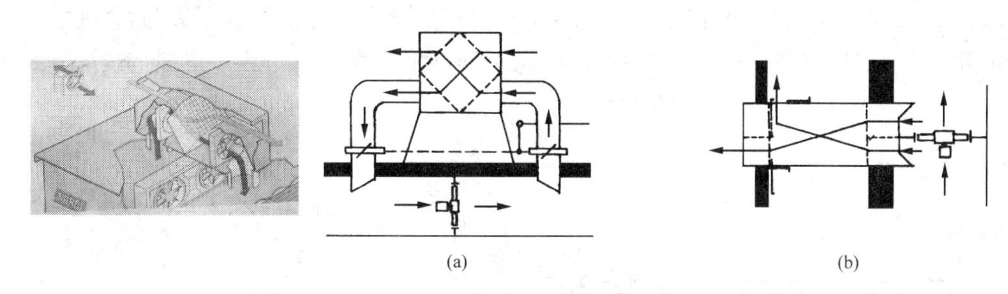

图 2-35　进排气热回收装置

（a）用于上风机型干燥室　（b）用于端风机型干燥室

（改自梁世镇等，1998）

4 通风设备

在干燥室中，通风机主要用于室内气流强制循环，从而加速干燥介质与散热器及介质与木材之间的热交换，加速木材表面的水分蒸发。此外，室内外的换气、锅炉或炉灶助燃等也用风机，因此风机是干燥室的重要设备。

（1）通风机概述

通风机按其工作原理不同分为离心式通风机与轴流式通风机；按其风压不同又分为低压（小于 1kPa）、中压（1～3kPa）和高压（3kPa 以上）3 种。木材干燥室多采用低压和中压通风机。我国现行的强制循环木材干燥室中所采用的通风机，以轴流通风机为多，约在 3/4，离心通风机约 1/4。

通风机的主要性能参数为：流量 Q（m^3/h）、风压 H（Pa）、主轴转数 n（r/min）、轴功率 N（kW）和效率 η。

（2）离心通风机

离心通风机由叶轮、蜗壳、进风口和轴承底座等部分组成，其结构如图 2-36 所示。

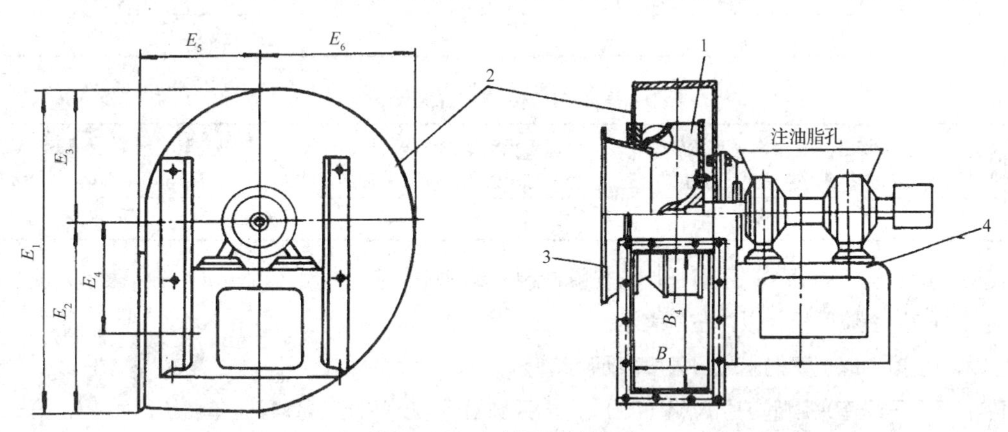

图 2-36　离心通风机的组成

1. 叶轮　2. 蜗壳　3. 进风口　4. 轴承底座

离心通风机是利用离心力原理工作的，其叶轮上的叶片安装与旋转轴相平行，当叶轮旋转时，空气从外壳的侧面吸入，被叶片带住旋转，在出风口处，受离心力的作用垂直于旋转轴向外送出，并产生一定风压与风量。

离心通风机叶轮上叶片的结构形式有直叶、弧形叶和机翼形叶 3 种，如图 2-37 所示。叶片在叶轮上的安装方向又分前向、后向和径向 3 种，如图 2-38 所示。安装方向的确定是以叶片外端切线方向与叶轮的圆周切线方向的夹角，即出口角大小来区分的，叶片出口角大于 90° 的为前向式，出口角小于 90° 的为后向式，出口角等于 90° 的为径向式。

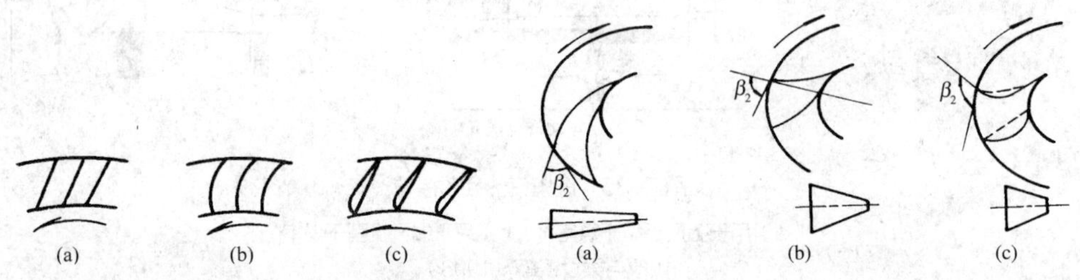

图 2-37　叶片的断面形状图
（a）直叶　（b）弧形叶　（c）机翼形叶

图 2-38　叶片的安装方向
（a）后向式　（b）径向式　（c）前向式

后向式叶片的风机效率较高，噪音小，但在一定的转数下，后向式叶片产生的风压和风量较低。所以一般为低压离心风机所采用。前向式叶片的风机效率较低，噪音较大，但风压和风量较高，一般为高压离心风机所采用。径向式叶片的特点介于二者之间。

离心通风机的全称包括用途、名称、型号、机号、传动方式、旋转方向和出风口位置。

用途：Y——表示锅炉引风机，C——表示除尘风机。

型号：由基本型号和补充型号组成。基本型号用压力系数乘以 10（取整数）和比转数表示（压力系数和比转数都是通风机的无因次性能参数，其他条件相同时，压力系数越大其压力越大，比转数越大反映其风量大，风压低）。补充型号用风机进风口形式的代号（表 2-8）和设计序号表示。机号用叶轮直径的分米数表示，前面冠以符号“No”。传动方式有 6 种，分别用英语字母表示，见表 2-9。

表 2-8　补充型号

进风口形式	双侧进风	单侧进风	二级串联进风
代　号	0	1	2

表 2-9　传动方式表示

传动方式	无轴承由电机直联传动	悬壁支承皮带轮在轴承间	悬壁支承皮带轮在轴承外侧	悬壁支承联轴器传动	双支承皮带轮在外侧	双支承联轴器传动
代号	A	B	C	D	E	F

旋转方向：从电动机一端正视，叶轮按顺时针方向旋转的称为右旋风机，以“右”表示；按逆时针方向旋转的称为左旋风机，以“左”表示。

出风口位置：以机壳的出风口角度表示。

[例] 某厂干燥室采用锅炉引风机（Y），压力系数 0.5（5），比转数 47，单侧进风（1），第一次设计（Ⅰ），叶轮直径 400mm（No4），用三角皮带传动，悬臂支承，皮带轮在轴承外侧，从电动机一端正视为顺时针方向旋转，出口角 0° 。则全称为：锅炉引风离心通风机 Y5—47—1 I No4C—右 0°。

与轴流通风机相比，离心通风机的风量相对小，风压大，因此在国内木材干燥中，离心通风机除用于喷气式干燥室外，极少直接用于室内驱动气流循环，多用于锅炉引风机。国外某些干燥室中，有把离心式风机的叶轮（不带蜗壳）置于材堆顶部，以驱动室内气流循环。

（3）轴流通风机

① *轴流风机的结构组成、工作原理及分类* 轴流风机一般由叶轮、集风器、风圈和整流罩等几部分组成，如图 2-42（a）所示。不同类型的轴流风机，其叶轮结构略有不同。

轴流风机是以回转面成斜角的叶片转动所产生的压力使气体流动，气体流动的方向和旋转轴平行。此类风机风量大，风压较低，可以直接装在干燥室内，驱动气流循环。在木材干燥业中使用较广。

轴流风机有可逆转的与不可逆转的。可逆转风机的叶片或是横断面形状对称，或是叶片断面形状不对称而相邻叶片在安装时倒转 180°，如图 2-39 所示。可逆转风机无论正转或反转都产生相同的风量和风压。不可逆转通风机叶片横断面形状是不对称的，它的效率比同号的可逆风机高。设计时要根据干燥室的类型选择可逆或不可逆的风机。

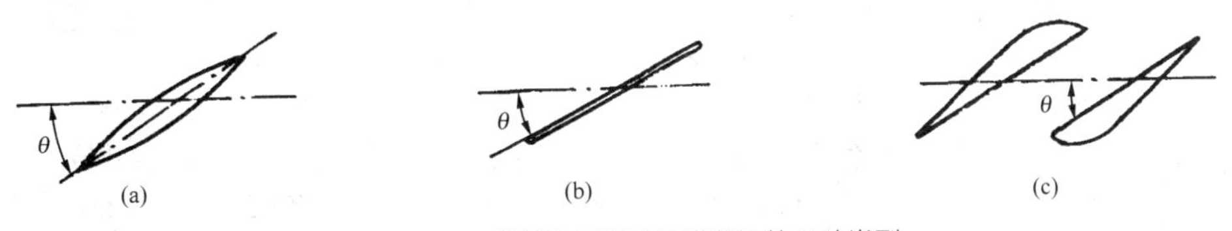

图 2-39 可逆轴流风机叶片横断面的几种类型

（a）对称纺锤型 （b）平板型 （c）机翼型（相邻叶片倒向 180°）

其次，根据叶片断面形状和扭曲与否又可分为机翼型非扭曲叶片、机翼型扭曲叶片、对称型非扭曲叶片、等厚板非扭曲叶片等。

过去木材干燥生产中用室外电动机驱动的轴流风机多为各工厂自行设计或仿制，且以 12#～16#大风机为主。常用风机类型为机翼型非扭曲叶片、机翼型扭曲叶片、对称型非扭曲叶片等。近几年随着室内电动机的应用，轴流风机一般采用小号（6#、8#），生产也专业化，但目前在一些早期建造的干燥室及高温干燥室（室外电动机）仍采用大号风机，因此，现介绍几种常用轴流风机。

② *对称型扭曲叶片轴流风机* 此风机为木材干燥室内电动机多用。其叶轮为 6 叶片或 8 叶片，叶轮直径 400～800mm，叶片为对称扭曲叶型，叶片安装角度为 25°，整体为铝合金或不锈钢制造。风机与电动机直联，整体结构简单，重量轻，效率高，动平衡好。国内某厂对称型扭曲叶片轴流风机结构如图 2-40 所示，性能参数见表 2-10。

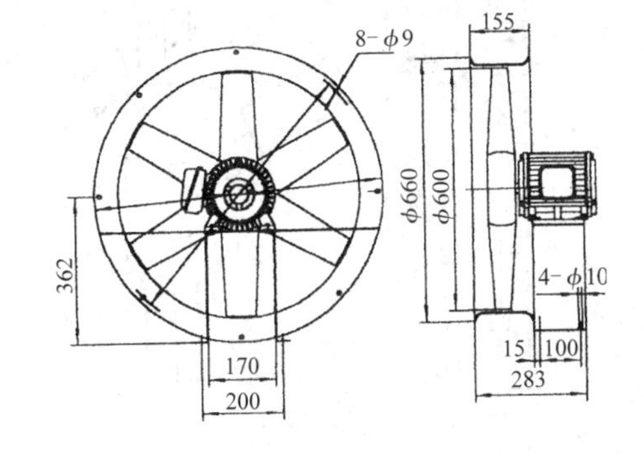

图 2-40 对称型扭曲叶片轴流风机（单位：mm）

表 2-10 对称型扭曲叶片轴流风机性能

机号	叶轮直径/mm	叶轮转/（r/min）	流量/（m³/h）	全压/Pa	效率/%	配套电动机型号
4	400	1390	3424	76	70	YTW801—4/0.55
6	600	1400	12807	195	71	YTW90S—4/1.1
8	800	1450	27365	251	72	YTW100L—4/2.2

③ 对称型非扭曲叶片轴流风机　这类风机也称纺锤形轴流风机，风机的叶片横断面的形状是对称的，为可逆转的风机，在过去干燥室中采用最多。叶轮直径常为 1200mm，毂轮直径 600mm。叶片数 8～12，以 8 叶片使用较多，叶片安装角度通常为 20°和 25°，用钢板或铸铝合金制成。其构如图 2-41 所示，其性能参数见表 2-11。

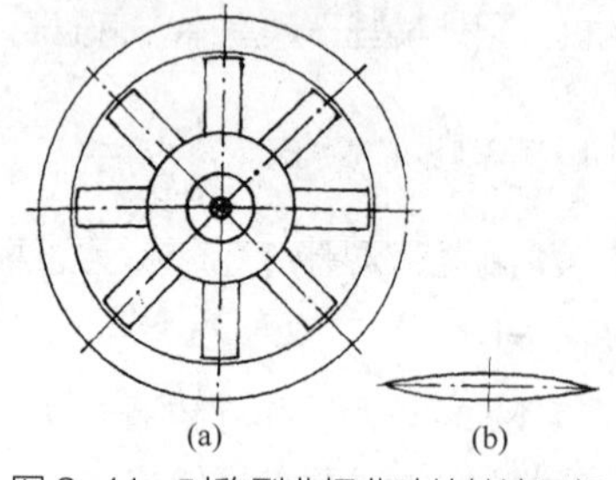

图 2-41　对称型非扭曲叶片轴流风机
（a）叶轮外型　（b）叶片断面形状

④ 机翼型非扭曲叶片轴流风机（Y 型）　此类风机结构如图 2-42 所示。叶轮由叶片、轮毂、轮盘和轮毂圈等组成见图 2-42（b）。这种风机的毂比（轮毂圈直径与叶轮直径之比）为 0.4～0.5。干燥室中采用 0.5。

表 2-11　对称型非扭曲叶片轴流风机的性能

叶片角度	叶轮转/(r/min)	效率范围/%	功率范围/kW	最高效率时的各项数值			
				最高效率/%	风量/（m^3/h）	风压/9.8Pa	功率/kW
20°	300	10.41～23.24	0.172～0.365	23.24	10184	1.595	0.185
	500	13.34～31.40	0.61～1.78	31.40	20639	4.059	0.726
	600	11.25～35.70	0.864～2.32	35.70	21485	7.775	1.224
	700	10.97～35.29	1.42～3.482	35.29	24865	11.808	2.366
	800	28.80～38.95	1.94～3.53	38.95	37260	7.563	2.00
	900	26.23～33.75	2.981～3.686	33.75	32357	14.113	3.686
25°	400	14.53～35.73	0.598～1.108	41.47	25376	3.584	0.598
	600	21.63～39.00	1.273～2.219	39.00	25916	9.311	1.672
	700	20.85～37.50	1.822～3.497	37.5	32965	8.321	1.992

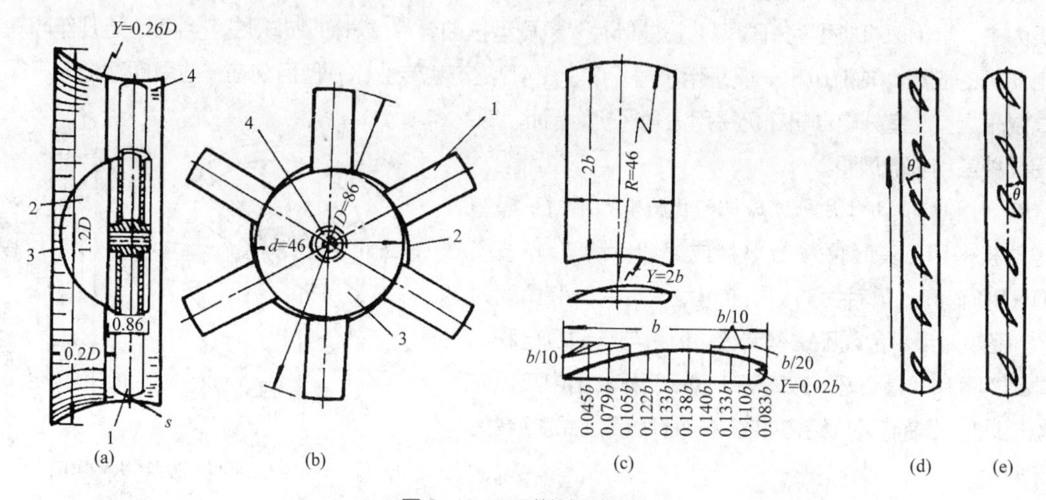

图 2-42　Y 型轴流通风机
（a）轴流通风机的组成　1. 叶轮　2. 集风器　3. 整流罩　4. 风圈
（b）叶轮的组成　1. 叶片　2. 轮毂圈　3. 轮盘　4. 轮毂
（c）叶片放大图　（d）不可逆转通风机叶片的安装　（e）可逆转通风机叶片的安装

叶片可用 2mm 厚的铝板敲成中空的机翼形状，铆接到销轴上与轮盘相连接；也可用铝合金整体浇铸。叶片数为 6～12 片，叶片数越多，风压越高。叶片相对于叶轮旋转平面的安装角度 θ 为 20°～30°。

安装角度越大，则风压和风量越大，但功率消耗也越大。

叶轮的外围加风圈，吸入口加集风器和整流罩是用以提高风压和效率。叶轮与风圈之间的径向间隙 s 不得超过叶片长度的 1.5%。

Y 型风机有可逆转和不可逆转，前者风量和风压比同号后者约小 10%。

Y 型 12 叶片的轴流通风机其规格尺寸见表 2-12。

表 2-12　Y 型 12 叶片轴流通风机的规格　mm

机号 NO	6	8	9	10	12	计算公式
通风机直径 D	600	800	900	1000	1200	d=0.5D
轮毂直径 d	300	400	450	500	600	l=0.5d
轮毂宽度 c	60	80	90	100	120	b=0.5l
叶片长度 l	150	200	225	250	300	s=0.015l
叶片宽度 b	75	100	112.5	125	150	c=0.1D

注：s 为叶轮与风圈之间的间隙。

⑤ 机翼型扭曲叶片轴流风机（50A 型）　50A 型轴流风机在我国有定型产品。这类通风机的结构组成与 Y 型风机相似，如图 2-43 所示。但叶片为扭曲机翼型，故效率高，噪音小。叶片采用高强度低合金钢制成，叶片角度 15°～35°，毂比 0.5。50A 型 12 号风机的性能参数见表 2-13。

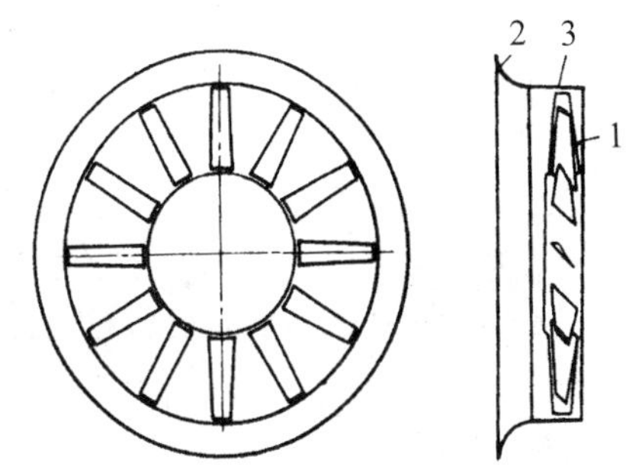

图 2-43　50A 型轴流通风机图

1. 叶轮　2. 集风罩　3. 风圈

（4）通风机传动、分布与安装

风机产生的风量 Q 和风压 H 取决于风机的类型结构和叶轮的圆周速度。叶轮的圆周速度又取决于其直径和转数。

风机每秒产生的风量为：

表 2-13　50A2—12 型 No12 轴流风机性能

叶片安装角	序　号	全压/Pa	流量/（m^3/h）	全压效率/%	理论功率/kW	所需功率/kW	选用电动机	
							型号	功率/kW
15°	1	217.8	36700	81.0	2.7	3.0	Y100L$_2$—4	3.0
	2	285.0	33600	77.5	3.3	3.6	Y112M—4	4.0
	3	330.0	31300	73.0	3.95	4.35		
20°	1	233.0	54500	82.0	4.3	4.9	Y132S—4	5.5
	2	295.3	49500	78.0	5.0	5.57	Y132M—4	7.5
	3	333.0	45700	74.0	5.6	6.44		
25°	1	321.8	66900	83.0	7.2	8.3	Y160M—4	11
	2	347.3	59000	79.0	7.3	8.4		
	3	387.5	56000	74.5	8.1	9.3		
30°	1	423.8	72600	84.7	10.1	11.6	Y160L—4	15
	2	459.1	67800	79.5	10.9	12.5		
	3	475.8	59700	75.0	10.5	12.1		
35°	1	483.6	80500	84.5	12.8	14.7	Y180M—4	18.5
	2	492.5	72600	78.5	12.6	14.5		
	3	500.3	66400	74.5	12.5	14.5		

$$Q_s = v_c \times F_c \quad (m^3/s) \tag{2-1}$$

式中　F_c——风机出口的横截面积，m^2；

v_c——风机出口处的气流速度，m/s。

风机所需的理论功率 N_n，按下式计算：

$$N_n = \frac{Q_s H}{102\eta} = \frac{QH}{3600 \times 102\eta} \quad (kW) \tag{2-2}$$

式中　Q_s，Q——分别为风机每秒钟的风量（m^3/s）和每小时的风量（m^3/h）；

H——风机的全风压，Pa；

η——风机的效率。

驱动风机所需要的电动机的功率 N：

$$N = \frac{N_n K}{\eta_c} \quad (kW) \tag{2-3}$$

式中　η_c——传动效率，其值如下：风机叶轮直接安装在电动机轴上，$\eta_c=1$，用联轴器与电动机连接，$\eta_c=0.95$，用三角皮带传动，$\eta_c=0.9$，用平皮带传动，$\eta_c=0.85$；

K——起动时的功率后备系数，按表 2-14 选取。

表 2-14　起动时的功率后备系数

电动机功率/kW	功率后备系数 K	
	轴流风机	离心风机
≤0.5	1.20	1.50
0.51～1.0	1.15	1.30
1.01～2.0	1.10	1.20
2.01～5.0	1.05	1.15
≥5.1	1.05	1.10

当安装电动机的环境温度高于 35℃时，按上式算出的电动机功率 N 的数值，还应乘以如下系数：温度 t=36～40℃时，系数为 1.1；t=41～45℃时，系数为 1.2；t=46～50℃时，系数为 1.25。

有条件的木材干燥室采用双速电机，节能效果较好。在木材干燥第一阶段（由初含水率到 W=20%），风机采用高转数，使室内保持较高的气流速度，促使木材表面水分的大量蒸发；而在干燥第二阶段（由 W=20%到终了），采用较低转数，这样可节省约 30%的电能。

风机的分布包括风机相互间距及在干燥室内的安装位置。风机的分布要根据干燥室的室型、大小及风机性能，以室内平均循环风速、介质最大温差和材堆进出口平均温度差符合 GB/T 17661—1999《锯材干燥设备性能检测方法》的要求来确定，这是保证木材干燥质量的前提。室内风速过大或偏小都可能使干燥成本提高，干燥质量降低。因此，定型设计的干燥室风机参数和位置不能轻易改变。

采用室外电机驱动的风机，安装时应使风机的两只轴承尽可能地安装在室外，以便于轴承的润滑、修理和更换。风机转动时，风机轴会产生一定的轴向推力，另外也难免有微量的径向跳动，因此，靠风机一端的轴承通常采用双列向心球面滚子轴承，以便自动调心；另一端则采用双列圆锥滚子轴承，以承受轴向力。轴过墙处要有密封装置，以保证干燥室的气密性。

（5）木材干燥室内用电动机

干燥室内用电动机属特种电动机，它采用 H 级加强级绝缘，抗高温（100℃以下），能长期在高温、高湿、含有木材析出物的水蒸气环境中连续长时间正反转运行；机体内轴承采用外注油脂润滑，以便维护保养；轴身为锥形，便于风机叶轮装卸。表 2-15 为部分木材干燥室内用电动机的性能参数。

表 2-15　部分木材干燥室内用电动机的性能参数

型号	功率/kW	电流/A	转速/（r/min）	效率/%	功率因数	堵转电流/额定电流	堵转转矩/额定转矩	最大转矩/额定转矩
YTW801—4	0.55	1.5	1390	73	0.76	6.0	2.0	2.0
YTW802—4	0.75	2.0	1390	74.5	0.76	6.0	2.0	2.0
YTW90S—4	1.1	2.8	1400	78	0.78	6.0	2.0	2.0
YTW90L—4	1.5	3.7	1400	79	0.79	6.0	2.0	2.0
YTW100L1—4	2.2	5.0	1430	81	0.82	6.5	2.0	2.0
YTW100L2—4	3.0	6.8	1430	82.5	0.81	6.5	2.0	2.0
YTW112M—4	4.0	8.8	1440	84.5	0.82	6.5	2.0	2.0
YTW132S—4	5.5	12	1400	85.5	0.84	6.0	2.0	2.0
YTW132M—4	7.5	15	1400	87	0.85	6.5	2.0	2.0
YTW90S—6	0.75	2.3	910	73.5	0.72	6.0	1.8	1.8
YTW90L—6	1.1	3.2	910	73.5	1.72	6.0	1.8	1.8
YTW100L—6	1.5	4.0	940	77.5	0.74	6.0	1.8	1.8
YTW112M—6	2.0	5.6	960	80.5	0.74	6.0	1.8	1.8
YTW132S—6	3.0	7.2	960	83	0.76	6.5	1.8	1.8
YTW132M1—6	4.0	9.4	960	84	0.77	6.5	1.8	1.8
YTW132M2—6	5.5	13.0	960	85.3	0.78	6.5	1.8	1.8
YDTW90S—6/4	0.5/1.0	1.8/2.8	920/1420	63/70	0.66/0.78	6.0/7.0	1.6/1.8	1.8/1.8
YDTW90L—6/4	0.6/1.5	2.0/3.9	920/1420	68/72	0.66/0.81	6.0/7.0	1.6/1.8	1.8/1.8
YDTW112L1—6/4	1.1/2.0	3.5/4.8	940/1440	73/80	0.66/0.79	6.0/7.0	1.6/1.8	1.8/1.8
YDTW112L2—6/4	1.5/2.2	4.3/5.4	940/1440	75/77	0.70/0.80	6.0/6.5	1.6/1.4	1.8/1.8
YDTW112M—6/4	1.6/3.7	5.4/8.2	960/1440	73/82	0.66/0.80	6.0/7.0	1.4/2.0	1.8/1.8
YDTW132S—6/4	1.5/4.5	4.1/9.8	970/1440	81/84	0.68/0.83	6.0/7.0	1.6/1.8	1.8/1.8
YDTW132M—6/4	2.0/6.0	5.3/15.9	970/1440	83/85	0.69/0.85	6.0/7.0	1.6/1.8	1.8/1.8

（6）挡风板

挡风板是干燥室通风系统的重要组成部分。它具有两种功能：一是导流功能，它可以使风机产生的气流在干燥室内合理分布，减小气流阻力和不同部位的风速差。二是隔离功能，使干燥室的正负气压区分开，气流能有效地穿过材堆干燥木材，避免“短路”空循环。

不同干燥室型及干燥室不同部位，挡风板的结构不尽相同。根据使用过程中活动与否，挡风板可分为固定与活动两种。前者在干燥室安装时已固定，如顶风机型和端风机型干燥室风机间风机前后的间隔挡风板等。后者在装卸木料时可以转动（或移动），如用在顶风机型干燥室的材堆与顶板间空处的活动挡风板，在装卸木料时将活动挡风板抬起，便于装卸作业，干燥过程中将其放下，封堵材堆与顶板间的空隙，且随着木材干燥收缩，材堆高度下降，风板自动向下垂落，紧靠材堆，避免空循环。固定挡风板所用材料应为铝合金框架铆铝板或不锈钢薄板，活动挡风板也有用柔性材料制作的。

5 干燥室内设备的防腐蚀措施

室内设备的防腐蚀，首先应在用材上尽量选用耐腐蚀材料，如铝、铜、不锈钢和铸铁等。高品质的干燥室几乎不用黑色金属构件和设备。但我国现阶段使用的部分早期建造的木材干燥室仍有黑色金属材料。因此，室内设备的防腐蚀仍然是一个不容忽视的问题。

对于钢铁件的防腐蚀，通常用表面涂漆法和表面喷铝法处理。

（1）表面涂漆法

这是最常用、最简单易行的办法。处理得好，可获得良好的效果。

对于表面已有铁锈的钢件，可采用 H06—17 或 H06—18 环氧缩醛除锈底漆（西安、天津、杭州等地油漆厂生产）除锈。对于锈厚在 25～150μm 以内，尤其是 70μm 左右，用此法除锈效果极佳。其费用与人工除锈差不多，但可减轻劳动强度并保证质量。

这种除锈底漆分为两组，甲组为转化液，乙组为成膜液。使用时按转化液与成膜液质量比为 7：3 调匀，即可直接在带锈钢铁表面涂刷。施工时环境温度最好为（18±5）℃，湿度不宜太高，否则会影响附着力和使用效果。还应注意此漆只能涂 1 遍，不能重刷 2 遍。漆膜干燥时间需 24h。

环氧缩醛底漆只起除锈作用，还须再涂刷底漆和面漆。底漆采用 F53—31 红丹酚醛防锈漆或 Y53—31 红丹油性防锈漆，这两种底漆的防锈性和涂刷性好，附着力强，能防水隔潮。红丹酚醛防锈漆干燥快，漆膜硬；红丹油性防锈漆干燥慢，漆膜软。面漆可采用 F82—31 黑酚醛锅炉漆或 F83—31 黑酚醛烟囱漆。这两种漆的附着力和耐候性能好，耐热温度可达 400℃，防锈效果较好。施工时，在钢铁表面彻底除锈的基础上，涂刷底漆和面漆各两遍。

王广阳等（1997）对防腐环氧树脂涂料进行了试验研究。实践证明，该涂层不流失，不起泡，与同期用于防腐的沥青涂料相比较，使用时间可延长 2～3 年，如能定期涂刷，效果还会更好。该防腐环氧树脂涂料的配方见表 2-16。

调制方法：先取环氧树脂 100 份与邻苯二甲酸二丁酯 10 份相混合，在 50℃下用水溶解，加热并充分搅拌 10min 左右。然后取乙二胺 7 份，丙酮 10 份，待上述溶液冷却至 30℃以下时，将丙酮倒入，同时缓缓加入乙二胺并充分搅拌 15min 左右后，即可使用。

表 2-16　防腐环氧树脂涂料配比

原料名称	份　数	允许范围/%
E—44 或 E—42 环氧树脂	100	
邻苯二甲酸二丁酯	10	5～15
丙酮	10	5～10
乙二胺	7	6～8
滑石粉		35

注：① 允许范围为环氧树脂的百分含量；
② 滑石粉一般在涂刷时视情况适量加入。
（自王广阳等，1997）

涂刷方法：涂刷时按涂料的状态（水质、黏稠或糊状）以及被涂零部件面积、大小、形状及部位的要求，采用涂刷或喷涂方法，涂层要均匀，防止局部缺少涂料或有气泡。在保证形成连续涂层的情况下，保持一定的厚度，一般涂层厚度在 0.10～0.15mm 为宜。涂刷要进行两次，第一次干透后再涂刷第二次，调制好的涂料应在 2h 内用完。

（2）表面喷铝法

此法是用一支特制的喷枪，一方面向喷枪内送进铝丝，一方面送进乙炔氧和压缩空气，铝丝在乙炔氧焰下被熔化，在压缩空气作用下，通过喷嘴将熔化的铝液喷在金属表面上，形成厚度 0.3～1mm 的铝膜，用以保护铁件不受腐蚀。喷铝防腐效果的好坏，主要与铝膜的结合强度有关，受除锈是否干净、铝丝质量以及喷涂时的风压、喷距、角度、预热等因素的影响。其缺点是喷铝设备及操纵技术比较复杂，成本较高，对已用干燥室内构件更无法作业，因此生产中少用。

6 检测仪表与设备

在木材干燥过程中，干燥介质的状态（温度、湿度、循环速度），以及木材本身的含水率和应力变化都需要准确的检测和控制。因此我们必须掌握干燥室所用的各种检测仪表和设备。

（1）温度测定仪表

木材干燥室中常用的温度测定仪表有：玻璃温度计、压力式温度计、电阻温度计和热电偶温度计等。

① 玻璃温度计　玻璃温度计是利用玻璃管内的液体受热而均匀膨胀的原理测量温度。使用较广的为水银温度计，它使用方便，稳定可靠，价格低。缺点是易损坏，测点距离短。

玻璃温度计按结构分为棒式、内标尺和外标尺式 3 种；按形状分有直线形、直角形和 135°角形。干燥室最好采用有金属保护套的内标尺式和直角形的玻璃温度计，如图 2-44 所示。该温度计可通过螺纹固定在室壁的预留套管上，温度计的插入长度 L=60～2000mm，有各种规格可供选择。由于不能遥测，只能装在与操作间相连的室壁上，并受气流循环方向限制，即只适用于具有侧向操作间的横向气流循环室和具有后端操作间的纵向气流循环室。这种温度计一般用于测点不远的手动控制干燥室或自动控制和半自动控制干燥室辅助之用。

② 双金属温度计　双金属温度计属于固体膨胀式温度计，可用来测量气体或液体的温度。如图 2-45 所示，感温元件是装在保护套管内的绕成螺旋形的双金属片，一端固定在套管的末端，另一端装在细轴上，轴端装有指针。当温度发生变化时，由于双金属片内外侧的膨胀系数不同，感温元件自由端便旋转带动指针转动，在刻度盘上指出温度读数。这种温度计具有一定的耐振性能，并坚固耐用，也容易读数，但精度较低（分度值为 2℃）。一般用它来代替金属保护管的玻璃温度计。

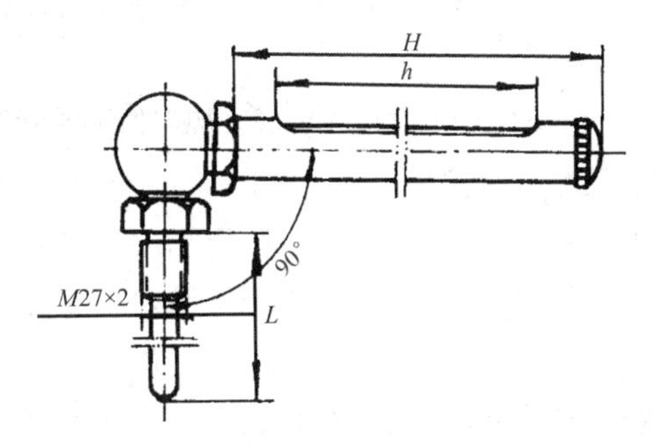

图 2-44　带保护管的玻璃温度计

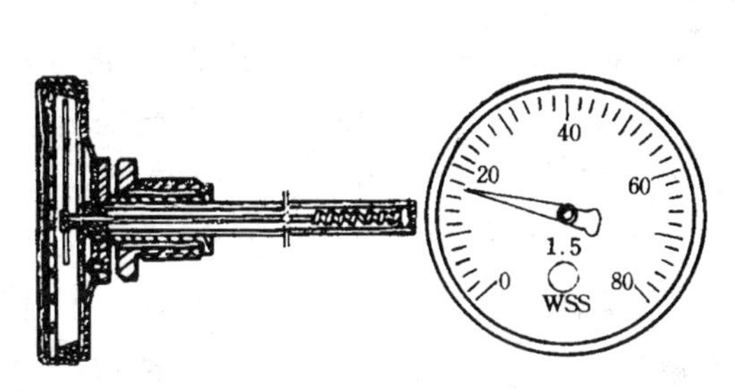

图 2-45　双金属温度计

③ 压力式温度计　该温度计由感温元件（温包）、传压元件（毛细管）、变形元件（弹簧管）和指示仪表等组成，如图 2-46 所示。温包内所充工作介质，可以是液体、气体，也可以是某种液体的蒸汽。因此，压力式温度计又分为充液体式、充气体式和充蒸汽式 3 种。所充工作介质不同，仪表的测量范围和反应速度也不同。测温时，温包内工作介质的体积和压力随温度而变化，使弹簧管产生一定的变形，然后借助齿轮或杠杆机构的传动，牵动指针在刻度盘上指出相应的温度值。这种温度计的优点是不怕振动，读数清晰，测点距离可达 2m；缺点是由于有热惰性和机械惰性，使测温滞后较大，其压力系统也不耐久，一旦泄漏就报废了。使用时须保护毛细管不被碰伤，并注意经常检验。一般用于测点较远的手动干燥室。

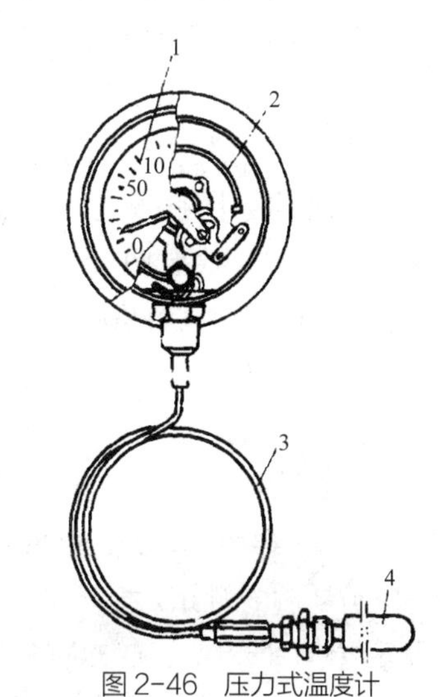

图 2-46　压力式温度计
1. 指示仪表　2. 弹簧管　3. 毛细　4. 温包

④ 电阻温度计　电阻温度计由热电阻温度传感器、导线

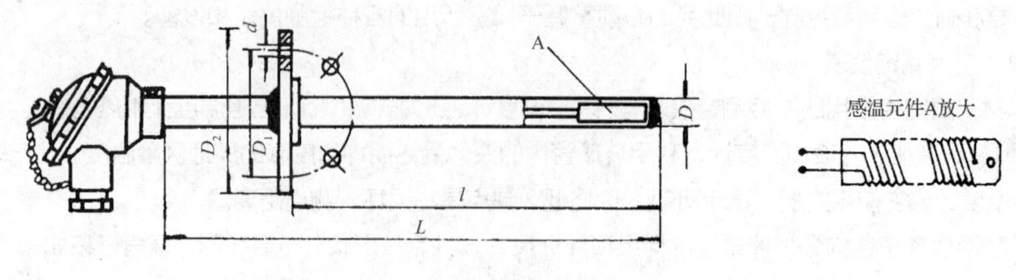

图 2-47　热电阻温度计传感器

和测温仪表三部分组成。其原理是基于导体或半导体的电阻值与温度成一定函数关系的性质。即介质的温度通过热电阻转变成电流信号，由连接导线传递到测温仪表，换算成温度值指示出来，热电阻温度传感器如图 2-47 所示。

常用的热电阻有铂热电阻和铜热电阻，前者的测温范围为-200℃～+500℃，后者为-50℃～+150℃。铜热电阻可满足干燥室的使用要求，价格也较便宜。与热电阻配套的测温仪表种类较多，就其原理而言，主要有动圈式仪表和电子自动平衡式仪表，包括电子电位差计和电子平衡电桥，并有许多不同功能和不同类型的设计。随着计算机技术的发展，微机化、智能化的数显式测温、控温仪表的应用也已普遍。

电阻温度计灵敏度高，精确度高，不易发生故障，测温可靠，并可远距离监测，便于实现多点检测和自动化控制与半自动化控制；也便于实现温度自动化记录和超温自动报警等多种功能，是适合木材干燥室使用的一种比较理想的温度计。

⑤ *热电偶温度计*　该温度计由热电偶温度传感器、连接导线和测温仪表组成。热电偶测温元件是两根不同的导体或半导体，其中一端相互焊在一起，作为工作端（热端），另一端（冷端）不直接焊接一起，而是通过导线或补偿导线与测温仪表相连接。测温时由于工作端和冷端温度不同，回路中便产生热电势。当热电偶的材料和冷端的温度一定时，回路中的热电势是工作端温度的单值函数，可通过仪表以毫伏值或直接换算成温度值显示出来。热电偶温度计的冷端温度规定为 0℃，实际测量时通过调整冷端温度的方法不方便，因此，常用导线补偿的方法使回路热电势相当于冷端在 0℃条件下的热电势。补偿导线的材料必须与热电偶匹配，并注意极性不能接错。

热电偶温度计测温范围广、便于远距离和多点测量。但由于热电偶温度的计测不便，在木材干燥温度范围内的测量精度和灵敏度也没有热电阻温度计高，因此，一般干燥室用于测量介质温度少，有时用来测量干燥过程中木材中心层的温度，主要应用在炉气和炉膛燃烧温度的测量中。

用热电偶温度计测量木材中心层温度时，要注意以下几点：

a. 埋植热电偶检验板应选择具有代表性部位的无疵板；

b. 为防止端裂影响测量精度，测点距检验板端头应不小于 30mm；

c. 热电偶埋植孔直径为 2mm，深度应大于板的厚度，并与板面保持平行；

d. 所用热电偶一般为直径 1mm 或 1.5mm 的铜套铠装热电偶；

e. 热电偶插入孔内，其末端应与孔底紧贴，并用同一树种的细木粉填塞压紧，确保热电偶埋植牢固，接触良好，再用万用表检查热电偶有无折断，检查正常后用硅橡胶封牢。

（2）介质湿度测量仪表

测定气体介质湿度的方法很多，木材干燥中使用较多的主要有温差法、膨胀法和平衡含水率法，分别使用的测湿计是干湿球湿度计、毛发湿度计和平衡含水率湿度仪。

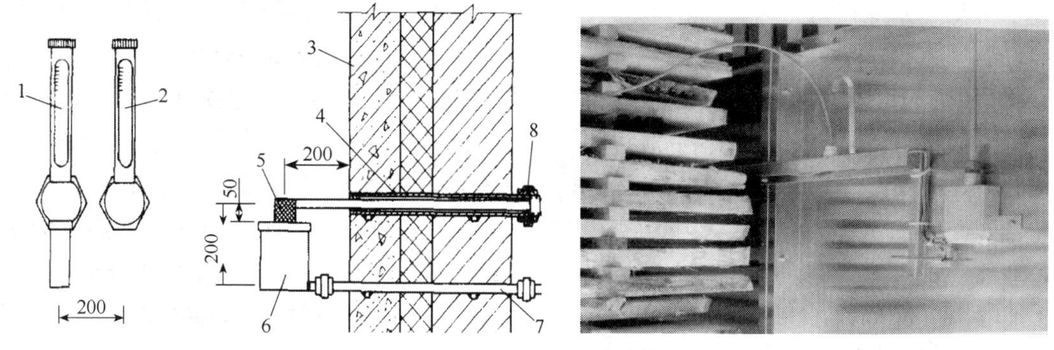

图 2-48　干湿球温度计（单位：mm）

1. 干球温度计　2. 湿球温度计　3. 室墙　4. 预埋套管　5. 纱布　6. 室内水杯　7. 预埋连通管　8. 活接头

① *干湿球湿度计*　干湿球湿度计由两支相同的温度计组成，如图 2-48 所示。其基本原理在项目 1 中已介绍。组成湿度计的温度计，可以是玻璃温度计，也可以是电阻温度计或热电偶温度计等。

用干湿球湿度计测量介质湿度不受温度的影响，测量范围宽，且结构简单，安装使用方便，工作可靠，使用寿命长，还可同时测量介质温度和湿度，并可根据需要，设计成温湿度集中检测、记录和自动控制装置，是干燥室中使用最普遍的湿度计。

干湿球湿度计使用注意事项：

a. 温、湿度计的传感器应装在室内材堆进风侧有代表性的位置，感温包距内壁应不小于 150mm 安装，对于可逆循环干燥室，最好在材堆两侧都装温湿度计。目前，实际生产中很少分别在材堆进出风两侧安装温湿度计，这样要注意总结进出风侧温湿度的变化规律，以便修正。

b. 湿球温度计的水杯须用铝或不锈钢做成，并加盖，水杯应及时加水，以保持水的清洁和适当的水面高度。

c. 湿球温包高出水杯液面的距离，以 3~5cm 为宜，若太小，会妨碍湿纱布处空气的流通，太大则难以保持湿纱布潮湿。

d. 纱布以 3~4 层医用脱脂纱布为宜。不能太厚，否则将无异于把湿球浸于水中，反映不出湿球温度差。

e. 同一组干湿球温度计其型号、量程、生产厂完全相同，并经常校验，以减小误差。

② *毛发湿度计*　这种湿度计是根据毛发长度随空气湿度的变化而变化的原理设计的。一般将几十根毛发组成一束，通过测定其长度便可知道空气的湿度值。毛发湿度计使用简便，电触点的湿度计还可作为自动控制的湿度传感器。但介质测温范围窄，受介质温度的限制，精度也较差，需经常校验。通常在温度低于 60℃、相对湿度 85%的情况下使用良好。若温度超过 70℃或相对湿度超过 90%情况下使用较长时间，毛发就容易变质而损坏。因此毛发湿度计只在低温除湿干燥室中使用。

③ *平衡含水率湿度仪*　平衡含水率是气体介质温、湿度的函数，如果介质中的木片足够薄，木片的平衡含水率会随介质条件的变化而变化，因此只要测出介质温度和木片的即时平衡含水率，便可知道介质的湿度。这种方法把湿度测定转化为木片平衡含水率的测定，通过与电阻温度仪配合，便于测量并控制干燥介质状态，尤其适合计算机自动控制干燥过程（通过干燥梯度，详见任务 2.4 干燥梯度基准）。

平衡含水率湿度仪包括平衡含水率传感器、直流电阻式含水率测定仪和连接导线 3 部分。平衡含水率传感器由感湿木片、木片夹和插座组成，如图 2-49。

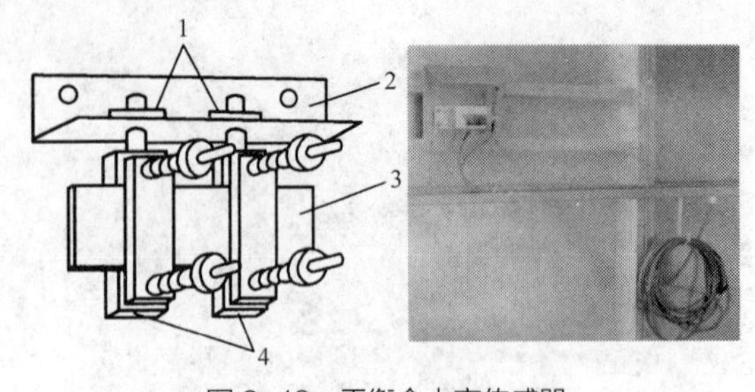

图 2-49　平衡含水率传感器

1. 接线柱　2. 插座　3. 感湿木片　4. 木片夹

感湿木片通常采用全干的白榄仁木，其尺寸为长（顺纹）×宽×厚=30mm×25mm×1mm，要求纹理通直，无缺陷，并切面光滑。也可用其他材质均匀、刨切性能好的软阔叶树材代替。制作时先取纹理通直的气干边材，做成300mm×25mm×25mm的试件，于 100℃～103℃的恒温箱中烘至全干，然后刨出1mm厚的长片，再截成30mm长。然后立即放入塑料袋内封装或干燥皿内存放。

木片夹实际上是一对电极，即由两副相距 20mm、相互平行的铜夹组成。每副夹子两端装有带压紧弹簧的螺钉。夹子的一端有弹性插头。

插座装在干燥室内进风侧墙壁上，由导线与操作间控制柜内的电阻式含水率测定仪相连。

采用平衡含水率湿度仪应注意以下问题：

a. 安装感湿木片时应使其纹理方向与木片夹相垂直；

b. 为避免“吸收滞后”性质的影响，每片感湿片只能使用一次；

c. 应避免感湿木片被滴上水或被直接喷上水蒸气。

任务实施

■ 任务实施要求

1. 任务实施前须认真阅读知识准备内容并完成引导问题的回答。

2. 在木材干燥企业（或实训基地）现场教学要做好入厂安全教育，严格遵守厂规厂纪。

3. 为节省时间，小组内各件设备可轮流拆卸，弄清设备内部构造，明确工作原理以及可能形成的故障，组装恢复设备原样。

4. 认真观察，做好记录，尤其是设备检查的先后顺序、容易引起故障的部位等。

5. 每人提交一份实训报告。

■ 学习引导问题

请同学们认真阅读知识准备内容，独立完成以下引导问题。

1. 干燥室大门按结构不同可分为________、________、________、________、________5种。

2. 根据加热管的结构不同，片式加热器可分为________、________、________。

3. 疏水器的功能是________、________，常用的疏水器类型是________和________两类，疏水器安装位置一般在________。选用依据分别是________、________。

4. 风机性能的主要参数有________、________、________、________等。

5. 干燥室内挡风板的功能是________、________。

6. 进排气道的功能是________，其技术要求分别是________、________、________、________。

7. 与室外用电动机相比，室内电动机应有防________、防________和防________的三防功能。

8. 木材干燥室对加热器的要求？

9. 常用的两种增湿设备特点是什么?

任务实施步骤

为确保木材干燥过程的顺利进行，在每次干燥前都要对干燥室的设施进行比较系统的检查，尤其是对干燥室内部的设施，更要仔细检查，否则在干燥过程中发生了问题会严重影响木材干燥生产周期和干燥质量，同时对干燥设备使用寿命也有影响。干燥前的设备检查主要包括对组成干燥室的各个系统的检查。

1. 供热系统的检查

检查干燥室内的加热器和蒸汽管路是否漏气的地方。检查方法是，适当打开加热器的阀门，到干燥室内静听是否有漏气的声音，在保证喷蒸管阀门完全关闭和蒸汽主管路蒸汽压力正常的情况下，如果有漏气的声音，说明加热器或蒸汽管路有漏气的地方。如果加热器与蒸汽管路是用法兰盘连接的，还要查看法兰盘是否漏气。由于受到加热器和蒸汽管路冷缩热胀的影响，法兰盘很容易发生松动，造成漏气现象。大量维修事例的经验说明，大多数加热器和蒸汽管路漏气的地方基本都是在法兰盘连接处或在法兰盘附近。

供热系统中的加热器阀门要保证开关和调整灵活。手动式阀门容易漏气，严重时会将操作者烫伤，所以在干燥前，阀门有漏气现象要及时维修。对于电动阀门，要事先进行通电试验，使其开启和关闭灵活。在生产中如果发现电动阀门经常有打不开或关不严的情况，应当及时处理，否则干球温度将不能合理调整。

2. 调湿系统的检查

调湿系统包括两个部分，即喷蒸管和进排气道。

喷蒸管经常出现漏气或蒸汽不能正常喷射的现象。检查方法是，在保证加热器的阀门完全关闭和蒸汽主管路蒸汽压力正常的情况下，将喷蒸管阀门完全关闭后观察喷蒸管，一般有两种情况：一种是，如果从喷蒸管的喷孔中有蒸汽喷出或漏出，说明喷蒸管的阀门开关失灵，要立即维修或更换，否则木材干燥时间会延长或木材不干，严重时会使木材变色或发霉，影响干燥质量；另一种是，喷蒸管的阀门开关处于正常状态时，把它打开，蒸汽不能从喷孔中喷射出来，而是流出凝结水，说明喷蒸管上的喷孔被杂物堵塞了，应当立即疏通。这两种情况在干燥生产中经常出现，操作者应该特别注意。

进排气道经常出现的问题是阀门的开关失控。主要是因为驱动阀门的连接杆经常错位，使阀门开或关都不能到位。自动控制和手动控制的干燥室都存在这个问题。应当及时维修和调整，否则干燥室内干燥介质的状态很难调整、保持和控制。

3. 通风机系统的检查

通风机系统主要从通风机启动和运转时的声音是否有异常来检查。通风机启动或运转时有异常声音，应当检查电动机是否有问题或风机叶轮、风圈和风机架是否有松动的地方。电动机如果有问题，最好更换为备用电动机。风机叶轮、风圈和风机架松动要及时固定。有的操作者对这个问题不够重视，认为只要电动机工作正常就行，但实际上风圈和风机架的松动有可能使电动机负荷过重而烧毁，而且易将风机叶轮上的叶片打折，造成整套通风机装置的损坏。

4. 检测系统的检查

检测系统主要包括干球温度计、湿球温度计或平衡含水率传感器、木材含水率传感器，以及控制仪表柜上的干球温度数字显示仪表、湿球温度数字显示仪表或平衡含水率显示仪表，以及电流表、电压表和电度表等，其中最主要的是要保证干球温度和湿球温度或平衡含水率检测装置的准确性。温湿度检测装置是干燥室的眼睛，离开了它们干燥室就无法操作，木材干燥过程也就无法进行。

干球温度计和湿球温度计的传感器一般采用热电阻 Pt100 型的较多。在干燥前要检查它们与数字显示仪表的连接导线是否紧固。在干燥过程中经常因为热电阻与仪表的连接不牢固而使温度显示不正确。

对于湿球温度计，主要是应正确将脱脂纱布固定和包好，保证纱布正常从水盒中吸收水分。用于装水的水盒要保持清洁，否则杂物附着在纱布上将影响湿球温度的正常检测。包温度计用的脱脂纱布是医用纱布，因为它的吸湿性好。气象用脱脂纱布由于耐温程度有限（40℃以内有效），不宜采用。不要用冷布、毛巾布或其他布代替。

平衡含水率传感器是一个金属架。因为它检测的数据与环境的实际干球温度有直接的关系，所以，金属架和干球温度计是放在一起的，不能随意拆开或分离放置。但要注意干球温度计的传感器不能与金属架接触，否则会使检测失误。要保持金属架的清洁，不能有杂物和灰尘，湿敏纸片或纤维木片要正确夹放。在放置湿敏纸片或纤维木片时，手指不能接触湿敏纸片或纤维木片的上下表面，用手夹住它们的侧面，然后慢慢安放在金属架内，并将湿敏纸片或纤维木片固定夹紧。金属架和干球温度计上方的挡板是为了防止干燥室内的凝结水落在湿敏纸片或纤维木片上，如果它们上边落上了凝结水，将使检测失误，造成自动控制系统的误操作，影响木材的正常干燥过程，严重时将使木材产生干燥缺陷。

木材含水率的传感器是由两个不锈钢钉组成 1 组，即形成 1 个测试点，一般每间干燥室配有 4~6 组，现在配 4 组的居多。木材含水率检测的正确与否，对执行干燥基准有直接的影响。在干燥前要检查传感器与导线的连接是否紧固。连接用的导线属于耐高温和耐潮湿的，有硬伤和裸露的导线要及时更换；不锈钢钉上的锈渍要除掉。要根据产品使用说明书，正确选择、安放和确定传感器的测试点，保证含水率测试的准确性。

控制柜上设有电压表和电流表，通过电压表的指示可以知道电源电压是否满足干燥设备所需要的电压数值。在北方的冬季经常会出现因电源电压过低设备不能正常运转的情况。所以电压表要保证指示正确的电源电压数值。电流表主要是为了监视电动机的运转情况，如果电动机有问题，通过电流表指针的摆动程度就能判断。所以要检查电流表，确保电流表指示的准确性。

电度表计量干燥设备在运转过程中所消耗电量的多少，主要是为了计算干燥成本。操作者最好在每一次干燥前都记录电度表显示的数字。

5. 干燥室壳体及大门的检查

对于全砖砌体的干燥室，要保证墙体没有墙皮脱落和裂缝等，使干燥室的密封性完好。

对于全金属壳体的干燥室，壳体内外要完好无损，金属板之间的连接处要封闭严密，绝对不能有漏气的地方。

干燥室的大门要关闭严密。大门上的封闭橡胶条容易老化，干燥前要及时检查，必要时应当更换。

6. 控制系统的检查

对于半自动或全自动控制系统的干燥室，主要检查自动控制系统能否按干燥基准中规定的温湿度参数来控制干燥室的加热器阀门、喷蒸管阀门和进排气道阀门以及电动机的换向等执行机构的正常工作。检查的方法是，先将温湿度的数值设定得比仪表显示的数值高一些，然后运行控制系统，如果控制系统能驱动加热器阀门和喷蒸管阀门打开，说明加温加湿控制系统能正常工作。这一步检查过后，再将温湿度的数值设定得比仪表显示的数值低一些，然后运行控制系统，如果控制系统能驱动加热器阀门和喷蒸管阀门关闭，并且还能将进排气道的阀门打开，说明控制系统的降温降湿部分能正常工作。通过这样对控制系统的检查可以基本知道系统能否正常运行。如果系统在某个环节有故障，应当及时维修，不允许控制系统带故障工作或强制系统进行工作。

7. 回水系统的检查

回水系统主要包括疏水器、维修阀门和旁通阀。正常情况下，疏水器前后的维修阀门始终处于打开状态，旁通阀门处于关闭状态。检查的方法是，开启加热器阀门，待 2~3min 后，疏水器里边的阀片因受到凝结水的冲击而出现上下碰撞疏水器阀体的响声，而且这个响声比较有规律，有时是连续性的，有时是间断性，说明疏水器工作正常。如果没有声音，基本说明疏水器不能正常工作，有堵塞现象，应及时维修、疏通。另外，在打开加热器阀门后，旁通阀门在关闭的状态下也很烫手，说明旁通阀漏气，应当及时维修，否则将造成不必要的浪费。

■ 成果展示

1. 每人提交一份实训报告。
2. 各组讨论归纳汇总，共同完成下表。组间展示补充后完善并记录。

序 号	检查部位	检查内容	故障现象	排除方法
1				
2				
3				
4				
5				
6				
7				

■ 巩固训练

1. 分组拆卸热动力式和自由浮球式疏水器各一件，电磁阀与电动阀各一件，了解其基本结构，分析其工作原理；掌握设备的拆卸与组装方法；了解常见故障的产生原因及处理方法。

2. 每组利用电阻式木材测湿仪（含水率检测仪）、介电式木材测湿仪（含水率检测仪）进行不同树种锯材含水率检测（具体使用方法可参见任务 1.1），根据被测锯材厚度确定所用仪器，如果必要进行调零设置；根据被测锯材的树种和温度进行相关修正设置；测取读数并做好记录。

■ 总结评价

在本任务的学习过程中，同学们要能掌握干燥室壳体的基本要求及金属壳体与砖混壳体的一般结构；掌握供热设备、通风设备、调湿设备、检测设备在木材干燥生产实施前检查部位、先后顺序，故障现象、排除方法等，能对疏水器、电磁阀等常用易损设备进行拆装检查。

实训考核标准

序 号	考核项目	满分	考核标准	得 分	考核方式
1	干燥室壳体大门检查	10	能动手开启关闭大门（5 分）；能说明壳体结构及防腐措施（5 分）		现场
2	干燥室内各设备的安装部位、检查顺序、故障现象、原因分析	45	能说明设备的基本结构和工作原理（每件设备 5 分）		现场
3	易损部件的拆装与检查	15	积极动手拆卸和组装，操作方法正确		现场报告
4	报告规范性	10	酌情扣分		报告

（续）

序号	考核项目	满分	考核标准	得分	考核方式
5	实训出勤与纪律	10	迟到、早退各扣 3 分，旷课不得分		考勤
6	答辩	10	能说明每一步操作的目的和要求		个别答辩
总计得分		100			

■ 拓展提高

1. 导热油加热设备

导热油加热是以专用导热油为热载体，通过加热器把热量传给干燥介质的加热方法。导热油加热设备（材料）包括导热油、导热油炉、加热器（散热器）、其他配套附属件等。

（1）导热油

用作导热油的材料必须具备以下条件：无毒，无味，无环境污染；无腐蚀性，正常使用无爆炸危险；凝点低，温度高，热传导性好，温度易控制；热稳定性好，抗氧化性强，不易积炭，使用寿命长；使用设备简单，容易操作。

导热油的种类很多，不同导热油，其成分不尽相同。常用的导热油有：甲苯甲烷、单异丙基联苯、联苯混合物、芳香族矿物油等。表 2-17 为两种导热油的主要参数。

表 2-17　两种导热油的主要参数

导热油代号	运动黏度/（50℃厘泊）	酸值/（mgKOH/g）	密度/（g/cm^3）	凝固点/℃	闪点/℃	残炭量/%
Y-1	16~22	≤0.05	0.82~0.85	≤-10℃	≥200	0.01
Y-2	22~28	≤0.05	0.85~0.88	≤-10℃	≥210	0.01

导热油代号	膨胀系数 ×10^{-4}	导热系数/［W/（m·K）］		比热/［（kJ/（kg·K））］		310℃前馏分/%	使用温度/℃
		100℃	200℃	100℃	200℃		
Y-1	8.0~8.2	0.131	0.124	2.387	2.785	≤1	10~250
Y-2	7.8~8.0	0.130	0.123	2.366	2.764	≤0.8	10~300

（2）导热油炉及主要附件

导热油炉是以导热油为传热载体，液相强制循环的一种能量转换设备。表 2-18 为国内某厂的几种导热油炉主要参数。

表 2-18　几种导热油炉主要参数

参数	20/200	40/200	60/200	80/200	20/300	40/300
热负荷/MW	0.23	0.47	0.70	0.93	0.23	0.47
工作压力/MPa	1.0	0.5	0.80	1.0	1.0	1.0
出口油温/℃	200	200	200	200	300	300
入口油温/℃	170	170	170	160	240	260
受热面积/m^2	17.32	25	42.7	51.25	14	25
热效率/%	71.83	73.30	72.61	72.60	70.40	73.40
设计耗煤/（kg/h）	55.7	109.1	183.6	220	63	121
循环油量/（m^3/h）	16.48	16.5	35.40	36	16.48	16.5
外形尺寸/m	2.48×1.07	3.15×1.60	3.90×1.76	4.05×1.95	2.40×1.29	3.23×1.6

导热油炉的炉体是由盘管和保温材料组成。盘管为加热炉的受热面，由绕形管圈组成。输油泵强迫导热油从入口进入管圈做强制流动，被加热后从出口流出送往供热系统。烟气由炉膛上升，经管圈后由烟道排向大气，如图 2-50。

导热油加热所用的加热器应尽可能选择散热面积较大者，如片式加热器等。

导热油炉所需附属设备主要包括：过滤器（除污器）、膨胀箱、循环油泵、除水器、炉上贮油箱、安全阀、压力表、报警压差计、测温表、流量计、引风机等，系统图如图 2-51 所示。过滤器（除污器）用于滤掉供热系统内可能混入的各种杂质，以免管路堵塞；膨胀箱为缓解导热油在工作运行中体积膨胀而设，其大小依系统内导热油的量而定，其安装最低位置必须高于系统中所有用热和供热设备的导热油液面；循环油泵用于强制系统内导热油循环，为保证正常运行，一般安装两台；贮油罐用于储备系统导热油，必须安装在系统最低点，容量为系统导热油总量的 1.5 倍，正常运行时应处在密闭状态；炉上贮油箱用于循环泵故障时利用其位差强制炉内导热油循环，避免管圈过热；除水器则用于导热油中混入气体的分离，并通过膨胀箱放出。

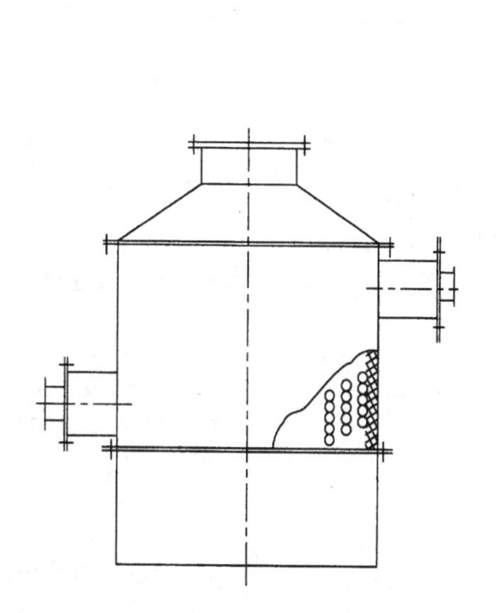

图 2-50　导热油炉的炉体构造

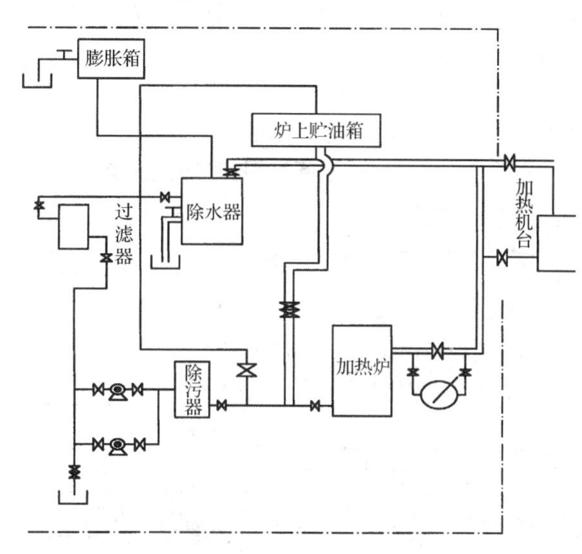

图 2-51　注入式导热油炉供热系统图

供热系统的导热油的循环方式根据循环油泵在加热炉的入口侧或出口侧可分为注入式和吸出式两种。注入式进口温度低，对泵的工作温度可以降低，但对炉管圈的压力大，用热设备入口压力低；吸出式相反。两种方法各有利弊。

（3）导热油加热的特点

与蒸汽加热相比，导热油加热具有如下特点：

① 结构简单，安装操作方便，占地面积小；

② 闭路循环，与大气无接触，可延长热载体寿命，无排放，无污染，热损失小，节能效果显著；

③ 能在较低的工作压力下获得较高的工作温度，作业安全，加热速度快。

2. 热水加热设备

热水供热是以热水为载热体，通过热水在密封系统中的反复循环，把燃烧炉的热量传给干燥室。这种传热方式与导热油加热系统基本相同，因此其设备与导热油加热系统很相近。不同的是，热水加热系统需另外配备水软化处理设备，但不必配除水器。

与蒸汽加热系统相比，热水加热系统设备简单，投资少，使用方便，没有余热浪费，热水温度及干燥室内介质温度都比较稳定。另外热水锅炉通常为常压，少数为低压运行，即使热水泄漏，因其体积几乎不变，安全可靠，不会发生爆炸危险。与导热油加热相比，水成本低，便于供应。但热水温度低，热容量较同温度的水蒸气（有汽化潜热）和导热油低得多。因此，其加热速度慢，升温阶段工作效率低，内室最高温度一般不超过 80℃。难以适应高温快速干燥的要求。

热水加热的干燥室加热系统与蒸汽干燥室相比，匹配的加热器散热面积要增加近 50%，另外，为保证供热，热水的流量一般较大，进、出水管也比蒸汽管粗。

南京林业大学近几年已推出了以木废料为燃料的不同规格常压热水炉和低压汽水炉，它采用卧式双行程水、火管炉，热效率可达 70%以上。其中常压热水炉所供热水温度<100℃，低压汽水炉热水温度≤115℃，压力≤0.102MPa。低压汽水炉的低压蒸汽还可供木材喷蒸之用。

过去热水加热干燥室主要用于有余热（如电厂余热）的企业或地区，配专用热水锅炉的干燥室很少。近年来，随着以废木料为燃料的小型热水锅炉的开发，热水加热干燥有增多的趋势。

热水加热系统适合木材预干室及难干材的低温干燥供热。

■ 思考与练习

1．干燥室内黑色金属设备常用的防腐方法是________、________。

2．蒸汽管道安装一般沿________方向留一定坡度，以便________。

3．炉气发生器的技术要求是________、________、________，目前常用炉气发生器类型有________、________、________。

4．干燥室通风设备的功能是强制气流循环、________、________、________。

5．根据工作原理不同，风机可分为________和________两大类。前者性能特点是________、________，后者性能特点是________、________。

6．实现轴流风机可逆，其叶片或是________，或是________。

7．试列举 3 种以上干燥室常用的温度计：________、________、________选用温度计主要考虑的因素有________、________、________、________等。

8．电阻温度计主要由________、________、________3 个部分组成。

9．干燥室内介质湿度的测试可以采用________或________。

10．影响直流电阻式木材测湿计测量精度的主要因素有________、________、________、________等。

11．金属壳体干燥室常用的密封胶为________，常用保温材料为________、________，骨架材料为________，内层壁板材料为________。

12．试比较电阻仪表法和称重法测量木材含水率的优缺点________。

13．干燥室大门的要求有哪些？

14．试比较两种常用壳体结构的优缺点。

15．某干燥室为砖混结构，墙体为砖砌，顶棚为现浇混凝土，请提出干燥室内壁的防腐方案。

任务 2.3 木材堆垛与装载

工作任务

1. 任务提出

了解木材干燥中用于装载、卸载、堆垛、拆垛与运输设备机械特点及适用性；掌握室干锯材堆垛的方式、要求及基本要领，能正确指导锯材堆垛作业，并在装载过程中确定检验板的位置，准确安装室内木材含水率检测仪探针及平衡含水率湿度仪。

2. 工作情景

课程在木材干燥实训室与实训基地（企业）进行现场教学，学生以干燥小组形式进行课程学习。学生分组进行被干木材的堆垛，并在正确的位置放置检验板，安装室内木材含水率检测仪探针及平衡含水率湿度仪。任务完成后绘制材堆三视图简图。

3. 材料及工具

被干锯材、隔条、室内木材含水率检测仪、平衡含水率湿度仪、手锤、教材、笔记本、笔、多媒体设备等。

知识准备

在木材干燥生产中，材堆的运输和装卸是消耗劳动力最多的工序，亟须实现机械化作业。为此介绍以下几种国内外常用的运输和装卸设备。

1 材堆运输设备

木材干燥生产中，材堆进出干燥室及从干燥室到干料仓库或卸料场都需要运输，常用的材堆运输方法有叉车运输、有轨材车运输、托盘运输等。现就前面两种设备分别介绍如下。

（1）叉车

随着叉车制造技术的迅速发展完善，叉车已成为现代企业货物搬运不可缺少的工具，在大中型木材加工企业应用越来越普遍。

叉车又称叉式装卸车，它以货叉作为主要的取物装置，依靠液压起升机构实现物品的托取和升降，由轮胎式运行机构实现物品的水平运输。叉车除使用货叉外，还可换装成各种类型的取物装置，因此，它可以装卸搬运各种不同形状和尺寸的成件包装物品。在木材干燥中可用于装载、卸载、堆垛、拆垛和水平运输等多项作业。

叉车的类型，按结构形式可分为正面叉车、侧面叉车和其他特种形式的叉车，正面叉车的特点是货叉朝向叉车运行的前方，货叉从叉车的前方横向装卸货物；按动力方式可分为电瓶叉车、内燃叉车和人力叉车。其中，内燃叉车的动力又可分为汽油机和柴油机两种。一般说来，载重量小的叉车多采用蓄电池或汽油机作动力，载重量大的叉车则多采用柴油机作动力。

叉车的性能参数除额定载重量和最大起升高度外，还有载荷中心距、门架倾角、最小转弯半径等。几种常用国产叉车的技术参数见表 2-19。

表 2-19　部分国产叉车主要技术参数

叉车型号		DC—1	2DC	CPC—2	CPC—3	CPQ—3	CPC—5	CPQ—5Y	ZC—3	CZQ—3
动力形式		蓄电池	蓄电池	内燃机	内燃机	内燃机	内燃机	内燃机	内燃机	内燃机
额定起重量/t		1	2	2	3	3	5	5	3	3
最大起升高度/m		2	3	3	3	3	3	4	3.5	3
最大起升速度/（m/min）		7	10	27	20	20	17	15	18	12
最高行驶速度/（km/h）		7	11	21	20	23	23	26	25	19.5
最小转弯半径/mm		1720	2300	2150	2500	2500	3400	3450	4500	4700
货叉长度/mm		860	1000	900	1000	1000	1200	1200	1150	1100
载荷中心距/mm		380	500	500	500	500	600	600	600	600
门架倾角（前/后）/°		3/10	3/10	6/12	6/12	6/12	6/12	3/10	5/5	5/3
外形尺寸	长/mm	2665	3370	3280	3725	3830	4750	4800	4350	4430
	宽/mm	920	1200	1150	1250	1250	2000	2000	2080	2140
	高/mm	1630	1820	2150	2200	2200	2720	3220	2700	2740
自重/t		2.4	3.7	3.26	4.17	4.5	7. 4	7.4	5.5	5.8

（自梁世镇等，1998）

叉车运输的特点是：操作方便、作业灵活、占用空间小、不需铁路线和材车、不受距离限制，可兼为其他车间工段运输等。缺点是运输道路要好，干燥室装卸时间长，装卸时可能碰撞室内设备，干燥室内高度利用率略低。

（2）材车

有轨运输所用机械主要是材车和转运车。材车是指直接承载材堆在铁轨上运行的小车，又称为载料车。

材车有固定式和组合式两种。固定式材车是指根据干燥室的大小和相应材长设计的有固定尺寸的材车。其优点是使用方便，不需临时组合，缺点是无法根据材长调整自身尺寸，不同干燥室不便通用，适用于干燥室尺寸单一的企业；组合式材车是指用单线车经由横梁组合而成的材车，其优缺点与固定式正好相反。所谓的单线车是一种放在单根轨道上的双轮车架，长度有标准（1.8m）和较短（1.4m）两种。为了充分利用干燥室的容积，材车高度应尽可能缩小，轨面到材堆底部的距离一般不超过 260mm。

材车所用轨道与铁路轨道类似，但轨距宽度无统一标准，视材堆尺寸而定。周期式干燥室内铺设铁轨时应严格保持纵横向水平，以免发生材堆歪斜及在移动过程中碰撞门或挡风板等，同时有利于载料车进出。连续式干燥室内则须把铁轨沿材堆运行方向作成 0.005°～0.01°的倾斜度，使材车易于移动。

有轨材车运输的优点是：便于特长锯材的装卸，材堆顶部与干燥室顶板间不必留较大的空间，容积利用系数较高；装卸不易损坏设备，速度快。缺点是：所有运输路线需铺设铁轨，不便厂区规划，运输不灵活，增加设备投资。一般适合窄长干燥室材堆的装卸。

（3）转运车

将材车由一条铁路线转运到另一条铁路线的车称转运车。随着材车装卸干燥室的减少，转运车使用也逐渐减少。转运车上铺有轨道，轨距宽度与干燥室内和装卸场上的相同，转运车上铁轨的轨面应与干燥室铁轨轨面在同一水平面上。装上材车的转运车可沿着干燥室前专用横向轨道运行，当它对准干燥室轨道时即可将材车转运到室内，或将已干好的材堆从室内拉出，并沿线路运送到干料仓库或卸料场。

图 2-52 所示是目前生产上采用的电动转运车，它由减速电动机、离合器、制动器、卷扬机、转运车主架、车轮电路系统等部分组成。

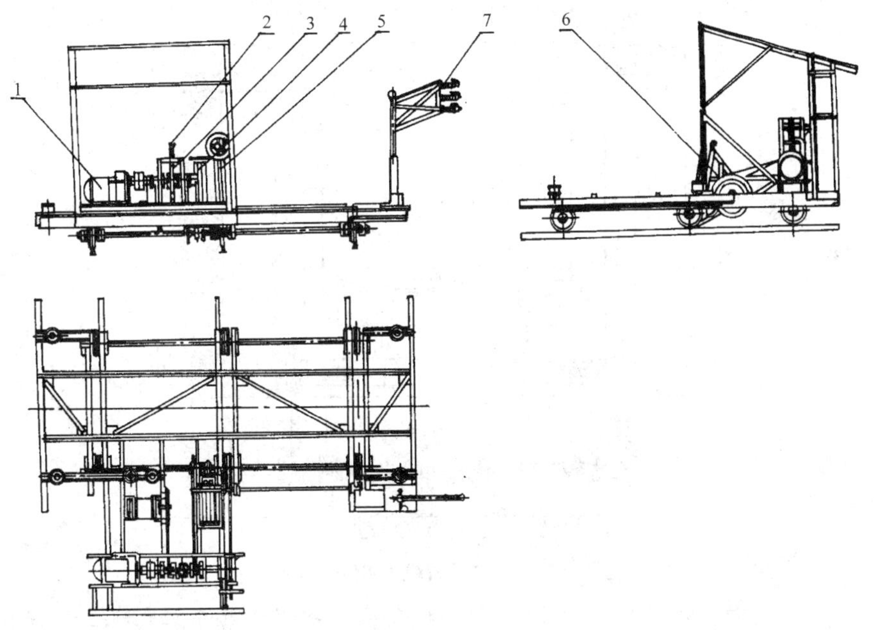

图 2-52　电动转运车

1. 电动机　2. 离合器操纵杆　3. 牙嵌式离合器　4. 主动轴轴承　5. 制动器　6. 卷扬机　7. 电路系统

（自香坊木材厂，1978）

卷扬机通过离合器的作用可实现材车移动和转运车本身移动两种操作。当电动机 1 运转时，使离合器操纵杆 2 与卷扬机 6 连接，卷扬机转动，使卷扬机上的钢索通过滑轮和干燥室内的材车挂上，通过钢索的牵引即可使材车从室内拉出；当材车装在转运车的轨道上后，再操纵离合器使车轮和主轴相连，则转运车即可沿着干燥室前转运线运行。

2 材堆装卸设备

在木材干燥生产中，材堆的堆置和拆卸是一项简单却又繁重的作业，以往大多采用人工操作，劳动强度大，效率低，虽然目前使用不多，随着木材干燥生产专业化，材堆装卸过程的机械化势在必行，因此有必要介绍一下材堆装卸设备。用于材堆装卸的主要机械设备有升降机、堆垛机和卸垛机等，卸垛机应用很少，因此主要介绍前两种。

（1）升降机

升降机又称为升降台，是一种材堆装卸的辅助机械设备，一般安装在地平面以下，其作用是提供高度稳定、便于操作的作业面。它既可单独用于人工装卸，也可配合堆垛机和卸垛机作业。人工作业时，它可使作业面处于最利于工人装卸的水平面上，以减轻劳动强度，方便工人操作，同时提高装卸速度。如果材堆是有轨材车运输，只要在升降机上铺有与干燥室轨距相同的铁轨，材车就可直接由干燥室的铁路线或经转运车推到升降机的铁轨上。

目前用于干燥生产的升降机主要是螺旋式升降机，其结构如图 2-53 所示。螺旋式升降机的主要部件有：电动机、伞齿轮减速器、伞齿轮弯角减速器、4 根丝杠（左旋及右旋各两根）及丝母、升降机的支柱和托梁等部件。在升降机的梁上连接有升降机铺板，铺板上或是装铁轨，或是直接放置叉车用托盘或垫方。

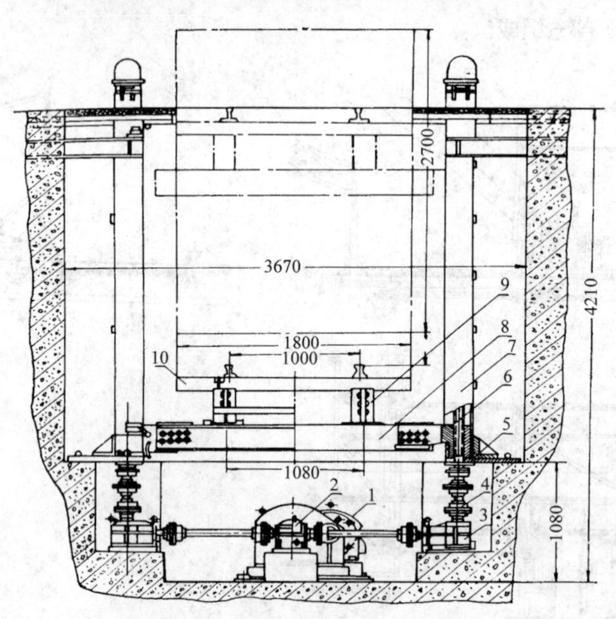

图 2-53 螺旋式升降机（单位：mm）

1. 电动机 2. 伞齿轮传动减速箱 3. 伞齿轮弯角减速箱 4. 伞齿轮传动减速箱 5. 升降丝杠支承组合 6. 托梁承重板丝母组合 7. 升降立柱 8. 升降横托梁 9. 升降机上梁 10. 升降机铺板

（自长春一汽木箱分厂，1978）

当电动机 1 运转时，通过伞齿轮减速器 2 减速，再传动到伞齿轮弯角减速器 3，通过蜗轮蜗杆运动而改变方向并带动丝杠旋转。而升降机铺板 10 与其上梁 9 及托梁 8 连接，横托梁 8 又与托梁承重板丝母 6 连接，当丝杠旋转时，就带动丝母沿丝杠运动，材堆（或连同材车）也随之上升或下降。

这种升降机运行平稳，但结构复杂，升降高度受丝杠长度的限制。

钢丝绳升降机（绳索牵引原理如图 2-54）是利用 4 对定滑轮固定于机架上，4 对动滑轮与工作台相连，钢丝绳通过上述滑轮组后与卷扬机相连接，通过卷扬机实现升降。这种升降机制造简单，提升高度不受限制，但平稳性差，占地面积大。

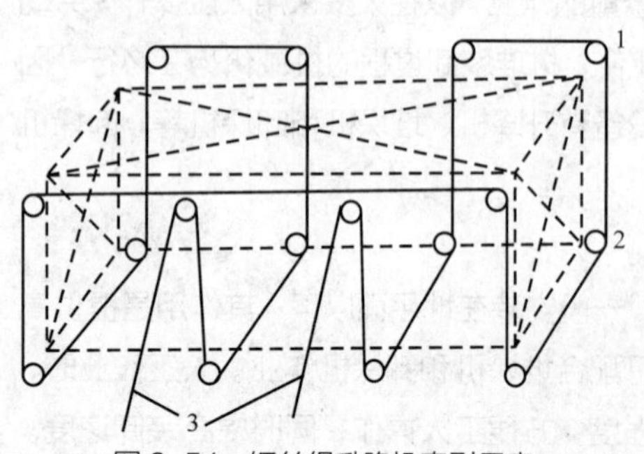

图 2-54 钢丝绳升降机牵引示意

（2）堆垛机

堆垛机用于锯材的堆置，其形式较多。堆垛机根据隔条是人工摆放或机械自动摆放分为自动堆垛机和半自动堆垛机。图 2-55 所示是较典型的一种半自动化堆垛机。该堆垛机的工艺过程是：由前级运输链传送来的或由叉车运送来的锯材经运输链 1 传送到带爪运输链 2 的底部。然后带爪运输链将锯材一块一块地带上，单块锯材靠斜滚筒 3 推到靠板，使锯材一头平齐，然后掉在滑杆 4 上并储存起来。此时工人可在材堆上放隔条，与此同时伸缩杆 6 靠卷扬机 7

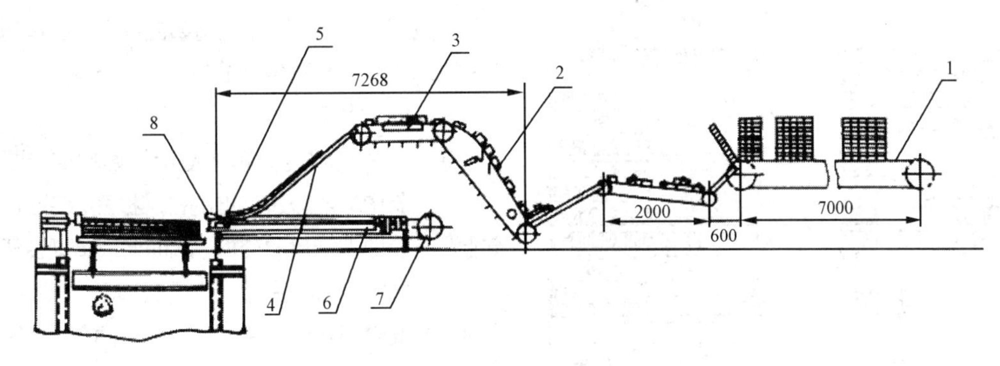

图 2-55　板材堆垛机构造示意

1. 运输链　2. 带爪运输链　3. 斜滚筒　4. 滑杆　5. 升降挡杆　6. 伸缩杆　7. 卷扬机　8. 止回夹具
（自长春一汽木箱分厂，1978）

的动作伸在材垛上。当滑杆 4 储满一层锯材时，升降挡杆 5 下落一层，锯材全部滑到垛上的伸缩杆 6 上。然后卷扬机反转，伸缩杆向后抽回，锯材就掉在垛上。当伸缩杆后抽时，止回夹具 8 挡住锯材往后移动。伸缩杆抽回后，螺旋式升降机下落一层木料的距离，伸缩杆再重新伸在垛上。

堆垛机的技术性能：运输链速度为 10m/min；爪的节距为 300mm；伸缩杆速度 50m/min；斜滚筒速度为 30m/min。

机械堆垛要求锯材的材长与材堆长度相近，且材长差别不大。对于自动堆垛机还要求必须是整边板。如果干燥的是地板块或集成材毛料一类长宽都不相同的小木料，则不适合机械堆垛。

任务实施

■ 任务实施要求

1. 任务实施前需认真阅读知识准备内容并完成引导问题的回答。

2. 木材装载运输设备操作需要经过专业培训及上岗资格证书，学生不得动手操作，由企业专业人员或教师进行演示操作，注意安全。

3. 室内木材含水率检测仪传感器钉入检验板深度得当。

4. 平衡含水率湿度仪上安放感湿木片时要注意安装方向，压紧弹簧螺钉，使感湿木片压紧，且用手夹持木片侧面，不得用手直接接触木片正背面。

5. 认真观察，做好记录，任务完成后每人提交一份实训报告。

■ 学习引导问题

请同学们认真阅读知识准备内容，独立完成以下引导问题。

1. 木材装卸中升降机的作用是________，根据传动方式不同升降机有________和________两种。

2. 试比较叉车运输和材车运输的优缺点。

■ 任务实施步骤

锯材堆积就是把被干锯材垛成材堆的操作，简称装堆。装堆正确与否，直接影响干燥质量和产量。

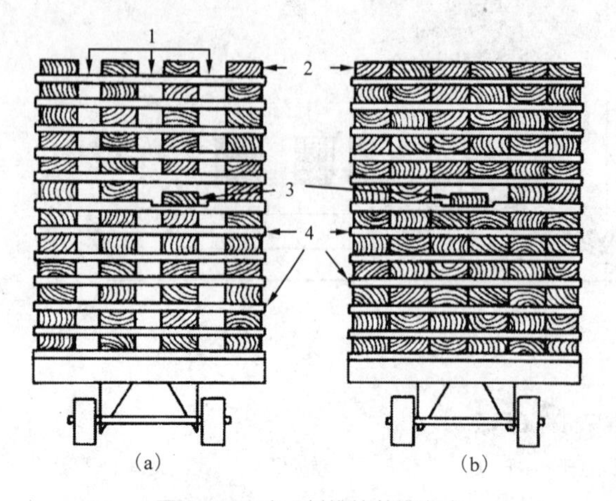

图 2-56　室干材堆的装堆方式

(a)自然循环用材堆　(b)强制循环用材堆

1. 空隙　2. 板材　3. 检验板　4. 隔条

装堆正确，可有效地防止锯材翘曲变形，也有利于提高干燥均匀性，预防端裂的产生。

1. 锯材堆积

装堆方式的确定，首先应使材堆的结构要有利于循环气流均匀地流过材堆的各层板面，使锯材和气流能够充分地进行热湿交换，从而使其逐渐变干。其次是预防木料的各种变形。常用的装堆方式有两种，一种是材堆内部既留水平气道又留垂直气道，即用隔条将每一层板隔开，留出水平气道，同时在每一层板中，板与板之间保留一定的侧向间隔，留出垂直气道，如图 2-56（a）所示。这种装堆方式适用于自然循环室干和气干，干燥介质——湿空气可借材堆内外的温差造成的比容变化，形成“小气候”的自然对流循环，穿过材堆中的垂直气道和水平气道流动。另一种装堆方式是只留水平气道，不留垂直气道。即每一层板相互紧靠，由隔条将每一层板相互隔开，形成水平气道，如图 2-56（b）所示。这种装堆方式适用于各种强制循环干燥。

材堆的尺寸大小主要是根据干燥室的内部尺寸、锯材规格及运输方式决定的，一般在选择或设计干燥室时就对材堆尺寸有所考虑。装堆时一定要按干燥室实际确定。

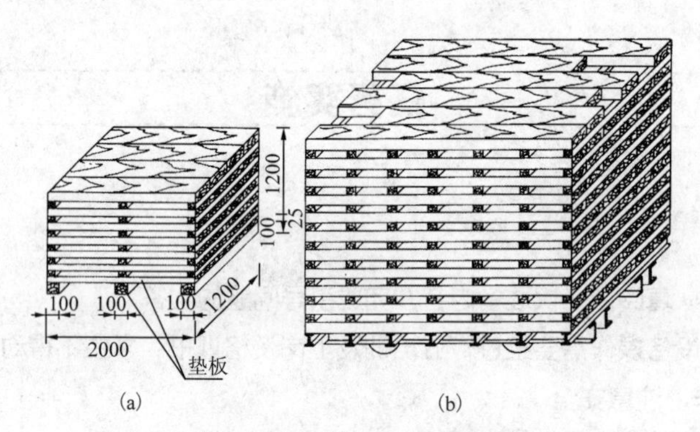

图 2-57　单元材堆和材车直接装堆（单位：mm）

(a) 用叉车叠装的单元材堆 (b)用材车直接装堆

材车装卸的干燥室，材堆的宽度与材车等宽，长度与材车等长。若材车较短的，也可两台车连接起来装较长的木料。材堆侧边与门框柱的距离为 100mm。材堆的高度由门框高度决定，材堆上部加压重物后，重物与上门框距离应达到 50mm。若材堆较高，可将材堆分成 2～3 个单元材堆分别码在专用垫板上，如图 2-57（a）所示，然后再用叉车叠装在材车上。若材堆不太高，可直接在材车上码堆，如图 2-57（b）所示。单元材堆的装堆方法具有装卸快、省力、安全、灵活机动、不受场地限制等特点，在现代木材干燥作业中应用越来越多。

叉车装卸干燥室不用材车，将锯材在垫板上装成单元材堆后，直接将材堆装入室内。叉车装卸干燥室的材堆横向装入，干燥室的内部宽度即为材堆的总长度，而干燥室的纵深方向上“假天棚”的宽度，即为材堆的总宽度。堆顶至假天棚的距离为 200mm。这种干燥室适用于锯材长度一致的整边板。若锯材长度不一，最好采用材车装卸干燥室，以便装成材堆两端平齐、尺寸较大的材堆。

2. 隔条的选用

室干中隔条的作用及间距与气干相同。但因室干用隔条是在高温高湿环境中反复循环使用的，故要求具有更好的机械性能，尤其要有较高的冲击韧性，并要求材质均匀，纹理通直，密度适中且变形小。如无缺陷的干燥柳桉、落叶松材等。

隔条的长度等于材堆的宽度。隔条的厚度，对于强制循环干燥，取 25mm；对于自然循环干燥或气干，当锯材宽在 200mm 以内时，隔条厚度可为 25mm；若板宽超过 200mm，隔条厚度应为 40mm。若被干锯材的宽度不超过 50mm 时，也可用被干锯材作隔条。

隔条的厚度要求基本均匀，容许厚度误差为±1mm。

3. 装堆应注意事项

装堆是木材干燥生产中简单而繁重的工作，是干燥工艺的重要组成部分。装堆应注意的具体事项有：

（1）同室被干锯材应为同一树种或材性相近的树种，且厚度相近（小于±5mm），初含水率基本一致（小于±15%）。

（2）当锯材厚度有明显偏差时，应确保同一层锯材，尤其是相毗邻的锯材厚度必须严格一致，以确保每块锯材都能被隔条压住。

（3）隔条应上下对齐，并落在材车横梁或垫板的方木支撑上，材堆两端的隔条应向端头靠齐；隔条两端不应伸出材堆之外。若锯材长短不一，应把短料放在材堆中部，长料放在两侧。

（4）支撑材堆的几根横梁或垫方，应高度一致，并在同一水平面上。

（5）隔条间距取决于树种及锯材的厚度。阔叶树材一般为板厚的 15～18 倍左右，针叶树材为板厚的 20～22 倍左右，宜小不宜大。若隔条间距太大，锯材未被夹持部分太长将容易变形。锯材越薄，要求的干燥质量越高，终含水率越低，配置的隔条数目应越多。实际操作中，隔条的间距常常与小车的横梁或托盘垫方保持一致，一般为 400～500mm，若材车横梁间距太大，应添加方木横梁。

（6）装堆时还要考虑含水率的检测，如采用室用含水率检测仪或用电测含水率法自动监控时，应在室内布置 3 个以上的含水率测量点，即先选 3 块含水率检验板，分别装好电极探针并引出导线后，按编号将检验板装入材堆中设定的位置。若是通过检验窗手动操作，装堆时应在对着检验窗的位置，预留检验板孔，为了取放方便，检验板孔的宽度和高度应略大于检验板的宽度和高度。

（7）装好材堆后，应在堆顶加压重物或压紧装置，防止堆顶的锯材翘曲变形。加压重物可以用钢筋混凝土做成断面尺寸为 100mm×100mm、长度与隔条同长或为其 1/2～1/3、并带有提手筋的专用压块，压在堆顶对着隔条的位置。如无压顶，最上面的 2～3 层应堆放质量较差的锯材。

4. 放置检验板及室内用木材含水率监测仪探针（传感器）的安装

（1）选择检验板并确定其安放位置；

（2）在检验板上确定传感器的位置并划线；

（3）用手锤将探针（传感器）钉入检验板中；

（4）连接导线。

5. 安装平衡含水率湿度仪

（1）按照要求安放感湿木片（注意方向），并压紧弹簧的螺钉，使感湿木片压紧；

（2）连接导线；

（3）测取并记录空气湿度读数。

■ 成果展示

1. 每人提交一份实训报告，详细记录被干木材树种、长度、宽度、厚度、初含水率、材堆尺寸、隔条树种、隔条规格等。

2. 请绘制材堆三视图简图，包括检验板放置位置、室内用木材含水率监测仪探针安装位置。

■ 巩固训练

隔条应上下对齐，并落在材车横梁或垫板的方木支撑上，材堆两端的隔条应向端头靠齐；隔条两端不应伸出材堆。若锯材长短不一，且厚度略有差别，应如何进行堆垛？请给出锯材堆积方案。

■ 总结评价

在本任务的学习过程中，同学们应了解木材干燥中用于装载、卸载、堆垛、拆垛与运输设备种类、机械特点及适用性；掌握室干锯材堆垛的方式、要求及基本要领，能正确指导锯材堆垛作业，并在装载过程中确定检验板的位置，准确安装室内木材含水率检测仪探针及平衡含水率湿度仪。

实训考核标准

序 号	考核项目	满 分	考核标准	得 分	考核方式
1	隔条选择与摆放	15	隔条选择得当，摆放位置与方向正确		现场
2	锯材材堆	25	锯材堆积整齐，严格按照装堆注意事项，堆积方式与尺寸合理。		现场
3	室内监测用检验板的选择与分布	10	选择检验板有代表性，在干燥室内布合理		现场
4	平衡含水率湿度仪的使用	10	木片方向正确，松紧适度，导线安装规范，测试数值正确		现场
5	操作熟练程度	10	各项操作步骤正确，动作基本熟练		现场
6	报告规范性	10	酌情扣分		报告
7	实训出勤与纪律	10	迟到、早退各扣 3 分，旷课不得分		考勤
8	答辩	10	能说明每一步操作的目的和要求		个别答辩
	总计得分	100			

■ 思考与练习

1. 木材室干的堆垛方式分为________和________。

2. 隔条的作用是________、________、________。

3. 隔条应上下________，并落在________上，材堆两端的隔条应________；隔条两端不应________。

4. 平衡含水率测湿计的工作原理和特点是什么？

5. 试比较电阻仪表法和称重法测量木材含水率的优缺点。

任务 2.4　木材干燥基准选用

工作任务

1. 任务提出

通过任务实施，同学们要了解木材干燥基准的类型、各自特点与适用性、软基准与硬基准的概念；掌握干燥基准选用与制定的基本方法和步骤；首先根据含水率干燥基准表查找常见针叶材及阔叶材干燥基准编号并准确定位木材干燥基准，综合考虑木材特性、生产用途、干燥设备等因素，确定 25mm 厚红松板材、30mm 厚水曲柳板材、50mm 厚椴木板材、53mm 厚柞木板材等常见家具用材的干燥基准。

2. 工作情景

采用学生动手操作、教师引导的学生主体、项目化教学方法，以分组形式完成课堂教学。首先教师以 30mm 桦木家具材为例，把木材干燥基准制定过程进行逐步演示，学生根据教师演示操作和教材基准选择步骤逐步进行操作。完成 4 种指定木材干燥基准选用后，教师对学生工作过程和成果进行评价和总结，按教师的总结和要求，学生对干燥基准的选用进行调整，最终提交不同厚度树种木材的干燥基准编号。

3. 材料及工具

林业行业标准 LY/T 1068—2012、教材、笔记本、笔、多媒体设备等。

知识准备

1 木材室干工艺制定的依据

（1）木材室干工艺的内容

木材室干工艺包括：①木材的堆垛方式（隔条的间距、规格）；②干燥基准；③热湿处理（预热、中间处理、终了处理等）的工艺条件；④室内循环风速等。其中，木材的堆垛方式和室内循环风速一般变化不大，但干燥基准和热湿处理对不同木材要求相差甚远，因此所说室干工艺主要指干燥基准和热湿处理条件。

（2）木材室干工艺的制定依据

制定木材室干工艺的依据主要包括：设备类型；木材的树种、厚度、初含水率与终含水率；木材的用途或干燥质量要求等。其中的设备类型、木材的树种、厚度、初含水率的确定较为容易。因此，在此主要介绍一下终含水率和干燥质量要求的确定。

① 终含水率　根据用途和使用地区的平衡含水率确定。以用途为主，地区为辅。不同用途的干燥锯材含水率见表 2-20。因气候条件不同，我国不同地区的木材平衡含水率也不相同（见表 2-20）。对室外使用的木制品，也可按使用地区的平衡含水率确定，但应比使用地区或处所的平衡含水率值（最低月份）低 2%～3%。如使用环境有暖气设备，木材终含水率应适当低些，或取表 2-20 中的下限。

表 2-20　我国不同用途的干燥锯材含水率　　%

锯材用途	含水率		锯材用途	含水率	
	平均	范围		平均	范围
电气器具及机械装置	6	5~10	文具制造	7	5~10
木桶	6	5~8	机械制造木模	7	5~10
鞋楦	6	4~9	采暖室内用料	7	5~10
鞋跟	6	4~9	飞机制造	7	5~10
铅笔板	6	3~9	纺织器材：		
精密仪器	7	5~10	梭子	7	5~10
钟表壳	7	5~10	纱管	8	6~11
乐器制造	7	5~10	织机木构件	10	8~13
室内装饰用材	8	6~12	汽车制造：		
工艺制造用材	8	6~12	客车	10	8~13
枪炮用材	8	6~12	卡车	12	10~15
体育用品	8	6~11	实木地板块：		
玩具制造	8	6~11	室内	10	8~13
家具制造：			室外	17	15~20
胶拼部件	8	6~11	地热地板	5	4~7
其他部件	10	6~14	船舶制造	11	9~15
细木工板	9	7~12	农业机械零件	11	9~14
缝纫机台板	9	7~12	农具	12	9~15
建筑门窗	10	8~13	军工包装箱：		
精制卫生筷	10	8~12	箱壁	11	9~14
乐器包装箱	10	8~13	杠架滑枕	14	11~18
运动场用具	10	8~13	指接材	12	8~15
火柴	10	8~13	室外建筑用料	14	12~17
火车制造：			普通包装箱	14	11~18
客车室内	10	8~12	电缆盘	14	12~18
客车木梁	14	12~16	弯曲锯材	15	15~20
货车	12	10~15	铺装道路用料	20	18~30
			远道运送锯材	20	16~20

② *木材的干燥质量要求*　主要依据用途和使用要求确定，GB/T 6491—2012《锯材干燥质量》把锯材干燥质量规定了 4 个等级：

一级材　基本保持锯材固有的力学强度。适用于仪器、模型、乐器、航空、纺织、精密机械制造、鞋楦、鞋跟、工艺品、钟表壳等生产。

二级材　允许部分力学强度有所降低（抗剪强度和冲击韧性降低不超过 5%）。适用于家具建筑门窗、车辆、船舶、农业机械、军工、实木地板、细木工板、缝纫机台板、室内装饰、卫生筷、指接材、纺织木构件、文体用品等生产。

三级材　允许力学强度有一定程度的降低，适用于室外建筑用料，普通包装箱、电缆盘等生产。

四级材　指气干或室干至运输含水率（20%）的锯材，完全保持木材的力学强度和天然色泽。适用于远道运输锯材、出口锯材等。

实际生产中，如果是协议干燥，锯材的终含水率和干燥质量多按订单协议要求，参考以上标准确定。

2 木材干燥基准

室干过程中，影响木材干燥的外部因子有介质的温度、相对湿度、压力和通过材面的气流速度，内部因子主要是树种、锯材厚度和含水率等。对一定的锯材，内部因子是无法人为控制的。外部因子中，常规干燥的介质压力为常压，气流速度可认为是不变的（少数干燥室采用变速电动机也只有 2 或 3 种速度），只有介质的温度和相对湿度可以改变。因此，控制木材的干燥过程，必须调整介质的温度和相对湿度。

干燥基准就是用以控制干燥过程中介质温度和相对湿度变化的规定程序表。常见干燥基准一般都规定各阶段的介质干球温度和湿球温度或干湿球温度差。有些比较完善的基准还列出介质状态相应的平衡含水率 *EMC*，以便分析比较和其他场合应用。例如，有的干燥室用专用感湿片代替干湿球温度计直接测定介质的平衡含水率；还有一些低温干燥室和除湿干燥室直接用湿度传感器测定介质的相对湿度。

干燥基准的种类较多，根据划分干燥阶段的方法不同，主要有含水率干燥基准、时间干燥基准和连续升温干燥基准。

（1）含水率干燥基准

广义的含水率干燥基准是指干燥过程按含水率划分阶段的一类干燥基准，即把整个干燥过程按含水率的不同划分成几个阶段，并确定出相应的介质温度和相对湿度。这种基准使用时必须监测干燥过程中含水率的变化。

含水率干燥基准根据其工艺特点又可分为：含水率干燥基准（或多阶段干燥基准）、三阶段干燥基准、波动干燥基准、半波动干燥基准和干燥梯度基准等。

①（多阶段）含水率干燥基准　这里所说的含水率干燥基准是狭义的，有时也称为普通含水率基准，是除三阶段干燥基准、波动干燥基准与半波动干燥基准、干燥梯度基准、单向升温强化常规基准等特指含水率基准外，其他以木材含水率划分阶段的干燥基准。实际通常所说的干燥基准大多指这种基准。它是木材干燥最重要、最常用的干燥基准，也是制定其他基准的基础。其特点是通用性强，控制准确，使用过程中可根据需要随时调整工艺。

表 2-21、2-23、2-25、2-27、2-29、2-31、2-32 和表 2-34 分别列出了部分含水率干燥基准、三阶段干燥基准、干燥梯度基准、时间干燥基准和连续升温基准等，可供参考选用。这几种基准从软到硬自成系列，并有其相应的选用表。

表 2-21　针叶树材室干推荐含水率基准表（LY/T 1068—2012）

基准号 1-1				基准号 1-2				基准号 1-3			
W	*t*	Δ*t*	*EMC*	*W*	*t*	Δ*t*	*EMC*	*W*	*t*	Δ*t*	*EMC*
40 以上	80	4	12.8	40 以上	80	6	10.7	40 以上	80	8	9.3
40～30	85	6	10.7	40～30	85	11	7.5	40～30	85	12	7.1
30～25	90	9	8.4	30～25	90	15	8.0	30～25	90	16	5.7
25～20	95	12	6.9	25～20	95	20	4.8	25～20	95	20	4.8
20～15	100	15	5.8	20～15	100	25	3.2	20～15	100	25	3.8
15 以下	110	25	3.7	15 以下	110	35	2.4	15 以下	110	35	2.4

（续）

基准号 2-1				基准号 2-2				基准号 3-1			
W	*t*	Δ*t*	*EMC*	*W*	*t*	Δ*t*	*EMC*	*W*	*t*	Δ*t*	*EMC*
40 以上	75	4	13.1	40 以上	75	6	11.0	40 以上	70	3	14.7
40～30	80	5	11.6	40～30	80	7	9.9	40～30	72	4	13.3
30～25	85	7	9.7	30～25	85	9	8.5	30～25	75	6	11.0
25～20	90	10	7.9	25～20	90	12	7.0	25～20	80	10	8.2
20～15	95	17	5.3	20～15	95	17	5.3	20～15	85	15	6.1
15 以下	100	22	4.3	15 以下	100	22	4.3	15 以下	95	25	3.8

基准号 3-2				基准号 4-1				基准号 4-2			
W	*t*	Δ*t*	*EMC*	*W*	*t*	Δ*t*	*EMC*	*W*	*t*	Δ*t*	*EMC*
40 以上	70	5	12.1	40 以上	65	3	15.0	40 以上	65	5	12.3
40～30	72	6	11.1	40～30	67	4	13.5	40～30	67	6	11.2
30～25	75	8	9.5	30～25	70	6	11.1	30～25	70	8	9.6
25～20	80	12	7.2	25～20	75	8	9.5	25～20	75	10	8.3
20～15	85	17	5.5	20～15	80	14	6.5	20～15	80	14	6.5
15 以下	95	25	3.8	15 以下	90	25	3.8	15 以下	90	25	3.8

基准号 5-1				基准号 5-2				基准号 6-1			
W	*t*	Δ*t*	*EMC*	*W*	*t*	Δ*t*	*EMC*	*W*	*t*	Δ*t*	*EMC*
40 以上	60	3	15.3	40 以上	60	5	12.5	40 以上	55	3	15.6
40～30	65	5	12.3	40～30	65	6	11.3	40～30	60	4	13.8
30～25	70	7	10.3	30～25	70	8	9.6	30～25	65	6	11.3
25～20	75	9	8.8	25～20	75	10	8.3	25～20	70	8	9.6
20～15	80	12	7.2	20～15	80	14	6.5	20～15	80	12	7.2
15 以下	90	20	4.8	15 以下	90	20	4.8	15 以下	90	20	4.8

基准号 6-2				基准号 7-1			
W	*t*	Δ*t*	*EMC*	*W*	*t*	Δ*t*	*EMC*
40 以上	55	4	14.0	40 以上	50	3	15.8
40～30	60	5	12.5	40～30	55	4	14.0
30～25	65	7	10.5	30～25	60	5	12.5
25～20	70	9	9.0	25～20	65	7	10.5
20～15	80	12	7.2	20～15	70	11	8.0
15 以下	90	20	4.8	15 以下	80	20	4.9

基准号 8-1				基准号 8-2			
W	*t*	Δ*t*	*EMC*	*W*	*t*	Δ*t*	*EMC*
40 以上	100	3	13.0	40 以上	95	2 3	14.9 13.2
40～30	100	5	10.8	40～30	95	5	11.0
30～25	100	8	8.6	30～25	85	7	9.7
25～20	100	12	6.7	25～20	85	10	8.0
20～15	100	15	5.8	20～15	95	15	5.9
15 以下	100	20	4.7	15 以下	95	20 24	4.8 4.0

注：表中 *W* 为木材含水率（%）；*t* 为干球温度（℃）；Δ*t* 为干湿球温度差（℃）；*EMC* 为木材平衡含水率（%）。

表 2-22　针叶树材室干基准选用表

材　种	材厚/mm					
	15	25、30	35	40、50	60	70、80
红松	1-3	1-3		1-2	2-2*	2-1*
马尾松、云南松	1-2	1-1		1-1	2-1*	
樟子松、红皮云杉、鱼鳞云杉	1-3	1-2		1-1	2-1*	2-1*
东陵冷杉、沙松、冷杉、杉木、柳杉	1-3	1-1		1-1	2-1	3-1
兴安落叶松、长白落叶松		3-1、8-1*	8-2*	4-1*	5-1*	
长苞铁杉		2-1		3-1*		
陆均松、竹叶松	6-2	6-1		7-1		

注：① 初含水率高于 80%的锯材，基准第 1、2 阶段含水率分别改为 50%以上及 50%～30%。
② 有*号者表示需进行中间高湿处理。
③ 其他厚度的锯材参照表列相近厚度的基准。
④ 表中 8-1*和 8-2*为落叶松脱脂干燥基准，适合于锯材厚度在 35mm 以下。汽蒸预处理时间需比常规干燥预处理时间增加 2～4h，经高温脱脂后的锯材颜色加深。

表 2-23　阔叶树材室干推荐含水率基准表（LY/T 1068—2012）

基准号 11-1				基准号 11-2				基准号 12-1			
W	*t*	Δ*t*	*EMC*	*W*	*t*	Δ*t*	*EMC*	*W*	*t*	Δ*t*	*EMC*
60 以上	80	4	12.8	60 以上	80	5	11.6	60 以上	70	4	13.3
60～40	85	6	10.5	60～40	85	7	9.7	60～40	72	5	12.1
40～30	90	9	8.4	40～30	90	10	7.9	40～30	75	8	9.5
30～20	95	13	6.5	30～20	95	14	6.4	30～20	80	12	7.2
20～15	100	20	4.7	20～15	100	20	4.7	20～15	85	16	5.8
15 以下	110	28	3.3	15 以下	110	28	3.3	15 以下	95	20	4.8
基准号 12-2				基准号 12-3				基准号 13-1			
W	*t*	Δ*t*	*EMC*	*W*	*t*	Δ*t*	*EMC*	*W*	*t*	Δ*t*	*EMC*
60 以上	70	5	12.1	60 以上	70	6	11.1	40 以上	65	3	15.0
60～40	72	6	11.1	60～40	72	7	10.3	40～30	67	4	13.6
40～30	75	9	8.8	40～30	75	10	8.3	30～25	70	7	10.3
30～20	80	13	6.8	30～20	80	14	6.5	25～20	75	10	8.3
20～15	85	16	5.8	20～15	85	18	5.2	20～15	80	15	6.2
15 以下	95	20	4.8	15 以下	95	20	4.8	15 以下	90	20	4.8
基准号 13-2				基准号 13-3				基准号 13-4			
W	*t*	Δ*t*	*EMC*	*W*	*t*	Δ*t*	*EMC*	*W*	*t*	Δ*t*	*EMC*
40 以上	65	4	13.6	40 以上	65	6	11.3	35 以上	60	3	12.3
40～30	67	5	12.3	40～30	67	7	10.5	35～30	70	7	10.3
30～25	70	8	9.6	30～25	70	9	8.8	30～25	74	9	8.8
25～20	75	12	7.3	25～20	75	12	7.3	25～20	78	11	7.7
20～15	80	15	6.2	20～15	80	15	6.2	20～15	82	14	6.5
15 以下	90	20	4.8	15 以下	90	20	4.8	15 以下	90	20	4.8

（续）

基准号 13-5				基准号 13-6				基准号 14-1			
W	*t*	Δ*t*	*EMC*	*W*	*t*	Δ*t*	*EMC*	*W*	*t*	Δ*t*	*EMC*
35 以上	65	4	13.6	35 以上	65	6	11.3	35 以上	60	5	12.3
35～30	69	6	11.1	35～30	70	8	9.6	35～30	66	7	10.5
30～25	72	8	9.6	30～25	74	10	8.3	30～25	72	9	8.9
25～20	76	10	8.3	25～20	78	12	7.2	25～20	76	11	7.8
20～15	80	13	6.8	20～15	83	15	6.1	20～15	80	14	6.5
15 以下	90	20	4.8	15 以下	90	20	4.8	15 以下	90	20	4.8

基准号 14-2				基准号 14-3				基准号 14-4			
W	*t*	Δ*t*	*EMC*	*W*	*t*	Δ*t*	*EMC*	*W*	*t*	Δ*t*	*EMC*
35 以上	60	3	15.3	40 以上	60	6	11.4	35 以上	60	5	12.5
35～30	66	5	12.3	40～30	62	7	10.6	35～30	66	7	10.5
30～25	72	7	10.2	30～25	65	9	9.1	30～25	70	9	9.0
25～20	76	10	8.3	25～20	70	12	7.5	25～20	74	11	7.8
20～15	81	15	6.2	20～15	75	15	6.3	20～15	78	14	6.5
15 以下	90	25	3.9	15 以下	85	20	4.9	15 以下	85	20	4.9

基准号 14-5				基准号 14-6				基准号 14-7			
W	*t*	Δ*t*	*EMC*	*W*	*t*	Δ*t*	*EMC*	*W*	*t*	Δ*t*	*EMC*
35 以上	60	4	13.8	40 以上	60	3	15.3	35 以上	60	4	13.8
35～30	65	6	11.3	40～30	62	4	13.8	35～30	65	6	11.3
30～25	70	8	9.6	30～25	65	7	10.5	30～25	69	8	9.6
25～20	74	10	8.3	25～20	70	10	8.5	25～20	73	10	7.9
20～15	78	13	6.9	20～15	75	15	6.3	20～15	78	13	6.9
15 以下	85	20	4.9	15 以下	85	20	4.9	15 以下	85	20	4.9

基准号 14-8				基准号 14-9				基准号 14-10			
W	*t*	Δ*t*	*EMC*	*W*	*t*	Δ*t*	*EMC*	*W*	*t*	Δ*t*	*EMC*
35 以上	60	3	15.3	35 以上	60	5	12.5	40 以上	60	4	13.8
35～30	65	5	12.3	35～30	65	7	10.5	40～30	62	5	12.5
30～25	70	7	10.3	30～25	70	9	9.0	30～25	65	8	9.8
25～20	73	9	8.9	25～20	73	11	7.9	25～20	70	12	7.5
20～15	78	12	7.2	20～15	77	14	6.6	20～15	75	15	6.3
15 以下	85	20	4.9	15 以下	85	20	4.9	15 以下	85	20	4.9

基准号 14-11				基准号 14-12				基准号 14-13			
W	*t*	Δ*t*	*EMC*	*W*	*t*	Δ*t*	*EMC*	*W*	*t*	Δ*t*	*EMC*
35 以上	60	4	13.8	35 以上	60	3	15.3	30 以上	60	4	13.8
35～30	64	6	12.3	35～30	65	5	12.3	30～25	66	6	11.3
30～25	68	8	9.6	30～25	68	7	10.4	25～20	70	9	9.0
25～20	72	10	8.4	25～20	70	9	9.0	20～15	73	12	6.4
20～15	74	13	7.0	20～15	74	13	7.0	15 以下	80	20	4.9
15 以下	80	20	4.9	15 以下	80	20	4.9				

（续）

基准号 15-1			
W	*t*	Δ*t*	*EMC*
40以上	55	3	15.6
40～30	57	4	14.0
30～25	60	6	11.4
25～20	65	10	8.5
20～15	70	15	6.3
15以下	80	20	4.9

基准号 15-2			
W	*t*	Δ*t*	*EMC*
40以上	55	4	14.0
40～30	57	5	12.6
30～25	60	8	9.8
25～20	65	12	7.5
20～15	70	15	6.4
15以下	80	20	4.9

基准号 15-3			
W	*t*	Δ*t*	*EMC*
40以上	55	6	11.5
40～30	57	7	10.7
30～25	60	9	9.3
25～20	65	12	7.7
20～15	70	15	6.4
15以下	80	20	4.9

基准号 15-4			
W	*t*	Δ*t*	*EMC*
35以上	55	5	12.7
35～30	60	7	10.6
30～25	65	9	9.1
25～20	68	11	8.0
20～15	73	14	6.6
15以下	80	20	4.9

基准号 15-5			
W	*t*	Δ*t*	*EMC*
35以上	55	4	14.0
35～30	60	6	11.4
30～25	65	8	9.7
25～20	69	10	8.5
20～15	73	13	7.0
15以下	80	20	4.9

基准号 15-6			
W	*t*	Δ*t*	*EMC*
30以上	55	4	14.0
30～25	62	6	11.4
25～20	66	9	9.1
20～15	72	12	7.4
15以下	80	20	4.9

基准号 15-7			
W	*t*	Δ*t*	*EMC*
30以上	55	3	15.6
30～25	62	5	12.4
25～20	66	7	10.5
20～15	72	11	7.9
15以下	80	20	4.9

基准号 15-8			
W	*t*	Δ*t*	*EMC*
30以上	55	3	15.6
30～25	62	5	12.4
25～20	66	7	10.5
20～15	72	12	7.4
15以下	80	20	4.9

基准号 15-9			
W	*t*	Δ*t*	*EMC*
30以上	55	3	15.6
30～25	62	5	12.4
25～20	66	8	9.7
20～15	72	12	7.4
15以下	80	20	4.9

基准号 15-10			
W	*t*	Δ*t*	*EMC*
35以上	55	6	11.5
35～30	65	8	9.7
30～25	68	11	8.0
25～20	72	14	6.6
20～15	75	17	5.7
15以下	80	25	3.9

基准号 16-1			
W	*t*	Δ*t*	*EMC*
35以上	50	4	14.1
35～30	60	6	11.4
30～25	65	8	9.7
25～20	69	10	8.5
20～15	73	13	7.0
15以下	80	20	4.9

基准号 16-2			
W	*t*	Δ*t*	*EMC*
40以上	50	4	14.1
40～30	52	5	12.7
30～25	55	7	10.7
25～20	60	10	8.7
20～15	65	15	6.4
15以下	75	20	4.9

基准号 16-3			
W	*t*	Δ*t*	*EMC*
40以上	50	5	12.7
40～30	52	6	11.5
30～25	55	9	9.3
25～20	60	12	7.7
20～15	65	15	6.4
15以下	75	20	4.9

基准号 16-4			
W	*t*	Δ*t*	*EMC*
40以上	50	3	15.8
40～30	52	4	14.1
30～25	55	6	11.5
25～20	60	10	8.7
20～15	65	15	6.4
15以下	75	20	4.9

基准号 16-5			
W	*t*	Δ*t*	*EMC*
30以上	50	4	14.1
30～25	56	6	11.5
25～20	60	9	9.2
20～15	66	12	7.5
15以下	75	20	4.9

（续）

基准号 16-6				基准号 16-7				基准号 16-8			
W	*t*	Δ*t*	*EMC*	*W*	*t*	Δ*t*	*EMC*	*W*	*t*	Δ*t*	*EMC*
30 以上	50	3	15.8	30 以上	50	3	15.8	30 以上	50	3	15.8
30~25	56	5	12.7	30~25	56	5	12.7	30~25	56	5	12.7
25~20	61	8	9.8	25~20	61	8	9.8	25~20	60	8	9.8
20~15	66	11	8.0	20~15	66	11	8.0	20~15	64	11	8.0
15 以下	75	20	4.9	15 以下	75	20	4.9	15 以下	70	20	4.9

基准号 16-9				基准号 17-1				基准号 17-2			
W	*t*	Δ*t*	*EMC*	*W*	*t*	Δ*t*	*EMC*	*W*	*t*	Δ*t*	*EMC*
30 以上	50	4	14.1	30 以上	45	3	15.9	40 以上	45	3	15.9
30~25	55	6	11.5	30~25	53	5	12.7	40~30	47	4	12.6
25~20	60	9	9.2	25~20	58	8	9.8	30~25	50	6	10.7
20~15	64	12	7.5	20~15	64	11	8.0	25~20	55	1	8.7
15 以下	70	20	4.9	15 以下	75	20	4.9	20~15	60	15	6.4
								15 以下	70	20	4.9

基准号 17-3				基准号 17-4				基准号 17-5			
W	*t*	Δ*t*	*EMC*	*W*	*t*	Δ*t*	*EMC*	*W*	*t*	Δ*t*	*EMC*
40 以上	45	4	14.2	40 以上	45	7	10.6	40 以上	45	2	18.2
40~30	47	6	11.4	40~30	47	9	9.1	40~30	47	3	15.9
30~25	50	8	9.8	30~25	50	13	7.0	30~25	50	5	12.7
25~20	55	12	7.6	25~20	55	18	5.2	25~20	55	9	9.3
20~15	60	15	6.4	20~15	60	24	3.7	20~15	60	15	6.4
15 以下	70	20	4.9	15 以下	70	30	2.7	15 以下	70	20	4.9

基准号 18-1				基准号 18-2				基准号 18-3			
W	*t*	Δ*t*	*EMC*	*W*	*t*	Δ*t*	*EMC*	*W*	*t*	Δ*t*	*EMC*
40 以上	40	2	18.1	40 以上	40	3	16.0	40 以上	40	4	14.0
40~30	42	3	16.0	40~30	42	4	14.0	40~30	42	6	11.2
30~25	45	5	12.6	30~25	45	6	11.4	30~25	45	8	9.7
25~20	50	8	9.8	25~20	50	9	9.2	25~20	50	10	8.6
20~15	55	12	7.6	20~15	55	12	7.6	20~15	55	12	7.6
15~12	60	15	6.4	15~12	60	15	6.4	15~12	60	15	6.4
12 以下	70	20	4.9	12 以下	70	20	4.9	12 以下	70	20	4.9

基准号 19-1				基准号 20-1			
W	*t*	Δ*t*	*EMC*	*W*	*t*	Δ*t*	*EMC*
40 以上	40	2	18.1	60 以上	35	6	11.0
40~30	42	3	16.0	60~40	35	8	9.2
30~25	45	5	12.6	40~20	35	10	7.2
25~20	50	8	9.8	20~15	40	15	5.3
20~15	55	12	7.6	15 以下	50	20	2.5
15~12	60	15	6.4				
12 以下	70	20	4.9				

表 2-24 阔叶树材室干基准选用表

材 种	材厚/mm				
	15	25、30	40、50	60	70、80
椴 木	11-2	12-3	13-3	14-3*	
沙兰杨	11-2	12-3（11-1）	12-3		
石梓、木莲	11-1	12-2（11-1）	13-2（12-1）		
白桦、枫桦	13-3	13-2	14-10*		
水曲柳	13-3	13-2*	13-1*	14-6	15-1*
黄波罗	13-3	13-2	13-1	14-6	
柞木	13-2	14-10*	14-6*	15-1	
色木（槭木）、白牛槭		13-2*	14-10*	15-1	
黑 桦	13-4	13-5	15-6*	15-1	
核桃楸	13-6	14-1*	14-13*	15-8	
甜锥、荷木、灰木、枫香、拟赤杨、桂樟		14-6*	15-1*	15-9	
樟叶槭、光皮桦、野柿、金叶白兰、天目紫茎		14-10*	15-1*		
檫木、苦楝、毛丹、油丹		14-10*	15-1*		
野 漆		14-10	15-2*		
橡胶木		14-10	15-2	15-2*	
黄 榆	14-4	15-4*	16-7*	16-2	
辽东栎	14-5	15-5*	16-6*	16-8	
臭 椿	14-7	14-12*		17-1	
刺 槐	14-2	14-8*	15-7*		
千金榆	14-9	14-11*			
裂叶榆、春榆	14-3	15-3	16-2		
毛白杨、山杨	14-3	16-3	17-3（18-3）		
大青杨	15-10	16-1	16-5	16-9	
水青冈、厚皮香、英国梧桐		16-4*	17-2*	18-2*	
毛泡桐	17-4	17-4	17-4		
马蹄荷		17-5*			
米老排		18-1*			
麻栎、白青冈、红青冈		18-1*			
椆木、高山栎		18-1*			
兰考泡桐	20-1	20-1	19-1		

注：① 选用 13~20 号基准时，初含水率高于 80%的锯材，基准第 1、2 阶段含水率分别改为 50%以上和 50%~30%；初含水率高于 120%的锯材，基准第 1、2、3 阶段含水率分别改为 60%以上、60%~40%、40%~25%。

② 有*号者表示需进行中间处理。

③ 其他厚度的锯材参照表列相近厚度的基准。

④ 毛泡桐、兰考泡桐室干前冷水浸泡 10~15d，气干 5~7d。不进行高湿处理。

近几年来，我国进口木材连年增多，为满足生产需要，表 2-25 列举了部分 25mm 厚进口锯材的干燥基准，其选用方法见表 2-26。这些基准源于国外，与国内基准在阶段参数的变化方面有一定的差距，因此使用要谨慎。

表 2-25 部分进口木材干燥基准表

基准号 1				基准号 2			
W	*t*	Δ*t*	*EMC*	*W*	*t*	Δ*t*	*EMC*
35 以上	37.5	1.5	19.5	40 以上	37.5	2.0	17.6
35～30	37.5	2.0	17.6	40～35	37.5	2.5	16.4
30～25	40.5	3.5	15.4	35～30	37.5	4.0	13.4
25～20	40.5	5.5	12.0	30～25	43.5	8.0	9.9
20～15	46.5	14	6.4	25～20	49.0	17.0	5.5
15 以下	49.0	17	5.5	20～15	54.5	22.5	4.0
				15 以下	65.5	28.0	3.2
基准号 3				基准号 4			
W	*t*	Δ*t*	*EMC*	*W*	*t*	Δ*t*	*EMC*
50 以上	37.5	3.5	14.3	40 以上	43.5	2.0	19.1
50～40	37.5	5.5	11.9	40～35	43.5	2.5	17.6
40～30	37.5	5.5	11.9	35～30	43.5	3.5	15.2
30～25	43.5	11.5	7.6	30～25	49.0	5.5	12.1
25～20	49.0	17.0	5.5	25～20	54.5	14.0	6.7
20～15	54.5	22.5	4.0	20～15	60.0	28.0	2.9
15 以下	65.5	28.0	3.2	15 以下	71.0		3.4
基准号 5				基准号 6			
W	*t*	Δ*t*	*EMC*	*W*	*t*	Δ*t*	*EMC*
40 以上	43.5	2.5	17.6	50 以上	43.5	2.5	17.6
40～35	43.5	3.0	16.3	50～40	43.5	3.0	16.3
35～30	43.5	4.5	13.6	40～35	43.5	4.5	13.6
30～25	49.0	8.0	9.9	35～30	43.5	8.0	9.9
25～20	54.5	17.0	5.7	30～25	49.0	17.0	5.5
20～15	60.0	28.0	2.9	25～20	54.5	22.5	4.0
15 以下	71.0	27.5	3.4	20～15	60.0	28.0	2.9
				15 以下	71.0	27.5	3.4
基准号 7				基准号 8			
W	*t*	Δ*t*	*EMC*	*W*	*t*	Δ*t*	*EMC*
50 以上	49.0	2.5	17.6	50 以上	49.0	4.0	14.4
50～40	49.0	3.0	16.3	50～40	49.0	5.5	12.1
40～35	49.0	4.5	13.5	40～35	49.0	8.5	9.6
35～30	49.0	8.0	9.9	35～30	49.0	14.0	6.5
30～25	54.5	17.0	5.7	30～25	54.5	22.5	4.0
25～20	60.0	28.0	2.9	25～20	60.0	28.0	2.9
20～15	65.5	28.0	3.2	20～15	65.5	28.0	3.2
15 以下	82.0	27.5	3.5	15 以下	82.0	27.5	3.5

（续）

基准号 9				基准号 10			
W	t	Δt	EMC	W	t	Δt	EMC
40 以上	54.5	5.5	12.2	50 以上	65.5	5.5	11.8
40～35	54.5	8.0	10.1	50～40	65.5	8.0	9.9
35～30	54.5	11.0	7.9	40～35	65.5	11.0	8.0
30～25	60.0	19.5	4.9	35～30	65.5	14.0	6.8
25～20	65.5	28.0	3.2	30～25	71.0	16.5	5.8
20～15	71.0	27.5	3.4	25～20	71.0	19.5	5.1
15 以下	82.0	27.5	3.5	20～15	76.5	19.5	5.1
				15 以下	82.0	27.5	3.5

表 2-26　部分进口木材干燥基准选用表　（板厚 25mm）

基准号	材　种	基准号	材　种
1	铁线子	6	大花龙脑香、柚木皇
2	坤甸铁木、爱里古夷苏木、加蓬轮盘豆木	7	摘亚木、多苞鞋木、大绿柄桑、甘巴豆
3	海棠木	8	大果紫檀
4	齿叶蚁木	9	平滑婆罗双
5	木荚豆、印茄木、毛榄仁木、香二翅豆、古夷苏木	10	非洲紫檀、香椿

② 三阶段干燥基准　若含水率基准只划分为 3 个阶段：第一阶段由初含水率干燥到 30%，第二阶段由 30%干燥到 20%，第三阶段由 20%干燥到终含水率，称这种基准为三阶段干燥基准。三阶段基准操作简单，软硬程度差异较明显。三阶段的软硬程度拉开差距虽符合木材干燥规律性，但建议干燥厚的硬阔叶树材还是要根据干燥效果灵活掌握。表 2-27 为三阶段干燥基准表，表 2-28 为三阶段干燥基准选用表。

表 2-27　三阶段室干基准表

基准号	含水率阶段/%	基准标记和干燥介质参数 t/℃、Δt/℃、φ														
		A			B			C			D			E		
		t	Δt	φ	t	Δt	φ	t	Δt	φ	t	Δt	φ	t	Δt	φ
1	>30	90	4	0.85	90	5	0.81	90	7	0.75	90	9	0.69	90	11	0.63
	30～20	95	7	0.76	95	9	0.70	95	11	0.65	95	13	0.60	95	15	0.54
	<20	120	32	0.32	120	34	0.29	120	36	0.26	120	37	0.25	120	38	0.24
2	>30	82	3	0.88	82	4	0.84	82	6	0.77	82	8	0.71	82	10	0.65
	30～20	87	6	0.78	87	8	0.72	87	10	0.66	87	12	0.60	87	14	0.55
	<20	10	27	0.35	10	29	0.32	10	31	0.30	108	33	0.27	108	35	0.24
3	>30	75	3	0.87	75	4	0.84	75	5	0.80	75	7	0.73	75	9	0.66
	30～20	80	6	0.77	80	8	0.70	80	9	0.66	80	11	0.61	80	13	0.55
	<20	10	26	0.35	10	28	0.32	10	29	0.30	100	31	0.27	100	33	0.25
4	>30	69	3	0.87	69	4	0.83	69	5	0.79	69	6	0.76	69	8	0.68
	30～20	73	6	0.76	73	7	0.72	73	8	0.69	73	10	0.63	73	12	0.56
	<20	91	24	0.36	91	25	0.34	91	26	0.33	91	28	0.30	91	30	0.26

（续）

基准号	含水率阶段/%	A t	A Δt	A φ	B t	B Δt	B φ	C t	C Δt	C φ	D t	D Δt	D φ	E t	E Δt	E φ
		基准标记和干燥介质参数 t/℃、Δt/℃、φ														
5	>30	63	2	0.91	63	3	0.86	63	4	0.82	63	5	0.78	63	7	0.70
	30~20	67	5	0.78	67	6	0.75	67	7	0.71	67	9	0.64	67	11	0.58
	<20	83	22	0.36	83	23	0.34	83	24	0.32	83	25	0.30	83	27	0.28
6	>30	57	2	0.90	57	3	0.85	57	4	0.81	57	5	0.76	57	6	0.72
	30~20	61	5	0.78	61	6	0.74	61	7	0.70	61	9	0.62	61	10	0.59
	<20	77	21	0.36	77	22	0.34	77	23	0.32	77	25	0.29	77	26	0.27
7	>30	52	2	0.90	52	3	0.84	52	4	0.80	52	5	0.75	52	6	0.71
	30~20	55	4	0.80	55	5	0.76	55	7	0.68	55	8	0.64	55	9	0.60
	<20	70	20	0.35	70	21	0.35	70	22	0.31	70	23	0.29	70	24	0.27
8	>30				47	2	0.90	47	3	0.84	47	4	0.79			
	30~20				50	5	0.75	50	6	0.70	50	7	0.66			
	<20				62	18	0.36	62	19	0.33	62	20	0.31			
9	>30				42	2	0.89	42	3	0.83	42	4	0.77			
	30~20				45	4	0.79	45	5	0.74	45	6	0.69			
	<20				57	17	0.36	57	18	0.33	57	19	0.31			
10	>30				38	2	0.88	38	3	0.82	38	4	0.76			
	30~20				41	4	0.77	41	5	0.72	41	6	0.67			
	<20				52	16	0.36	52	17	0.33	52	18	0.30			

表 2-28　三阶段室干基准选择表

材　种	基准种类	锯材厚度/mm							
		22 以下	22~30	30~40	40~50	50~60	60~70	70~85	85~100
红松、云杉、雪松、冷杉	软	6-E	6-D	7-D	7-C	7-C	7-B	7-B	8-B
	标	2-E	3-D	3-C	4-C	4-B	5-B	6-B	7-B
	强	1-E	1-D	1-C	2-C	2-B	3-B	—	—
落叶松	标	3-C	4-B	5-B	5-A	6-A	8-B	9-B	10-B
	强	1-C	2-B	3-B	3-A	—	—	—	—
山杨、椴木、白杨	标	3-D	3-B	4-B	5-C	6-C	7-C	8-C	9-C
	强	2-D	2-B	3-B	4-C	—	—	—	—
桦木、赤杨	标	3-E	4-D	4-C	5-C	6-B	7-B	8-B	9-B
	强	2-E	3D	3-C	4-C	—	—	—	—
水青冈、槭木	标	4-D	5-C	6-C	6-B	7-B	8-B	9-B	—
	强	2-D	3-C	4-C	—	—	—	—	—
柞木、榆木	标	5-D	6-C	6-B	7-B	8-B	9-B	9-B	—
	强	3-D	4-C	5-C	—	—	—	—	—
核桃楸	标	5-C	5-B	6-D	6-B	7-C	8-C	8-B	—
千金榆、水曲柳	标	6-C	6-A	7-B	8-B	8-B	9-C	9-B	—

③ *干燥梯度基准* 木材干燥室的自动控制，多采用干燥梯度基准。所谓干燥梯度，是指木材的平均含水率 W 与干燥介质相应的木材平衡含水率 EMC 之比，用符号 DG。即：

$$DG=\frac{W}{EMC} \tag{2-4}$$

这是木材干燥技术上的特殊梯度定义，并非严格意义上的梯度定义。干燥梯度可直观地反映干燥的快慢。

我们知道，当木材含水率高于周围介质状态相应的平衡含水率时，木材将向介质中蒸发水分。二者相差越大，即干燥梯度越大，水分蒸发越快。干燥过程中，木材含水率的变化和干燥介质的平衡含水率变化都可用电测含水率法进行动态监测，因此可随时求得干燥梯度，这样通过控制介质的平衡含水率，亦即控制介质的温度和相对湿度，可使干燥梯度维持在一定范围内。一定的锯材只要根据其干燥的难易程度，在不同的含水率阶段设定合适的干燥梯度，就可按这个原理控制干燥过程。

表 2-29 干燥梯度基准

基准组别			含水率阶段								
			60%	50%	40%	30%	25%	20%	15%	10%	6%
第一组	软	*EMC*	14.3	14	13.7	13.3	13.1	10.5	7.4	4.2	1.7
		DG				2.3	1.9	1.9	2.0	2.4	3.5
	适中	*EMC*	13.3	13	12.7	12.3	12.1	9.5	6.4	3.2	0.7
		DG				2.4	2.1	2.1	2.3	3.1	9
	硬	*EMC*	12.3	12	11.7	11.3	11.1	8.5	5.4	2.2	0
		DG				2.7	2.3	2.4	2.8	4.5	
第二组	软	*EMC*	11.7	11.4	11.1	10.8	10.6	8.4	5.8	3.2	1.1
		DG				2.8	2.4	2.4	2.6	3.1	5
	适中	*EMC*	10.7	10.4	10.1	9.8	9.6	7.4	4.8	2.2	0.1
		DG				3.1	2.6	2.7	3.1	4.5	6.0
	硬	*EMC*	9.7	9.4	9.1	8.8	8.6	6.4	3.8	1.2	0
		DG				3.4	2.9	3.1	3.9	8	
第三组	软	*EMC*	9.3	9.1	8.9	8.7	8.5	6.7	4.5	2.4	0.6
		DG				3.4	2.9	3.0	3.3	4.2	10
	适中	*EMC*	8.7	8.1	7.9	7.7	7.5	5.7	3.5	1.4	0
		DG				3.9	3.3	3.5	4.3	7	
	硬	*EMC*	7.3	7.1	6.9	6.7	6.5	4.7	2.5	0.4	0
		DG				4.5	3.8	4.3	6	25	

表 2-30 干燥梯度基准选用表

材 种	树种组别	基准组别	最初温度/℃	最终温度/℃	材 种	树种组别	基准组别	最初温度/℃	最终温度/℃
赤杨	3	2	50~60	70~80	栎木	3	1	45~55	60~70
白蜡树	3	2	50~60	65~75	三角叶杨	3	2	60~70	70~80

（续）

材 种	树种组别	基准组别	最初温度/℃	最终温度/℃	材 种	树种组别	基准组别	最初温度/℃	最终温度/℃
椴 木	2	3	55~65	70~80	苹果木	3	1	50~60	60~70
桦 木	3	2	60~70	70~80	榆 木	3	1	50~60	65~75
黑桤木	3	2	50~60	70~80	七叶树	3	2	40~50	65~70
黑刺槐	3	1	50~55	65~75	冬 青	3	1	35~40	55~60
黑核桃	3	2	45~55	65~75	月桂树	3	2	60~70	70~80
蓝桉木	3	1	35~45	50~55	红 栎	2	1	40~45	60~70
变色桉木	3	1	35~40	60~65	白 栎	2	1	40~45	60~70
山核桃	2	1	45~55	65~75	梨 木	2	1	50~60	60~70
核 桃	3	2	45~55	65~75	李 木	3	1	50~60	65~75
黄杨木	2	1	40~50	55~65	柚 木	2	1	50~55	65~75
樟 木	3	2	50~60	70~80	紫 树	3	2	45~50	65~70
杨 木	3	2	60~70	70~80	香 槐	3	1	45~50	65~70
铁 树	3	3	60~70	70~80	紫 杉	3	2	45~50	60~70
槭 树	3	1	45~55	60~70	红 松	3	3	60~70	75~85
红 木	3	3	60~70	75~80	白 松	3	3	65~75	75~80
橡胶木	1	3	50~60	65~75	落叶松	3	2	60~70	70~80
木 棉	3	3	65~75	75~85	铁 杉	3	3	60~70	70~80
栗 树	2	2	50~60	70~80	云 杉	3	3	65~75	75~85

专业干燥设备制造商，通常根据各自设备的特点，提供相应的干燥基准和操作说明，其方法大同小异。现以德国 GANN 公司用于 Hydromat TKV—2 型自动控制装置的干燥梯度基准为例介绍如下。

该基准及其选用如表 2-29 和表 2-30 所列，基准分 3 组，每组又分软、适中和硬 3 种干燥强度，一共 9 个基准。被干锯材按树种选择基准组别，另外再规定各树种的初期温度和后期温度，由锯材厚度决定干燥强度。厚度在 60mm 以上的用软基准，30~60mm 的用适中基准，30mm 以下的用硬基准。树种类别仅用于电阻法测量时修正木材含水率值。表 2-29 的基准一般储存在计算机中。使用时，只要将树种类别、终含水率、基准组别、干燥强度、初期温度、后期温度和调湿处理时间 7 个参数输入计算机，计算机就可自动控制干燥过程。有些自动控制装置并没有将固定的基准储存在计算机中，完全是由设定的参数执行全过程自动控制。如 GANN 公司的 Hydromat TKA—6G 型，只是根据基准表推荐的干燥梯度范围、树种类别、干燥强度、初始温度、最终温度、调湿处理时间和终含水率这 7 个参数来控制干燥过程。使用该法应注意室内的含水率测量点不能少于 3 点。机器以各测点的含水率平均值，作为执行干燥基准的依据。

干燥梯度基准对于计算机自动控制使用方便，但对半自动控制或手动操作不直观，因此一般不使用。

还有的是根据被干锯材的树种、厚度和含水率阶段，设置不同干燥温度和梯度，见表 2-31。这种干燥基准可用于全自动控制干燥室，也可用于半自动控制干燥室。

表 2-31　部分锯材干燥梯度基准表（厚度 25mm）

含水率阶段 *W*/%	冷杉、雪松、轻木、铁杉、多叶竹		
	干球温度 *t*/℃	干燥梯度 *DG*	平衡含水率 *EMC*/%
35 以上	55	2.1	13.5
35～28	60	2.4	11.0
28 以下	75	3.5	4.8
含水率阶段 *W*/%	枫木、海棠、山毛榉、白蜡木、桃花木		
	干球温度 *t*/℃	干燥梯度 *DG*	平衡含水率 *EMC*/%
35 以上	50	1.9	15.0
35～28	55	2.2	13.0
28 以下	75	3.2	5.5
含水率阶段 *W*/%	橡木、黑（紫）檀、白坚木、玫瑰木		
	干球温度 *t*/℃	干燥梯度 *DG*	平衡含水率 *EMC*/%
35 以上	42	1.9	16.5
35～28	45	2.1	14.0
28 以下	60	2.8	6.0
含水率阶段 *W*/%	落叶松、红杉、白桦、白杨、椴木		
	干球温度 *t*/℃	干燥梯度 *DG*	平衡含水率 *EMC*/%
35 以上	55	2.0	14.0
35～28	60	2.3	12.0
28 以下	75	3.2	5.0
含水率阶段 *W*/%	克隆木、印茄木、刺槐、梨木、柚木		
	干球温度 *t*/℃	干燥梯度 *DG*	平衡含水率 *EMC*/%
35 以上	45	1.9	16.0
35～28	50	2.1	13.5
28 以下	70	3.0	5.8

（2）时间干燥基准

指干燥过程按时间划分阶段的干燥基准。即把整个干燥过程所需要的时间分为若干个时间阶段，如二段、三段或四段，并按每一时间阶段规定相应的介质温度和相对湿度。每一阶段的干燥时间可以直接以具体时间来表示，例如每 8h 或 12h 甚至更长的时间为一阶段。也可用某阶段干燥时间占过程总时间的比率系数来控制。表 2-32 即为时间干燥基准。表 2-33 为时间干燥基准选用表。

表 2-32　时间干燥基准

基准序号	干燥阶段	干球温度/℃	湿球温度/℃	相对湿度/%	时间系数/%	基准序号	干燥阶段	干球温度/℃	湿球温度/℃	相对湿度/%	时间系数/%
1	1	100			10	3	1	96	79	51	30
	2	120			40		2	114	72	20	70
2	1	96	74	41	30	4	1	90	74	52	40
	2	116	70	17	70		2	110	70	20	60

（续）

基准序号	干燥阶段	干球温度/℃	湿球温度/℃	相对湿度/%	时间系数/%
5	1	90	70	43	30
	2	100	70	29	20
	3	110	68	18	50
6	1	90	76	56	35
	2	100	76	39	30
	3	110	70	20	35
7	1	80	70	51	30
	2	96	74	41	20
	3	106	70	23	20
	4	110	68	17	30
8	1	80	69	62	30
	2	90	71	45	20
	3	100	74	35	20
	4	110	70	20	30
9	1	78	70	70	30
	2	88	74	56	20
	3	98	76	42	20
	4	108	74	26	30
10	1	78	72	77	30
	2	88	77	64	20
	3	98	76	42	20
	4	108	76	29	30
11	1	76	68	70	30
	2	80	67	56	20
	3	90	73	49	20
	4	100	72	32	30
12	1	72	63	66	30
	2	80	66	54	20
	3	88	69	44	20
	4	96	66	28	30
13	1	64	60	82	30
	2	72	66	76	20
	3	78	67	61	20
	4	84	64	41	30
14	1	50	42	62	30
	2	54	44	56	20
	3	64	49	45	20
	4	76	52	30	30
15	1	74	69	80	30
	2	80	71	68	20
	3	86	68	46	20
	4	90	62	29	30
16	1	68	61	72	30
	2	74	63	60	20
	3	78	60	43	20
	4	84	58	30	30
17	1	60	61	79	30
	2	70	63	72	20
	3	76	64	58	20
	4	82	62	40	30
18	1	64	60	82	30
	2	72	66	76	20
	3	78	67	61	20
	4	84	64	41	30
19	1	80	69	62	30
	2	90	73	49	20
	3	100	76	39	20
	4	110	70	20	30

表 2-33 时间干燥基准选择表

厚度/mm	红松	美国松	雪松	白松	椴木	杨木	落叶松	桦木	色木	水曲柳	榆木	核桃楸	黄波罗	柞木	越南杂
27 以下	1	1	1	1	1	14	9	12	12	12	12	11	11	13	17
28~37	1	1	3	3	3	15	10	12	12	12	16	11	11	13	18
38~47	1	1	4	4	4	15		12	12	12	16	12	12		
48~57	2	2	6	6	6										
58~67	5	5	8	8	8										
68~77	7	7	19	19											

时间基准是在含水率基准的基础上总结出来的，即对一定的干燥设备，当干燥某一树种、某一规格的锯材时，用含水率基准已取得了丰富的干燥经验，操作者对各含水率阶段所需时间已心中有数，只要干燥室性能稳定，控制可靠，仅根据时间来掌握，不测定干燥过程中含水率的变化，同样可以获得满意的干燥结果。可见时间基准是由含水率基准演变的操作基准。该基准控制方便，但不同型号干燥室，由于其空气动力特性差异，干燥同样锯材时，干燥速度不一定相同，因此，该基准不便通用。另外，由于没有干燥过程的信息反馈，遇到供汽压力不稳、停电、设备故障等意外情况，操作上往往存在盲目性，极易造成干燥缺陷或不干。

该基准适合锯材树种和规格较单一的企业，如地板厂等。

（3）连续升温干燥基准

连续升温工艺（CRT）是 20 世纪 60 年代 D.S.Dedrick 提出的（美国专利）。其工艺要点是：干球温度从接近于实际环境温度开始，在干燥过程中等速上升（上升的速率取决于树种、锯材厚度和干燥质量要求等），无须控制相对湿度，也不进行中间调湿处理。但要求介质以层流状态通过材堆（气流速度为 0.5 ~ 1m/s），并不改变气流方向。这种工艺的原理是：

① 干球温度等速上升，使室内空气（干燥介质）与木材表面之间保持明显的温度梯度，从而确保介质源源不断地供给木材蒸发水分所需的热量，并尽量使热量消耗于蒸发水分而不是提高木材本身的温度。

② 介质以层流状态通过材堆，使木材表面具有饱和程度较高的气流稳定层，因此，无须控制相对湿度，就能维持木材表面相对湿度较高的状态。这是与普通常规干燥工艺理论不尽相同的另一观点。

不难看出，连续升温工艺是一种方法简单，操作方便，干燥快速，又可节能的干燥工艺。在美国广泛用于针叶树材的干燥，升温范围为 0.5 ~ 5.5℃/h（干燥厚度 50mm 以上的锯材为 1 ~ 3℃/h）。对同一厚度的锯材通常以同一升温速率等速上升，很适合采用自动化程序控制，干燥效率较高。

澳大利亚 Nassif 根据连续升温工艺的原理，以含水率 25%为界限，分两阶段以两个不同速率使干、湿球温度同时等速上升，并限制最高温度为 85℃的所谓“连续变化基准（CVS）”，用于干燥阔叶树材也获得成功。例如干燥 100mm×50mm 的新鲜银丝皮桉和兰叶球桉，第一阶段升温速率为 0.1℃/h，第二阶段 0.25℃/h，从初含水率 66.3%干到 14.1%，干燥时间 412h，而采用普通工艺时需 1305h，干燥速率快 3 倍以上。

显然，连续升温和连续变化工艺不考虑中间调湿处理，此工艺干燥厚板或硬阔叶树材时，易引起表面硬化而导致内裂。以同一速率升温或分两段也不尽合理，因为在前、中、后期干燥的难易程度是不同的，因此在干燥厚板或硬阔叶树材时要慎用。

20 世纪 80 年代以来，连续升温工艺在我国的应用渐多。因这种工艺不需要喷蒸，炉气干燥采用这种工艺非常方便，效果也较好。通常的做法是根据锯材的树种、厚度和初含水率，设定初始温度和最高温度，并估计总的干燥时间，再设定升温，也可只升干球温度，湿球温度始终保持不变。可以不进行中间处理，有条件也可照常进行中间处理。也不考虑气流速度以层流状态通过材堆。当温度达到最高温度以后保持温度不变，直到木材含水率达到要求的终含水率，最后再进行终了调湿处理。表 2-34 为部分木材炉气干燥连续升温基准表。

表 2-34 炉气干燥连续升温基准表

树种	厚度/mm	干球温度		湿球温度	
		升温范围/℃	升温速度/（℃/h）	升温范围/℃	升温速度/（℃/h）
松木、杉木、椴木	22 以下	50～100	约 1.8	43～65	0.80
	22～30	50～95	约 1.1	44～60	0.40
	30～40	50～90	约 0.8	45～60	0.35
	40～50	50～85	约 0.6	45～60	0.30
杨木、马尾松、花旗松	20～30	50～90	约 1.0	45～65	0.55
	30～40	50～85	约 0.7	45～60	0.35
	40～50	50～82	约 0.5	45～60	0.30
桦木、落叶松	20～30	50～88	约 0.6	45～60	0.30
	30～40	50～85	约 0.4	46～60	0.20
	40～50	50～82	约 0.3	46～60	0.17
柳桉、槠树、枫香、榆木、水曲柳	20～30	50～82	约 0.45	46～60	0.23
	30～40	50～80	约 0.3	47～60	0.15
	40～50	50～75	约 0.2	48～60	0.10

任务实施

■ 任务实施要求

1. 引导问题由个人课下独立完成，课堂上以小组形式共同完成学习任务，认真讨论，共同确定 25mm 厚红松板材、30mm 厚水曲柳板材、50mm 厚椴木板材、53mm 厚柞木板材等常见家具用材的干燥基准，及时发现问题、分析问题、解决问题。

2. 干燥基准作为木材干燥生产的灵魂，查读要准确迅速，更重要的是要比较基准的软硬程度，选择合适的基准并进行相应调整。

3. 小组之间对基准确定情况相互验证，在反复查读与调整基准过程中巩固知识与技能。

4. 以含水率基准为主要查读基准，同时要兼顾三阶段基准、时间干燥基准和干燥梯度基准的查读与调整。

5. 互相尊重，互相学习，勤于沟通交流，汇报语言组织流畅。做好记录，善于总结，学会自我管理，保护学习环境。

■ 学习引导问题

请同学们认真阅读知识准备内容，独立完成以下引导问题。

1. 干燥基准可分为_________、_________、_________，其中_________基准属于自动控制基准。

2. 选用干燥基准的主要依据是_______、_______、_______等。选用原则是兼顾_______和_______。

3. 是非判断

（1）基准越硬，木材干燥速度越快。

（2）当其他条件相同时，干燥介质相对湿度越小，基准越软。

（3）同一基准，用于强制循环干燥室和自然循环干燥室软硬程度相同。

（4）对一种木材合适的基准，用于相同厚度的其他树种木材干燥时一定也适用。

■ 任务实施步骤

1. 按照任务布置→学生个人准备→组内讨论、检查→展示成果、问题指导评价→组内讨论、修改方案→第二次展示→评价→问题指导→评价、验收→师生共同归纳总结→新任务布置等程序完成本项目学习。

2. 进行本任务前须完成引导问题的回答。

3. 熟悉干燥基准的分类，根据基准分类方法确定完成本任务使用的干燥基准的类型。

对于新建干燥室或在干燥未曾干过的锯材时，首先要确定干燥基准。一般首先从有关基准中选用，若不能选到合适的基准就要制定。

合理的干燥基准应在保证干燥质量的前提下，最大限度缩短干燥周期，降低干燥成本。选择基准，首先要确定基准的类型。如前所述，含水率基准通用性强，便于使用过程中随时修订，干燥质量容易保证，以此为基础可以制定其他干燥基准。因此，一般先选含水率基准。在使用过程中通过总结经验，熟悉木材的干燥特性和设备性能，如果必要，再过渡到时间基准等其他基准上来。但如果对其他干燥基准有使用经验，也可直接选用。

表 2-21、2-23、2-25、2-27、2-29、2-31、2-32 和 2-34 分别列出了部分含水率干燥基准、三阶段干燥基准、干燥梯度基准、时间干燥基准和连续升温基准等，可供参考选用。这几种基准从软到硬自成系列，并有其相应的选用表。

基准选择的主要依据是锯材树种和厚度，其次要考虑其用途和干燥质量要求。对质量要求较高的锯材，可选择适中或偏软的基准。反之选择偏硬基准。当不同树种、不同厚度、不同含水率同在一起干燥时，要按难干树种、较厚或含水率较高的锯材选择基准。

选用 LY/T 1068—2012《锯材窑干工艺规程》设立的含水率干燥基准（表 2-21 和表 2-23）时应注意以下问题：

（1）当锯材的初含水率高于 80%时，基准第 1、2 阶段的含水率分别改为 50%以上和 50%～30%；初含水率高于 120%时，基准第 1、2、3 阶段含水率应分别改为 60%以上、60%～40%、40%～25%。

（2）选用表中有*号者，表示需要进行中间热湿处理。

（3）若锯材厚度不是基准表中规定的厚度，可采用相近厚度的基准。例如当材厚为 20mm 时，如干燥质量要求较高，可用材厚 25mm 的基准；若干燥质量要求不太高，可用材厚 15mm 的基准。

（4）对于风速 1m/s 以下的强制循环干燥室，采用该系列基准时，干湿球温度差均应增加 1℃。

（5）干燥半干材时，先要充分预热（工艺要求见预热处理），再缓慢过渡到相应的含水率干燥阶段。

（6）无喷蒸设备的干燥室，为确保基准中的干湿球温度差，应适当降低干球温度。

（7）基准表中所列参数均以材堆进风侧的介质状态参数为准。若干湿球温度计不在材堆进风侧，则干燥基准参数必须依据实际情况进行修正，介质进出材堆的温度差一般为 2℃～8℃，干湿球温度差将会降低 1℃～4℃。实际差与材堆宽度、气流速度大小和木材含水率高低等因素有关，若材堆较宽，气流速度较小，木材含水率较高，介质穿过材堆后的温度将有较大的下降，湿度将有较大的提高。

（8）木材干燥特性的多变性和干燥设备的多样性对干燥工艺都有影响。例如，同一树种的不同“亚种”、不同产地甚至同一株树的不同部位，干燥特性都不尽相同；另外不同干燥室因温湿度计安放的位置、材堆宽度、气流速度的大小及其分布均匀度等的不同，使仪表检测的介质状态参数与材堆中的真实状态或多或少有些差异，甚至差别较大。因此，干燥基准不能生搬硬套，首次选用时，操作要多加小心，注意总结经验并加以修正。

4. 根据干燥基准表查找常见针叶材及阔叶材干燥基准编号并准确定位木材干燥基准。

在此过程中，首先选择目前干燥生产最常用的（多阶段）含水率干燥基准查找表 2-21～表 2-24 得到 25mm 厚红松板材、30mm 厚水曲柳板材、50mm 厚椴木板材、53mm 厚柞木板材的基准号，若被干板材厚度非基准表中规格木材厚度，可选择相近厚度木材基准号。

5. 确定基准后，根据木材特性、生产用途、干燥设备等因素针对基准的软硬程度进行调整。

（1）干燥基准软硬度的调整

所谓干燥基准的软硬，是指按干燥基准控制干燥介质时，木材蒸发水分的强度。强度高者为硬基准，低者为软基准。显然，干燥介质的温度越高，相对湿度越低，水分蒸发的强度越高，基准越硬；反之，水分蒸发的强度越低，基准越软。

基准的软硬关系到木材的干燥质量和干燥成本。因此选用必须适当。过硬，容易产生干燥缺陷；过软，干燥周期太长，费用增加。

基准的软硬是相对的。不能孤立地说哪一个基准是软基准或硬基准，只能相对某一使用条件或另一基准是偏软或偏硬。同一基准，对于较薄的针叶树材适用时，对于较厚的硬阔叶树材可能偏硬，易损伤木材；对重要用途木材可能过硬的基准，对普通用途的木材可能较软。基准软硬度和干燥室结构及室型也有关，同一基准，在自然循环干燥室或循环风速较小的强制循环干燥室使用可能太软（因为气流速度低，木材表面水分蒸发缓慢），而在风速较大的强制循环干燥室可能偏硬。

（2）干燥基准的修订

新基准的制定方法有多种，如比较法、图表法、分析法、百度法等。后两种一般在实验室进行。在此仅就比较法和图表法介绍如下：

① *比较法*　所谓比较法指以材性和干燥特性相近树种的已知干燥基准作为参考基准，通过试验修正的方法制定新树种的干燥基准。其制定步骤如下：

a. 了解新树种木材，具体包括木材的基本密度、弦径向收缩系数及其比率、木材的构造特征（如木射线的粗细及数量，细胞形态、细胞壁的厚薄及纹孔分布情况）等。

b. 在已知干燥基准的木材树种中选择与新树种的材性和干燥特性相近的树种。将选定的参考基准按新树种的实际条件进行适当的调整。

c. 用拟定基准进行试干燥，并详细检测和记录干燥过程中含水率及应力指标的变化及终了各项质量指标。

d. 分析检测结果，适当修正拟定基准，再次进行试干燥和检测，直到基准基本合理。

如果用小型试验设备，试材数量较少时，可使拟定基准略偏硬，根据干燥质量情况再由硬到软逐步调整，直到满意为止。若试验在生产性干燥室中进行，为防止损失，拟定基准应由软到硬逐步修正。

比较法是目前制定干燥基准最常用的方法。相比其他方法而言，容易掌握，制定的基准较为实用可靠。

② *图表法*　根据凯尔沃思（Ketlwerth）的研究，干燥基准可以直接由图 2-58、表 2-35 和表 2-36 来确定。

首先，根据被干锯材的含水率 W（指沿厚度的平均含水率），由图 2-58 确定表征介质状态的平衡

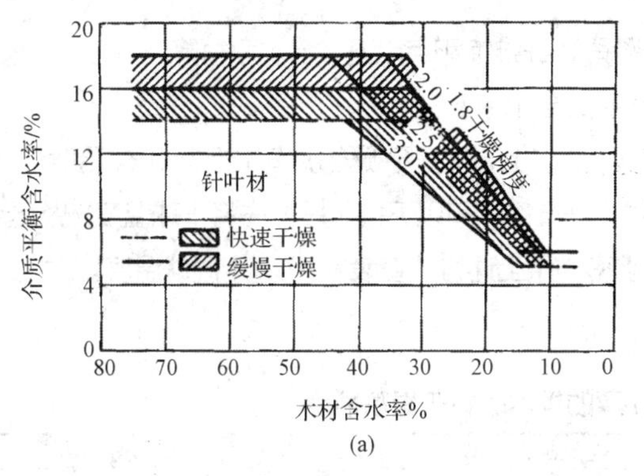

(a)

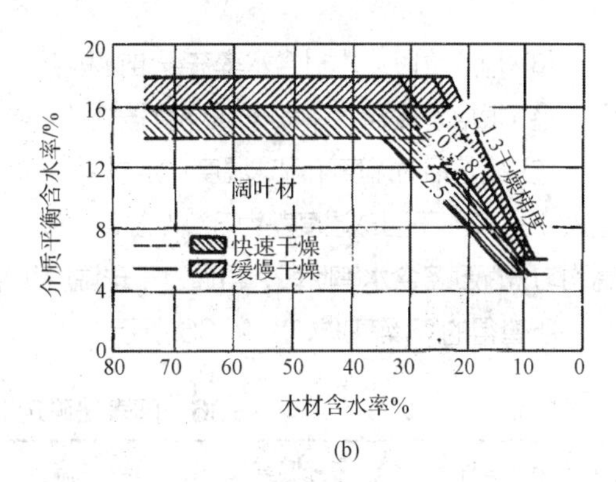

(b)

图 2-58　干燥基准推荐图

（a）适用于针叶树材　（b）适用于阔叶树材

含水率 *EMC* 或干燥梯度 *DG*。

当木材的含水率在纤维饱和点以上时，介质的平衡含水率取定值；在 14%~18%范围，根据树种和干燥速度要求，由图 2-58 确定。木材含水率在纤维饱和点以下时，介质的平衡含水率状态随木材含水率的变化而变化，但对一定的被干锯材，它们的比例关系——表征基准软硬程度的干燥梯度 *DG* 应基本维持不变，也可根据树种和干燥速度要求由图 2-58 确定，并由该图查得对应的平衡含水率值。

干燥梯度的取值范围在 1.3~4 之间。干燥质量要求较高时，建议按如下取值：针叶树材：*DG*=2.0；阔叶树材：*DG*=1.5。

当木材厚度小于 30mm 并可快速干燥时，建议按如下取值：针叶树材：*DG*=3.0~4.0；阔叶树材：*DG*=2.0~3.0。

表 2-35 是推荐的干燥温度值。根据干燥温度和图 2-58 查得的平衡含水率，再查相对湿度和湿球温度值。

表 2-35　干燥温度推荐表

材　种	最初温度/℃	木材含水率在纤维饱和点以下的最高温度/℃
栎木	40	50
栎木、黄杨、桉树	40	60
栎木	40	80
巴西松	50	70
黑胡桃	50	80
山毛榉、鸡扑槭、山核桃	60	80
桦木、落叶松、松木	70	80
黄杉属、松木	70	90
冷杉、云杉、松木	100	120

[例]　干燥 30mm 厚的桦木板材，初含水率 50%，终含水率 8%，试用图表法确定其干燥基准。

[解]　① 确定干燥温度：由表 2-35 查得，桦木最初温度为 70℃，最高温为 80℃。

② 确定干燥条件：桦木属中等硬度散孔阔叶树材，干燥特性略好，干燥速度可以稍快，因此，木材含水率在纤维饱和点以上，取 *EMC*=16%，纤维饱和点以下取 *DG*=2.5。

③ 划分阶段：木材含水率在纤维饱和点以上为一阶段，纤维饱和点以下，含水率每降 5%为一阶段。

④ 根据阶段含水率和干燥梯度按式（2-4）计算平衡含水率。

⑤ 确定相对湿度和湿球温度：木材含水率在纤维饱和点以上，根据平衡含水率 16%、干球温度 70℃查表 1-9 知，干湿球温度差为 3℃，湿球温度 67℃；对于纤维饱和点以下各阶段，先将干球温度按从低到高均匀分配到各含水率阶段，再通过干球温度和平衡含水率，用上述方法查表 1-9 确定湿球温度。

所查得的干燥基准如表 2-36 所示。

表 2-36　图表法确定 30mm 厚的桦木板材干燥基准表

含水率%	干球温度/℃	湿球温度/℃	相对湿度/%	平衡含水率/%	干燥梯度
50～30	70	67	87	16	3.1～1.9
30～25	75	69	77	12～10	2.5
25～20	75	67	69	10～8	2.5
20～15	80	68	58	8～6	2.5
15～10	80	62	43	6～4	2.5
10～8	80	56	30	4～3.2	2.5

我们还可根据经验就该法查得的基准作适当的修正。例如，在含水率 40%～30%时，将平衡含水率降到 14%，并在含水率降到 20%以后，将干燥梯度提高到 3。这样可加快干燥速率而不影响干燥质量，使基准更为合理。因为当应力（见任务 2.6）改变方向时，应及时转变干燥阶段。且桦木不易发生内裂，后期可较大幅度地提高干燥速度。

由干球温度确定湿球温度还可以用直接查图方法，这种方法误差略大，在此不作介绍。

图表法制定干燥基准目前生产中应用不多，在使用时要注意总结经验。由该方法制定的基准在投入生产前最好进行试用修正。

6. 每人确定基准后在小组内进行讨论宣讲，最终每组确定一个最优方案在班级内部进行展示。

■ 案例分析

[例 1]　红松板材，厚度 28mm，初含水率为 85%，试确定其干燥基准。

[解]　红松属针叶树材，查表 2-22，选定基准号 1-3，并在表 2-21 中找出干燥基准表，由于 $W_{初}=80\%$。则调整后第 1、2 阶段含水率的干燥基准如下：

W/%	t/℃	Δt/℃	EMC/%
50 以上	80	8	9.3
50～30	85	12	7.1
30～25	90	16	5.7
25～20	95	20	4.8
20～15	100	25	3.8
15 以下	110	35	2.4

[例 2]　水曲柳家具用材，厚度 35mm，初含水率 65%，试确定其干燥基准。

[解]　水曲柳属阔叶树材，查表 2-23，考虑到初含水率不太高，质量要求一般，因此，选用偏硬的基准 13-2*如下：

W/%	t/℃	Δt/℃	EMC/%
40 以上	65	4	13.6
40~30	67	5	12.3
30~25	70	8	9.6
25~20	75	12	7.3
20~15	80	15	6.2
15 以下	90	20	4.8

[例 3] 栎木地板毛料，厚度 25mm，已经过部分气干，室干前初含水率为 28%左右，试确定其干燥基准。

[解] 由表 2-24 知，其基准号为 18-1*，初含水率接近 30%，各阶段的基准如下表。开始干燥前应充分预热，然后过渡到该基准的第一阶段。

W/%	t/℃	Δt/℃	EMC/%
预热	51	2	
30~25	45	5	12.6
25~20	50	8	9.8
20~15	55	12	7.6
15~12	60	15	6.4
12 以下	70	20	4.9

成果展示

1. 以多阶段含水率干燥基准方法进行木材干燥基准确定

（1）25mm 厚红松材含水率干燥基准

基准如下:（基准号　　　　）

（2）30mm 厚水曲柳板材含水率干燥基准

基准如下:（基准号　　　　）

（3）50mm 厚椴木含水率干燥基准

基准如下:（基准号　　　　）

（4）53mm 厚柞木含水率干燥基准

基准如下:（基准号　　　　）

2. 以三阶段木材干燥方法进行木材干燥干燥基准确定

（1）25mm 厚红松材三阶段干燥基准

基准如下:（基准号　　　　）

（2）30mm 厚水曲柳板材三阶段干燥基准

基准如下:（基准号　　　　）

（3）50mm 厚椴木三阶段干燥基准

基准如下:（基准号　　　　）

（4）53mm 厚柞木三阶段干燥基准

基准如下:（基准号　　　　）

3. 以干燥梯度木材干燥方法进行木材干燥干燥基准确定

（1）25mm 厚红松材干燥梯度基准

基准如下:（基准号　　　　）

（2）30mm 厚水曲柳板材干燥梯度基准

基准如下:（基准号　　　　）

（3）50mm 厚椴木干燥梯度基准

基准如下:（基准号　　　　）

（4）53mm 厚柞木干燥梯度基准

基准如下:（基准号　　　　）

总结评价

在本任务的学习过程中，同学们要能熟练掌握木材干燥基准的确定方法，能对含水率干燥基准的软硬度进行调整，比较多种干燥基准确定方法，选择最适合生产的干燥基准，并根据树种自身干燥特性、产地、订单要求、干燥经验、设备特点等因素合理确定干燥基准。

完成本任务后请同学们对自己的学习过程与学习结果进行评价。

实训考核标准

序 号	考核项目	满 分	考核标准	得 分	考核方式
1	明确选用基准和编制基准条件	10	选用基准和编制基准所用锯材树种正确		实训报告
2	4 种木材干燥特性分析	20	特性分析准确		实训报告
3	实训结果	40	多阶段含水率基准选择调整合理 三阶段含水率基准选择调整合理 干燥梯度基准选择调整合理		报告、答辩
4	报告规范性	5	酌情扣分		实训报告
5	实训出勤与纪律	5	酌情扣分		考勤
6	答辩	20	思路清晰，基准选择调整合理		个别答辩
总计得分		100			

巩固训练

60mm 厚樟子松家具料干燥，请确定其含水率干燥基准。

选择干燥基准（编号:　　　　　　）

W/%	干球温度 t/℃	干湿球温度差 Δt/℃	EMC/%

本案例中，你是根据什么方法确定的木材干燥基准?

如果你是第一次进行樟子松的干燥，对木料干燥性能并不熟悉，你会如何进行干燥基准的调整?

拓展提高

波动干燥基准与半波动干燥基准

木材内部水分扩散的驱动力是水蒸气压力梯度，而水蒸气压力梯度又是含水率梯度和温度梯度的函数。当含水率梯度和温度梯度都内高外低，方向一致时，对促进内层水分向表层扩散最有利。尤其是温度梯度的作用，不会引起干燥应力。波动干燥基准就是根据这一理论提出的。在干燥过程中，通过使干燥温度反复“升温一降温一恒温”，加速木材内部水分向表面的扩散。升温阶段只加热木材不干燥，当木材中心温度接近介质温度时，即转入降温干燥阶段，降至一定程度，再保持一定时间的恒温，以便充分利用内高外低的温度梯度。当中心层的温度降低，使温度梯度平缓时，再次升温。如此周而复始，以确保干燥过程具有内高外低的温度梯度。

如果干燥全过程中，介质温度始终作“升高—降低”反复波动变化，这种基准称为波动干燥基准。如果介质温度在干燥前期逐渐升高，只在后期作波动变化，则称为半波动干燥基准。

波动工艺对加速干燥的效果在干燥前期比较明显，后期则不甚明显。但前期波动须确保一定的相对湿度，否则易引起开裂。后期波动相对较安全。因此在生产上，通常采用半波动工艺，即前期干燥采用其他工艺，只在含水率降到 25%以后，才采用波动干燥工艺。

从干燥原理而言，波动干燥是合理的，但就工艺过程来说，则存在不合理的因素。因为木材室干主要以对流方式加热，热量是由外部向木材内部传递的，要使木材具有内高外低的温度梯度，就得经常喷蒸和排气，热量损失较大。另外，加热期间不干燥，而干燥期间因温度传递较快，加上木材中水分蒸发所消耗的汽化潜热，内高外低的温度梯度维持的时间不长，经常波动使得用于非干燥的时间较多。波动基准操作也比较困难，温度的经常变化使相对湿度不便调节和控制。若加热期间湿度偏低，会导致开裂，湿度偏高又会使表层吸湿过多而延长干燥时间。在生产上，有时干燥某些难干锯材时，如果时间允许，采用夜间停止干燥作业的“间断干燥”法。即白天按基准操作，夜间停止加热和通风，关闭进、排气道进行“闷窑”。这是对波动基准的灵活运用。在“闷窑”期间，木材仍会继续干燥，含水率梯度也得到一定的缓和，从而减轻或消除部分应力，同时还节省劳动力和能耗。不过基准不易调节，干燥时间也比连续升温干燥略长。

波动基准可用于某些难干树种的干燥，也用于间歇真空干燥。但实际上，在常规室干生产中应用不多。

■ 思考与练习

干燥基准是木材干燥的灵魂，基准制定是否得当将会影响到被干板材的质量与等级，确定合理的干燥基准可以最大程度地保证干燥质量、减少干燥缺陷。

1. 干燥基准的软硬度代表什么？
2. 阔叶材中厚板的基准表查读依据是什么？
3. 比较含水率干燥基准、三阶段干燥基准、干燥梯度基准、时间干燥基准的优缺点。

任务 2.5　木材热湿处理条件制定与干燥工艺编制

工作任务

1. 任务提出

通过任务实施，了解木材干燥过程中内应力的变化规律，掌握干燥基准选用与制定的基本方法和步骤；掌握热湿处理的种类，各种热湿处理的目的、控制因素及参数确定方法；能根据锯材条件，熟练选用或制定干燥基准，确定热湿处理参数；确定 25mm 厚红松板材、30mm 厚水曲柳板材、50mm 厚椴木板材、53mm 厚柞木板材等常见家具用材的热湿处理条件，完成干燥基准编制。

2. 工作情景

课程在木材干燥实训室进行教学，以分组形式完成课程教学。首先教师以冬季干燥 30mm 柞木家具板材为例，逐步演示热湿处理条件的确定方法，完成其干燥基准的编制；学生根据教师演示操作和教材讲述的基准编制步骤逐步进行操作，对任务 2.4 中已选择的 4 种常见树种厚度板材的干燥基准确定热湿处理条件，并对干球温度、干湿球温度差、热湿处理时机、热湿处理条件、保持时间等因素进行调整。最终提交不同厚度树种木材的干燥基准。

3. 材料及工具

林业行业标准 LY/T 1068—2012《锯材窑干工艺规程》、教材、笔记本、笔、多媒体设备等。

知识准备

1 木材的热学性质与木材的对流加热

（1）木材的热学性质

关于木材的热学性质，在此主要介绍木材的导热系数、比热和导温系数。

① 导热系数 λ　导热系数表示木材传递热量的能力，系指单位厚度木材上温差为 1℃时，单位时间内通过单位面积的热量。

导热系数与温度、含水率、木材基本密度（木材的绝干质量与生材体积之比）及热流方向有关。一般 0℃以下温度越低、0℃以上温度越高、含水率越高、基本密度越大，木材导热性越好；顺纹方向较横纹方向导热性好。干木材是热不良导体，含水率越高越有利于木材加热。

② 比热 C　比热表示木材吸收热量的能力，系指单位质量木材温度变化 1℃所吸收或放出的热量。单位为 kJ/（kg·℃）。

木材比热与树种无关，只取决于温度和含水率。温度越高、含水率越高，其比热越大，木材的吸热量越大。

③ 导温系数 a　导温系数表示木材使其内部各点温度趋于一致的能力，单位为 m^2/s（或 m^2/h）。

导温系数 a 与导热系数 λ、比热 C 及密度 ρ 有直接关系，其大小可用下式计算。

$$a=\frac{\lambda}{C\rho} \quad (m^2/s \text{ 或 } m^2/h) \tag{2-5}$$

（2）木材的对流加热（冷却）

木材干燥加热有两种途径：外部传热和内部生热。外部传热是把热源的热量通过某种传热形式传给木材，使其温度升高。根据热工理论，传热有 3 种基本形式：传导、对流和辐射。木材干燥主要采用对流传热加热木材，传导和辐射只作为次要或辅助方式。内部生热是利用木材的介电性质，使木材及所含水分吸收一定电磁波后在内部自生热量。

由于流体各部分发生相对位移而引起热量传递的过程称为对流传热。它既包括流体运动时随着质量的移动而引起的热量转移，也包括流体的导热。对流传热只能发生在液体和气体中。

木材对流加热（冷却）就是通过流体介质（如湿空气）的流动和表面接触对木材进行热量传递。木材与介质交界处的热交换包括导热和对流两种方式，其现象复杂，关系因子很多，主要有气体的流动状态和速度、气体的物理性质（导热、比热、密度）及固体的性质、形状和大小等。

2 木材干燥过程中的应力变化

要控制木材的干燥质量，必须了解和掌握干燥过程中木材内应力的产生和发展变化。

干燥过程中，木材内部存在的应力有 3 种：干燥应力、差异收缩应力和生长应力。其中生长应力大部分在木材锯解过程中已经释放，残余生长应力很小。差异收缩应力是由于木材径弦向收缩不一致而造成的，鉴于干燥的锯材每块径弦角度都不相同，应力情况复杂，而且这种应力难以通过干燥工艺加以克服。因此，在分析木材干燥应力时，做一个理想的假设，即不考虑差异收缩应力和生长应力的作用。

木材干燥过程中，水分总是先从表面蒸发的。随着表面水分的逐渐减少，木材内外形成了含水率梯度，并且在此作用下，内层水分不断向表层移动。在干燥的初期阶段，表层含水率先降到纤维饱和点以下而发生收缩，但内层含水率尚在纤维饱和点以上，未发生收缩，这时，表层会受到内层的牵制而处于伸张状态，即产生张应力，内层则受到表层的压迫而处于受压状态，产生压应力。这种由于内、外层收缩不同步引起的应力即为干燥应力。随着干燥过程的继续，木材内外层含水率梯度逐渐加大，干燥应力也会逐渐增大，直至应力达到一个最大值后，随着干燥过程的继续，纤维饱和点“湿线”内移，木材浅内层也开始收缩，应力开始下降。在此期间，当表层张应力达到或超过木材的横纹抗拉强度时，木材便发生表裂。试验证明，对于材质较软、厚度不大的木材，这种表面张力最大也不会超过其横纹抗拉强度，因此不会产生表裂；但对于材质较硬、厚度较大的木材，当平均含水率降到 1/3～1/2 时，木材表面张力就已接近其横纹抗拉强度，很可能产生表裂。因此必须采取工艺措施减小干燥应力。一般采取提高介质温湿度的方法，使木材表面适度吸湿提高表层含水率，这就是所谓的热湿处理。

当平均含水率降到 30%附近时，木材内应力消失，处于一种暂时的应力平衡状态，此时的干燥比较安全。随着干燥过程的继续进行，某些厚度较大的木材虽然前期未产生表面开裂，但由于木材是弹—塑性体，表层在长时间处于伸张状态下，会发生所谓的“塑性变定”而形成“表面硬化”。这种硬化在一定程度上使表层“欠收缩”，即没有达到其应有的收缩程度，如不解除这种硬化，随着木材深内层含水率的进一步下降，内层收缩加剧，此时没有正常收缩的表面硬化层便反过来限制内层的收缩，使内层处于张应力状态，外层处于压应力状态，与干燥初期的应力符号正好相反。显然，如果内层张应力达到或超过木材的横纹抗拉强度时，就会发生内裂（蜂窝裂），因此在此之前也要不失时机地采取工艺措施——热湿处理解除表面硬化。

当木材已达到要求的终含水率后，即使没有内裂发生，也还有残余应力存在。因为后阶段的干燥使内层收缩还在继续，而外层早已不再收缩。外层虽在前次的调湿处理中提高了表面塑性，但在后续干燥中又再次发生了“塑性变定”，不能与内层同步收缩。因此，干燥末了还须进行调湿处理，以解除残余干燥应力，否则干燥木材再锯剖时会严重夹锯，加工成零件后也会严重变形。

干燥应力是木材干燥过程中必然发生的，但其大小与干燥速度有关，如果干燥速度慢，内外含水率梯度小，则应力就小，木材也就不易产生开裂。低温干燥质量好就是这个道理。如果采用快速干燥，在干燥的某些关键时刻就必须采取适当的工艺措施，这就是本任务介绍的热湿处理。

3 木材干燥曲线

木材干燥的不同阶段，其含水率、干燥应力、变形等都有不同的变化。

所谓干燥曲线是指干燥过程中木材含水率与时间的关系曲线。它反映了木材含水率随工艺过程变化的基本规律，是研究分析各阶段干燥特点、调整工艺条件的重要依据。

有时还辅以温度曲线，即锯材干燥温度（注意不是介质温度）随干燥时间的变化曲线。

不同锯材的干燥曲线和温度曲线各不相同。但根据锯材初含水率状态的不同，干燥曲线可分为两类：一类是初含水率低于纤维饱和点的干燥曲线，如图 2-59（a）所示；另一类是初含水率高于纤维饱和点的干燥曲线，如图 2-59（b）所示。初含水率低于纤维饱和点的锯材干燥过程可分为预热和减速干燥两个阶段，初含水率高于纤维饱和点的锯材干燥过程则可分为预热、等速干燥和减速干燥 3 个阶段。

（1）预热阶段

如图 2-59（a）（b）*Oa* 段。提高锯材的温度，使其达到内外温度一致，以利于干燥阶段木材内部水分向表面传导。这一时期，木材表面几乎不蒸发水分，含水率变化不大，干燥速度为零。

（2）等速干燥阶段

如图 2-59（b）*ab* 段，在此阶段由木材表面蒸发自由水，表层的含水率保持在接近纤维饱和点的水平，由于内部自由水的供应足以补充表面蒸发，干燥速度固定不变。初含水率低于纤维饱和点的锯材干燥，不存在等速干燥阶段。

（3）减速干燥阶段

图 2-59（a）*ab* 段、（b）*bc* 段，在此阶段由于内部水分的减少和水分移动距离变长，导致内部水分的移动速度远小于表层水分蒸发速度，干燥速度逐渐缓慢，当木材的含水率 W 接近介质最后阶段平衡含水率 *EMC* 时，干燥速度趋近于零。实际上，干燥过程不能进行到木材的含水率达到介质最后阶段平衡含水率的时候，因为这样需要的时间太长，通常在达到规定含水率 $W_{终}$的时候就结束了。

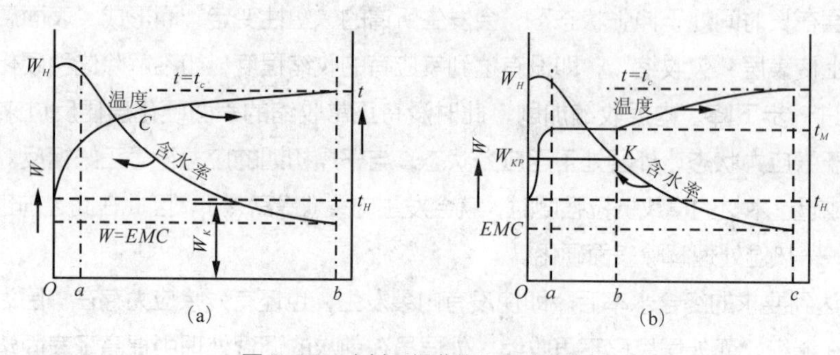

图 2-59　木材干燥曲线和温度曲线图

（a）含水率低于纤维饱和点　（b）初含水率高于纤维饱和点

等速干燥期结束，减速干燥期开始这一瞬间的木材平均含水率，称为临界含水率 $W_{临}$。由于木材厚度上含水率的分布不均匀，临界含水率常常大于纤维饱和点。含水率越不均匀，$W_{临}$值就越大。干燥速度、被干锯材厚度和密度的加大，都会引起干燥过程中木材厚度的含水率不均匀性加剧，因而加大了$W_{临}$的数值。干燥速度越大，被干木材越厚、越密实，临界含水率就越靠近最初含水率，等速干燥期就越短，在实际干燥技术中，等速干燥期很短暂。

预热后的木材温度在等速干燥期内保持不变，在减速干燥期内逐渐升高，当木材的含水率接近介质的平衡含水率 *EMC* 时，木材温度应趋向于最后阶段的介质温度，即干球温度。

任务实施

任务实施要求

1. 任务实施前需认真阅读知识准备内容并完成引导问题的回答。

2. 不同树种、厚度、初含水率木材干燥基准的编制问题是一个没有标准答案的问题，同学们要根据木材产地、木材特性、干燥经验等因素调整干燥基准软硬程度。

3. 分组讨论共同确定 4 种木材的干燥基准，在小组之间进行展示。

4. 完成 4 种指定木材干燥基准编制后，教师对学生工作过程和成果进行评价和总结，按教师的总结和要求，学生对干燥基准进行调整。

5. 做好记录，善于总结，及时发现问题、分析问题、解决问题。

学习引导问题

请同学们认真阅读知识准备内容，独立完成以下引导问题。

1. 导热系数表示________，系指单位厚度木材上温差为 1℃时，单位时间内通过单位面积的热量。

2. 比热表示__________，系指单位质量木材温度变化 1℃所吸收或放出的热量。

3. 传热有 3 种基本形式：__________、__________和__________。木材干燥主要采用__________加热木材。

4. 干燥过程中，木材内部存在的应力有 3 种：__________、__________和__________，其中主要是__________应力。

5. 干燥应力是木材干燥过程中必然发生的，但其大小与__________有关，如果干燥速度慢，内外含水率梯度小，则应力就__________，木材也就不易产生开裂。

6. 干燥曲线是指干燥过程中__________与__________的关系曲线。它反映了木材含水率随__________变化的基本规律，是研究分析各阶段干燥特点、调整工艺条件的重要依据。

任务实施步骤

热湿处理指在高温高湿介质中对木材进行处理的方法，又称调湿处理。在适当的时候进行恰当的热湿处理是消除干燥应力的最佳方法。根据处理阶段和处理作用的不同，热湿处理可分为预热处理、中间处理和终了处理等阶段。热湿处理条件确定方法如下。

1. 预热处理

材堆装入干燥室后，通常先进行预热处理。预热处理也称为初期处理，目的是对木材加热，以提高木材芯层的温度，使含水率梯度方向与温度梯度方向一致，同时舒张表层毛细管，提高水分的传导性，以便进入干燥阶段后能加速内部水分向表层移动。对于半干木材和气干材，预热处理可消除气干过程中所产生的表面张应力；对于湿材和生材，预热处理还可使含水率偏高的木材蒸发一部分水分，使初含水率趋于均匀。

预热处理一般分两步进行。首先使介质温度升高到 45℃～55℃，并维持 0.5～1h，使室内设备和壳体内壁及木材表面加热，以免在高湿处理时在这些固体表面产生冷凝水（刚刚使用过的干燥室不必）。然后再进行预热处理（热透阶段）。这一阶段通过喷蒸与加热相结合的方法，使介质的温度、湿度同时升高到要求的状态，并保持一定时间，让木材充分热透。

预热处理的工艺条件：

温度，比基准第一阶段温度高 6℃～10℃。硬阔叶树材取 6℃，软阔叶树材及厚度 60mm 以上的针叶树材取 8℃；厚度 60mm 以下的针叶树材取 10℃。

相对湿度，按绝大多数木材保持既不干燥也不吸湿的原则进行控制，一般 $W_{初}>25\%$时，$\varphi=98\%\sim100\%$；$W_{初}<25\%$，$\varphi=90\%\sim92\%$，或介质平衡含水率 *EMC* 略高于 $W_{初}$。

预热时间，应使木材中心温度不低于规定介质温度 3℃。不含介质升温时间，通常冬季为 1.5～2h/cm（厚度），夏季为 1～1.5h/cm（厚度）。

预热结束后，应将介质温度和湿度缓慢降到基准相应阶段的规定值，即进入干燥阶段。

2. 中间处理

木材在干燥过程的前期会产生表面张应力，严重时会引起表裂，而中、后期会出现表面硬化，严重时会造成内裂。中间处理就是在干燥过程中以消除表层张应力和表面硬化为目的的调湿处理。即通过高温高湿处理，使木材表层充分湿润并提高塑性，因而可消除干燥应力和解除表面硬化，同时还能使表层毛细管舒张并减缓含水率梯度，以利于继续干燥，经中间处理后再转入干燥时，在一定的时间内，干燥速率明显加快而不会引起木材的损伤。

中间处理要求干球温度比当时干燥阶段的温度高 8℃～10℃，但干球温度最高不超过 100℃。湿度按介质的平衡含水率比当时阶段基准相应的平衡含水率高 5%～6%来确定，也可近似按干湿球温度差 2℃～3℃控制。

每次处理的时间因木材的树种、厚度和应力大小而异，可参考表 2-37，也可近似地凭经验估计：针叶树材和软阔叶树材厚板，以及厚度不超过 50mm 厚的硬阔叶树材，中间处理时间为每 1cm 厚度 1h 左右；厚度超过 60mm 的硬阔叶树材和落叶松，每 1cm 厚度为 1.5～2h，材质硬的和厚度大的，处理时间应相应长些。针叶树材和软阔叶树材的中、薄板，以及中等硬度的阔叶树材薄板，可以不进行中间处理。

中间处理的时机和次数与树种、厚度、初含水率及干燥基准的软硬度有关。对于透气性好的针叶树材和软阔叶树材，若采用的基准软硬度适中，后期发生内裂的可能性不大，中间处理主要以防止表裂和改善干燥条件为主，因此，只要在含水率减少 1/3～1/2 时处理 1 次即可。对于中等硬度的阔叶树材中、厚板，可处理 1～2 次。处理 2 次时，应分别在含水率降低 1/3 时和含水率降到 25%附近进行。对于较硬的阔叶树材中、厚板，应处理 3 次或 3 次以上，时机可考虑在含水率为 45%、35%、25%、15%附近进行。具体操作时应通过应力检验，在表面张应力达到最大值或当表面硬化较严重时（残余应力较大）进行处理。处理结束后也应检验处理效果，必须使应力或表面硬化基本解除，即所检测的应力指标在一、二级材质量标准的范围内，才算达到处理效果，但在取得经验以后，可不必经常检验。

硬阔叶树材容易发生内裂，中间处理的重点是防止后期干燥发生内裂，必须充分地解除表面硬化。但防止前期发生表裂，保持木材的完整性，对确保整个干燥过程的顺利实施和干燥质量也是至关重要的。

中间处理结束后应将介质状态逐步降到下一阶段的基准参数。

3. 平衡处理

当锯材的含水率达到要求的终含水率时（通过检验板得知），可能室内还有一部分锯材的含水率尚未完全达到要求，或沿锯材厚度方向含水率分布还不均匀（梯度较大）。若对干燥终含水率均匀性要求较高，须进行平衡处理，使已达到要求部分不再干燥，未达到要求部分继续干燥，以提高整个材堆的干燥均匀性和沿厚度上含水率分布的均匀性。

平衡处理的介质状态，干球温度可比基准最后阶段高 5℃ ~ 8℃，但不要超过 100℃。对于硬阔叶树材中、厚板，如对干燥质量要求较高时，处理温度最好不要超过基准最后阶段的温度。因为这时木材已有表面硬化，表面平衡处理相对湿度不高，此阶段是一部分木材干燥的延续，温度太高，容易引起木材内裂或使强度降低。平衡处理的介质湿度，按介质平衡含水率比木材终含水率低 2%来决定。如要求木材干燥到终含水率 10%，那么平衡处理的介质平衡含水率应为 8%。由干球温度和平衡含水率，便可确定相应的相对湿度或干湿球温度差。

平衡处理的时间与锯材初含水率的均匀性、干燥室的风速与温度分布均匀性、含水率检验板在材堆中的位置，以及树种、厚度和干燥质量要求等诸多因素有关。一般以含水率最高的样板和室内干燥速度最慢部位的样板及锯材厚度上的含水率偏差都能达到终含水率允许的偏差范围为准。若不能对这些部位和样板进行检测，可按每 1cm 厚度维持 2 ~ 6 h 估计。并在干燥结束阶段进行检验、总结和调整。

对于针叶树材和软阔叶树材薄板，或次要用途的锯材干燥，可不进行平衡处理。

4. 终了处理

木材干燥到所要求的终含水率，无论沿横断面的含水率分布是否均匀，其内部都有不同程度的残余应力存在。为了消除这种应力所进行的调湿处理称为终了处理。对于要求干燥质量为一、二、三级材的木材，必须进行终了处理。

终了处理的介质状态：干球温度比基准最后阶段高 6℃ ~ 8℃，湿度按介质状态的平衡含水率比木材终含水率高 4% ~ 6%来决定。例如，当要求木材终含水率为 10%时，假定终了处理的温度为 90℃，终了处理介质的平衡含水率 14%，干湿球温度差应为 3℃。一般终含水率都在 10%上下，因此，终了处理的介质湿度也可近似按干湿球温度差 3℃确定。

终了处理维持的时间与树种、厚度、基准软硬程度、有无进行中间处理及干燥质量要求等因素有关。可参考表 2-37。也可按树种和厚度近似地估计：针叶树材和软阔叶树材厚度小于 60mm 时，每 1cm 厚度处理 1 h；厚度大于 60mm 时，每 1cm 厚度处理 1.5h。中等硬度的阔叶树材和落叶松薄板每 1cm 厚度处理 1h，中、厚板，每 1cm 厚度处理 1.5 ~ 3h。对于硬阔叶树材，每 1cm 厚度处理 2 ~ 5h；处理时间随材质的硬度和木材的厚度而增加。

表 2-37　终了调湿处理时间表　　h

材　种	木料厚/mm			
	25、30	40、50	60	70、80
红松、樟子松、马尾松、云南松、云杉、冷杉、杉木、柳杉、铁杉、陆均松、竹叶松、毛白杨、山杨、沙兰杨、椴木、石梓、木莲	2	3 ~ 6	6 ~ 9*	10 ~ 15*
拟赤杨、白桦、枫桦、橡胶木、黄波罗、枫香、白兰、野漆、毛丹、油丹、檫木、苦楝、米老排、马蹄荷	3	6 ~ 12*	12 ~ 18*	
落叶松	3	8 ~ 15*	15 ~ 20*	
水曲柳、核桃楸、色木、白牛槭、樟叶槭、春榆、老皮桦、甜锥、荷木、灰木、桂樟、紫茎、野柿、裂叶榆、水青冈、厚皮香、英国梧桐、柞木	6*	10 ~ 15*	15 ~ 25*	25 ~ 40*
白青冈、红青冈、椆木、高山栎、麻栎	8*			

注：① 表列值为一、二级干燥质量木材的处理时间，三级干燥质量锯材的处理时间为表列值的 1/2。
② 有*号者表示需要进行中间处理，处理时间为表列值的 1/3。

终了处理效果应以实际检验干燥应力指标符合相应等级干燥质量标准为依据。对于室干后不再锯解的次要用材，如箱板材、水泥模板等，允许存在一定的残余应力，终了处理可不必过于严格。终了处理要注意不能处理过度，否则容易产生“逆表面硬化”。所谓“逆表面硬化”是在表层长时间吸湿润胀的情况下，内层受到拉伸并发生塑性固定。这样，当表层吸湿的水分干燥后，又会出现表层受拉内层受压的残余应力，同原来的残余应力方向相反。这种由“逆表面硬化”造成的残余应力不易解除。

终了处理后，应在干燥基准最后阶段的介质状态下继续干燥，并在和终含水率相平衡的空气状态中使木材保持若干小时，进行调节处理，使没有干好的木材变干，过干的木材适当吸湿，实现终含水率沿木材断面的分布均匀。

干燥过程结束后，关闭加热器和喷蒸管的阀门。为加速木材冷却，通风机继续运转，进、排气口呈微启状态。待木材冷却后（冬季 30℃左右；夏、秋 60℃左右）才能卸出，以防止木材发生开裂。

锯材干燥结束后，最好不要立刻进行加工，应当在干料库中存放一段时间，以进一步平衡含水率。干锯材存放期间，要求库房空气条件稳定，力求平衡含水率和干锯材的终含水率相近或略低。对于贮存时间较长的锯材，应按材种、规格分别堆成互相衔接的密实材堆，以减轻锯材的含水率变化。

■ 实例分析

现举例说明热湿处理各阶段工艺条件的制定过程。

[例] 冬季干燥 30mm 厚柞木板材，若 $W_{初}$=50%，$W_{终}$=8%，试确定其热湿处理工艺条件。

[解] 采用部标基准，查表 2-24，基准号为 14-10*，再查表 2-23 得基准表如下：

W/%	t/℃	Δt/℃	EMC/%
40 以上	60	4	13.8
40~30	62	5	12.5
30~25	65	8	9.8
25~20	70	12	7.5
20~15	75	15	6.3
15 以下	85	20	4.9

由于 $W_{初}$=50%<80%，故可直接在此基准表的基础上确定热湿处理各时期的工艺条件。

预热处理工艺条件：柞木属硬阔叶树材，故 t=60℃+6℃=66℃，Δt=0℃，处理时间 6h。

中间处理：考虑 $W_{初}$=50%，被干锯材属较硬阔叶树材，但厚度不大，因此确定中间处理 2 次，分别选在 W=30%和 W=20%时进行。W=30%时：t=65℃+8℃=73℃，EMC=9.8%+5%=14.8%，查平衡含水率表 1-9 得知 Δt=3℃；处理的时间为 3h。同理，W=20%时：t=83℃，EMC=6.3%+5%=11.3%，查平衡含水率表 1-9 得知 Δt=6℃。

平衡处理工艺条件：t=85℃+5℃=90℃，EMC=8%-2%=6%，Δt=15℃，时间 12h。

终了处理工艺条件：t=85℃+6℃=91℃，EMC=8%+6%=14%，Δt=3℃，时间 6h。

将上述热湿处理工艺列入基准表，则干燥全过程基准表如下：

W/%	t/℃	Δt/℃	EMC/%	保持时间
预　热	66	0		6h
40 以上	60	4	13.8	
40~30	62	5	12.5	

（续）

W/%	t/℃	Δt/℃	EMC/%	保持时间
中间处理	73	3	14.8	3h
30～25	65	8	9.8	
25～20	70	12	7.5	
中间处理	83	6	11.3	
20～15	75	15	6.3	
15～8	85	20	4.5	
平衡处理	90	10.5	6	12h
终了处理	91	3	14	6h
表面干燥	85	20	4.5	
缓慢降温	30～60	10～11		

■ 成果展示

1. 冬季干燥 25mm 厚红松家具用材，初含水率为 50%，要求终含水率 8%，干燥基准列表。
2. 秋季干燥 30mm 厚水曲柳地板用材，初含水率为 60%，要求终含水率 8%，干燥基准列表。
3. 春季干燥 50mm 厚椴木家具用材，初含水率为 70%，要求终含水率 9%，干燥基准列表。
4. 冬季干燥 53mm 厚柞木家具用材，初含水率为 70%，要求终含水率 9%，干燥基准列表。

■ 总结评价

在本任务的学习过程中，同学们要了解木材干燥过程中内应力的变化规律，熟练掌握干燥基准选用与制定的基本方法和步骤；掌握热湿处理的种类、各种热湿处理的目的、控制因素及参数确定方法；能根据锯材条件，熟练选用或制定干燥基准，确定热湿处理参数；并根据树种自身干燥特性、产地、订单要求、干燥经验、设备特点等因素合理确定热湿处理条件并进行调整。

实训考核标准

序　号	考核项目	满　分	考核标准	得　分	考核方式
1	明确选用基准和编制基准条件	10	选用基准和编制基准所用锯材树种正确		实训报告
2	热湿处理条件确定	60	每种木材热湿处理条件恰当，调整合理 每种木材 15 分		报告、答辩
3	报告规范性	5	酌情扣分		实训报告
4	实训出勤与纪律	5	酌情扣分		考勤
5	答辩	20	思路清晰，基准选择调整合理		个别答辩
	总计得分	100			

■ 巩固训练

1. 冬季干燥 60mm 厚樟子松家具料，初含水率为 70%，要求终含水率 8%，请确定其含水率干燥基准及热湿处理条件。

2. 如果你是第一次进行樟子松的干燥，对木料干燥性能并不熟悉，你会如何进行热湿处理条件的调整？

■ 拓展提高

1. 木材的高温干燥和低温干燥简介

干燥按照介质温度高低的不同，可分为低温干燥、常温干燥和高温干燥。低温干燥一般介质温度低于60℃；常温干燥介质温度为60℃～100℃；介质温度高于100℃的称为高温干燥。

（1）高温干燥方法及其干燥工艺

高温干燥包括湿空气高温干燥和常压过热蒸汽干燥。前者干燥介质仍然是空气和水蒸气的混合物——湿空气，是温度高于100℃的湿空气；后者干燥介质全部为水蒸气，不含任何空气。

① 湿空气高温干燥　湿空气高温干燥一般介质干球温度为100℃～120℃，湿球温度略低于100℃。由于干球温度高，且干湿球温差较大，干燥条件相当剧烈（多数情况下平衡含水率不超过7%）。因此，木材内外的含水率梯度及水蒸气分压梯度都很大，促使木材中的水分以气态的形式迅速向外扩散，因此大大提高了干燥速度。

湿空气高温干燥预热方法与常温干燥基本相同，只是预热时间略长；一般不进行中间处理；终了处理时，关闭加热器阀门，通过喷蒸管维持介质干球温度100℃，湿球温度97℃，时间按锯材每厚1cm，针叶树材1～2h，阔叶树材2～3h。干燥过程中不必经常换气或向室内喷蒸汽，进气道始终关闭（在终了冷却时打开），只需微微打开排气道便可。

表2-38为部分高温干燥基准表，可根据表2-39参考选用。

表2-38　高温干燥基准表

基准号码	木材含水率/%	干球温度/℃	湿球温度/℃	平衡含水率/%
Ⅰ	全干燥过程	104	94	7
Ⅱ	30以上	110	98	6
	30以下	110	89	4
Ⅲ	35以上	113	93	4.3
	35～20	115	88	3.1
	20以下	118	82	2.3
Ⅳ	35以上	113	93	4.3
	喷蒸1h	—	99	—
	35～20	115	88	3.1
	喷蒸1h	—	99	—
	20以下	118	82	2.3
Ⅴ	全干燥过程	113	93	4.3

表2-39　高温干燥基准选择

树　种	基准号码	
	板厚25～35mm	板厚40～55mm
杨　木	Ⅰ	Ⅰ
柏　木	Ⅱ	—
松木、云杉	Ⅲ或Ⅳ	Ⅴ

② 常压过热蒸汽干燥　关于常压过热蒸汽的概念，在项目 1 中已介绍过。干燥室内的过热蒸汽主要是由木材本身蒸发出来的水蒸气经加热器加热后形成。

过热蒸汽干燥与湿空气高温干燥基本相似。但相比之下，过热蒸汽放热系数更大，传热效率更高，因此加热更快。另外在同样温度下，过热蒸汽比高温湿空气的相对湿度高，干燥条件相对缓和。在工艺操作上，过热蒸汽干燥只需要控制干球温度，湿球温度始终保持 100℃。但过热蒸汽干燥对干燥室壳体的耐腐蚀性和气密性要求更高，否则不易形成过热蒸汽。

这种干燥方法可用于针叶树材和软阔叶树材的快速干燥，不适合难干材的干燥。曾在 20 世纪六七十年代推广过，目前使用很少。

表 2-40 为部分常压过热蒸汽干燥基准表，可根据表 2-41 参考选用。

表 2-40　常压过热蒸汽干燥基准表

基准编号	第一阶段 $W>20\%$				第二阶段 $W<20\%$			
	t/℃	Δt/℃	φ/%	EMC/%	t/℃	Δt/℃	φ/%	EMC/%
Ⅰ	130	30	35	2.7	130	30	35	2.7
Ⅱ	120	20	50	3.7	130	30	35	2.7
Ⅲ	115	15	58	4.7	125	25	42	3.3
Ⅳ	112	12	65	5.4	120	20	50	3.9
Ⅴ	110	10	69	6.3	116	18	53	4.1
Ⅵ	108	8	75	8.0	115	15	58	4.7
Ⅶ	106	6	81	8.3	112	12	65	5.5

表 2-41　常压过热蒸汽干燥基准选择表

树　种	锯材厚度/mm				
	22 以下	22～32	32～40	40～50	50～60
松木、冷杉、雪松、云杉	Ⅰ	Ⅱ	Ⅲ	Ⅴ	Ⅵ
桦木、杨木	Ⅱ	Ⅲ	Ⅳ	Ⅵ	
落叶松	Ⅳ	Ⅴ	Ⅵ	Ⅶ	

（2）高温干燥对干燥室的要求

用于高温干燥的干燥室，必须具备以下几方面条件：

① 保温性和气密性好。高温干燥室内外温差较大，室内介质的水蒸气分压远高于室外大气，如果保温或气密性不好，一方面水蒸气极易渗漏，另一方面在干燥室内壁形成凝结水，难以维持室内的湿度。

② 室内设备及壳体的耐腐蚀性、抗老化性强。由于高温高湿，加上这种环境下木材中挥发出更多的酸性气体，因此，室内金属更容易腐蚀，密封材料更容易老化。

③ 室内气流循环速度更快，风机只能使用室外电动机驱动。

④ 加热器的供热能力更强。包括增大单位容量的散热面积，提高蒸汽压力到 0.5～0.6MPa 等。高温干燥室原则上可以采用常规（湿空气）干燥室各种室型，但由于其温度较高，对干燥室的保温、气密和耐腐蚀性能要求较高，因此一般选用室外电动机驱动的小容量金属壳体干燥室。例如，装载量 10～30m^{3}的单轨侧风机型、端风机型或上风机型干燥室。

（3）高温干燥的优缺点及适用性

高温干燥的优点是：

① 干燥速度快，生产效率高；

② 干燥成本低；

③ 经高温干燥的木材吸湿性小，弦径向收缩差异性减小，尺寸稳定。

高温干燥的缺点是：

① 对木材力学强度有一定影响，一般表面变硬，颜色加深；

② 控制不好易出现开裂、皱缩等严重干燥缺陷；

③ 对壳体及设备腐蚀严重；

④ 不能使用室内电动机。

高温干燥适合干燥针叶树材、软阔叶树材和干燥质量要求不高的木材，对厚度较大的难干阔叶树材（如栎木、水曲柳、槠树、栲树等）不宜直接使用。但如果采取与气干或常温干燥联合干燥的方法，即含水率25%以上用气干或常温干燥，低于25%用高温干燥，可取得良好的干燥效果。

（4）低温干燥的特点及适用性

低温干燥与常温干燥的干燥工艺基本相同，只是由于其介质温度低，一般不需要进行热湿处理。

低温干燥的特点是：干燥质量好，可保持木材的天然色泽，对干燥室壳体及室内设备的腐蚀性小。便于使用室内电动机。但干燥周期长，效率低，成本高，因此很少采用。一般只限于预干、除湿干燥、太阳能干燥等特种干燥中使用。

2. 小径木锯材的干燥

小径木指直径为14～16cm的小径级原木，由此加工的锯材称为小径木锯材。小径木多为人工林或次生林的间伐原木，属未成熟材，因此其木材构造和性质与大径级成熟材相比有些不同。主要表现为木材细胞壁薄、弦向干缩系数和弦径干缩系比偏大、内含物多、心材比例大、加工成锯材后含髓心的板材比率偏高等。这些特点给小径木锯材的干燥带来了许多困难，干燥中容易产生变形、开裂等严重缺陷，因此小径木锯材的干燥工艺不能等同于大径级成熟材，必须特别对待。

经过我国广大木材干燥工作者十几年的研究和实践，小径木锯材的干燥已经总结和积累了一些经验，如低温高湿干燥、汽蒸处理等，研制了一些专用干燥基准见表2-42，生产中可以参考使用。目前关于小径木锯材干燥工艺的研究还不系统，能适用的小径木锯材种类（树种和厚度）不多，如果所干小径木锯材不属表中所列，可结合有关树种同厚度的成熟材锯材干燥基准，本着低温高湿工艺原则摸索进行，也可参考表2-42相近树种基准。

表2-42　9种阔叶树材小径木锯材干燥基准工艺（厚25mm）

锯材树种	含水率阶段 W/%	干球温度 t/℃	湿球温度 t_d ℃	平衡含水率 EMC/%	热湿处理时间/ h	备　注
蒙古栎	初期处理	70	70	23.6	5	干燥前
	>30	65	60	12.5		
	30	80	80	22.5	3	中间处理
	30～20	68	60	9.7		
	<20	87	60	3.6		
	8	97	97	20.5	3	最终处理

（续）

锯材树种	含水率阶段 W/%	干球温度 t/℃	湿球温度 t_d/℃	平衡含水率 EMC/%	热湿处理时间/h	备注
水曲柳	初期处理	75	75	21.5	3	干燥前
	>30	65	60	12.5		
	30~20	69	60	9.2		
	25	80	80	22.5	3	中间处理
	<20	84	60	4.1		
	8	94	94	20.9	3	最终处理
桦木	初期处理	77	77	22.8	2	干燥前
	>30	70	65	12.4		
	30	80	80	22.5	2	中间处理
	30~20	75	65	8.3		
	<20	92	65	3.6		
	8	100	100	20.1	2	最终处理
山杨	初期处理	100	100	20.1	4	干燥前
	>40	72	70	17.1		
	40~30	84	80	12.8		
	30~20	100	90	7.6		
	23	100	98	15.0	2	中间处理
	<20	100	80	4.7		
	8	95	93	15.4	2	最终处理
核桃楸	初期处理	90	88	15.8	2	干燥前
	>30	75	72	15.0		
	30~20	100	85	5.9		
	<20	100	75	3.9		
	8	90	85	11.4	8	最终处理
紫椴	>30	115	100	5.4		
	<30	125	100			
	8	95	92	13.6	3	平衡处理
榆木	初期处理	80	80	22.5	3	干燥前
	>40	70	61	9.0		
	40~30	80	66	6.6		
	30	85	85	21.8	2	中间处理
	30~20	90	71	5.0		
	<20	100	70	3.3		
	8	95	93	6.8	3	最终处理
色木	初期处理	100	100	20.1	1.5	干燥前
	>30	70	66	13.7		
	30	80	79	19.1	3	中间处理
	30~20	75	66	8.9		

（续）

锯材树种	含水率阶段 W/%	干球温度 t/℃	湿球温度 t_d/℃	平衡含水率 EMC/%	热湿处理时间/h	备 注
色 木	20~10	85	64	4.7		
	<10	90	63	3.6		
	8	100	100	20.1	1.5	最终处理
黄波罗	初期处理	90	90	21.4	3	干燥前
	>30	80	72	9.4		
	35	90	89	18.1	3	中间处理
	30~20	90	79	7.4		
	<20	100	69	3.2		
	6	100	100	20.1	1.5	最终处理

■ 思考与练习

1. 根据干燥速度不同，干燥过程可分为________、________和________3 个干燥阶段。

2. 干燥木材的内应力包括________、________、________3 种。其中主要是________应力。

3. 干燥木材热湿处理包括________、________、________和________4 种。

4. 上述 4 种处理的目的分别是________、________、________和________。

5. 初期干燥阶段蒸发________，此时 $W_{表}$____于 $W_{饱}$，$W_{芯}$____于 $W_{饱}$，$W_{表}$____于 $W_{芯}$，表层受________应力，芯层受________应力，此阶段可能产生________缺陷，应采取________措施可以避免。

6. 后期干燥阶段蒸发________，此时 $W_{表}$____于 $W_{饱}$，$W_{芯}$____于 $W_{饱}$，$W_{表}$____于 $W_{芯}$，表层受________应力，芯层受________应力。此阶段可能产生________缺陷，采取________措施可以避免。

7. 湿热处理工艺参数主要包括________、________、________。

8. 冬季干燥 40mm 厚桦木板材，若初含水率为 90%，终含水率为 10%，试从“行标”基准表中选择适当的干燥基准，并初定热湿处理工艺条件。

任务 2.6 木材干燥过程监测与控制

工作任务

1. 任务提出

通过任务实施，掌握木材干燥过程测试的内容、方法、标准、所用器具及操作步骤；课程教学以 3~5 人小组为单位在干燥实训室或实训基地进行，运用仪器设备制取检验板，截制含水率试片，采用定时称重法检测并计算干燥过程中的锯材含水率。

2. 工作情景

采用学生动手操作，教师引导的项目化教学方法，以分组形式完成课堂教学。首先教师以某锯材为例，把检验板制取、含水率试片截取、称重法检测计算锯材含水率过程进行逐步演示，学生根据教师演示操作和教材干燥过程检测与控制任务实施步骤进行操作，完成整个工作，教师对学生工作过程和成果进行评价和总结，按教师的总结和要求，学生对检测结果进行调整，最终提交检验板初含水率测定记录与统计一览表及检验板含水率测定记录与统计表。

3. 材料及工具

钢锯或电锯、天平、烘箱、干燥器、卡尺、记号笔、教材、笔记本、笔、多媒体设备等。

知识准备

仅以蒸汽加热干燥为例，介绍有关室干的具体实施与操作。

1 木材室干燥操作步骤

（1）干燥室壳体及设备的检查。干燥室在使用之前，必须对其壳体及设备进行全面细致的检查，其目的是保证干燥过程的正常进行，具体检查内容如下：

① *壳体的检查* 重点是检查壳体的保温和气密状况，如有裂纹、漏气、防腐涂料脱落等情况，应及时修补，裂纹补平后再涂防腐涂料。

② *大门* 大门长期使用后，可能由于变形、腐蚀、密封条老化或压紧装置失灵等原因产生漏气，如果发现应及时维修。尤其大门底部和检修小门处更应注意。

③ *干燥室地面* 地面如有凹凸不平的地方应及时修平，否则积水后严重腐蚀地面。要保持地面干燥卫生，干燥一周期后，要及时清扫杂物。

④ *通风系统的检查* 检查紧固螺栓是否松动，通风机运转是否平稳自如，叶片与集风罩之间的间隙是否均匀，电动机及其他部位轴承有无磨损，润滑脂有无流失（一般应定期加润滑脂），电缆是否老化等。

⑤ *加热系统的检查* 通汽 15min 后，检查加热器加热是否均匀，整个系统有无泄漏，疏水器是否正常工作，若有污物，应及时清理。

⑥ *调湿系统的检查* 检查喷蒸管或喷水喷头的喷孔是否通畅，喷汽或喷水是否均匀，进、排气道开关执行机构动作是否灵活可靠，关闭后是否严密。

⑦ *仪表的检查* 检查干湿球温度计水槽中的水是否清洁，纱布是否干净、湿润（原则上应每干燥一周期更换一次）；对全自动检测系统应定期校对温湿度传感器和含水率传感器及仪表，并检查其灵敏可靠性。

（2）明确终含水率和干燥质量要求，制定室干工艺（含干燥基准和热湿处理工艺）。

（3）测定初含水率，选择含水率检验板和含水率试验板，装堆入室。

（4）关闭大门和进、排气道。

（5）启动通风机。有多台通风机的干燥室，应逐台启动，不能数台通风机同时启动，以免启动电流叠加（是正常工作电流的 4～6 倍）造成供电系统过载。

（6）打开疏水器旁通管的阀门，然后缓慢打开加热器阀门，使加热管路系统缓慢升温，并排出管系内的空气，积水和锈污，待旁通管有大量蒸汽喷出时，再关闭旁通管阀门，打开疏水器阀门，使疏水器正常工作。

（7）当室内干球温度升到 40℃～50℃时，须保温 0.5h，使壳体内壁和木材表面预热，然后再逐渐开大加热器阀门，并适当喷蒸，使干球温度和湿球温度同时上升，逐步进入预热处理要求的介质状态，然后按基准进行操作。

2 木材室干操作注意事项

（1）干燥要求供汽压力尽量稳定，表压力在 0.4MPa 上下。

（2）干球温度由加热器阀门调节，相对湿度或干湿球温度差由进、排气道和喷蒸管调节。关闭进、排气道或打开喷蒸管，相对湿度升高（干湿球温度差降低），降低温度也可提高湿度。反之，停止喷蒸，打开进、排气道，或升温，则湿度降低。

（3）要求干燥基准的控制精度为，干球温度不超过±2℃，干湿球温度差不超过±1℃。

（4）为保证室内介质状态控制稳定，且降低热量损失，操作对应做到在干燥阶段，加热时不喷蒸，喷蒸时不加热。但如果是喷水增湿，则必须同时加热，以利于水的雾化，避免干球温度下降。

（5）尽量减少喷蒸，充分利用木材中蒸发的水分来提高室内相对湿度，当干湿球温度差大于干燥基准设定值 1℃时，就应关闭进、排气道。

（6）如果干、湿球温度一时难以达到干燥基准要求的数值，应首先控制干球温度不超过干燥基准要求的误差范围，然后再调节干湿球温度差。

（7）注意通风机运行情况，如发现声音异常或有撞击声时，应立即停机检查，排除故障后再工作。如果电流表读数偏离正常值太大时也应检查原因。工作电压若超出（380±38）V 应暂停工作，以保护电动机。

（8）可逆循环干燥室如果采取自动控制换向，每 3～5h 改变循环方向，换向时一定要在最后一台通风机完全停稳后，再逐台反向启动通风机。注意同一干燥室内的所有通风机的转向必须相同，不得同时有正转和反转风机。通风机改变风向后，温度、湿度测定的采样跟着改变，即：始终以材堆进风侧的温度、湿度作为执行干燥基准的依据。若室内只装一套温湿度计，应注意改变风向后引起的温度、湿度读数的变化，并在执行基准时予以修正。因为气流穿过材堆后，干球温度一般会降低 2℃～8℃，干湿球温度差会降低 1℃～4℃，具体大小与材堆宽度、含水率高低和气流速度等有关。

（9）采用干湿球温度计的干燥室，应注意保持湿球温度计水槽的水位，定时加水。

（10）注意如实详细地记录干燥过程，记录表的格式可参考表 2-43。一般每小时记录 1 次。

表 2-43　干燥过程记录表

窑　号				规　格					平均初含水率					
材　种				日　期					要求终含水率					
时间	干球温度/℃		湿球温度/℃		检测点的含水率							气　压/MPa	备　注	操作员
	要求	实际	要求	实际	M1	M2	M3	M4	M5	M6	M7			

（11）对于自动控制干燥室，除应正确设定有关参数外，还应注意经常检测各含水率测量点的读数，如出现异常读数（因电极探针与木材接触不良造成个别读数远低于其他测量点的读数），应立即将其取消，待检测恢复正常时再重新输入。对半自动控制的干燥室，应注意按干燥基准及时调整温湿度仪表的

控制范围。

（12）干燥结束后，如果干燥室不继续使用，应打开疏水器旁通管阀门，以排尽加热器管系内的余汽和冷凝水。管路系统中，凡弯管段下方设有旁通管的，也都应打开阀门排尽余汽和冷凝水。

任务实施

任务实施要求

1. 引导问题由个人课下独立完成，课堂上以小组形式共同完成学习任务，认真讨论，共同制取含水率检验板，截取含水率试片，检测初含水率及干燥过程含水率，及时发现问题、分析问题、解决问题。

2. 检验板选取时要清除附着的杂物，标号清晰，不应有树皮、腐朽、大的节子、裂纹、髓心及应力木等缺陷。

3. 烘干至绝干重的试片要尽快称重，并置于干燥器中。

4. 如果用电锯截取含水率检验板，务必注意操作安全。

5. 做好记录，善于总结，利用平行试验计算平均值，计算结果要准确。

学习引导问题

请同学们认真阅读知识准备内容，独立完成以下引导问题。

1. 木材室干的操作步骤有哪些?

2. 木材室干操作注意事项要点有哪些?

任务实施步骤

当使用含水率基准进行木材干燥或工艺试验时，对于干燥进程和干燥状态需要进行定期检测。干燥终了，要对干燥结果做出评判和进行检测。因此，检测是木材干燥必不可少的重要环节。GB 6491—2012《锯材干燥质量》和 LY/T 1068—2012《锯材窑干工艺规程》对木材干燥的检测内容、检测方法、指标计算等具体内容都做了明确的规定。

木材干燥检测分两种：一种是干燥过程检测，另一种是干燥终了的干燥质量检测。用于干燥过程检测的锯材样板称为含水率检验板，现就含水率检验板选取、设置与检测有关主要内容和方法加以介绍。

1. 含水率检验板的设置

含水率检验板主要用于干燥过程中木材含水率变化的监测，为干燥工艺的执行和调整提供依据。根据 LY/T 1068—2012 的规定，用于室干过程检测的含水率检验板长度为 0.8～1.2m，厚度与被干锯材相同，宽度约等于被干锯材的平均宽度，制取时在距锯材端部不小于 0.3m 处选取，检验板和试验板的截取按 GB 6491—2012 规定的方法进行，先把木材的一端截去 250～500mm，然后按图 2-60 分别截取，检验板不应有树皮、腐朽、大的节子、裂纹、髓心及应力木等缺陷。

检验板一般设 4 块，其中含水率较高，材质较好的弦切板 2 块、径切板 1 块，含水率较低的弦切板 1 块、含水率较高的 2 块。弦切板放在材堆干燥较慢的部位，或材堆内其他便于取出的部位，用作调节干燥基准的含水率依据，含水率较低的弦切板和含水率较高的径切板分别放在材堆干燥较快和较慢的部位，或材堆内其他便于取出的部位，用作终了平衡含水率处理的依据。当干燥锯材长度小于 500mm，宽度小于 100mm 时，也可选 6～8 块板做检验板，以便代表性更强。

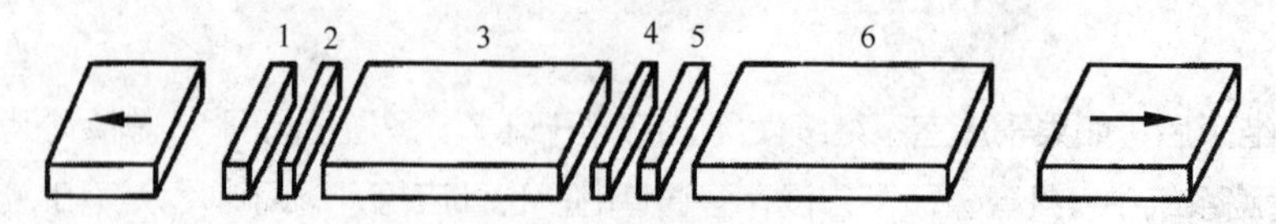

图 2-60 检验板和试验片的锯制

1，5.应力试验片（10～15mm）；2，4.含水率试验片（10～12mm）；3，6.检验板（1.0～1.2m）

2. 检验板初含水率的检测与计算

检验板初含水率的测定既是为干燥基准的开始执行提供依据，同时也是为后续过程检测奠定基础。其检测与计算方法如下：

（1）制取检验板时，先在每块检验板两端各截去 250～300mm（长度可依材长酌定），再分别制取 10～12mm 厚含水率试片各一块，如图 2-61 所示。清除附着的杂物并标号后，立即用精度 0.01g 的天平称量并记录，记为 G_s（g）。

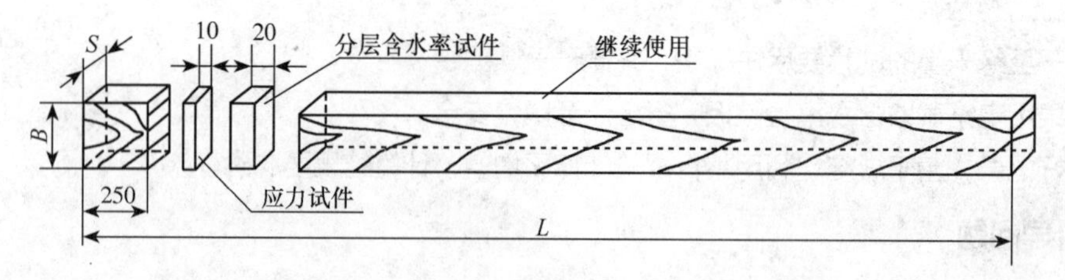

图 2-61 含水率试片制取（单位：mm）

（2）将试片放到烘箱中，在（103±2）℃下烘至全干（12～16h，最后两次称量质量差不超过 0.02g）后，称取干试片的质量，记为 G_0（g）。

（3）根据试片的初重和干重按式（2-6）计算每个试片的绝对含水率，精确至 0.1%。

$$W_0=\frac{G_s-G_0}{G_0}\times 100\% \tag{2-6}$$

检验板上的两试片的含水率平均值即为该检验板初含水率，记为 W_c（%）。

初含水率测定记录与统计结果见表 2-44。

表 2-44 检验板初含水率测定记录与统计一览表

检验板号	试片编号	最初质量 G_s/g	第一次		第二次		第三次		绝干质量 G_0/g	试片初含水率 W/%	检验板初含水率 W_c/%
			称重时间	质量/g	称重时间	质量/g	称重时间	质量/g			
Ⅰ											
Ⅱ											
Ⅲ											

（续）

检验板号	试片编号	最初质量 G_s/g	第一次		第二次		第三次		绝干质量 G_0/g	试片初含水率 W/%	检验板初含水率 W_c/%
			称重时间	质量/g	称重时间	质量/g	称重时间	质量/g			
Ⅳ											
平均初含水率/%											

3. 干燥过程中含水率检验板检测

干燥过程中，检验板的检测方法有定时测量法、连续称重测量法和连续电测法等。

（1）定时测量法

用检验板定时测量干燥过程中各阶段含水率的具体方法和步骤如下：

① 计算检验板的绝干质量 G_0　检验板截取后应立即用高温沥青漆或乳化石棉沥青漆等防水涂料涂刷两端头，以防止水分从端头蒸发。然后尽快称其最初质量，记为 G_c，并根据检验板初含水率 W_c 按式（2-7）计算检验板的绝干质量 G_0。

$$G_0=\frac{100G_c}{W_c+100}\quad (g) \tag{2-7}$$

② 计算阶段含水率　材堆入室后，含水率检验板由检验窗放入材堆中的预留孔内，与材堆一起干燥。室干过程中，定时取出检验板称其质量 G_d，便可按式（2-8）求得即时含水率 W_d：

$$W_d=\frac{G_d-G_0}{G_0}\times 100\% \tag{2-8}$$

表 2-45 为检验板含水率测定记录与统计表。这种方法虽为手工作业，操作复杂，但测量范围不受限制，结果准确可靠，工艺试验均采用这种方法。

表 2-45　检验板含水率测定记录与统计表

检验板号	Ⅰ		Ⅱ		Ⅲ		Ⅳ		平均即时含水率 W_d/%
检测时间	板初质量 G_c/g		板初质量 G_c/g		板初质量 G_c/g		板初质量 G_c/g		
	初含水率 W_c/%		初含水率 W_c/%		初含水率 W_c/%		初含水率 W_c/%		
	绝干质量 G_0/g		绝干质量 G_0/g		绝干质量 G_0/g		绝干质量 G_0/g		
	即时质量 G_d/g	即时含水率 W_d/%	即时质量 G_d/g	即时含水率 W_d/%	即时质量 G_d/g	即时含水率 W_d/%	即时质量 G_d/g	即时含水率 W_d/%	
时　分									
时　分									
时　分									
时　分									
时　分									
时　分									

（2）连续称量法

这种方法需要在干燥室中装一含水率测量装置，如图 2-62 所示。含水率检验板装在室内的吊挂上，吊挂穿过装于室壳体上的水封装置，与室外的称量装置连接。称量装置是经过改装的电子秤或普通小台秤或小磅秤，称量范围为 0～10kg。吊挂和水封装置须用铜或不锈钢做成，水封装置应附有进、排水管和溢流口，使水封杯内保持同一水位，以确保称量的准确性，干燥过程中含水率检验板的质量变化通过称量装置可随时显示出来。设吊挂的质量为 G_b（g 或 kg），检验板的称量装置的即时读数为 G_d（g 或 kg），则当时含水率为

$$W_d=\frac{G_d-G_b-G_0}{G_0}\times 100\% \tag{2-9}$$

式中，检验板绝干质量 G_0（g 或 kg）的计算方法同式（2-7），记录和统计表格参考表 2-45。

含水率检验装置的安装位置可根据干燥室的结构形式定，既要便于测量，又要考虑其干燥条件与材堆内部尽量相一致。

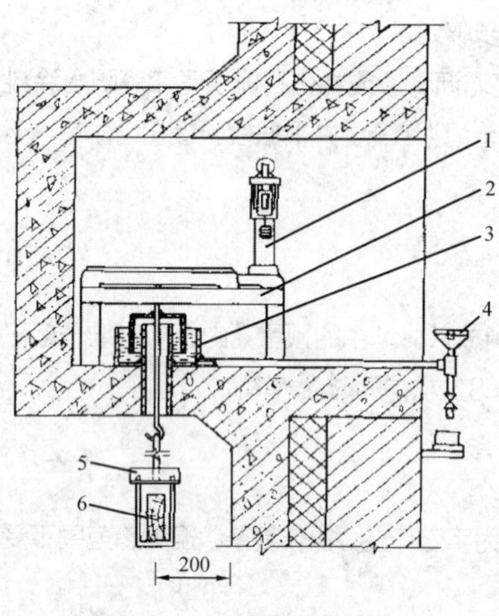

图 2-62　检验板称量装置

1. 小台秤　2. 秤架　3. 水封装置
4. 溢流口　5. 吊架　6. 含水率检验板

这种方法的优点是不需要打开检验窗取出检验板，并可连续测量，比较方便和安全。缺点是吊挂板的位置因受测量装置的限制，其干燥条件与材堆总是有差异。另外，由于检验板数量少，因而与材堆有较大的含水率误差，目前应用不多。

（3）连续电测法

电测法是干燥过程全自动控制的基础和必然选择。因此，全自动控制干燥室都采用连续电测法。对于半自动控制和手动控制，连续电测法也显示出其测量方便、迅速、测点多、测点位置不受限制等诸多优点。因此，在实际生产中，使用越来越多。电测法可直接读取含水率值，而无须借助含水率试片测试初含水率，但试片测试初含水率较准确，可以此作为选择基准和校对电测值。

如前所述，连续电测法所用的仪表包括室内型电阻式含水率测湿仪和室内型介电式含水率测湿仪两种。目前使用较多的还是电阻式含水率测湿仪。每间干燥室一般配各 1 套木材含水率检测装置，每套装置可设 4～8 个检测点。多数采用 4 个检测点，对于 100m^3 以上的大型干燥室，建议不少于 6 个。检验板所设位置要尽可能考虑具有代表性，兼顾材堆的长、宽、高各个方位。关于检测板的设置和传感器的安装，还应注意以下事项：

① 在树种和厚度相同的情况下要尽量选择含水率偏高、手感沉重木板作为检验板。

② 检验板不能有开裂现象，尤其不能有表裂。

③ 探针（传感器、电极）一般要安装在检验板的中间位置，两探针要横跨纹理方向。探针之间距离是 30mm，多数检测装置都配有专用探针定位模具，没有模具的要事先用尺测量定位，以保证安装的间距准确性。

④ 硬度较大的锯材，在安装探针（一般直径 4mm）前应先用电钻在安放探针位置钻一个直径小于探针的孔（3mm），再用木锤或橡胶锤将探针轻轻钉入检验板中，不要直接钉入使检验板劈裂。材质较松软的木材可直接钉入。

⑤ 探针插入深度一般取板材厚度的 21%，在使用前要注意对仪表进行校正。

⑥ 每块检验板要编号，在向材堆中放置检验板时，要按编号记录每块检验板所放置的位置，以便操作者随时掌握被干木材在干燥过程中各部位含水率的变化情况和整体材堆的干燥情况。

这种方法的缺点是高含水率阶段的测量误差太大，甚至不能测量。另外，电阻式含水率监测法在干燥的前期和中期，会因表层和内层收缩不同步而导致电极探针与木材接触不良，测量失真。因此，在有的半自动控制或手动控制干燥中，采取连续电测法与定时称重法或室外电测法相结合的方法。这样虽然操作复杂，但可以起到扬长避短的作用。

■ 成果展示

1. 检验板初含水率测定记录，同表 2-44。
2. 检验板即时含水率测定，同表 2-45。

■ 总结评价

在本任务的学习过程中，同学们要能熟练掌握含水率检验板的选取与设置、含水率检验板初含水率及阶段含水率的测定与计算。

完成本任务后请同学们对自己的学习过程进行评价。

实训考核标准

序号	考核项目	满分	考核标准	得分	考核方式
1	检验板的选取	10	检验板有不符合标准，视情况扣 2~6 分		现场
2	检验板与初含水率试片的制取	25	步骤正确，操作规范，否则酌情扣分		现场
3	初含水率的测定与计算	15	方法步骤正确，操作规范，否则每错一步扣 3 分		现场、报告
4	检验板绝干质量的确定	15	方法正确，否则不得分		现场、报告
5	阶段含水率的计算	20	操作方法与计算结果各 10 分		现场、报告
6	报告规范性	5	报告不规范酌情扣分		报告
7	实训出勤与纪律	10	迟到、早退各扣 3 分，旷课不得分		考勤
	总计得分	100			

■ 拓展提高

1. 木材干燥过程的半自动控制

图 2-63 为半自动控制系统示意图（不含风机控制部分）。由图可看出，该系统分 3 个分支。其中，干球温度指示调节器 3、干球温度传感器 1、电磁阀 5 和加热器 8 组成的分支控制着干球温度；湿球温度指示调节器 4、湿球温度传感器 2、电磁阀 6 和喷蒸管 9 组成的分支控制着介质的增湿；湿球温度指示调节器 4、湿球温度传感器 2、电动执行机构 7 和进排气道 10 组成的分支控制着介质的换气降湿；干燥过程中操作者要注意随时监测木材含水率，并根据基准相应含水率阶段的温湿度要求在温度调节器 3、4 上设定干球温度和湿球温度值。

2. 木材干燥过程的全自动控制

所谓全自动控制，就是当锯材入室后，只要操作者将锯材初始条件和质量要求输入计算机，全部干燥过程便会自动进行，直到停机卸出。目前，以蒸汽为载热体、以湿空气为介质的常规干燥室，其干燥过程的自动控制一般采用干湿球温度控制法、平衡含水率控制法和时间基准控制法。

（1）干湿球温度控制法

在此控制法中，介质的温、湿度是通过介质的干、湿球温度来反映的。因此采用此法时，需随时测定介质的干、湿球温度和木材的含水率，然后根据木材含水率的不同阶段调整介质的温、湿度，逐步实现木材的干燥过程。

图 2-64 为 MGK—1 计算机木材干燥自控系统示意图。该系统采用 Z80—CPU EPROM12K RAM4K 配上国产自控仪表组成。介质温度检测采用铂热电阻温度传感器，介质湿度的测定采用传统的干湿球温差法。由干、湿球温度传感器电阻值变化，通过各自对应的电气温度变送器，变换成统一的电流信号送入计算机，再进行 A/D 转换，由其分别控制蒸汽管路的电磁阀和进排气道闸板，从而控制温、湿度。

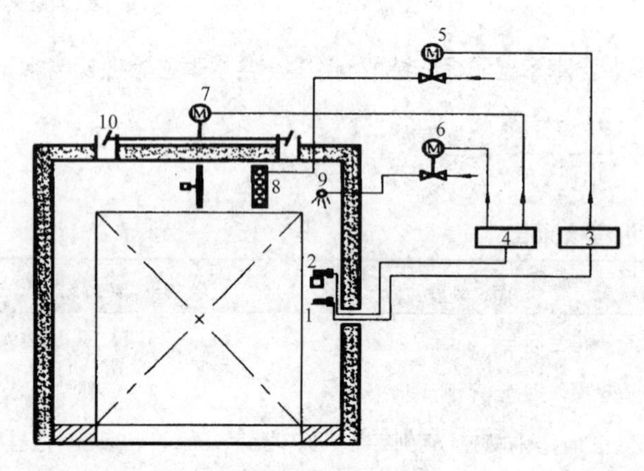

图 2-63　半自动控制系统示意图

1. 干球温度传感器　2. 湿球温度传感器　3. 干球温度指示调节器　4. 湿球温度指示调节器　5. 加热器电磁阀　6. 喷蒸管电磁阀　7. 电动执行机构　8. 加热器　9. 喷蒸管　10. 进排气道

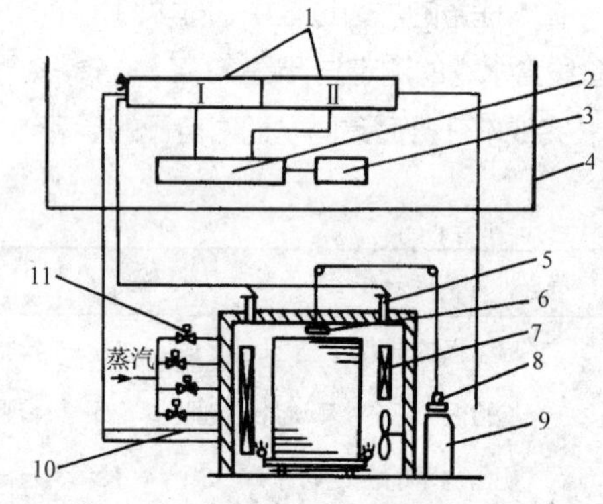

图 2-64　MGK—1 木材干燥微机自动控制系统示意图

1. 仪表柜　2. 微机主控机　3. 打印机　4. 控制柜　5. 进排气道　6. 吊挂装置　7. 加热器　8. 电子秤　9. 强电柜　10. 干湿球温度　11. 电磁阀

（2）平衡含水率控制法

平衡含水率控制法中介质的湿度是通过木材的平衡含水率来反映的。因此采用此法时，干燥室中无湿球温度计，取而代之的是木材平衡含水率测量装置。

为测定平衡含水率，在干燥室中放置一小片木材或纸板试样，用电测法测定其含水率。因试样很小、很薄，所以当干燥室内的湿度变化时，它的含水率即刻发生相应的变化。因此可以认为，通过试样测定的含水率就是这一介质条件下木材的平衡含水率。

为便于控制，在此控制法中常采用干燥势来控制木材的干燥过程。所谓干燥势，就是指木材的实时含水率与在当时介质条件下木材平衡含水率的比值。确定了干燥势，就是确定了木材的实时含水率和所要达到的平衡含水率之间的差距，使木材不断干燥，直至将木材干燥到终含水率。

图 2-65 示为德国 APEX 木材干燥室及自动控制系统原理示意图，该系统采用平衡含水率控制法。其特点是用木片快速地测出木材的平衡含水率。用一根具备精确电桥和分级阻抗互感器的电阻温度计测量介质的温度，用电阻法测木材的含水率。控制干燥过程的方法就是不断地对木材含水率和平衡含水率比值同所要求的干燥梯度进行比较，以保证干燥过程总是随时按照实际木材状态的改变而改变，直至达

到终含水率的要求。

（3）时间基准控制法

该法是以时间基准为前提的。过程控制不以检测含水率为依据，只按时段控制，方法相对简单。在木材干燥中，对于易干材和积累了足够干燥经验的木材，常采用时间基准进行干燥。

时间基准控制法简便、易行，只需检测介质的温、湿度，无需检测含水率，因此也避免了含水率检测中的诸多问题。但是，对于难干材，时间基准过于粗放，较难保证干燥质量。另外，如果干燥过程中出现停电停汽，干燥过程不易掌握，因此除非锯材树种和规格单一，否则还是采用含水率基准为宜。

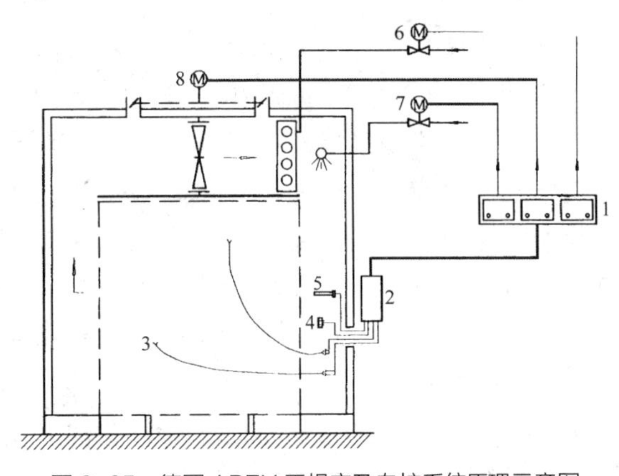

图 2-65　德国 APEX 干燥室及自控系统原理示意图

1. RGK-31 控制器　2. 单道放大器外壳　3. 含水率测量点　4. 平衡含水率测量装置　5. 温度计　6. 加热器控制阀　7. 喷蒸管控制阀　8. 带电动机的进排气道控制系统

思考与练习

1. 本材干燥检测分两种：一种是＿＿＿＿＿＿，另一种是干燥终了的＿＿＿＿＿＿。

2. 用于干燥过程检测的锯材样板称为＿＿＿＿＿＿，其长度为＿＿＿＿＿＿、宽度为＿＿＿＿＿＿、厚度为＿＿＿＿＿＿。

3. 检验板不应有＿＿＿、＿＿＿、＿＿＿、＿＿＿、＿＿＿及＿＿＿等缺陷。

4. 检验板一般设＿＿块，其中含水率较高，材质较好的弦切板＿＿块、径切板＿＿块，含水率较低的弦切板＿＿块。含水率较高的＿＿块，弦切板放在＿＿＿＿＿＿的部位，或＿＿＿＿＿＿的部位，用作＿＿＿＿＿＿的依据，含水率较低的弦切板和含水率较高的径切板分别放在＿＿＿＿＿＿的部位，或＿＿＿＿＿＿的部位，用作＿＿＿＿＿＿的依据。

5. 干燥过程中，检验板的检测方法有＿＿＿＿＿＿、＿＿＿＿＿＿和＿＿＿＿＿＿等。

6. 试述含水率检验板初含水率的检测与计算方法。

任务 2.7　木材干燥质量检测

工作任务

1. 任务提出

通过任务实施，掌握木材干燥质量检测的内容、方法、标准、所用器具及操作步骤；以 3~5 人小组为单位在干燥实训室或实训基地，选取含水率试验板，运用仪器设备制取终含水率、分层含水率、应力试片及相关试件，进行终含水率、干燥均匀度、厚度含水率偏差、残余应力指标等干燥质量指标的测定、计算与统计，依据 4 项质量指标的统计值判断干燥质量，并对可见干燥质量指标进行检测、记录，统计超标试材材积，计算降等率。

2. 工作情景

采用学生动手操作，教师引导的学生主体、项目化教学方法，以分组形式完成课堂教学。首先教师以某锯材为例，把试验板选取，终含水率、分层含水率、应力试片及相关试件制取，终含水率、干燥均匀度、厚度含水率偏差、残余应力指标等干燥质量指标的测定、计算，锯材干燥质量的判断，可见干燥质量指标的检测、超标试材材积统计、降等率等内容进行逐步演示，学生根据教师演示操作和教材干燥质量检测任务实施步骤进行操作，完成整个工作，教师对学生工作过程和成果进行评价和总结，按教师的总结和要求，学生对检测结果进行调整，最终提交锯材干燥质量检测工作报告 1 份。

3. 材料及工具

钢锯或电锯、天平、磅秤、烘箱、干燥器、卡尺、钢卷尺、劈刀、橡胶锤、记号笔、板刷、教材、笔记本、笔、多媒体设备等。

知识准备

根据 GB 6491—2012《锯材干燥质量》的规定，干燥质量检验包括平均最终含水率 W_z、干燥均匀度 ΔW_z、厚度上含水率偏差 ΔW_h、残分应力指标 Y 和可见干燥缺陷——弯曲、干裂、皱缩、炭化和变色等。

1 可见木材干燥缺陷

可见干燥缺陷采用可见缺陷试验板和普检相结合的方法检测。可见缺陷试验板于干燥前选自一批被干锯材，要求没有弯曲、裂纹等缺陷，数量为 100 块，并编号、记录，分散堆放在材堆中，记明部位，并在端部标明记号。干后取出，逐一检测、记录。

普检是在干后卸堆时普遍检查干燥锯材，将有干燥缺陷的锯材挑出，逐一检测、记录，并计算超过等级规定和达到干裂计算起点的有缺陷锯材。

（1）干裂

木材在室干过程中经常发生干裂的情况分述如下。

① *纵裂（外裂或表裂）* 图 2-66（a）所示为在弦切板上沿木射线发生的纵向裂纹。它是由于干燥前期表面张应力过大而引起的。当表面张应力由最大值逐渐递减时，表面裂纹也开始逐渐缩小。若裂纹不太严重，到干燥的中、后期可完全闭合，乃至肉眼不易看见。轻度的表裂对质量影响不大，但在加工为成品后油漆时，裂纹处会渗入油漆而留下痕迹，影响美观。对于承受剪切力的构件，可能会降低顺纹抗剪强度。室干时若过早发生纵裂，将会影响室干过程的正确实施，并可能发展成明显的干燥缺陷。故干燥前期应尽量避免发生纵裂，保持木材的完整性。防止外裂的办法是：木材预热处理要充分，干燥前期基准不能太硬，难干锯材在干燥初期应及时进行中期处理，以控制干燥应力的发展。

纵裂宽度小于 2mm 的裂纹不计，2mm 以上检量裂纹全长。在材长上数根裂纹彼此相隔不足 3mm 的可连贯起来按整根裂纹计算，相隔 3mm 以上的分别检量，以其中最严重的一根裂纹为准。

纵裂的计算，一般用材长方向检量的裂纹长度 l（mm）与锯材长度 L（mm）之比，以百分率 LS（%）表示，称之为纵裂度。计算公式如式（2-10）：

$$LS=\frac{l}{L}\times 100\% \tag{2-10}$$

② 内裂（蜂窝裂） 如图 2-66（b）所示，在木材内部沿木射线裂开，如蜂窝状。外表无开裂痕迹，只有锯断才能发现。但通常伴随有外表不平坦或明显皱缩、炭化、质量变少等现象。这是明显的干燥过度的特征。内裂一般发生于干燥后期，是由于表面硬化较严重，后期干燥条件又较剧烈，使内部张应力过大引起的。厚度较大的木材，尤其是密度大、木射线粗、木质较硬的树种，如栎木、水曲柳、柞木、柯木、锥木、枫香、柳桉等硬阔叶树材，都较易发生内裂。内裂是一种严重的干燥缺陷，对木材的强度、材质、加工及产品质量都有极其不利的影响，一般不允许发生。防止的办法是：在室干的中、后期及时进行中间处理，以解除表面硬化；对于厚度较大的木材，尤其是硬阔叶树材，后期干燥温度不能太高。

内裂不论宽度大小，均予计算。

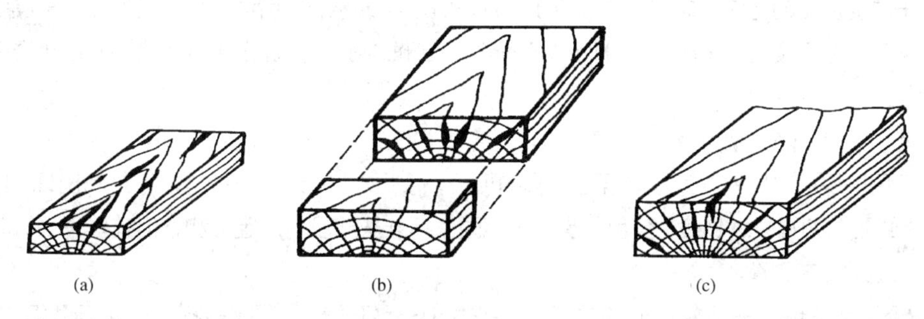

图 2-66　木材的干裂

（a）纵裂（外裂）　（b）内裂（蜂窝裂）　（c）端裂

（2）弯曲变形

锯材的弯曲变形包括顺弯、横弯、翘弯、扭曲。

沿板材纵向的弯曲有两种，如果是板面弯曲称为顺弯（也称为弓弯），如图 2-67（a）所示；如果是板材侧边弯曲称为横弯（也称为边弯），如图 2-67（b）所示。顺弯和横弯可能是由于纵向纹理不直、纵向组织排列不均匀和倾斜方向不一致所致，弯曲原木或由锥度大的原木锯成弦切板常有这种缺陷。但若装料不合理，如隔条厚度和锯材厚度偏差太大等也可能人为造成弯曲。翘弯是板材沿锯材宽度方向的弯曲，状如瓦片，因此也称为瓦弯，如图 2-67（c）所示，一般发生于弦切板，是由于沿年轮方向的弦向干缩量较大引起的。扭曲如图 2-67（d）所示，是纵向纹理扭曲造成的。

以上 4 种弯曲变形中，横弯一般无法克服，但翘弯和顺弯可通过合理装堆和控制干燥工艺来避免或减轻。

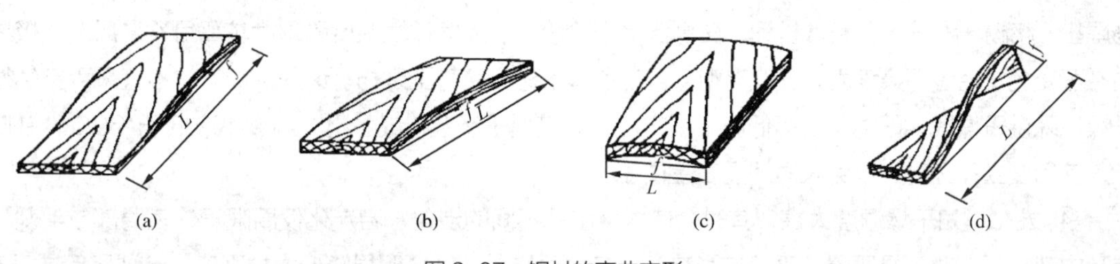

图 2-67　锯材的弯曲变形

（a）顺弯　（b）横弯　（c）翘弯　（d）扭曲

锯材弯曲变形给加工带来一定的困难，并增加加工余量，从而大大降低出材率。因此，合理运用室干的方法，对减轻弯曲具有重要意义。

顺弯、横弯、翘弯变形程度的检量，用其最大弯曲拱高 f(mm)与内曲面水平长（宽）度 L（mm）之比百分率 WP（%）来表示，称之为翘曲度。即

$$WP=\frac{f}{L}\times100\% \tag{2-11}$$

扭曲变形程度的检量用板材偏离平面的最大高度 f(mm)与试验板长度 L（mm）之比，以百分率 TW（%）来表示，称之为扭曲度。即

$$TW=\frac{f}{L}\times100\% \tag{2-12}$$

锯材干燥前发生的弯曲与裂纹，干前应予检测、编号与记录，干后再行检测与对比，干燥质量只计扩大部分或不计（干燥前已超标）。这种锯材干燥时应正确堆积，以矫正弯曲；涂头或藏头堆积可以防止裂纹扩大。

（3）其他干燥缺陷

以上可见干燥缺陷只是国家标准规定检测的项目，除此之外，还有一些或是不经常出现，或是不太重要的干燥缺陷，如端裂、皱缩、变色、炭化等，国家标准虽然没有规定检测，但有些干燥订单有这方面的要求，因此应该了解。

① 端裂　端裂也是干裂的一种，它是干燥中常见的一种开裂，如图 2-66（c）所示。锯材干燥时，由于端头水分迅速蒸发，木材产生不均匀干缩，因而在端面形成沿木射线的裂纹。硬度大的木材在干燥过程中，端裂很难避免。如果在装堆时注意堆放整齐，材堆相连处互相紧靠，锯材两瑞的隔条靠近端头，必要时设置挡板，防止室内循环气流从材堆端头穿过，缓解水分从端部蒸发，可以减轻或防止端裂。对于用途重要、质量要求严格的某些用材（如枪托等）干燥时，锯材可端部涂不透水的高温沥青等涂料或石蜡。

图 2-68　木材皱缩

② 皱缩　如图 2-68 所示，是木材干燥后，表面呈现的皱缩状凹陷。常发生于一些阔叶材，如栎木、杨木、枫香、桉树等，其原因是高含水率阶段，当干燥速度过快时，由于细胞腔中的水分移动快，空气来不及进细胞腔，使细胞腔出现局部真空，因而把细胞壁抽瘪。密度大、硬度高的木材，皱缩也可能是由于内裂而产生的。

③ 变色　变色有两种，一种是由于干燥温度偏高，使木材内部的树脂、树胶等内含物外渗，或木材纤维素和半纤维素产生轻度降解造成的变色。这种变色对木材的加工使用没有影响，但如果用户有要求，只要改用低温干燥工艺便可。另一种变色是霉菌变色。某些树种，如橡胶木、马尾松、榕树、椴木、云南铁杉等，在高含水率阶段，当大气环境温度和湿度较高且不通风时，极易产生霉菌变色，轻者污染表面，影响美观，重者引起木材变色甚至腐朽。这些树种锯材不宜采用自然循环干燥、除湿干燥或太阳能干燥等低温干燥方法，尤其是干燥湿材或生材，温度不应低于 60℃，并应注意入室后要立即干燥，以免长时间闷在室内。

④ 炭化　如干燥湿度太高，有时会使木材出现不同的炭化。若炭化仅局限于外表局部或毛刺，不涉及内部材质，对干燥质量几乎没有影响。但若材质炭化，则会明显降低木材强度，造成降等或报废。干燥质量要求高者或贵重用材，炭化是不允许的。常规室干一般不会引起炭化。炉气干燥室如果通风效果不好，会造成局部温度过高，容易产生炭化，甚至引起火灾，因此炉气干燥室务必要注意通风。微波

干燥是从内部加热的，如果加热过度，可能在内部炭化，而表面没有任何痕迹，因此微波干燥要注意加热强度，采用低强度、多次加热一般可以避免炭化。常见木材干燥缺陷产生原因及解决办法见表 2-46。

表 2-46　常见木材干燥缺陷产生原因及解决办法

缺陷名称	产生原因	解决办法
翘曲变形	① 隔条距离过大，或厚薄不一致； ② 隔条上下不在一条垂直线上； ③ 温度过高、湿度太低、干燥不均匀	① 材料堆积合理、隔条厚度一致； ② 隔条上下放在一条垂直线上； ③ 合理控制温度、湿度作好平衡处理
表裂	① 干燥温度过高、湿度过低； ② 材料内应力未及时消除； ③ 气流不均，使室内温度不均； ④ 风干材原有裂缝，未处理而致发展	① 选择较软的基准； ② 及时处理、消除应力； ③ 检查风机及材垛，做到通风均匀； ④ 作好中、后期处理
内裂	① 初期应力过大，形成表面硬化，未做及时处理。 ② 操作不当，温度调节过快及波动太大； ③ 树种结构松弛，加之干燥不合理	① 采用适当基准，作好初、中期处理 ② 对于易产生内裂的树种采用较软基准，操作时多加注意。
端裂	① 材垛堆积不当，两头出隔条过远； ② 材端风速过大； ③ 干燥基准过硬，使端裂发展	① 正确码垛，隔条要摆在端头； ② 材端涂刷沥青或石蜡等； ③ 选择较软基准
发霉	① 空气温度低，湿度太高； ② 材堆内气流滞缓	① 正确码垛，提高温度、降低湿度； ② 设置挡风板，加大风速

（4）干燥质量检测注意事项

① 对于某些难干阔叶树厚锯材（如栎属、锥属、椆属、青冈属等）、硬阔叶树小径木锯材、应力木、髓心材、迎风背材、水线材、斜纹理材等容易产生干裂或翘曲的特殊材种，及杨木、桉木、栎木等易生皱缩并带有内裂的锯材的干燥，相关质量指标可以放宽，或由干燥方和委托方协商确定。

② 锯材上的节子干燥后开裂或脱落，属于锯材的材质缺陷不计入干燥质量指标。

③ 短毛料干燥如易发生端裂，建议采用先干燥后截断的工艺。

④ 对于新建、改造干燥室或摸索新材种干燥工艺的试验性干燥，建议用 9 块（材长≥3m）或 27 块（材长≤2m）含水率试验板和 100 块可见缺陷试验板，按有关规定检验各项干燥质量指标。含水率的测定均采用烘干法。

⑤ 干燥质量合格率按平均最终含水率（W_z）、干燥均匀度（ΔW_z）、平均厚度含水率偏差（ΔW_h）、平均残余应力指标（Y）以及可见干燥缺陷（顺弯、横弯、翘曲、扭曲、纵裂和裂只要有一项便可计算）指标超标的可见缺陷试验板材积与 100 块同规格板材总材积之比（或可见干燥缺陷指标超标的全部干燥锯材材积与干燥室容量之比）的百分率确定。干燥质量合格率不应低 95%。要求 W_z、ΔW_z、ΔW_h、Y 全部达到等级规定，可见干燥缺陷指标超标的材积百分率不超过 5%。

⑥ 干燥质量降等率，首先按 W_z、ΔW_z、ΔW_h、Y 确定降等，即按干燥锯材的 4 项含水率及应力指标中超等级规定的最大指标确定降低干燥质量等级；其次按顺弯、横弯、翘曲、扭曲、纵裂和内裂 6 项缺陷指标确定降等率，即按 6 项缺陷指标分类计算超标的可见缺陷试验板与 100 块同规格板材总材积（或可见干燥缺陷指标超标的全部干燥锯材材积与干燥室容量）之比的百分率求出总的降等率。如一块可见缺陷试验板或干燥锯材兼有几项超标指标，则以超标最大的指标分项。

⑦ 干燥锯材的验收以干燥质量指标为标准，以锯材的树种、规格、用途和技术要求以及其他特殊情况为条件。验收标准和条件可分为根据干燥质量合格率和降等率，或单独按干燥质量合格率进行验收，具体由供需双方商定。

⑧ 不能将干燥锯材横向截断，或将探针钉入材心，而应用仪表法测定断面中心部位的含水率作为干燥锯材最终含水率。

2 木材干燥后的保管

经干燥后的锯材不论是否经过刨光，如以平台货车运输必须做防水包装处理，如以货柜或车厢运输则可免之。木材加工厂中的气干锯材均宜存贮于仓库中，不论户外或仓库贮存，若木材的含水率在 20% 以上，均应适当堆垛使其通风，边贮边干。

（1）户外贮存

有时因为贮存设备不够，干燥后的板材需放户外贮存。一般小料或用途粗放的板材可存放于户外，但应注意防水、防潮、防霉和防虫等防护。室干材若存放于户外而不加保护（防湿），必然迅速回潮。任何干燥后的板材经过雨淋必有不利影响，而且使原有的干燥裂缝加深。

密实堆积（锯材层间不放隔条）的锯材较间层堆积（锯材层间放置隔条）的锯材更需要防雨和防潮设施。因为密实堆积的板材回潮和淋雨后，水分不易蒸发，再者，雨水渗入木材，可能使其含水率增加到恰好适合变色或腐朽菌的生长。有些飘浮的细雨，不管材堆上是否有防雨遮盖，仍会渗入木材。由此可知，户外贮存不宜太久，尤其是密实堆积的锯材。假如生材或半干材需要在户外存贮较长时间，必须按照大气干燥的要求进行正确的堆垛等处理。

（2）暂时或短暂防护

室干锯材需长距离运输或在集散场地需短期放置时，可以用防雨塑料布、防水帆布或柏油纸包装予以防护。此类包装材料容易老化变脆而破损，失去防雨防潮作用，在存贮搬运期间，必须定期检查适时修补，不可视为长期仓储的代用品。包装破损会漏入并存留雨水，使木材发生回潮的程度比未包装者还要严重。为了避免雨水存留以及堆垛机搬运时会将包装纸或包装材料弄破，材堆底部多不加包装纸而予裸露。当然，此种包装方式应避免遇存放地点的地面潮湿而材堆（捆）又离地面过低的状态，以防地面上的水汽渗入木材中。

防水布或纸保护室干锯材的安全期限，随气候状况与包装材料的暴露情况，以及搬运机械或其他意外原因造成的劣化程度而定。

（3）敞棚

敞棚可以说是具有屋顶的制品贮存场所。除含水率在 14%以下的窑干材外，所有制品均可贮存于敞棚内。敞棚内的大气情况主要受户外影响。假如户外气流能不断循环通过棚内间层材堆，则木材可干燥至和户外气干同样的程度。

密实材堆的室干材，若长期贮存于敞棚内，仍会缓慢回潮，且材堆（捆）外层的回潮程度大于内层。

敞棚可以 4 面全开（4 面无墙），也可仅开 1 面（3 面有墙），视需要而定。为便于堆高机作业方便，至少应开放 1 面或 2 面。大规模的锯木厂的附设场棚（气干棚）的地面通常均铺设水泥或柏油。有的在棚内设置架空吊车供装卸材堆之用。家具工厂或制品厂的敞棚地面最好也铺设水泥或柏油。

（4）常温密闭仓库

此种仓库通常用以贮存窑干材以防止回潮或含水率发生变化，材堆必须密实堆放，同时要以包装带适度捆扎以防止松散。

室干材存贮于常温密闭仓库内，仍会受大气影响而吸湿回潮，但较户外贮存减缓甚多。以美国 FPL 所做的试验为例，25.4mm 厚的南方松板材，密实堆叠贮存于密闭仓库内，一年后其含水率由 7.5%升至 10.5%，但同法堆叠贮存于户外的却升至 13.5%。

室干材贮存于密闭仓库内也会减小材捆中最湿和最干材间的含水率差距，也就是锯材之间的水分梯度会缓和。再以美国 FPL 的试验为例，15mm 厚的花旗松，密实堆叠贮存于密闭仓库内，一年后其含水率差距由原来 20%降为 13%。此差距的减小是由于含水率较高锯材中水分扩散入含水率较低的锯材中，其中有 95%的木材，其含水率均有增加。

仓库的屋顶及墙壁吸收太阳辐射而增加库内温度。但温暖的空气均滞留于库内上方，必然因为温度不均匀而形成上下部平衡含水率不等的现象。在库内装置风扇，强制循环气流，可有效地消除此缺点。库内地面必须铺设水泥或柏油，除非建在排水极好的高地。如在低洼地区，有时需铺设架高地板以保持锯材与地面间的通风。此外，考虑到锯材进出仓库的搬运，在库内铺设与库外运输系统配合的轨道或车道，以利作业。

（5）加温密闭仓库

假如密闭仓库可以加温，木材平衡含水率会降低，被贮存的室干木材回潮问题也可防止。

加温方式可采用蒸汽加热管或独立加热器，市面流行的瓦斯加热炉或类似产品也可使用。最重要的是在库内配置适当能量的风扇促进气流均匀循环，使每一角落的温度都保持一致，才可获得均匀的平衡含水率。若为人工控制，则需随时注意室外干湿球温度变化，估算库内相对湿度并做必要的温度调整。

密闭仓库内的加温系统，通常由简单的自动调温器控制。假如室外温度发生变化，调温器也必须适时调整才能保持仓库需要的木材平衡含水率。若使用热差自动调温器，则比简单的自动调温器方便很多；因其可自动保持库内温度高出户外温度某一数值，借以获得所需的近似平衡含水率而无需定期调整。因为库内加温的目的是降低相对湿度从而获得较低的平衡含水率以防止木材回潮，又因平衡含水率的形成受相对湿度的影响较温度大，故若以自动调湿器来控制库内的温湿度或木材平衡含水率比用自动调温器更为理想。自动调湿器的运转方式如下：当库内相对湿度超过设定标准时，调湿器即传送讯号至加温系统的控制阀使库内温度升高，降低相对湿度至设定标准，而达到所需求的木材平衡含水率。

任务实施

任务实施要求

1. 引导问题由个人课下独立完成，课堂上以小组形式共同完成学习任务，认真讨论，共同完成终含水率、干燥均匀度、厚度含水率偏差、残余应力指标等干燥质量指标的测定、计算与统计，依据 4 项质量指标的统计值判断干燥质量，并对可见干燥质量指标进行检测、记录，统计超标试材材积，计算降等率等工作任务。

2. 制取残余应力试片，测取其齿距和齿长后，室温下放 24h 或在（103±2）℃下烘 2～3h 取出，并在干燥器中冷却，使叉齿内外层含水率分布均匀后，再测其齿距和齿长并记录。

3. 如果用电锯截取含水率试验板，务必注意操作安全。

4. 做好记录，善于总结，利用平行试验计算平均值，计算结果要准确。

■ 学习引导问题

请同学们认真阅读知识准备内容，独立完成以下引导问题。

1. 根据 GB 6491—2012《锯材干燥质量》的规定，干燥质量检验包括__________、__________、__________、__________和__________等。

2. 用于干燥质量检测的锯材样板称为________________。

3. 可见木材干燥缺陷的检测与计算的方法有哪些?

4. 木材干燥后的保管方法及注意事项是什么?

5. 锯材干燥质量检测注意事项有哪些?

■ 任务实施步骤

进行本任务前须完成引导问题的回答。

任务实施前要熟悉终含水率、干燥均匀度、厚度含水率偏差、残余应力指标等干燥质量指标的测定、计算与统计、干燥质量的判断、可见干燥质量指标的检测及降等率计算的方法。

用于干燥质量检测的锯材样板称为含水率试验板，含水率试验板选取、设置与检测方法如下。

1. 含水率试验板的选取与锯解

同室干燥一批锯材的平均最终含水率、干燥均匀度、厚度上含水率偏差、残余应力指标等干燥质量指标，均采用含水率试验板进行测定。当锯材长度≥3m 时，含水率试验板于干燥前从被干锯材中选取，若要求没有材质缺陷，其含水率要有代表性。当锯材长度≤2m 时，含水率试验板于干燥后从材堆中选取。

对于材车装卸的干燥室，锯材长度≥3m，采用 1 个材堆、9 块含水率试验板进行测定。9 块试验板在材堆中的位置，如图 2-69 所示。位于材堆上、下部位的试验板，分别放在自堆顶向下和堆底向上的第 3、4 层。位于堆边部的试验板，放在自边起向里的第 2 块。对于干燥室长度方向可容纳 3 个或 3 个以上材堆的，可增测 1~2 个材堆。

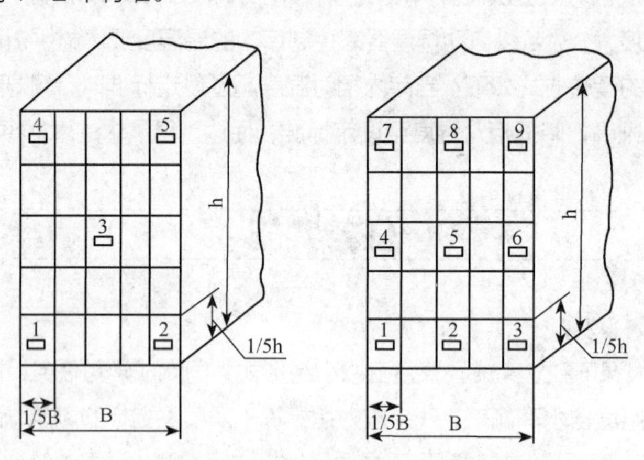

图 2-69 含水率试验板在材堆中的位置

对于叉车装卸的干燥室，当锯材长度≤2m 时，应采用 27 个单元材堆、27 块试验板（每堆 1 块）进行测定。27 个单元材堆分别位于干燥室空间的上、中、下，左、中、右，前、中、后，位于材堆上、下、左、右各部位的试验板距堆顶、堆底和两边的要求同材车装卸的干燥室。干燥室装载不足 27 个时，可按 27 个测点分布的位置在某些单元材堆内选取两块试验板。

9 块含水率试验板均按图 2-70 所示方法锯解编号。计得最终含水率试片 27 块，分层含水率试片

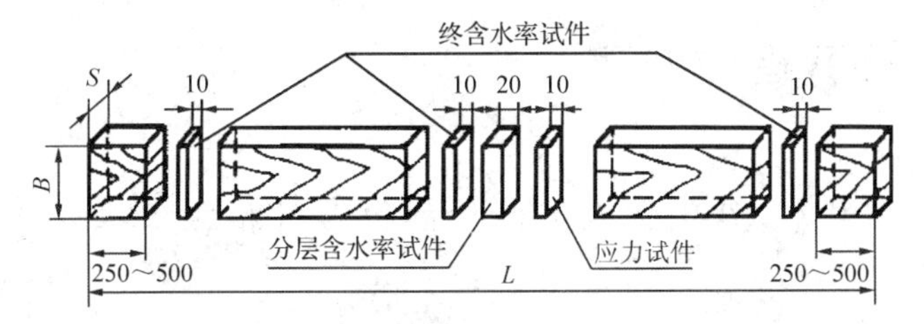

图 2-70　含水率试验板锯解方法（单位：mm）

和应力试片各 9 块。对于有 27 块试验板（长度≤2m）的叉车装卸干燥室，位于干燥室长度中部的 9 块试验板按图 2-70 所示中部的锯解方法进行，即可得最终含水率试片，分层含水率试片和应力试片各 1 块，其余试验板只在中间取最终含水率试片 1 块，这样共得的各种试片与设置 9 块实验板的数量相同。

2. 最终平均含水率与干燥均匀度检测

将上述 27 块最终含水率试片用烘干法进行含水率测定，并计算其算术平均值即可得到该批锯材的终含水率：

$$W_z=\frac{\sum_{i=1}^{n}W_i}{n}\quad(\%)\qquad(2\text{-}13)$$

一批锯材，除了要了解其干燥程度外还要知道其干燥的均匀性。这不仅涉及干燥室的性能，还与干燥工艺合理与否有关，它是确定终了处理时间的重要依据。

干燥均匀度 ΔW_z 通过均方差验算，精确到 0.1%，均方差的计算方法如下：

$$\sigma=\sqrt{\frac{\sum_{i=1}^{n}(W_i-W_z)^2}{n-1}}\quad(\%)\qquad(2\text{-}14)$$

式中　W_i——各试片含水率值，$i=1，2，3，…，n$；

n——试片数，可为 27。这样，干燥终含水率就可写成为 $W_z\pm\sigma$。当 $\pm\sigma>\Delta W_z$（见表 2-47）时，锯材必须进行平衡含水率处理或再干。

终含水率分布的均匀度可用变异系数 V 来评价：

$$V=\frac{\sigma}{W_z}\times100\%\qquad(2\text{-}15)$$

3. 厚度含水率偏差检测

从某种意义上说，厚度含水率偏差可以反映干燥速率和干燥质量之间的关系。人们常常通过分析不同干燥阶段的厚度含水率偏差来评价干燥基准的软硬程度，并了解干燥应力的发生、发展和变化过程，以及预测最大干燥应力的发生时间，为制定合理的干燥基准提供依据。另一方面，存在过大的厚度含水率偏差，也是干燥过程未完成的反映，即木材尚未干透。因此，厚度含水率偏差不仅是工艺试验时需要测定的重要参数，也是干燥质量检验的一项重要内容。

厚度含水率偏差是通过测定分层含水率来计算的。分层含水率的测量如下：

先按图 2-70 所示，在试验板的内部截取顺纹厚度 20mm 的试片一片，然后按图 2-71 在其两端用劈刀各劈去 $B/5$（B 为测试板的宽度），取中段沿检验板厚度 S 方向，将试片劈成若干片，每片厚度 5～7mm，取单数片。将各试片按次序编号，然后用烘干法测定各片含水率，便是分层含水率。厚度含

水率 ΔW 按式（2-16）或式（2-17）计算：

锯成 3 层时

$$\Delta W_h = W_2 - \frac{W_1 + W_3}{2} \quad (\%) \tag{2-16}$$

锯成 5 层时

$$\Delta W_h = W_2 - \frac{W_1 + W_5}{2} \quad (\%) \tag{2-17}$$

式中　W_1，W_2，W_3，W_5——第 1、2、3、5 层的含水率值。

全部 9 个分层含水率试片计算结果的平均值即为这批锯材的厚度含水率偏差。

厚度上含水率偏差也可以说明干燥工艺的合理与否。厚度上的含水率偏差越小，表明干燥锯材沿厚度上的水分分布越均匀，意味着干燥工艺适宜、干燥基准合理。若 ΔW_h 超过国家标准规定的指标，则在干燥过程中应加强终了处理，使木材表面适度吸湿，以均衡厚度上的水分分布。处理后继续在原含水率阶段进行干燥。

4. 干燥应力指标检测

干燥应力是木材在变干过程中，由于锯材表芯层干缩不一致而造成的，它的产生和发展都与干燥工艺有关，并直接关系到干燥锯材的使用。因此，室干结束后，要通过检测其残余应力来评定干燥质量的优劣。

应力的检验方法有多种，工艺试验常用的是国家标准规定的梳齿分析法。其测量方法如下：首先，按图 2-70 制取应力试片，并将应力试片放入烘箱在（103±2）℃下烘干 2～3h，取出放在干燥器中冷却，或在室温下放置 24h。之后按图 2-71 划线定位。当检验板宽度 $B \geq 200$mm 时，以中线为基准线，如图 2-72（a）所示。若 $B < 200$mm，则以任何一边基准线，截取试片长度 85～110mm。用卡尺测量试片的 S 及 L 尺寸后，再将试片制作成梳齿形。使梳齿长 60～80mm，宽 7mm，齿口朝板心。若板厚（试片宽）大于 50mm，梳齿应距表面 7mm。

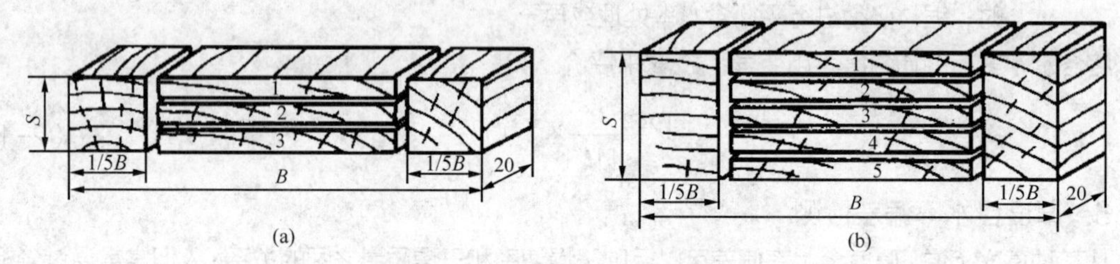

图 2-71　分层含水率试片的制取

（a）板厚 S<50mm　（b）板厚 $S \geq 50$mm

待梳齿变形或固定后，再测量 S_1 尺寸，精确至 0.1mm，将 S、S_1、L 代入式（2-18），可求出试片的残余应力指标值。

$$Y = \frac{S - S_1}{2L} \times 100\% \tag{2-18}$$

式中　S——梳齿未变形时，两齿端外侧的距离，mm；

S_1——梳齿变形后，两齿端外侧距离，mm；

L——梳齿未变形时，外侧长度，mm。

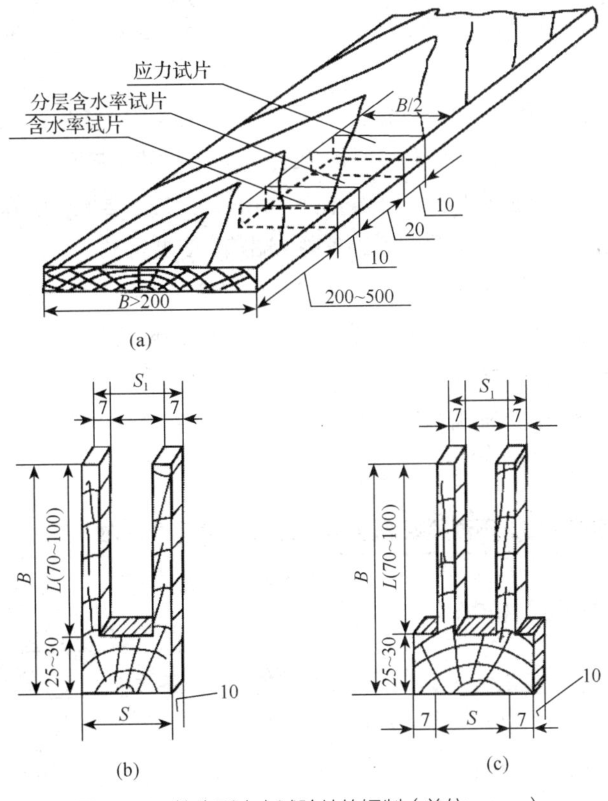

图 2-72　梳齿形应力试验片的锯制（单位：mm）

（a）板宽≥200mm 时的试片　（b）板厚≤50mm 时的梳齿尺寸　（c）板厚≥50mm 时的梳齿尺寸

因为梳齿变形可能向内侧张，也可能向外侧张，所以 Y 可能为正，也可能为负。若 $|Y| \leqslant 2.5\%$，说明干燥残余应力较小，不影响锯材质量。若 $|Y| > 3.5\%$，说明残余应力较大，应进行调湿处理，将其消除。干燥锯材最终含水率、分层含水率及应力指标测定与统计可参考表 2-47。

表 2-47　干燥锯材最终含水率、分层含水率及应力指标测定结果统计表

干燥室编号:　　　　　　　　　　　　　　树种:　　　　　　　　　　　　　　干燥时间:

最终含水率/%						分层含水率/%				应力指标				
材堆或室高度方向	材堆或室宽度方向	材堆或室长度方向				试片编号	心层含水率	平均表层含水率	偏差 ΔW_h	试片编号	齿长 L/mm	变形前齿距 S/mm	变形后齿距 S_1/mm	应力指标 Y/%
		前部	中部	后部	平均									
上层	左													
	中													
	右													
中层	左													
	中													
	右													
下层	左													
	中													
	右													
平均最终含水率 W_z/%						平均厚度含水率偏差 ΔW_h/%				平均应力指标 Y/%				
均方差 σ/%														

国家标准规定的不同等级干燥锯材允许的含水率及应力质量指标见表 2-48。干燥锯材的干燥质量规定为 4 个等级：

① 一级　指获得一级干燥质量指标的锯材，基本保持锯材固有的力学强度，适用于仪器、模型、乐器、航空、纺织、精密机械制造、鞋楦、鞋跟、工艺品、钟表壳等生产。

② 二级　指获得二级干燥质量指标的干燥锯材，允许部分力学强度有所降低（抗剪强度及冲击韧性降低不超过 5%）。适用于家具、建筑门窗、车辆、船舶、农业机械、军工、实木地板、细木工板、缝纫机台板、室内装饰、卫生筷、指接材、纺织木结构、文体用品等生产。

③ 三级　指获得三级干燥质量指标的干燥锯材，允许力学强度有一定程度的降低，适用于室外建筑用材、普通包装箱、电缆盘等生产。

④ 四级　指气干或室干至运输含水率（20%）的锯材，完全保持木材的力学强度和天然色泽。适用于远程运输锯材、出口锯材等。

表 2-48　不同等级干燥锯材允许的含水率及应力质量指标

干燥质量等级	平均最终含水率 W_z/%	干燥均匀度 ΔW_z/%	均方差 σ/%	厚度含水率偏差 ΔW_h/% 厚度/mm				残余应力指标 Y/%	平衡处理
				≤20	21～40	41～60	61～90		
一级	6～8	±3.0	±1.5	2.0	2.5	3.5	4.0	≤2.5	必须有
二级	8～12	±4.0	±2.0	2.5	3.5	4.5	5.0	≤3.5	必须有
三级	12～15	±5.0	±2.5	3.0	4.0	5.5	6.0	不检查	按技术要求
四级	20	+2.5 -4.0	不检查	不检查					不要求

注：对于我国东南地区一级、二级、三级干燥锯材的平均最终含水率指标可放宽 1%～2%。

5. 锯材干燥质量检测方法

（1）按要求选定含水率试验板和 100 块可见缺陷的试验板，标记、检测和记录可见缺陷试验板的检测结果后，将其装入材堆。

（2）按要求锯解含水率试验板，制取终含水率和分层含水率试片，称重记录后，放入烘箱，在（103±2）℃下烘至全干（12～16h，最后 2 次质量差不超过 0.02g）后，对干试片称重并记录。

（3）制取残余应力试片，测取其齿距和齿长后，室温下放 24h 或在（103±2）℃下烘 2～3h 取出，并在干燥箱中冷却，使叉齿内外层含水率分布均匀后，再测其齿距和齿长并记录。

（4）计算 4 项质量指标的统计值，判断干燥质量。

（5）检测并记录可见干燥质量指标，统计超标试材材积，并计算降等率。

6. 数据统计计算

检测过程中完成干燥锯材最终含水率、分层含水率及应力指标测定结果统计表、可见干燥缺陷指标检测记录与统计的填写。

7. 撰写实训报告

完成工作任务每个小组经交流讨论后撰写工作报告 1 份，要求用示意图说明检验板在材堆中的位置，并说明操作的步骤和检测过程。

■ 成果展示

1. 干燥锯材最终含水率、分层含水率及应力指标测定记录（参照表 2-47）。

2. 可见干燥缺陷指标测定记录

可见干燥缺陷指标检测记录与统计见表 2-49。国家标准规定的各等级锯材允许可见干燥缺陷标准见表 2-50。

表 2-49　可见干燥缺陷指标检测记录与统计

试验板编号			1	2	3	4	5	6	7	8	9	超标材积/m³
弯曲	顺弯	拱高 *f*/mm										
		曲面长 *L*/mm										
		翘曲度 *WP*/%										
	横弯	拱高 *f*/mm										
		曲面长 *L*/mm										
		翘曲度 *WP*/%										
	翘弯	拱高 *f*/mm										
		曲面长 *L*/mm										
		翘曲度 *TW* / %										
	扭曲	拱高 *f*/mm										
		曲面长 *L*/mm										
		翘曲度 *TW* / %										
干裂	纵裂	裂长 *l*/mm										
		材长 *L*/mm										
		纵裂度 *LS*/%										
	内裂	裂长										
		内裂数量										
其他												
超标材积总计												

表 2-50　各等级锯材允许可见干燥缺陷标准

干燥质量等级	弯曲/%								干裂			皱缩深度/mm
	针叶树材				阔叶树材				内裂	纵裂/%		
	顺弯	横弯	翘弯	扭弯	顺弯	横弯	翘弯	扭弯		针叶树材	阔叶树材	
一级	1.0	0.3	1.0	1.0	1.0	0.5	2.0	1.0	不许有	2	4	不许有
二级	2.0	0.5	2.0	2.0	2.0	1.0	4.0	2.0	不许有	4	6	不许有
三级	3.0	2.0	5.0	3.0	3.0	2.0	6.0	3.0	不许有	6	10	2
四级	1.0	0.3	0.5	1.0	1.0	0.5	2.0	1.0	不许有	2	4	2

■ 总结评价

在本任务的学习过程中，同学们要能熟练掌握终含水率、干燥均匀度、厚度含水率偏差、残余应力指标等干燥质量指标的测定、计算与统计、干燥质量的判断、可见干燥质量指标进行检测及降等率计算。

完成本任务后请同学们对自己的学习过程进行评价。

实训考核标准

考核内容	满　分	考核标准	得　分
含水率试验板的选取、设置与锯解	20	熟悉试验板有关要求 5 分，设置正确 5 分，锯解方法正确 5 分，操作基本熟练 5 分	
分层含水率和残余应力试片的制作	15	两种试片制作方法正确各 5 分，操作基本熟练 5 分	
含水率的测定与计算	5	操作方法步骤正确 3 分，计算结果正确 2 分	
应力的测定与计算	8	测定方法正确 4 分，计算结果正确 4 分	
可见干燥缺陷的测定与计算	16	4 种弯曲和 2 种开裂，漏检 1 项扣 2 分，检测不正确或计算错误酌情扣分	
质量标准的掌握、判断与降等率的计算	16	明确各项等级标准并判断等级正确 10 分，会计算降等率且结果正确 6 分	
报告规范性	5	报告不规范酌情扣分	
实训出勤与纪律	10	迟到、早退各扣 3 分，旷课不得分	
答　辩	5	能说明每一步操作的目的和要求	
合　计	100		

■ 思考与练习

1. 可见干燥缺陷包括__________、__________、__________、__________和__________等。
2. 锯材的弯曲变形包括__________、__________、__________、__________。
3. 含水率试验板的选取与锯解的方法是什么？
4. 最终平均含水率与干燥均匀度检测与计算的方法是什么？
5. 厚度含水率偏差检测与计算的方法是什么？
6. 干燥应力指标检测与计算的方法是什么？
7. 不同等级干燥锯材允许的含水率及应力质量指标是什么？
8. 各等级锯材允许可见干燥缺陷标准是什么？

任务 2.8　木材干燥生产管理与成本核算

工作任务

1. 任务提出

通过任务实施，掌握木材干燥生产管理方面需要注意的问题，了解干燥生产节能方法与措施，掌握由于设备原因造成的干燥介质温度偏高或偏低、干燥介质相对湿度偏高或偏低的原因及解决办法，根据给定条件计算木材干燥成本，以高效、环保、节能、按时、保质、保量完成木材干燥生产。

2. 工作情景

课程在木材干燥实训室进行教学，学生以干燥小组形式进行课程学习。分组进行不同木材树种干燥过程的模拟操作，探讨提高木材干燥质量，缩短干燥周期，降低干燥成本的方法，解决室干生产中因为设备故障导致的生产问题，每组共同讨论后确定并展示解决方案，计算完成生产所需的成本。

3. 材料及工具

教材、笔记本、笔、多媒体设备等。

知识准备

1 木材干燥生产的基本管理

木材干燥生产在木材加工企业中所处的位置是比较重要的，为了保证生产的顺利进行，必须有组织、有计划地生产。具备木材干燥生产技术只是一个最基本的条件，要实施木材干燥生产技术，必须要创造一个良好的生产环境条件，就是要对木材干燥生产进行管理。管理目的就是为了更好地按照木材干燥生产技术要求进行木材干燥生产。一般木材干燥生产的基本管理主要包括编制木材干燥生产工艺规程，制定木材干燥生产管理制度、建立木材干燥生产技术档案和建立生产操作人员的培训制度等。

（1）制定木材干燥生产管理制度

企业要正确地执行木材干燥生产工艺规程，必须要有合理的木材干燥生产管理制度来保证。制定木材干燥生产管理制度要因地制宜，不能生搬硬套，更不能为了应付检查而敷衍了事。它是保证企业木材干燥生产正常运转的基本条件。木材干燥生产管理制度一定要结合企业自身工作人员的情况、具体生产条件、配套设施和对产品的质量要求来制定。主要包括：

① 对从事木材干燥生产人员的管理。比如，工作中要遵守的制度、工作中的职责范围等。

② 对干燥设备的管理。比如，操作者在上班时间对干燥设备操作时的注意事项、管理和处理问题的范围等。

（2）建立木材干燥生产技术档案

企业在木材干燥生产过程中建立木材干燥生产技术档案，将生产中出现的问题及时记录，研究解决问题的方案，制定和设计解决问题的方法，并在解决实际问题的过程中详细记录所发生的情况，最终确定解决问题的最佳方法。必要时可以将其写入生产规程中。这对提高企业的木材干燥生产技术水平是极为有利的。

木材干燥生产技术档案一般包括：

① 干燥设备的技术管理档案。比如，对干燥设备在运转过程中经常出现的技术问题是如何根据企业的情况进行处理和解决的；为了提高生产水平，将新技术应用到已有的干燥设备中的情况等。

② 干燥过程中木材干燥情况的技术管理。比如，木材干燥质量是否满足要求；干燥过程中木材容易出现的干燥缺陷等；制定解决木材干燥缺陷的方式方法，实施这些方式方法的情况和结果如何；应用新的生产工艺技术情况等。

③ 确定技术目标责任，定期或不定期地进行干燥质量检查和抽查。将检查和抽查结果记录在案，并进行总结分析，提高木材干燥生产质量。

（3）建立木材干燥生产人员培训制度

企业的生产环境条件虽然重要，但运作和管理人员的技术水平更为重要。木材干燥是一项技术性比较复杂的生产，它随时都有新的问题出现。这就要求从事木材干燥生产的操作者和管理者经常学习新技术、新方法和新知识，以利于木材干燥生产技术水平的提高。因此，企业应当为从事木材干燥生产的工作人员制定定期的培训制度，提高他们的文化技术水平，以便更好地完成企业木材干燥的生产任务。培训制度主要包括：

① 对生产人员定期技术考核；

② 对生产人员进行定期和不定期新技术的传播及教育；

③ 鼓励生产人员开展技术革新活动；

④ 根据企业的发展目标，确定生产人员的培养方向。

2 由干燥室设备产生的生产问题原因探寻及解决

由木材干燥室设备方面产生问题的原因可以从木材干燥室检测系统的干湿球温度计的具体显示数值上进行分析和寻找。

（1）干燥介质温度偏高的原因

在干燥过程中，干燥介质的干球温度如果总是偏高，将会使干燥室内干燥介质的干燥条件偏硬，影响干燥质量。干球温度偏高的主要原因有：

① *加热器阀门开得过大*　如果加热器阀门已经关闭，可能是加热器阀门已经不能关严，即加热器阀门漏汽。检查加热器阀门是否能真正关闭的方法如下：

a. 把阀门关闭后，稍等片刻，然后在加热器阀门的输出（出汽）一面并距离阀门 0.5m 以上处用手小心靠近蒸汽管路，或轻微触摸，如果感到蒸汽管路不烫手，甚至可以用手握住蒸汽管，说明加热器阀门开关能正常工作，即开关灵活。如果感到蒸汽管路很热，轻微触摸时很烫手或根本不能握住管子，说明加热器阀门开关失灵，阀门已经不能正常工作了。

b. 如果生产实践比较丰富，而且基本熟悉锅炉和水暖工作，可以凭借蒸汽流过加热器阀门的声音大小或有无声音来判断加热器阀门的工作是否正常。一般情况下，蒸汽通过加热器阀门时是有一定的声音的，阀门开启量大声音就大，阀门开启量小声音就小。当阀门已经关闭但还能听到流过蒸汽的声音时，说明阀门形式上虽然能关闭，但实际已经不能关严或完全关闭了。根据这些判断，应当及时维修或更换新阀门，否则很容易出现木材干燥质量问题，同时也耗费大量的蒸汽，造成不必要的浪费。

② *蒸汽压力过高*　蒸汽管路里边的蒸汽压力过高也会导致干球温度经常偏高。一般情况下，进入干燥室加热器内的蒸汽压力范围为 0.25～0.55MPa，最好稳定在 0.4MPa 左右，有利于调整和稳定干燥室内干燥介质的温度。如果蒸汽压力经常过高，干球温度将很容易偏高，被干木材容易产生干燥缺陷。解决的方法是：如果蒸汽压力经常偏高，有条件的，可以在蒸汽锅炉输送蒸汽的主管路上安装一个减压阀门，以减小和调整蒸汽管路的蒸汽压力，保证加热器内蒸汽的相对稳定；蒸汽锅炉在输送蒸汽时，通过蒸汽阀门适当调整输送的蒸汽压力；如果蒸汽锅炉是为木材干燥生产专门配备的，锅炉的蒸汽压力不用烧得过高，考虑到输送蒸汽途中的热量损失，将锅炉输送的蒸汽压力烧到比干燥设备需要的蒸汽压力高 0.07～0.1MPa，这样可以保证干燥室内干燥介质干球温度的基本稳定。

③ *回水系统的旁通阀门开关失灵* 在蒸汽压力和加热器阀门开关正常的情况下，只要稍微打开加热器阀门，干球温度就偏高，加热器阀门关小或完全关闭后，干球温度很不稳定。很可能是因为回水系统的旁通阀门没有关闭造成的，旁通阀门如果没有关闭或开关失灵，会使加热器和蒸汽管路里边的蒸汽从旁通阀门很快流出，蒸汽不能在加热器和蒸汽管路里边做短暂的存留，以充分发挥作用。当有蒸汽通过时加热器的温度迅速升高；当没有蒸汽通过时干球温度迅速下降。所以当加热器阀门打开时，干球温度总是偏高。检查旁通阀门是否能正常工作的办法是：在确定旁通阀门已经关闭的情况下，再关闭疏水器前后的维修阀门，稍等片刻，用手轻微触摸旁通阀门输出端的回水管路，如果感到很烫手，说明旁通阀门开关失灵；凭经验听声音，如果有蒸汽流过旁通阀门的声音，也说明阀门的开关有问题，应当及时进行维修或更换新阀门。

④ *干球温度计的安装有问题* 干球温度计在安装过程中，一般是通过一根过墙金属管将温度计的导线引到干燥室内，还有是把温度计的温包和测温杆从干燥室的墙外由过墙金属管伸到干燥室内。温度计的温包和测温杆必须用隔温材料包裹好才能通过金属管送入干燥室内。在安装过程中或使用过程中，如果包裹测温杆的隔温材料脱落或包得不严密，会造成温度计的测温杆或温包直接与金属管接触，温度计测量的数据就不是干燥室内干燥介质的温度，而是金属管的温度。在干燥室正常运转的过程中，干燥室内的温度始终是比较高的，金属传热的速度是很快的，它往往要比干燥室内干燥介质的温度高许多，所以使干球温度经常是偏高的。如果干燥室是全金属壳体的，这种情况更应当注意。在干燥室运行之前，一定要很好地检查温度计与干燥壳体的隔离情况。

⑤ *干球温度计或显示仪表的问题* 温度计一般都是采用热电阻Pt100型。它经常容易出现的问题有：

a. 热电阻与连接导线接触不良；

b. 热电阻导线与显示仪表接触不良；

c. 热电阻因受到严重碰撞而损坏；

d. 把热电阻整体放入干燥室内，如果热电阻与连接导线的接线处封闭不严密，在干燥室正常工作时因湿气的侵入，使接线处受潮，热电阻的检测会失灵或受到影响。

显示仪表一般采用数字显示的比较多，它经常出现的问题有：

a. 仪表内部元件损坏或接触不良；

b. 仪表使用的环境恶劣，温度过高或湿度过大，超出了仪表规定的范围；

c. 仪表受到严重震荡或碰撞损伤；

d. 电源电压不符合要求。

（2）干燥介质温度偏低的原因

在干燥过程中，如果干球温度总是偏低，将会使干燥周期延长，能源消耗加大，干燥成本提高，后续的木制品加工不能正常进行。干球温度偏低的主要原因有：

① *蒸汽锅炉输送的蒸汽压力不足* 由于蒸汽压力不足，因此不能满足干燥室内加热器的要求，使加热器不能充分发挥作用。

在企业的木材干燥生产中，蒸汽锅炉的配置是根据企业的实际生产情况确定的。如果企业有人造板产品，同时也有锯材实木加工产品和木材干燥生产，一般配置蒸汽压力比较高的蒸汽锅炉，蒸汽压力为1.0～1.6MPa范围；锅炉的蒸发量都在6t/h以上。这种情况一般都能满足木材干燥生产要求。如果企业只是进行锯材实木生产加工或只是进行木材干燥生产，一般配置蒸汽压力为0.8～1.0MPa的蒸汽锅炉；锅炉的蒸发量根据企业具有干燥室的数量和每间干燥室一次装载量的大小来确定，一般在0.5～4t/h

的范围内选择。因此，蒸汽锅炉输送的蒸汽压力不足的原因是：

a. 干燥室数量多和单间干燥室的容积量大而配置蒸发量小的锅炉，尽管锅炉自身产生的蒸汽压力能够达到要求，但因蒸发量不够，使锅炉在输送蒸汽时蒸汽压力不足。

b. 干燥设备的操作者操作不当。在蒸汽锅炉配置合理并且正常运行的情况下，如果企业具有多间干燥室（一般在 4 间以上的），操作者在操作干燥设备时不能合理地调配每间干燥室的运转周期，也会使干燥室加热器得到的蒸汽压力不足。比如，多间干燥室经常是同时装堆、同时启动运行、同时停机冷却和卸堆。没有合理地轮流装卸被干木材，结果是当多间干燥室同时启动时，因为需要大量的蒸汽对木材进行初期处理而使蒸汽压力严重不足；在干燥过程中也经常是同时需要大量的蒸汽，也使蒸汽压力不足。在这种情况下，合理解决的方法是：按生产轻重缓急的要求分别依次地满足要求，即在干燥室需要进行升温和热湿处理时逐个进行操作，当第一间干燥室干燥介质的温湿度已经达到了设定数值后并处于保持阶段时，再对下一间干燥室进行升温和热湿处理，这样就避免了蒸汽压力不足的问题，也不会更多地影响干燥周期。当然，最好的办法是将每间干燥室的运行周期合理分开，不要过于集中，有利于锅炉的正常运转和供汽，保持木材的干燥周期。

② *加热器阀门失灵*　加热器的阀门不能完全打开或开启量不够，或者是加热器阀门形式上打开了但实际上没有打开，使蒸汽不能输送到加热器中。

③ *连接加热器的蒸汽管路阻塞*　这种情况经常发生在刚刚安装好的干燥室中。由于新安装的加热器和蒸汽管路里经常存有一些杂物、杂质，在蒸汽和凝结水的推动下会在蒸汽管路的某一地方集中，严重时造成阻塞，影响了蒸汽的流通。产生阻塞的地方经常是加热器与蒸汽管路连接所使用的法兰盘里内管和蒸汽管路的转弯处，或者是蒸汽管路由粗变细的变径处。

④ 加热器内凝结水过多　加热器内凝结水过多的原因是：

a. 每组加热器上的回水安装不合理，不能彻底排除凝结水；

b. 加热器管中有阻塞情况；

c. 干燥设备回水系统的疏水器有问题。

疏水器出现的问题大部分都是因疏水的管路被堵塞造成的。维修时可以让干燥设备正常运转，只需将疏水器前后的维修阀门关闭，同时打开旁通阀门后就可以对疏水器进行维修了。疏水器维修完毕后，再打开疏水器前后的维修阀门，立即关闭旁通阀门，使回水系统进入正常工作状态。前边已介绍过，疏水器在正常的工作状态时会发出具有一定规律的声音，有经验的操作者基本可以凭借疏水器发出的声音来判断其工作是否处于正常状态。

⑤ *进排气道阀门开启过大或开关失灵*　由于大多数干燥室进排气道出口都是直接与室外大气接触，大气的温度要比干燥室内干燥介质的温度低很多，在北方的冬季更是如此。进排气道尽管是调湿设备，但如果其阀门失灵也会使干燥室内的干燥介质温度降低。

⑥ *干燥室壳体的保温性差或密封性差*　对于新安装的干燥室，如果其保温性或密封性差，说明干燥室的壳体配置得不合理或保温材料不符合要求。对于已经使用多年的干燥室，如果其保温性和密封性差，说明企业平时对干燥室的保养做得不够，或基本没有对干燥室进行保养。干燥室的壳体有漏气现象，全砖砌体干燥室墙壁有裂缝或墙皮脱落；全金属壳体干燥室内部金属铝板的衔接处有漏气现象或因装卸材时撞漏了金属铝板，使夹层中的保温材料因受潮而失去保温性能。

⑦ *干燥室的大门密封性差和关闭不严*　对于新安装的大门，如果其密封性差和关闭不严，说明：

a. 大门结构设计或组装得不合理，即大门厚度过薄、保温材料填充不足、大门内壁金属板之间的衔接处密封的不合理；

b. 大门内壁四周应选用的密封橡胶条本身耐高温性能差或橡胶条的安装不合理。

对于已经使用多年的干燥室大门，如果密封性差和关闭不严，说明：

a. 大门的密封橡胶条老化，需要更新；

b. 大门内壁有破损处；

c. 大门变形，不能关严；

d. 大门外的锁紧装置失灵。

⑧ *干球温度计或显示仪表的问题* 干球温度计或显示仪表的问题参见项目 1 的有关内容。

干燥室内干燥介质干球温度偏低的情况出现在已经使用多年干燥室的偏多，因此平时注重对干燥室的维护和保养是比较重要的。

（3）干燥介质相对湿度偏高的原因

在干燥过程中，干燥室内干燥介质的相对湿度总是偏高，会延长干燥周期，甚至木材将不能被干燥。对于难干材，在前期干燥过程中因干球温度比较低，尤其是在小于 50℃的情况下，相对湿度总是偏高，会导致被干木材产生霉菌而长毛，严重影响了木材质量。分析其原因主要有：

① 喷蒸管阀门关闭失灵。喷蒸管阀门因关闭不严，使干燥室内的喷蒸管连接不断地喷射蒸汽，造成干燥室内干燥介质的相对偏高。检查喷蒸管阀门是否漏气的方法同检查加热器阀门是否漏气的方法相同。

② 干燥室内加热器或蒸汽管路有漏汽的地方一般出现在：

a. 蒸汽管路之间连接处的焊口；

b. 法兰盘的对接处，经常是石棉垫被蒸汽冲坏而造成漏汽。

检查加热器或蒸汽管路是否漏汽的方法是：停止风机运行，关闭喷蒸管阀门，将加热器阀门打开最大，从干燥室的检查门进入干燥室内，仔细倾听里边是否有喷射蒸汽的声音。如果有，说明加热器或蒸汽管路有漏汽的地方，然后根据声音的方向确定漏汽的具体位置；如果没有，但又怀疑加热器或蒸汽管路有漏汽的地方，最好用手电筒或安全灯在干燥室内查找，然后及时解决问题。

③ 进排气道阀门不能正常开启，进排气道的阀门打不开或形式上打开了但实际却没有打开，使干燥室内的湿气不能排除，致使干燥介质的相对湿度总是偏高。检查进排气道阀门是否打开的方法是：到干燥室外边观察干燥室的进排气道状态，或者直接到干燥室的房顶察看进排气道阀门的开启状态。

④ 采用干湿球温度计的干燥室，其湿球温度计的脱脂纱布出现了问题，原因主要是：

a. 浸泡纱布的水盒里边已经无水了。

b. 纱布被干燥室内的风机吹掉了。

c. 纱布因长期使用而失去良好的吸水性能。

d. 纱布没有将温度计的温包包裹好，尤其是完全包住温度计测温杆的端头，严重影响湿球温度的实测数值。

e. 因水盒在干燥前没有清洗，锈渍和杂质过多使水受到污染，导致纱布表面产生板结，纱布的吸水能力减弱或丧失而使湿球温度偏高。

f. 采用的纱布不是经过脱脂处理的。

g. 在干燥室内湿球温度计与水盒之间的距离过大，纱布吸水经过的路径过长，使纱布吸收的水分在中途就被风机产生的强制循环气流吹跑了，纱布经常处于半干或全干的状态。湿球温度计距离水盒的开口表面应在 50mm 以内为好，但绝不能与水盒直接接触。

⑤ 用于作为测量湿球温度计或显示仪表有问题，或温度计的安装有问题原因见任务 2.2 的部分内容。

⑥ 测试架和湿敏纸片或纤维木片的问题。采用平衡含水率仪器、仪表间接测量相对湿度的干燥室，基本是因为测试架和湿敏纸片或纤维木片的问题：

a. 湿敏纸片使用时间过长，一般要求每一个干燥周期更换一张纸片；如果是采用纤维木片，说明在干燥前没有用清水清洗，使它在测量时不能反映实际值。

b. 测试架与湿敏纸片或纤维木片接触的地方有凝结水，使测试的相对湿度偏高。

c. 湿敏纸片或纤维木片的表面经常被干燥室内的凝结水淋上，使测试的相对湿度偏高。

d. 平衡含水率的测试架与干球温度计之间的距离不符合要求，一般要求测试架与干球温度计越近越好，但不能互相接触，间隔距离最好保持在 10mm 之内，而且要平行放置。

干燥室内干燥介质的相对湿度偏高，有时可能与外面的气候有一些关系。比如在一段时间内经常下雨使空气潮湿，干燥室内的湿气排不出去，干燥介质的相对湿度就会偏高。当然这种情况比较少见。

（4）干燥介质湿度偏低的原因

在干燥过程中，干燥室内干燥介质的相对湿度如果总是偏低，被干木材容易干燥过急而产生干燥质量问题；在需要对木材进行热湿处理时，如果相对湿度总是偏低，将会严重影响热湿处理的效果，达不到热湿处理的目的。出现相对湿度偏低的主要原因是：

① 当被干木材处于热湿处理阶段时，如果干燥介质的相对湿度偏低，可能是：

a. 喷蒸管阀门开启失灵，打不开，不能向喷蒸管输送蒸汽；

b. 干燥室内喷蒸管上边的喷气孔被杂物堵塞，不能喷射蒸汽；

c. 进排气道的阀门没有关闭；

d. 干燥室的壳体有漏气的地方；

e. 干燥室的大门没有关严、锁紧；

f. 锅炉输送的蒸汽压力不足。

② 当被干木材处于干燥阶段时，如果干燥介质的相对湿度偏低，可能是：

a. 进排气道开关失灵，不能调整；

b. 干燥室的壳体或大门的密封性不好。

③ 被干木材分别处于以上两种情况下，采用干湿球温度计的干燥室，用于测量湿球温度的温度计或显示仪表有问题，参见项目 1 内容。

④ 被干木材分别处于以上两种情况下，采用平衡含水率仪器仪表间接测量相对湿度的干燥室，可能是：

a. 湿敏纸片或纤维木片没有夹紧，造成测试架与纸片或木片接触不良；

b. 湿敏纸片表面有杂质或锈渍，纤维木片在干燥前没有进行冲洗或存在裂纹；

c. 湿敏纸片的使用时间过长，需要更换新的纸片；

d. 测试架与平衡含水率显示仪表的导线接触不良。

需要说明的一点是：木材在干燥后期，尤其在干燥接近结束时，由于其中的水分大部分已经被蒸发或排出，干燥室内干燥介质的相对湿度是比较低的，这属正常现象，同时也在干燥工艺条件控制的范围内。当被干木材需要进行热湿处理时，可能会出现干燥介质的相对湿度偏低的情况，即使采用喷射蒸汽的方法也不容易使相对湿度提高很多。在这种情况下，最好采用适当降低干球温度的方法来提高相对湿度。

以上是通过温湿度检测装置寻找和判断干燥室的干燥设备在干燥过程中容易出现问题的原因及一些解决方法。作为从事木材干燥生产的操作者，不仅要能通过这种方法寻找和判断干燥设备出现的问题，还要通过观察、倾听和接触一些设备的手感来及时发现并解决干燥设备在运行过程中出现的问题，以保证木材干燥生产的正常进行和干燥质量。

3 木材干燥生产中的一些节能措施

木材干燥是木材加工生产过程中的关键环节之一，是木制品质量的基本保证。而在木制品产品的生产成本中，木材干燥环节占了相当一部分，其原因是木材干燥生产所需的设备投资相对占有一定的比例。由于干燥生产中所消耗的能源比较多，因此干燥成本较高，从而影响了木制品的成产成本。这些问题直接影响了企业的发展速度。如何做到既降低木材干燥生产的能源消耗，又保证木材干燥质量、降低木材干燥成本，使木制品的产品成本下降，提高企业的经济效益，促进企业的发展，这是多年来很多木材加工企业或木业公司正在探讨和想解决的一个相对比较重要的问题。

（1）合理调配木材干燥过程中需要的蒸汽压力

在木材干燥设备与蒸汽锅炉设备相匹配的条件下，合理地使用木材干燥设备和调整好锅炉输送的蒸汽压力，是解决能源、降低干燥成本的关键步骤之一。我国现在使用常规室干进行木材干燥生产的企业，其干燥成本基本上在每立方米木材 150～220 元人民币范围，总的来说是比较高的。而超过这个范围的，干燥成本就显得偏高，说明能源耗费较大。其主要的耗费是在锅炉耗煤量过多等方面。因为木材干燥设备的耗电量是一定的，而蒸汽耗量也可以说是一定的。锅炉向木材干燥设备输送蒸汽量的大小是以蒸汽压力（MPa）来衡量的。如果对锅炉的送蒸汽量掌握得不好，就会造成很大的浪费。目前干燥生产中普遍存在的现象是，只要木材干燥设备一运转，锅炉就以最大的蒸汽量向干燥设备输送，一直坚持到干燥作业结束，即从开始到结束的蒸汽压力一直是 0.5～0.6MPa，消耗了大量的煤炭，每昼夜耗煤量至少 2.5t，有的甚至达 4t，结果干燥成本居高不下，还找不到原因。其干燥成本为每立方米 230～250 元。蒸汽压力越高，输送的蒸汽量就越多，耗煤量也就越多；蒸汽压力越低，输送的蒸汽量就越少，耗煤量就越少。

干燥设备在运行时需要的蒸汽压力范围是 0.2～0.5MPa，这是由被干木材的具体情况所决定的，这个范围的变化量是较大的，在干燥设备运行时，应随着被干木材的干燥状态来确定所需蒸汽压力的大小，尤其是专门用于木材干燥设备的蒸汽锅炉，更应当根据被干木材的状态或根据干燥工艺所规定的条件来调整锅炉的送蒸汽量，即调整蒸汽压力。从多年运行干燥设备的经验看，若采用比较软的干燥基准进行作业，当木材处于干燥或降低含水率阶段时，蒸汽压力可控制在 0.2～0.5MPa 之间，在此蒸汽压力下，干燥室内干燥介质的温度可保持在 50℃～80℃的范围内；而当木材处于热湿处理阶段时需要向干燥室内喷射蒸汽，要求的蒸汽压力高一些，可将蒸汽压力控制在 0.35～0.4MPa 范围内，它满足木材热湿处理时所需要的较高的温湿度条件。若采用较硬的干燥基准进行作业，当木材处于干燥或降低含水率阶段时，蒸汽压力可控制在 0.25～0.30MPa 之间，在此蒸汽压力下，干燥室内干燥介质的温度可保持在 50℃～95℃范围内；木材处于热湿处理阶段时，蒸汽压力控制在 0.40～0.45MPa 范围，就可以满足高温高湿的要求。

木材在一个周期内的干燥过程中，主要处于干燥和热湿处理两个阶段。而热湿处理的时间只占全部干燥时间的 1/6 或 1/7。所以，维持比较高的蒸汽压力的时间是很有限的。为此调整好锅炉向木材干燥设备输送的蒸汽量，即将输送的蒸汽压力调整好是很有必要的。根据木材干燥的状态合理调整输送的蒸汽压力，能节省一定数量的煤炭。根据测算，如果能根据干燥设备的运行情况调整好蒸汽压力，每昼夜至少能节约大约 0.5t 煤炭。现在大部分木材干燥设备在生产中，每昼夜耗煤量为 1.5 ~ 2.0t，按 200 元/t 煤计算，每天的耗煤费用为 300 ~ 400 元，如果每天节省 0.5t 煤，就可节省费用 100 元，以装载木材量 $50m^3$ 的木材干燥设备、干燥 35mm 厚的硬杂木为例，假如每个干燥周期最多以 15d 天计算，节省用煤量 7.5t，节省的费用就是 1500 元。其干燥成本每立方米就降低 30 元。这样既节省了木材干燥生产所消耗的能源，又提高了木材干燥生产的经济效益，也提高了整个木材加工生产的经济效益和社会效益。

现在还有很多企业，在木材干燥生产中，所用的锅炉是两烧形式的，既可以烧煤，也可以烧木材加工的剩余物（废料），从中节省了一定数量的煤炭，降低了干燥成本。如果能根据木材干燥的状态调整好所需的蒸汽压力，可以进一步降低干燥成本，一般每立方米可降低 5 ~ 10 元。

（2）合理运用木材干燥基准

木材在干燥前，都要根据其树种、厚度、初含水率等条件，选择或确定相适应的木材干燥基准。从木材干燥工艺的角度讲，合理选择干燥基准，是保证干燥质量和干燥周期的前提。而合理地运用所选择的干燥基准，与保证干燥质量、干燥周期和节省能源消耗有直接的关系，尤其是在保证干燥质量和干燥周期的前提下，节省干燥过程中的能源消耗，对提高企业的经济效益有着重要意义。

目前，我国有相当数量木材加工企业或木业公司的木材干燥生产对象是比较难干的硬杂木，如栎木、水曲柳等，而且它们的原木直径都较小，一般在 18 ~ 22cm 的偏多，有的甚至在 12 ~ 16cm 范围内。针对这种情况，各单位所采用的干燥基准都有所不同，有的也总结了很多值得借鉴的好经验。但也有的还存在一些问题，需要进一步改进。有的企业在干燥生产中，采取在干燥过程中多增加对木材进行热湿处理的方法，即多喷蒸的方法来保证干燥质量和干燥周期。原因是，木材在干燥到一定程度时，如果不进行热湿处理，木材的含水量就不下降。经热湿处理后，木材的含水量才肯下降。这种方法有时可能会解决问题，但用这种方法有它不利的方面，就是使木材的颜色变深，更主要是要耗费一定量的蒸汽。木材在正常干燥过程中，热湿处理时所消耗的蒸汽量基本占全干燥过程的 1/3 或 1/4。如果在干燥过程中需要经常增加热湿处理次数，需要的蒸汽量就要增加，蒸汽压力就要加大，锅炉的用煤量就要增加，干燥成本就会提高，直接影响了企业的经济效益。

对于较难干的硬杂木，首先应选择比较软的干燥基准，在干燥前最好进行一段低温预热处理，然后再按所选择的干燥基准进行初期热湿处理、干燥等步骤。在干燥的初期阶段，绝对不能操之过急，干燥介质的温度不要调得过高，此时所需的蒸汽压力也不要求太高（在 0.25MPa 以内）。在干燥的中期和终了阶段，热湿处理时的干燥介质温度和正常干燥时的干燥介质温度也不要调得过高和上升太快（热湿处理时的蒸汽压力在 0.3MPa 以内，干燥阶段的蒸汽压力同初期各种阶段）。在调整温度时，最好根据木材含水率的下降速度来适当缓慢上升干燥介质的温度，否则木材将很容易产生干燥缺陷。以栎木 25mm 厚，初含水率为 50% ~ 60%为例，若干燥到终含水率 7% ~ 9%，所需时间在 8 ~ 10d。主要操作方法是：在采用了合理的干燥基准后，干燥过程中除了进行初期和最终的热湿处理外，中间的热湿处理按要求只进行了一次，没有再临时增加中间热湿处理次数。而干燥过程的蒸汽压力是根据木材干燥时所要求的工艺条件来随时调整的，即在干燥阶段，根据木材含水率的下降情况，合理地维持和缓慢地提高干燥介质的温度，维持合适的湿度，并将蒸汽压力维持在 0.20 ~ 0.25MPa 的范围内。在热湿处理阶段，逐渐将干燥介质的温湿度升高，并维持在规定的范围内，蒸汽压力调整到 0.30 ~ 0.35MPa 的范围内。采取木材加工剩余物废料与煤搭配燃烧办法，其中废料与煤的比例是 3：7，平均每昼夜的耗煤量为 0.8t 左右。这样合理地运用干燥基准，加之随机调整锅炉供应蒸汽的压力，使木材在干燥过程中，既保证了干燥质量和干燥周期，又节约了能源，降低了成本，提高了企业的经济效益。

（3）合理配置木材干燥设备和锅炉设备

常规木材干燥设备的主要配套设备是低压蒸汽锅炉。在选择锅炉前应首先确定木材干燥设备容量和数量。按经验推算，若是容量为 50m^3的干燥室两间，或容量为 30m^3的干燥室 4 间，可配置容量 1t/h 的低压蒸汽锅炉（蒸汽表压力 1.0MPa）。如果木材干燥设备的容量是 100m^3的两间，或容量为 40m^3的 6 间，可配置容量为 2t/h 的低压蒸汽锅炉。这样的配套是指蒸汽锅炉完全用于木材干燥设备，如果在整个生产过程中还有其他的设备需要蒸汽能源，应根据设备的要求增加锅炉的容量。另外，如果考虑生产、办公的采暖需要，应再将锅炉的容量增加 0.5t/h。依照这个配置，基本能保证设备的合理应用。设备一旦配套到位，就应当做到基本满负荷运行，否则能耗会增大，浪费也是惊人的。

木材干燥生产中的节能措施是多方面的。如前所述，木材干燥设备的完善程度、设备的设计合理性、安装的完好性、设备在使用过程中的维护和保养程度等，都与木材干燥的节能有直接关系。

任务实施

任务实施要求

1. 任务实施前需认真阅读知识准备内容，结合生产实践，重在理解实际生产中可能产生的管理问题与成本偏高的问题的原因，提出解决办法。

2. 要注意归纳总结，贯穿木材干燥生产管理始终。

3. 节能环保是木材干燥生产的重要问题之一，也是社会聚焦的热点问题之一，环保问题还需要同学们继续查找相关资料，动态分析解决。

4. 成本核算数据要力求准确，详细写出计算过程，关注细节。

学习引导问题

请同学们认真阅读知识准备内容，独立完成以下引导问题。

1. 干燥生产的基本管理包括哪些内容?

2. 木材干燥生产中的节能措施有哪些?

任务实施步骤

1. 分组计算木材干燥成本并展示，阐述计算过程：

某企业秋季干燥 30mm 厚水曲柳地板用材 60m^3，初含水率为 60%，要求终含水率 8%，干燥周期 18d，干燥成本每立方米大约多少元？（干燥室及设备 20 万元，标准木料年总生产量 1000m^3/年，设备使用年限 15 年，每天耗煤 1.5t，每吨煤 200 元，干燥室安装 4 台风机，每台功率为 2.2kW，3 名工人，每人每月 1500 元，一次木材干燥降等率按 5%～10%计，每立方米材降等损失按 50 元计，工业用电按均价 0.8 元/（kW · h）计。）

1m^3木材的干燥成本，包括干燥设备的折旧费、保养维修费、能耗费、工资费、木材降等费及管理费。用公式表示为：

$$D=F_1+F_2+F_3+F_4+F_5+F_6 \tag{2-19}$$

式中　D——1m^3木材的干燥成本，元/m^3；

F_1——设备折旧费，元/m^3；

F_2——保养维修费，元/m^3；

F_3——能耗费，元/m^3；

F_4——工资费，元/m^3；

F_5——木材降等费，元/m^3；

F_6——管理费，元/m^3。

（1）设备折旧费

$$F_1=\frac{T}{N_1\times Y} \tag{2-20}$$

式中 T——设备总投资，元；

N_1——全部干燥室（机）标准木料年总生产量，m^3/年；

Y——设备使用年限，年。

（2）保养维修费

$$F_2=\frac{TW}{N_1} \tag{2-21}$$

式中 W——保养维修费占设备总投资的比率，%。常规蒸汽干燥设备取为 1%~2%。

（3）能耗费

$$F_3=\frac{QP_1+IP_2}{E_1} \tag{2-22}$$

式中 Q——一间（台）干燥室一次干燥木材耗用的燃料量（kg）或蒸汽量（kg），用实际计量或按蒸汽流量计确定；

P_1——每千克燃料或蒸汽的价格，元/kg；

E_1——干燥室标准木料容量，m^3；

I——一间（台）干燥室一次干燥木材所用的总电量，kW·h，从电度表查得；

P_2——每度电的价格，元/（kW·h）。

如已知干燥室全部电动机的安装总功率为 N_1，风机的运行时间为 d，可用下式确定 I：

$$I=N_1\times\rho\times n\times 24 \tag{2-23}$$

式中 ρ——风机的荷载系数，实测求出或取 0.8；

n——电动机运行天数，d；

24——一天等于 24h。

（4）工资费用

$$F_4=\frac{Cm\tau}{30E_1} \tag{2-24}$$

式中 C——工人的月平均工资额，元/人；

m——工人数量，包括堆积、运输、干燥室操作等工人；

τ——干燥周期，d；

30——每月天数。

（5）木材降等费

$$F_5=\frac{MP_3}{E_1} \tag{2-25}$$

式中　M——一次干燥的降等木材以标准木料计的数量，m^3；

P_3——降等木材以标准木料计的降等前后差价，元/m^3。

锯材等价按 GB/T 153—2009《针叶树锯材》分等及 GB/T 4817—2009《阔叶树锯材》分等划分。

（6）管理费

$$F_6=(F_1+F_2+F_3+F_4+F_5)\times S \quad (2\text{-}26)$$

式中　S——管理费比率，一般取 3%～5%。

成果展示

1. 某企业秋季干燥 30mm 厚水曲柳地板用材 60m^3，初含水率为 60%，要求终含水率 8%，干燥周期 18d，干燥成本每立方米大约多少元?

2. 干燥室常见故障原因分析汇总:

序　号	故障	产生原因	解决方法
1	干球温度偏高，降不下来		
2	干球温度偏低，难以提高		
3	热湿处理时湿球温度达不到要求		
4	正常干燥时湿球温度达不到要求		
5	湿球温度偏高		

总结评价

在本任务的学习过程中，同学们要能熟练掌握由于干燥设备及操作产生的生产管理问题原因有哪些，并给出解决方案，同时要学会干燥企业的基本管理方法与干燥成本的计算方法。

完成本任务后请同学们对自己的学习过程进行评价。

实训考核标准

考核内容	满　分	考核标准	得　分
故障原因分析	20	故障原因分析准确、全面	
故障解决办法	20	故障解决办法合理，有针对性	
干燥成本计算	30	干燥成本计算思路清晰，数据准确	
报告规范性	10	报告不规范酌情扣分。	
实训出勤与纪律	10	迟到、早退各扣 3 分，旷课不得分。	
答　辩	10	能说明每一步操作的目的和要求	
合　计	100		

思考与练习

1. 干燥介质温度偏高的原因有哪些?
2. 干燥介质温度偏低的原因有哪些?
3. 干燥介质湿度偏高的原因有哪些?
4. 干燥介质湿度偏低的原因有哪些?

■ 自主学习资料库

1. 郝华涛. 木材干燥技术. 北京：中国林业出版社，2007.
2. 王喜明. 木材干燥学. 北京：中国林业出版社，2007.
3. 艾沐野. 木材干燥实用技术. 哈尔滨：东北林业大学出版社，2002.
4. 王恺. 木材工业实用大全. 木材干燥卷. 北京：中国林业出版社，1998.
5. 朱政贤. 木材干燥. 2 版. 北京：中国林业出版社，1992.
6. 黄月瑞，严华洪. 木材干燥技术问答. 北京：中国林业出版社，1985.
7. 成俊卿. 木材学. 北京：中国林业出版社，1985.
8. 顾百炼. 木材加工工艺学. 北京：中国林业出版社，2003.
9. 杜国兴. 木材干燥质量控制. 北京：中国林业出版社，2006.
10. 中国木材网 http: //www.chinatimber.org
11. 中国木业网 http: //www.wood365.cn
12. 中国干燥设备网 http: //www.mydry.cn

项目 3
木材除湿干燥

知识目标

1. 掌握除湿干燥机的主要组成设备、工作原理、分类和布置形式。
2. 掌握除湿干燥的工艺的制定方法。
3. 掌握除湿干燥机的运行与操作、维护与保养方法。

技能目标

1. 能制定除湿干燥工艺。
2. 能对除湿干燥机进行操作与维护。

任务 3.1　除湿干燥设备及工作原理分析

工作任务

1. 任务提出

通过观察企业除湿干燥机，能够说出除湿干燥机的分类和布置形式、各设备名称以及除湿干燥机所采用的工作原理等内容，并能绘制除湿干燥机简易的工作原理图。要求学生依据上述要求完成实习报告的填写任务。

2. 工作情景

课程在木材干燥实训室与实训基地（企业）进行现场教学，以分组形式完成课堂教学，教师首先对除湿干燥机的设备组成、工作原理、分类和布置形式等内容进行讲解，学生根据教师讲解的内容来观察除湿干燥机完成本次任务内容。完成工作任务后，教师对学生工作过程和成果进行评价和总结，按教师的总结和要求，学生对实习报告的填写内容进行修改，最终提交正确的实习报告。

3. 材料及工具

教材、笔记本、笔、多媒体设备等。

知识准备

要想正确地使用除湿干燥机，首先要了解除湿干燥机的设备组成、工作原理、分类、布置形式等方面的内容，才能进一步去学习除湿干燥机的使用。

1 除湿干燥机的主要设备

除湿干燥机分为干燥室和除湿机两大部分。干燥室与普通干燥室相似，其不同是：干燥室没有进、排气道，室内的湿热废气不是排入大气，而是引入到除湿机中，经脱湿后，再返回干燥室内，排除的是冷凝水；干燥室内通常不设加热器，所需热量靠除湿机供给（有时设辅助加热器）。

对干燥室的要求及室内气流循环的方式与普通干燥室相同。室内气流循环的方法可采用常规干燥中任一种，一般多采用轴流通风机顶置式。

除湿机由外壳、制冷压缩机、蒸发器（冷源）、冷凝器（热源）、热膨胀阀、辅助加热器、通风机、连接管道和一定量的制冷剂组成。此外还有一套电子调节系统及一个接水池。其中，制冷压缩机、蒸发器、冷凝器、热膨胀阀和制冷剂又组成了一个独立的封闭系统。这一系统称为热泵。因此，除湿机由热泵和其他附属装置所组成。热泵是除湿机的主体，所以除湿干燥又常被称为热泵干燥。除湿机的主要组成如下所述。

（1）制冷压缩机

其作用是压缩制冷剂气体，驱动制冷剂在系统内循环，并提供热能转换过程所需的补充能量。它是除湿机的心脏部分。

制冷压缩机分为活塞式和叶轮式两种。按是否封闭又分为密封式和半密封式。国产设备常采用半密封活塞式压缩机。为减轻运转时的振动，压缩机应安装在弹簧减振装置上。

（2）蒸发器和冷凝器

蒸发器和冷凝器由数根铜管镶嵌铜或铝翅片组成。这里所说的蒸发或冷凝是就压缩机内制冷剂而言的。蒸发器的作用是使循环管道中的制冷剂与管外的湿热空气发生热交换，吸收湿热空气的热量使制冷剂蒸发呈气态，湿热空气因热量被吸收，温度下降，其中的水蒸气部分遇冷凝结成水排出机外。冷凝器的作用相反，循环管道中的气态制冷剂在冷凝器中被冷凝后又把吸收到的热量传回给管外的干空气，使之成为干热空气，再返回干燥室。因此，对干燥介质来说，蒸发器是除湿机的冷源，又称冷却器；冷凝器是除湿机的热源，又称加热器。

（3）制冷剂

热泵中的制冷循环是通过制冷剂才得以实现的，所以制冷剂对于热泵是至关重要的。对制冷剂的主要要求是：具有较高的临界温度（即冷凝温度的最高限），因为临界温度决定了除湿机的供热温度；在除湿机工作温度范围内，有适宜的饱和蒸汽压力。即冷凝压力不能过高，否则压缩机难以长期承受，同时要求蒸发压力最好稍高于大气压，以免空气渗入；在选定的冷凝温度下，其单位容积的潜热量要大，以减少压缩机的尺寸，降低造价；能与润滑油相溶，毒性小，对环境无污染，化学性质稳定；价格便宜，容易购买。制冷剂除要求无毒、无爆炸危险外，还要求它的环保性能好。例如，制冷剂对环境的影响可以用 ODP（ozone depletion potential）和 GWP（global warming potential）值的大小来判断。ODP 值表示该制冷剂与制冷剂 R_{11} 对比时对大气臭氧层破坏的相对潜能值，ODP 值越大，说明其对臭氧层的威胁越大。GWP 值表示该制冷剂与 CO_2 对比产生的温室效应（即使大气变暖）的相对潜能值。GWP 值越大，表明该制冷剂使气候变暖的作用越大。

实际每一种制冷剂都有一些缺点，很难同时满足上述所有要求。以往常用的制冷剂主要是氟利昂工质 R_{12}、R_{22}、R_{114}、R_{142} 等，除湿机常用制冷剂及性能见表 3-1。R_{22} 和 R_{12} 冷凝温度一般不超过 50℃，多用作低温干燥。国外高温除湿机中采用 R_{114}，其冷凝温度可达 82.5℃。国产高温热泵采用 R_{142}，其冷凝温度也可达到 80℃。

表 3-1　除湿机常用的制冷剂及性能

制冷剂	蒸发压力 5℃*/MPa	冷凝压力/MPa			单位容积制冷量 5℃*/（kJ/m³）	耗臭氧 ODP	温室效应 GWP	价　格	禁止使用期	
		65℃	80℃	95℃					发达国家	发展中国家
R_{12}	0.3629	1.707	2.319	3.086	2275.9	0.820	10600	便宜	1996	2005
R_{22}	0.5840	2.701	3.657		4409.3	0.032	1700	便宜	2030	2040
R_{142}	0.1745	0.955	1.404	1.924	1553.6	0.043	2400	比 R_{22} 贵 1 倍以上	2030	2040
HTR01	0.2016	1.134	1.625	2.163	1962.3	0.027	750	新工质较贵	不限制	

＊ 温度为蒸发温度或冷凝温度，表明是该蒸发温度下的蒸发压力。单位容积制冷量或制冷压力。

由于氟利昂对大气臭氧层的破坏严重，不利于环境保护，国际《保护臭氧层维也纳公约》和《关于消耗臭氧层物质的蒙特利尔议定书》规定氟利昂将逐步在世界范围内禁用。根据 1993 年 3 月 8 日蒙特利尔多边基金执委会第九次会议通过的《中国逐步淘汰消耗臭氧层物质国家方案》，中国也将于 2010 年全面停止使用氟利昂。目前能够替代氟利昂的新型高温制冷剂是 HTR01，它环保性能好，高温下的冷凝压力尚可，但低温段性能略差，适宜在高温段工作，另外价格相对较贵。

（4）热膨胀阀

高压的制冷剂流过热膨胀阀（又称减压器）时，由于流道横截面积突然扩大，因而使其压力降低到了与蒸发器内压力相同的水平。

（5）辅助加热器

其主要作用是对干燥室预热，使除湿机能在较适宜的温度（24℃）下开始运行。因此，辅助加热器通常只在开始阶段使用，待除湿机运转后，就将其关掉。另外，当压缩机的机械功不足以补偿干燥室的热损失时，也要间歇开启辅助加热器。通常采用电加热器，有条件的工厂采用蒸汽或热水加热器作为辅助加热器。

（6）通风机

有的除湿器用轴流通风机，有的用离心通风机。其作用是促进干燥室内空气循环，并引导空气流经过冷凝器和蒸发器。有的厂家对这种通风方式作了改进，由一台通风机引导空气流经除湿器，另外由数台安装在干燥室顶板上的小型通风机促进干燥室内的空气循环。

2 除湿干燥原理

（1）热泵的工作原理

众所周知，液体在汽化时，需要从外界吸收热量；反之，如果气体液化时，就要向外界放出热量。根据这一原理，把热泵的蒸发器、压缩机、冷凝器和热膨胀阀等主要部件用管道连接起来，构成封闭的循环系统。制冷剂在封闭的系统中循环流动，并与周围的循环空气进行热交换，如图 3-1 所示。首先制冷剂蒸汽被吸入压缩机，并被压缩成高温高压蒸汽（饱和蒸汽压高，饱和温度也高）。接着，高温高压制冷剂蒸汽进入冷凝器被定压冷却（即向外供热），并凝结成为饱和液体，继而，降温后的制冷剂液体通过膨胀阀受到降压，压力和温度均大大降低，最后，低温低压制冷剂（可能是液态或气态）进入蒸发器吸收外部热量蒸发，使制冷剂湿蒸汽吸热变为干饱和蒸汽后，又被吸入压缩机，开始下一个循环。这里的"热泵"是从一处向另一处采热之意。

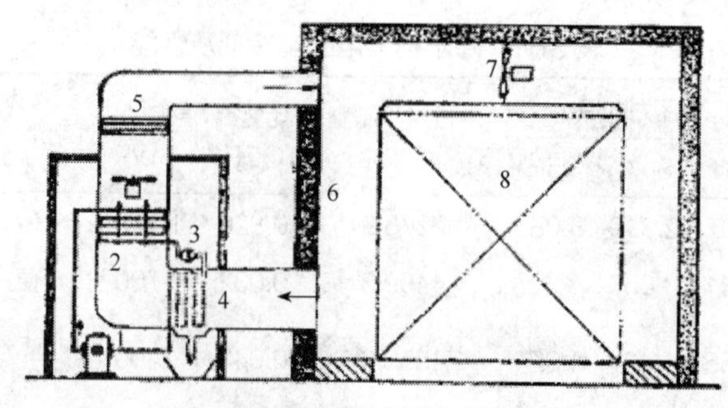

图 3-1　单热源木材除湿干燥系统

1. 压缩机　2. 冷凝器　3. 热膨胀阀　4. 蒸发器　5. 辅助加热器
6. 干燥室外壳　7. 轴流通风机　8. 材堆
（自 Aléon，1983）

（2）除湿干燥的工作原理和过程

除湿干燥仍属于以湿空气作为干燥介质的对流干燥，与常规室干不同的是：常规室干通过换气的方法排除介质中的水蒸气，而除湿干燥是通过冷凝的方法排除介质中的水蒸气。因此，除湿干燥也称减湿干燥。

除湿干燥是以热泵为基础的，当除湿机和干燥室相连时，干燥介质经由除湿机的进气道、热泵、排气道和干燥室形成了另一个循环。干燥室内排出的热湿空气进入除湿机后首先流过蒸发器（冷源）表面，将热传给制冷剂（制冷剂吸热蒸发），从而使"湿热"空气温度降低，当温度降到露点时，空气中所含的水蒸气在蒸发器表面冷凝成水，并汇集排出机外。经过去湿降温后的"干冷"空气再流过热泵冷凝器（热源）的表面时，再吸收制冷剂的热量（制冷剂放热冷凝）成为"干热"空气，这种"干热"空气再流回干燥室与室内循环空气混合继续干燥木材，如此反复。

综上所述，和常规室干相比，除湿干燥回收了常规室干中被排掉的废气中的热能，所以，除湿干燥被称为节能型干燥。

3 除湿干燥机的分类与布置形式

（1）除湿干燥机的分类

按单机干燥能力的大小，除湿干燥机可分为大型、中型和小型。单机干燥能力小于 30m^3 为小型；30～60m^3 为中型；大于 60m^3 为大型。目前我国的除湿干燥机都属于中小型，单机干燥能力一般都小于 60m^3。

除湿干燥机按工作循环和功能的不同可分为单热源与双热源两大类。单热源除湿干燥机如图 3-1 所示，只能回收干燥室湿空气脱湿时放出的热量，难以实现干燥室升温，当干燥室需要供热升温而不必除湿时，如果没有蒸汽或其他辅助热源，一般需要启动辅助电加热器，故电耗较高。双热源除湿干燥机

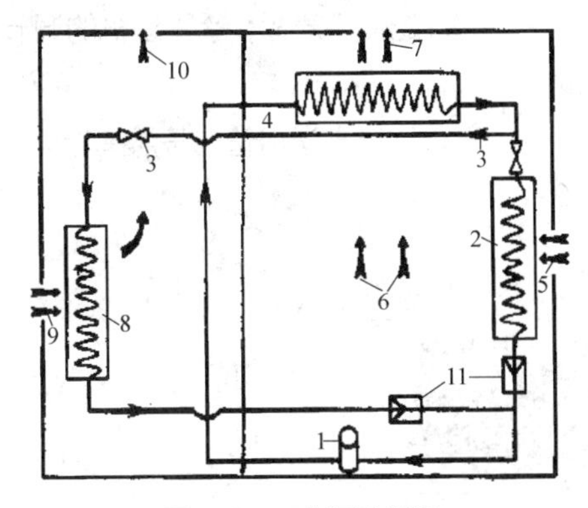

图 3-2　双热源除湿机

1. 压缩机　2. 除湿蒸发器　3. 膨胀阀　4. 冷凝器
5. 湿空气　6. 干冷空气　7. 送干燥室的干热空气
8. 热泵蒸发器　9. 外界空气　10. 排出冷空气　11. 单向阀
（自张璧光，2005）

又称为热泵除湿干燥机，如图 3-2 所示。它与单热源的主要区别在于它有两个蒸发器，一个是以干燥介质除湿为目的的蒸发器称为除湿蒸发器，另一个是以吸收大气热能为目的的蒸发器称为热泵蒸发器。这样对压缩机来说就有两个热源，可形成除湿和热泵两个工作循环，使干燥室具有除湿和升温两种功能。当干燥室需要排湿时，除湿系统的工作与单热源除湿干燥机相同；当干燥室需要升温但不需要除湿时，可启动热泵系统，热泵蒸发器内的制冷剂从大气环境采热，通过压缩机送至冷凝器放出热量，加热干燥介质。热泵供热的多少取决于环境温度和供热温度，环境温度越高，供热越多。

双热源除湿干燥机虽然也有辅助电加热器，但它使用时间短，一般在干燥初期、冬季气温较低时或干燥所需热量超过热泵供热量时使用。

除湿干燥机按最高供风温度的高低可分为低温（<50℃）、中温（50℃~70℃）和高温（>70℃）型，这主要与所选用的制冷剂和所选用的压缩机有关，目前我国生产的除湿干燥机大部分为中温型，少数厂家生产高温除湿干燥机。

此外，根据除湿干燥机制冷系统外部的空气循环方法，又可将除湿干燥机分为封闭式循环和半开式循环两类。前者全部从干燥室吸取循环空气，干燥室排气窗；后者部分从干燥室吸取循环空气，部分从大气吸收新鲜空气，干燥室设有排气窗。

（2）除湿机的布置形式

除湿干燥机的布置形式一般有除湿机放干燥室内和室外两类。除湿机室内布置形式如图 3-3 所示，除湿机室外布置形式如图 3-4 所示。

除湿机放干燥室内的布置特点是除湿机主机放干燥室内，电控箱放干燥室外。而放室内的除湿机没有回风管（通蒸发器进风口）和送风管（与冷凝器出风口连接）。

除湿机室内布置的优点是：①结构简单，造价低；②布置灵活，它可根据材堆宽度布置数台除湿机，图 3-3（a）为布置 1 台，图 3-3（b）为布置两台除湿机的情况；③除湿机的热量全部散发在干燥室内，没有热损失；④可放在普通蒸汽干燥室内与蒸汽干燥实施联合干燥。缺点是：①除湿机要长期在高

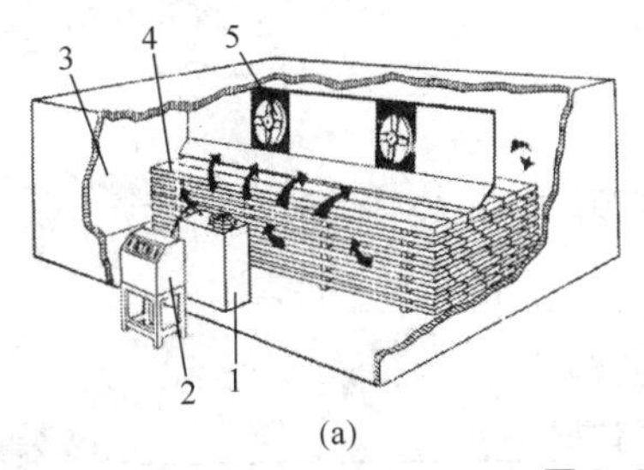

(a)

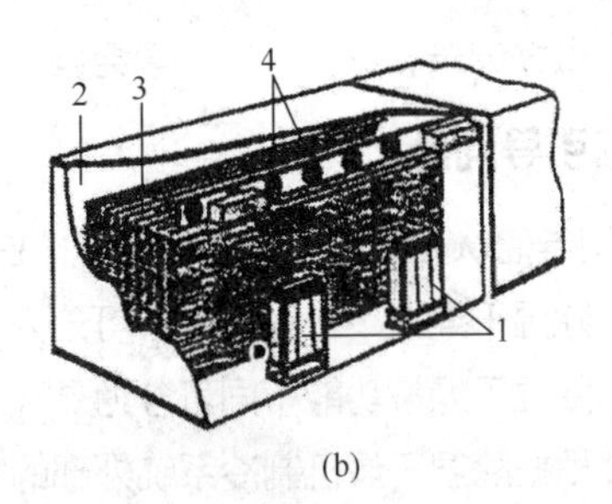

(b)

图 3-3　除湿机布置在干燥室内

（a）布置 1 台：1. 除湿机　2. 电控箱　3. 干燥室　4. 风机　5. 干燥室风机
（b）布置 2 台：1. 除湿机　2. 干燥室　3. 材堆　4. 材堆

温、高湿度的环境中工作，影响压缩机、蒸发器、冷凝器等主要部件的使用寿命；②除湿机的调节与维护不方便；③一般只能是单热源除湿机，不能利用环境热量供热。

除湿机布置在干燥室外的特点是，除湿机布置在操作间内，通过回风与送风管与干燥室相连，干燥室内靠除湿机一侧的墙上分别开设有回风和送风口，如图 3-4 所示。

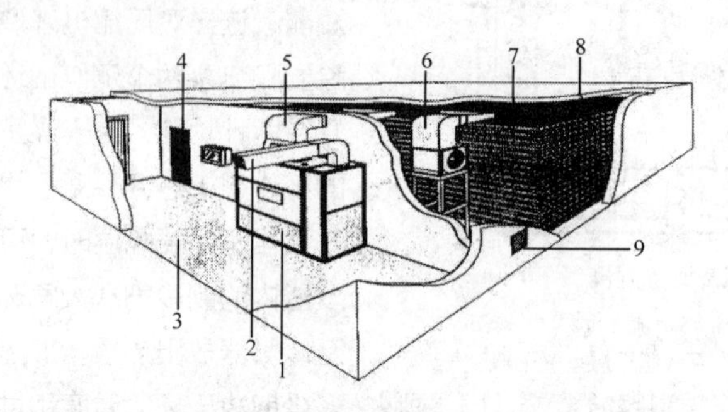

图 3-4　除湿机布置在干燥室外

1. 热泵除湿干燥机　2. 热泵排冷风管　3. 操作间　4. 干燥室小门　5. 热泵除湿机送热风风管　6. 干燥室风机　7. 材堆　8. 干燥室　9. 辅助排湿口

除湿机室外布置的优点是：①除湿机工作条件好，可延长使用寿命；②除湿机的维护保养方便；③除湿机的一次风和二次风量可根据干燥室工况调节，以提高除湿效率；④可采用双热源除湿机利用热泵向干燥室供热，以降低能耗。缺点是：①除湿机回风、送风管及保温材料增加了干燥机的成本；②除湿机放干燥室外有少量散热损失；③除湿机需要单独的操作间，增加了投资。

任务实施

■ 任务实施要求

1. 引导问题由个人课下独立完成，课堂上以小组形式共同完成学习任务，认真讨论，共同确定除湿干燥机的分类和布置形式、各设备名称以及除湿干燥机所采用的工作原理等内容，并绘制出除湿干燥机简易的工作原理图，及时发现问题、分析问题、解决问题。

2. 进入企业实训要严格按照企业规章制度进行安全教育。

3. 注意观察除湿干燥设备的种类、型号、装载量、除湿机布置形式、单机干燥能力、工作循环方式等参数。

4. 做好记录，善于总结，学会自我管理，保护学习环境。

■ 学习引导问题

请同学们认真阅读知识准备内容，独立完成以下引导问题。

1. 除湿干燥按单机干燥能力可分为＿＿＿＿＿、＿＿＿＿＿和＿＿＿＿＿。

2. 除湿干燥按功能不同可分为＿＿＿＿＿和＿＿＿＿＿两类。

3. 根据除湿干燥机制冷系统外部的空气循环方法，可分为＿＿＿＿＿、＿＿＿＿＿两类。

4. 常用制冷剂有＿＿＿＿＿、＿＿＿＿＿、＿＿＿＿＿、＿＿＿＿＿等。

5. 除湿干燥机的主要组成设备有哪些？

6. 详细阐述单热源除湿干燥机的原理，并说明单热源与双热源除湿干燥机的不同。

■ 任务实施步骤

1. 按照任务布置→学生个人准备→组内讨论、检查→展示成果、问题指导评价→组内讨论、修改方案→第二次展示→评价→问题指导→评价、验收→师生共同归纳总结→新任务布置等程序完成本项目学习。

2. 进行本任务前须完成引导问题的回答。

3. 根据除湿干燥机的设备组成、原理、分类和布置形式等，完成本任务。

■ 成果展示

通过观察除湿干燥机，填写正确的实习报告。

1. 除湿干燥机基本情况

（1）除湿干燥机的型号：

（2）除湿干燥机的装材量：

（3）根据单机干燥能力判断其属于：

（4）根据工作循环和功能判断其属于：

（5）布置形式属于：

2. 除湿干燥机的设备组成

除湿干燥机的主要设备、主要设备的功能和主要性能参数。

3. 除湿干燥机的工作原理分析

说明除湿干燥机的工作原理，并绘制简易的工作原理图。

■ 总结评价

在本任务的学习过程中，学生要掌握除湿干燥机的设备组成、原理、分类和布置形式，能通过观察除湿干燥机判断除湿干燥机的型号、设备组成、原理、分类和布置形式等主要内容。

实训考核标准

序　号	考核项目	满　分	考核标准	得　分	考核方式
1	除湿干燥设备	25	设备参数准确，主要功能回答完整		实训报告
2	说明除湿干燥机的工作原理	25	工作原理阐述完整、正确		实训报告
3	工作原理图	20	绘图清晰，准确，标注部位正确		报告、答辩
4	报告规范性	5	酌情扣分		实训报告
5	实训出勤与纪律	5	酌情扣分		考　勤
6	答辩	20	思路清晰，基准选择调整合理		个别答辩
总计得分		100			

■ 巩固训练

通过小组讨论、观察并结合所学知识，具体阐述各主要组成设备的工作过程、排湿方式和控制方法。

■ 拓展提高

1．除湿干燥室与常规干燥室基本相同，主要区别在：

（1）以电加热或以热泵供热的除湿干燥，其干燥室内没有蒸汽（热水或炉气等）加热器及管路；

（2）除湿干燥室无进、排气道，大部分有辅助进、排气扇，在干燥前期除湿量大于除湿机负荷时启动排气扇；

（3）除湿干燥室内风机布置以顶风式居多，一般无正、反转，室内风机送风方向与除湿机送风方向相同；

（4）多数除湿干燥室内无喷蒸或喷水等增湿设备。

2．除湿干燥的评价指标

除湿干燥是一种节能干燥技术，但同一台除湿干燥机运行使用条件和操作水平不同，能耗差别也很大。评价除湿干燥机在不同工况下的性能，常用供热系数 COP 和除湿比能耗 SPC 评价，其中木材除湿干燥生产中用除湿比能耗 SPC 更多些。

其中 COP 值越高，说明在功耗相同的情况下，除湿机能向空气提供更多的能量。而除湿比能耗 SPC 俗称脱水能耗比，该值大小与除湿机的运行工况、木材含水率及干燥室的运行工况等因素有关。SPC 与 COP 值等正相关，但二者没有函数关系。

■ 思考与练习

实际了解企业通过除湿干燥机干燥木材的具体工艺和方法，分析与常规干燥有哪些不同？（注意首先确定干燥锯材树种、厚度、用途等信息。）

任务 3.2　木材除湿干燥

工作任务

1．任务提出

根据木材的树种、厚度、干燥设备等条件，查找除湿干燥基准表确定常见针叶材及阔叶材的干燥基准。

确定厚度分别为 38mm、45mm 的水曲柳板材中温除湿干燥基准；确定厚 38mm 落叶松板材高温除湿干燥基准。

2．工作情景

课程在木材干燥实训室与实训基地（企业）进行现场教学，采用学生动手操作，教师引导的学生主体、项目化教学方法，以分组形式完成课堂教学，首先教师以 40mm 厚柞木中温除湿干燥基准为例，把木材干燥基准制定过程进行逐步演示，学生根据教师演示操作和教材基准编制步骤逐步进行操作。完成 3 种指定木材干燥基准选用后，教师对学生工作过程和成果进行评价和总结，按教师的总结和要求，学生对干燥基准的选用进行调整，最终提交不同厚度树种木材的除湿干燥基准。

3. 材料及工具

教材、笔记本、笔、多媒体设备等。

知识准备

木材除湿干燥（以下简称除湿干燥）是一种低温干燥方法。该技术始于20世纪60年代初，首先在欧洲应用于木材干燥。第一代木材除湿机（以下简称除湿机）的供热温度小于40℃，70年代后除湿机的供热温度可达60℃以上，因此在欧洲、北美等地得到推广应用。80年代初，我国南方有些木材加工企业开始从国外引进木材除湿干燥设备。1985年后，我国广东、山东等地有关机械厂，研制了国产除湿干燥设备，并在生产单位推广使用。1987年底，上海某研究所研制了高温热泵，其后北京林业大学又研制了高温双热源热泵等，使除湿干燥技术在木材行业中得到了进一步的推广和应用。1990年后，深圳、上海和北京等地先后开发研制了单热泵、双热泵木材除湿干燥机。

1 除湿干燥机的运行与操作

除湿干燥虽属低温干燥，但压缩机的工作温度不能太低，另外干燥时间也太长，因此，除湿干燥仍应先预热。一般先开启辅助加热器，把干燥室内空气温度预热到有效工作温度（约24℃）。然后，辅助加热器自动切断电源，靠除湿机中的压缩机不断提供热能。如果配有炉气或蒸汽辅助加热器，预热温度将接近甚至达到基准温度。

由于在正常干燥过程中，压缩机既提高介质温度，又降低介质湿度，尤其是单热源除湿干燥机，温度和湿度的同时控制较为复杂，因而必须认真摸索规律。

压缩机启动后，无论经过热泵的干燥介质流量是多少，它向干燥室提供的热能都是一定的。但流经热泵流量的多少与排湿量有关。当干燥介质流经蒸发器量大时，干燥介质温度下降有限，其中结露的水蒸气少，故排湿量很小。特别当空气温度较高、湿度较小时，更是如此。而当介质温度低，湿含量很高时，很容易降到露点，这时流过除湿干燥机的空气量将不再是影响除湿效率的主要因素。因此，理论上可以通过控制流经蒸发器的介质流量来调节介质湿度下降和温度升高的关系，尤其是在干燥后期。

对于双热源除湿干燥机来说，在不需要降湿时还可以启动热泵工作循环，用以吸收大气热能进行直接加热，因此调控相对简单。

2 除湿机的维护与保养

除湿机的保养主要是压缩机部分的保养。保养主要从以下几方面进行：

（1）注意压缩机的异常振动和噪声。压缩机正常工作时有一定的振动和噪声，但不是特别大，如发现异常的振动和噪声应立即查明原因，及时消除。

（2）注意压缩机各部位有无泄漏。压缩机的各密封部位一般都采用螺栓固定，石棉橡胶垫密封。压缩机工作时由于振动或压力冲击，螺栓容易松动，石棉橡胶垫容易损坏。如属螺栓松动可直接紧固（高压部位不宜用力过猛），石棉橡胶垫损坏应停机更换。

（3）定期补充制冷剂。

（4）定期清洗蒸发器及空气过滤网，以减少空气阻力。

除湿机常见故障分析及处理方法见表3-2。

表 3-2 除湿机常见故障分析及处理方法一览表

序 号	现 象	可能原因	解决方法
1	压缩机不运行	① 电源开关分离 ② 熔丝烧断 ③ 热继电器跳动或断路 ④ 油压开关、高低压开关、温度开关、过载开关、互联控制开关跳脱 ⑤ 压缩机电动机烧毁 ⑥ 电路松脱 ⑦ 压缩机内机械故障卡死	① 合上开关 ② 检查线路和压缩机线圈有无短路或接地或是否过载，处理后换新熔丝 ③ 依照开启压缩机电动机过载断路器步骤操作 ④ 重复按回复钮 ⑤ 检修或更换 ⑥ 旋紧接点螺钉，接牢线路接头 ⑦ 检修或更换
2	压缩机 有杂音或振动	① 冷媒过多 ② 压缩机间隙不当 ③ 排气冲击 ④ 过载	① 检查膨胀阀流量 ② 转动部分磨损，检修或更换 ③ 在排气管加消音器 ④ 检查负载
3	高压过高	① 冷凝器积垢过多 ② 冷媒系统中存有不凝性气体 ③ 冷媒过多 ④ 排气截止阀部分未开 ⑤ 压力表失灵 ⑥ 空气流量小或温度高	① 清洗 ② 排除气体 ③ 排除多余量 ④ 全开截止阀 ⑤ 检修或更换 ⑥ 开大二次风阀补充新风
4	高压过低	① 冷凝器温度调节错误 ② 回流截止阀部分关闭 ③ 冷媒不足 ④ 系统部分阻塞 ⑤ 压力表失灵	① 查看冷凝器控制系统有无不当 ② 全开截止阀 ③ 检漏并加冷媒 ④ 检查冷媒管路 ⑤ 检修或更换
5	低压过高	① 负荷偏大 ② 膨胀阀流量偏大 ③ 压力表失灵	① 降低负荷或增加设备 ② 调整过热度及流量 ③ 检修或更换
6	低压过低	① 冷媒不足 ② 蒸发器有污物 ③ 液管干燥过滤器堵塞 ④ 回流管路堵塞 ⑤ 膨胀阀调整不当或失效 ⑥ 无蒸发温度过低 ⑦ 压缩机回流截止阀半开 ⑧ 低压表失灵	① 检漏修理加冷媒 ② 清理污垢 ③ 清洁或更换干燥过滤器 ④ 清洁 ⑤ 调整膨胀阀或更换 ⑥ 检查、重新调整蒸发温度 ⑦ 全开截止阀 ⑧ 校正或更换
7	压缩机缺油	① 内部油分器损坏 ② 冷媒不足 ③ 油滞留于管路或蒸发器内 ④ 启动频繁	① 更换或找专业人员检修 ② 检漏，修理，加冷媒 ③ 检视管斜度与冷媒流速 ④ 查电路及温控或负载的变化
8	交流接触器跳脱	① 高负荷时电压太低 ② 熔丝烧毁至单相运转 ③ 电动机电源线接地或断线 ④ 压缩机抱轴 ⑤ 控制线接头松动 ⑥ 由于供电线路接错，而致电动机单相运转或电压不平衡	① 检视供电压以及线路电压降，通知电力公司提高电压 ② 更换熔丝 ③ 检修或更换 ④ 检修 ⑤ 检修所有接头并旋紧 ⑥ 检视供电电压，并通知电力公司修理，在未修好前不可启动电动机

（续）

序号	现象	可能原因	解决方法
9	压缩机短时循环运转（间歇运转时间过短促）	① 交流接触器间歇接触 ② 高低压开关、温度调节器调整错误或失灵 ③ 电动机故障 ④ 电磁阀未开 ⑤ 膨胀阀失灵 ⑥ 冷凝器失效，功能不够，高压高 ⑦ 冷媒充量过多或存在不凝结气体 ⑧ 冷媒不足，低压低 ⑨ 液管干燥过滤器堵塞	① 检修或更换 ② 重新调整更换 ③ 检修或更换 ④ 电路原因检修，零件故障检修或更换 ⑤ 检修或更换 ⑥ 清洗 ⑦ 排除过多冷媒或不凝结气体 ⑧ 检漏，加冷媒 ⑨ 清洁或更换干燥过滤器

3 除湿干燥的优缺点及其应用

除湿干燥的优点是：除湿干燥通常是低温慢干，干燥质量较好，一般不会出现严重的干燥缺陷；节省能耗，使用电能，对环境污染小；不需锅炉供热，设备投资费用较低；操作简单，易于控制。

缺点是：介质温度低，干燥周期长；主要消耗电能，成本往往较高；干燥系统中没有调湿设备，干燥结束后，无法进行调湿处理，对特别难干锯材容易出现木材开裂和表面硬化等缺陷；另外压缩机和控制阀需要很好保养，否则易损坏。

除湿干燥在我国比较适用于下列情况：电资源丰富，电费便宜的地区；没有锅炉的中、小型木材加工企业；小批量硬阔叶树材的干燥或用于阔叶树材的预干；对环境保护要求高的地区或大城市市区。

为了提高除湿干燥的实用性，可以采用下列改进措施：增设喷水调湿装置；使用低成本辅助加热方式；采用带有两台压缩机的除湿机，干燥初期，木材中蒸发的水分量大，两台压缩机都启动。干燥后期，木材中水分蒸发量减少，可关掉 1 台压缩机，这样可以提高除湿效率，降低电耗。

任务实施

■ 任务实施要求

1. 引导问题由个人课下独立完成，课堂上以小组形式共同完成学习任务，认真讨论，共同确定厚度分别是 38mm、45mm 的水曲柳板材中温除湿干燥基准；厚 38mm 落叶松板材高温除湿干燥基准，及时发现问题、分析问题、解决问题。
2. 组长真正起到组织作用，组员要有通力协作、尽职尽责、顾全大局。
3. 互相尊重，互相学习，勤于沟通交流，汇报语言组织流畅。
4. 做好记录，善于总结，学会自我管理，保护学习环境。
5. 拓展知识每人课下自行独立完成，将学习成果上传至班级邮箱。

■ 学习引导问题

1. 除湿干燥在干燥前是否需要预热？如果需要预热请说出预热的方法。
2. 除湿干燥的注意事项有哪些？
3. 除湿干燥中压缩机该如何进行保养？

■ 任务实施步骤

1．进行本任务前须完成引导问题的回答。

2．确定除湿干燥工艺

（1）除湿干燥工艺与除湿干燥时间

表 3-3　除湿干燥基准表（材厚 38mm）

A						B					
W/%	t/℃	Δt/℃	*EMC*/%	*Φ*/%	适　用	*W*/%	t/℃	Δt/℃	*EMC*/%	*Φ*/%	适　用
生材～60	40	2.5	17	85	栎木、柚木、核桃楸、枫木、板栗木、橄榄木等特别难干硬木	生材～60	40	2.5	17	85	水曲柳、山毛榉、桉木、榆木、苹果木、铁杉及红木等中等难干材
60～40	40	3.5	15	80		60～40	40	3.5	15	80	
40～35	45	4.5	13	75		40～35	40	5	12	70	
35～30	45	5.5	12	70		35～30	45	7.5	10	60	
30～25	45	6.5	11	65		30～25	45	10	8.5	50	
25～20	50	8	9.5	60		25～20	50	13.5	6.5	40	
20～15	60	12	7.5	50		20～15	60	20	4.75	30	
15～10	60	16	6	40							
C						**D**					
W/%	t/℃	Δt/℃	*EMC*/%	*Φ*/%	适　用	*W*/%	t/℃	Δt/℃	*EMC*/%	*Φ*/%	适　用
生材～50	50	7	14	80	杉木、落叶松、冷杉、云杉、白桦、杨木、柳木、杉木等软材	生材～40	42	2.5	17	86	栎木、柚木、核桃楸、枫木、板栗木、橄榄木等特别难干硬木
50～40	55	9	12.5	75		40～35	45	3.1	16	83	
40～30	60	14	10	65		35～30	48	4.3	13.5	78	
30～20	60	20	8	55		30～25	52	8.3	10	62	
20～10	60	32	5.5	35		25～20	56	16.6	6.2	37	
						20～15	60	21.8	4.5	27	
						15 以下	65	29.5	2.8	16	
E						**F**					
W/%	t/℃	Δt/℃	*EMC*/%	*Φ*/%	适　用	*W*/%	t/℃	Δt/℃	*EMC*/%	*Φ*/%	适　用
生材～40	46	3.4	15.5	82	水曲柳、山毛榉、桉木、榆木、苹果木、铁杉及红木等中等难干材	生材～40	50	4.8	13	76	杉木、落叶松、冷杉、云杉、白桦、杨木、柳木、杉木等软材
40～35	50	4.0	14.5	80		40～35	54	7.7	10.5	65	
35～30	54	6.2	11.5	71		35～30	58	11.9	8	52	
30～25	58	10.7	8.5	56		30～25	62	19.1	5.5	34	
25～20	62	19.1	5.5	34		25～20	66	26.6	3.5	31	
20～15	68	26.7	3.5	22		20～15	70	29.9	2.5	18	
15 以下	70	31.4	2.5	16		15 以下	74	34.4	2	14	

（摘自意大利《CEAF 除湿机操作手册》，1988）

除湿干燥与常规干燥在锯材的堆积方法、干燥介质穿过材堆的循环方式及干燥过程中温度、湿度（或平衡含水率）的控制要求上是基本相同的，所不同的是：

① 除湿干燥属于中、低温干燥，干燥温度一般小于或接近 60℃；

② 多数除湿干燥室没有增湿设备，故没有中间处理和平衡处理，由于除湿干燥速度慢，因而一般不致出现开裂、变形等严重质量问题；

③ 除湿干燥室若没有蒸汽加热管和喷蒸管，预热阶段很难热透，而且在没有加湿设备的情况下，预热阶段实际是预干。

表 3-3 列出了两种除湿干燥温度范围，不同材种的除湿干燥基准。其中 A、B、C 属于中、低温除湿干燥基准；D、E、F 为高温（或准高温）除湿干燥基准。A、D 适于栎木、柚木等密度大的特别难干材；B、E 适于水曲柳、山毛榉等中等难干材；C、F 适于松木、杉木、杨木等软材。表 3-4 列举了中温除湿干燥 38mm 厚的冷杉、水曲柳及栎木的参考时间。表 3-5 为干燥不同厚度板材的时间系数，表 3-6 为干燥材厚大于 38mm 厚板材时，每阶段温度、相对湿度的调整参数值。

表 3-4　中温除湿干燥参考时间（材厚 38mm）

含水率/%	60～50	50～40	40～35	35～30	30～25	25～20	20～15	15～10	总　计
干燥时间/h	冷杉	12	14	10	12	15	18	21	112（4.7d）
	水曲柳	54	61	34	45	56	70	88	444（18.5d）
	栎木	94	110	61	81	102	126	153	795（33.1d）

（摘自意大利《CEAF 除湿机操作手册》，1988）

表 3-5　干燥不同厚度板材的时间系数

材厚/mm	25	32	38	44	50	57	63	70	76
时间系数	0.6	0.8	1	1.2	1.4	1.65	1.9	2.15	2.4

（摘自意大利《CEAF 除湿机操作手册》，1988）

表 3-6　干燥厚度大于 38mm 木材时的每阶段温度和相对湿度的调整参数值

材厚范围/mm	温度设定	相对湿度设定	平衡含水率设定
38～75	每阶段降低 5℃	每阶段增加 5℃	W>12%每阶段增加 2% W<12%每阶段增加 1%
>75	每阶段降低 8℃	每阶段增加 10℃	W>12%每阶段增加 4% W<12%每阶段增加 2%

（摘自意大利《CEAF 除湿机操作手册》，1988）

（2）除湿干燥基准使用注意事项

除湿干燥基准在使用时应注意以下问题：

① 由于树种、锯材厚及除湿机的工作状态等条件的不同，在实际干燥过程中，可根据具体情况适当调整，基准表中所提供的参数仅供参考。

② 对于没有蒸汽、热水、炉气等作辅助能源的除湿干燥室，升温很慢。实际干燥过程中，介质温度可以略低于基准表中某一含水率阶段相应的温度，但湿度应尽量保持在该含水率阶段所要求的数值。

③ 除湿干燥的预热和终了降温要求与常规干燥基本相同。

④ 特别难干锯材和 4cm 以上厚的中等难干锯材，即使是中、低温干燥，当木材含水率在纤维饱和点附近及接近终含水率时，也要做平衡处理，以减少干燥应力，防止干燥缺陷，若干燥室内无喷蒸或喷

水管，可采取停机“闷窑”的方式弥补。

⑤ 干燥温度在 70℃以上的高温除湿干燥，建议增加增湿设备，以便于干燥过程中进行预热、中间处理和终了处理。

3. 熟悉除湿干燥机的运行与操作、维护与保养，掌握除湿干燥基准的制定方法，能根据基准表确定木材除湿干燥基准，完成本任务。

■ 成果展示

使用除湿干燥基准表确定下列木材的干燥基准：38mm 厚水曲柳中温除湿干燥基准、45mm 厚水曲柳中温除湿干燥基准、38mm 厚落叶松高温除湿干燥基准。

■ 总结评价

在本任务的学习过程中，同学们要能熟练掌握木材除湿干燥基准的确定方法，选择最适合生产的干燥基准，并根据树种自身干燥特性、产地、订单要求、干燥经验、设备特点等因素合理确定干燥基准。

实训考核标准

序 号	考核项目	满 分	考核标准	得 分	考核方式
1	确定 3 种常见树种除湿干燥	45	基准合理，调整恰当，每个树种 15 分		实训报告
2	设备操作规程	20	符合实际除湿干燥生产操作程序		实训报告
3	报告规范性	10	酌情扣分		实训报告
4	实训出勤与纪律	10	酌情扣分		考 勤
5	答辩	15	思路清晰，基准选择调整合理		个别答辩
	总计得分	100			

■ 巩固训练

50mm 厚杉木家具料干燥，请确定其高温除湿干燥基准。

W/%	干球温度 t/℃	干湿球温度差 Δt/℃	EMC/%	Φ/%

本案例中，你是根据什么方法确定的木材除湿干燥基准？

■ 拓展提高

影响除湿干燥能耗因素

1. 湿空气温度与相对湿度

当空气湿度基本保持稳定时，随温度增加，脱水比能耗 SPC 值有所减少，但当相对湿度较大时，温度的影响不明显。空气温度一定时，湿度越高，脱水比能耗 SPC 越小，反之，相对湿度越低，脱水比能耗 SPC 越大。

2. 流经蒸发器空气量

木材干燥过程中，干燥室内空气的温度和相对湿度随木材含水率的变化而变化。干燥初期空气温度低而相对湿度高，干燥后期温度高而相对湿度低。如果除湿机的制冷量和流经蒸发器的空气流量不变，就会出现除湿量越来越小，甚至为零的情况。

3. 蒸发温度、冷凝温度与压缩比

蒸发温度与冷凝温度分别指制冷工质在蒸发器与冷凝器中的温度。由于制冷工质在蒸发器与冷凝器中均处于饱和状态，故蒸发温度与蒸发压力，冷凝温度与冷凝压力之间互为函数。压缩比是指冷凝压力与蒸发压力之比。

除湿机工作时蒸发温度偏离设计值过高或过低都是不利的。蒸发温度过低，即蒸发压力太低时，除湿机效率下降，消耗的功率增加，运行经济性变差。蒸发温度过高，湿空气的除湿效率下降，对压缩机轴封工作不利，会使压缩机轴功增加。

思考与练习

1. 除湿干燥为什么能节能？除湿干燥节能其目前的干燥成本偏高原因何在？
2. 除湿干燥是怎样补充热能的？为什么除湿干燥属低温干燥却容易产生表面硬化？
3. 简述除湿干燥的优缺点及其适用范围。

自主学习资料库

1. 郝华涛. 木材干燥技术. 北京：中国林业出版社，2007.
2. 张璧光. 实用木材干燥技术. 北京：化学工业出版社，2005.
3. 高建民. 木材干燥学. 北京：科学出版社，2008.
4. 朱政贤. 木材干燥. 2 版. 北京：中国林业出版社，1992.
5. 王喜明. 木材干燥学. 北京：中国林业出版社，2007.

项目 4
木材真空干燥

知识目标

1. 了解真空干燥的目的、特点及适用性；
2. 熟悉真空干燥设备结构、性能和特点；
3. 掌握真空干燥的原理；
4. 掌握间隙真空干燥的干燥基准的选用及干燥运行操作与控制；
5. 掌握连续干燥基准的选用及干燥运行操作与控制。

技能目标

通过本项目学习能够正确编制和使用木材真空干燥基准，具有从事木材真空干燥操作能力，能分析常见木材干燥缺陷出现的原因，并采取有效防治措施。

任务 4.1 木材真空干燥基本原理

工作任务

1. 任务提出

首先分析常规干燥的原理和真空干燥干燥的原理有什么不同，进而思考为什么常见难干阔叶材在常规干燥时易产生缺陷而在真空干燥中可得到有效避免；理解常温下水的沸点和真空条件下水的沸点有什么不同，分析在真空条件下水的沸点降低，木材表面水分的水分蒸发速度加快，干燥质量如何变化。

2. 工作情景

采用学生动手操作，教师引导的学生主体、项目化教学方法，以分组形式完成课堂教学，首先教师和学生共同回忆常规蒸汽干燥室结构和设备特点，学生总结归纳真空干燥室的结构和特点，通过比对分析，得出真空干燥的特点，教师进行总结和讲评。

3. 材料及工具

教材、笔记本、笔、多媒体设备等。

知识准备

1 木材真空干燥概述

（1）木材真空干燥

木材真空干燥是把木材堆放在密闭的容器中，在低于大气压的条件下实施干燥，其干燥介质是湿空气。真空干燥时，木材内外的水蒸气压差增大，加快了木材内部水分迁移速度；同时由于真空状态下水的沸点低，可在较低的温度下达到较高的干燥速率，干燥质量好，特别适用于透气性好或易皱缩以及厚度较大的硬阔叶材。

（2）真空干燥的原理

一个大气压[①]下水的沸点为 100℃，当压力小于一个大气压时，水的沸点则小于 100℃；另外，木材表面水分的蒸发速度比木材内部水分的移动速度快 100～1000 倍。要加快木材干燥速度，必须想办法加快木材内部水分的移动速度。研究表明：当温度为 40℃，在压力为 60mmHg[②]时，木材内的水分移动速度大约是压力为 760mmHg 时的 5 倍，真空度与水沸点关系参照表 4-1。根据上述原理，将木材置于密闭的干燥容器内，一方面提高木材的温度，另一方面降低容器内的压力，使木材中水分在比较低的温度下就开始汽化与蒸发，从而达到干燥木材的目的。

表 4-1　真空度与水沸点

真空度/MPa	水沸点/℃	真空度/MPa	水沸点/℃
0.1	99.2	0.04	75.8
0.08	93.1	0.03	69.0
0.06	85.4	0.02	60.2
0.05	80.9	0.01	45.5

与常规干燥相比，真空干燥能够实现在低温条件下快速干燥木材，并且保证木材的干燥质量，很大程度上避免木材皱缩缺陷的产生。经过专家分析探究发现，以杨木为例，在纤维饱和点以上时，真空干燥速率为常规干燥的 2.34～2.88 倍；而在纤维饱和点以下时，则为 2.90～4.14 倍。

木材在干燥过程中，一方面表面水分向周围空气中蒸发；另一方面内部的水分不断地向表面移动。在通常情况下，木材表面水分的蒸发速度比木材内部水分移动的速度快得多。所以要加快干燥速度，必须设法加快木材内部水分的移动速度。在影响木材内部水分移动的诸因子中，周围空气的压力是决定性的因素。若空气的温度和湿度保持不变，木材的水分移动的速度随空气压力的减小而急剧增大，如图 4-1 所示。在真空条件下，水的沸点降低，使木材表面水分蒸发速度加快，木材表面和内部的含水率梯度增大。在木材表面水分剧烈蒸发的同时，要吸收大量的汽化热，常规干燥中这部分汽化热从介质中得到补充，但真空条件下无从补充，因此引起木材表面的降温，使得木材表面与内部的温度梯度加大。除此之外，真空条件下，木材内外大毛细管系统的水蒸气压力梯度增大。这些因素都加速了木材内部水分向表面的移动。

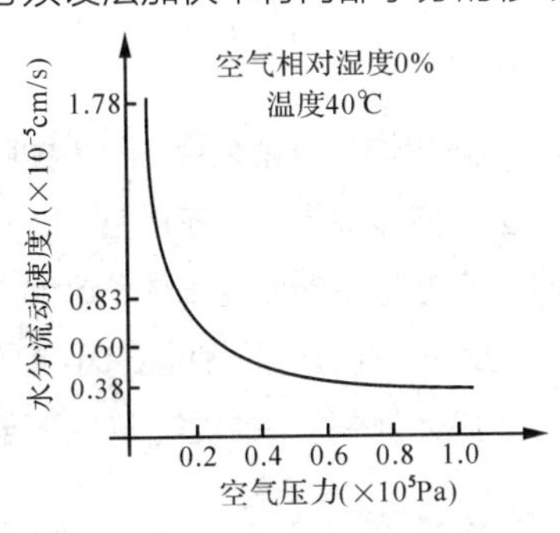

图 4-1　空气压力与木材内水分移动速度的关系曲线

① 一个标准大气压 = 101.325kPa；② 1mmHg = 133.322Pa。

真空条件下，干燥装置内空气稀少，不能采用通常的加热方法。为解决真空干燥时对木材的加热问题，通常采用 3 种办法：①常压对流加热—间歇真空干燥；②金属平板连续接触加热—连续真空干燥；③高频电流加热—真空干燥。

真空条件固然可以加快木材内部水分的移动，加快木材的干燥速度，但可能更加快了木材表面水分的蒸发，即在木材高含水率与真空度或绝对压力控制不当的情况下，木材中的含水率梯度将显著增大，这样会导致木材内应力增大，进而引起变形与开裂的可能性也将增大，造成木材干燥缺陷的扩大，所以对真空条件的把握是核心环节。实践证明木材对流加热间歇真空干燥的干燥周期与常规窑干法相比，仅为其 1/3，而投资成本与常规室干设备投资相近，且真空干燥质量高。真空干燥的质量优势还体现在：一些带髓心的柞木、水曲柳、杉木方材，用常规干燥很难保证质量，用间歇真空干燥法干燥基本上没有产生翘曲和开裂等缺陷；一些室干缺陷较多的难干材采用真空干燥法干燥后，干燥降等率均有较大幅度的降低。

2 真空干燥设备结构

真空干燥设备由干燥筒、真空系统、加热系统和控制系统组成，如图 4-2 所示。

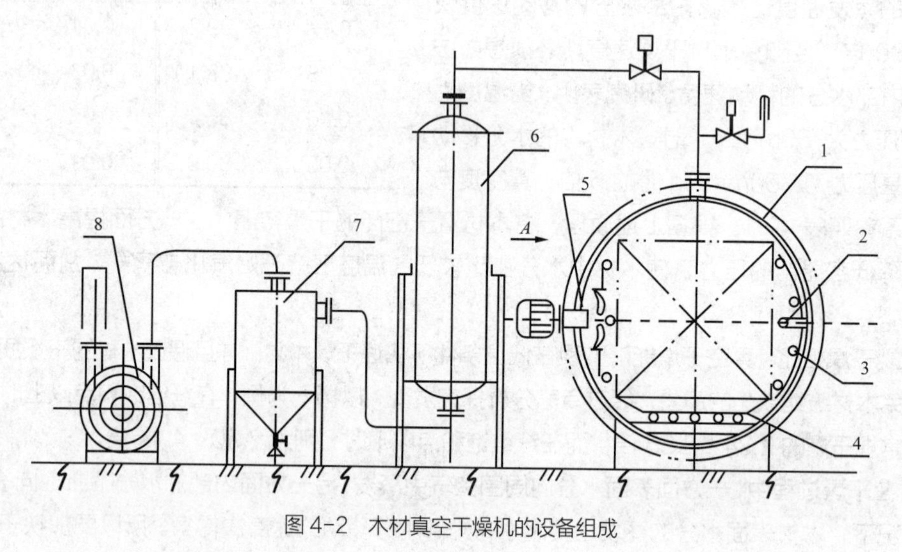

图 4-2　木材真空干燥机的设备组成

1. 干燥筒　2. 喷蒸管　3. 加热管　4. 材车　5. 风机　6. 冷凝器　7. 汽水分离器　8. 真空管

（1）干燥筒

干燥筒通常为圆柱体，水平安装，两端呈半球形，其中一端为门，一般用螺旋压紧装置，耐热橡胶圈密封。筒体用 10～15mm 厚的钢板滚压弯曲、焊接而成。之所以做出圆柱体，是由于在真空下圆柱体抵抗外界大气压力的性能好，但圆柱体的容积利用系数不高。故国外也有方形横断面的筒体，这种方形筒体，需要其筒壁较厚或在筒壁上设置加强筋，但结构和制造复杂，因此不常用。为了保证有足够的强度，筒体材料通常采用钢板，内壁喷涂铝层或涂刷防锈涂料以防腐蚀。筒体外壁包保温层。筒内下部设有两条钢轨，干燥的木材堆积在载料车上，沿钢轨推入干燥筒内。

干燥筒的直径通常为 1.2～2.4m，长度为 4～20m。

（2）真空系统

真空系统包括真空泵、冷凝器和真空阀门等，其中最主要的是真空泵。真空泵的作用是对干燥筒抽真空，从而排除木材中的水分。木材干燥中常用的真空泵有水环式真空泵和旋片式真空泵两种。

水环式真空泵主要用于粗真空、抽气量大的工艺过程中。这种泵结构简单，制造容易，工作可靠，耐久性好。可以抽腐蚀性的含尘气体及汽水混合物，适合于木材干燥使用。为保证干燥所需的真空度，最好采用双极泵。

旋片式真空泵是油封机械真空泵的一种。这种泵可达到的真空度很高，双极泵的极限桩孔为0.067Pa。若泵前设置适当冷凝器，可取得较好的降温效果。

（3）加热系统

3 种不同类型的真空干燥机，其主要区别在于加热方式不同，一种是对流加热；另一种是传导加热（即接触加热）；第三种是高频电介质加热。

① 对流加热真空干燥机　利用热空气做干燥介质，用对流的方式加热和干燥木材。在干燥过程中，对干燥筒交替的进行常压加热—真空干燥—恢复常压加热，如此周期循环。故也称为间歇加热真空干燥机。

热水加热真空干燥机　圆柱形的干燥筒为 3 层结构，如图 4-3 所示。从外至内为保温层（厚 50～100mm）、热水层（提供干燥木材所需要的热量，外壁为 10～15mm 厚的筒壁）和流动空气层。筒一侧沿长度方向有 2～4 台轴流通风机，驱动空气水平、横向流过材堆。另一侧有与筒体等长的风嘴，喷射空气横向流过材堆。风嘴可周期地上下摆动，以保证空气在高度上均匀流过材堆。

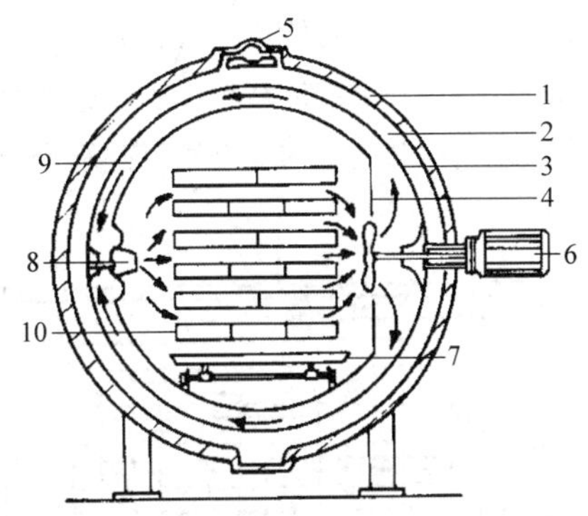

图 4-3　热水加热间歇真空干燥机断面

1. 筒壁　2. 热水层　3. 中层壁　4. 内层壁　5. 热水进口　6. 通风系统　7. 材车　8. 上下摆动的风嘴　9. 循环空气层　10. 材堆

电热或蒸汽加热真空干燥机　这种干燥机的筒体内沿筒长分析也装有 2～4 台轴流通风机，还装有电热或蒸汽加热管。风机和加热管的布置有两种方案：一是风机安装在材堆一侧，加热管装在另一侧，如图 4-4 所示。筒内气流为水平—横向循环，其结构类似以侧向通风干燥室。另一方案为风机和加热管安装在材堆下部，气流为垂直—横向循环，如图 4-5 所示。后者气流分布比较均匀。

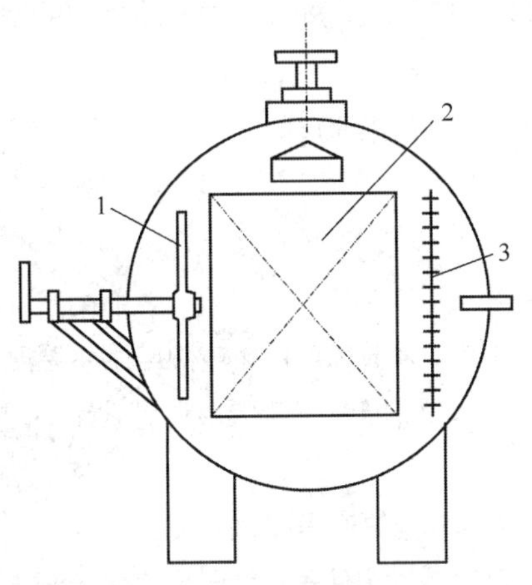

图 4-4　风机和加热管安装在材堆两则

1. 风机　2. 材堆　3. 加热管

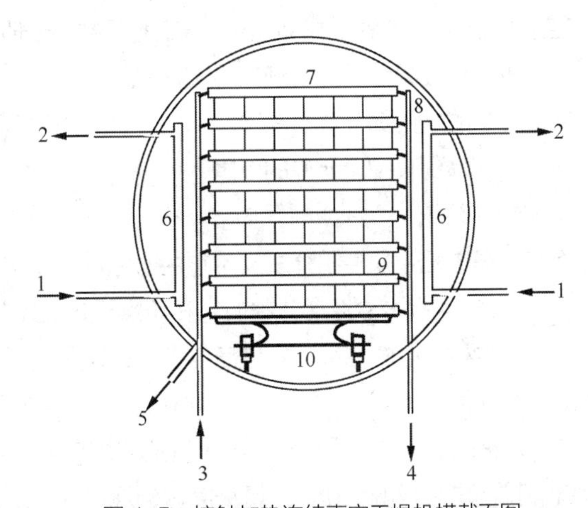

图 4-5　接触加热连续真空干燥机横截面图

1. 冷却水进口　2. 冷却水出口　3. 热水进口　4. 热水出口　5. 真空抽气口　6. 冷却板　7. 加热板　8. 热水管道及软管　9. 木材　10. 材车

② 接触加热真空干燥机　被干燥的木材一层层地堆积在加热板之间，与加热板直接接触，如图 4-5 所示，其形状如多层热压机。加热板为空心铝板，以便载热体流过。载热体常用热水，也可以用蒸汽或热油。加热板通过软管与加热总管连接，既可用单独设置的小型热水或蒸汽锅炉供热，也可由全厂的蒸汽锅炉集中供热。

国外也有用电热毯代替加热板对木材加热的。电热毯由多层铝箔在塑料中层压而成，由电阻丝加热。

这种干燥机中的木材与加热板直接接触，进行传导加热（也称为接触加热）。在整个干燥过程中，干燥筒内都保持一定的真空度，通常绝对压力不大于 9.3×10^4Pa，故也称为连续式真空干燥机。其温度调节简单，只需控制载热体的流量即可。

从木材中蒸发出来的水蒸气在干燥筒内的冷却板表面冷凝，并沿垂直的冷却板流向筒底，然后通过水管排除干燥筒。冷却板中流动的露水吸收水蒸气的热量，温度升高，再流至筒外的翅片管散热器，用风机冷却后，再流至热冷却板循环使用。

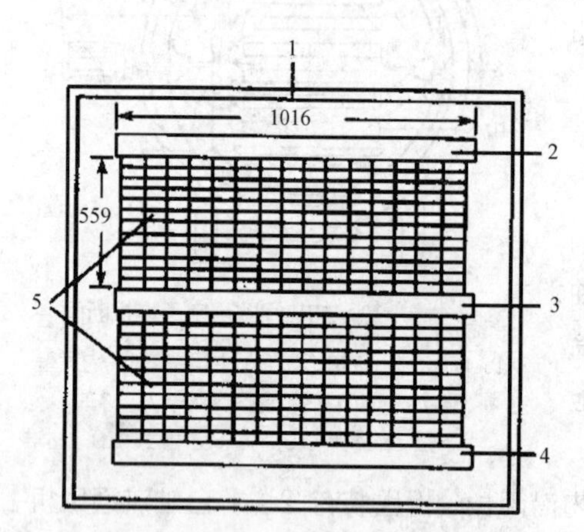

图 4-6　高频电流加热真空干燥机断面（单位：mm）
1. 真空筒　2. 接地极板　3、4. 高频极板　5. 木料

③ 高频电流加热真空干燥机　这种干燥机具有长方体的密封干燥筒，一端有门。横断面尺寸为 1.5m×1.5m，长约 2.5~6.5m。由钢板或不锈钢板焊成。筒体外壁横向焊有很多加强筋。筒体内装有 3 块等面积的极板。上下 2 块极板接地，中间一块接高频电源，如图 4-6 所示。极板宽度约 1m，长约 2.5m，两块极板间距约 560mm。木料密实地堆积在两块极板之间。中间及底部的极板可移动，并兼作堆放木料的平台使用。高频电能从中间极板输入到木料中。同时干燥机内抽真空，抽到 2666Pa 的绝对压力。

（4）冷却系统

通常真空泵对被抽气体的温度有一定的限制，一般不超过 40℃。因此，从干燥机中抽出的空气和水蒸气在进入真空泵前，先要通过冷凝器降温。

冷凝器中的绕片钢管放置在冷却水箱中。高温空气和水蒸气从钢管中流过时，受到管外冷水的冷却，从而使温度下降到真空泵允许的范围。

（5）控制系统

真空干燥过程中须控制介质及木材中心温度、干燥机内真空度等参数。

① 介质及木材中心温度的控制　在干燥机内及木材中心分别安装放热电偶（或热电阻）温度计，测量机内及木材中心的温度，并与带电接点的动圈式温度指示调节仪相连接。当温度达到规定值时，即停止对木材加热。

② 干燥机内真空度的控制　干燥机顶部装有电接点真空表，并与真空表串联。真空表的上、下限位指针可控制真空泵的工作。当真空度达到规定的上限值时，真空表发出信号，切断真空泵电源；当真空度降低到下限值时，真空表又发出信号接通真空泵的电源，从而控制干燥机的真空度。

目前使用的真空机有两种。其区别方式在于加热的方法的不同，一种用对流加热，另一种用传导加热。

传导加热真空机及连续真空机，干燥前先将木材一层层堆积在加热板之间，其状如多层热压机，如图 4-7 所示。加热板的上下层均为铝板，中间夹蛇形加热管，管内为流动的热载体。热载体可用热水、蒸汽或热油，也可以用电阻加热器代替蛇形加热管。不管木材层数多少，加热板总比木材层数多一块。加热板通过软管和热源连接，采用这种加热方式，木材和加热板接触而得到加热，因此温度调节比较方便，只需控制热流载体的流量即可。为保持干燥室内的真空状态，先启动真空泵，达到预定的真空度后停泵，真空度不够再启动。

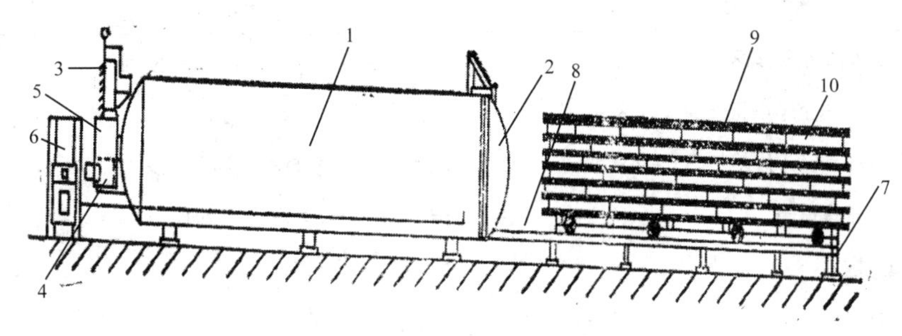

图 4-7　连续真空干燥机剖面图

1. 圆柱体干燥室　2. 干燥室门　3. 冷却板　4. 真空泵　5. 控制柜
6. 热水锅炉　7. 材车　8. 轨道　9. 加热板　10. 木材

任务实施

学习引导问题

请同学们认真阅读知识准备内容，独立完成以下引导问题。

1. 真空干燥设备分为_________、_________两种类型。

2. 真空干燥的加热方式是_________、_________、_________等。

3. 真空干燥设备由_________、_________、_________和_________组成。

4. 真空系统包括_________、_________和_________等，其中最主要的是真空泵。

任务实施步骤

1. 进行本任务前须完成引导问题的回答。

2. 熟悉真空干燥的分类，归纳总结真空干燥的特点。

首先回忆常规木材干燥室结构和设备的特点、性能，然后将包括供热设备、调湿设备、气流循环设备、控制设备及运载与装卸设备的常规木材干燥室与包括干燥筒、真空系统、加热系统和控制系统的真空干燥室进行比较，分析各自典型结构特点，最后得出真空干燥的特点，阐述什么类型的木材更适合真空干燥。

成果展示

1. 常规干燥和真空干燥结构、特点、性能的区别。

2. 常规干燥和真空干燥工作原理的区别。

3. 常规干燥和真空干燥加热方式的区别。

4. 间歇真空干燥设备的结构、特点。

■ 总结评价

在本任务的学习过程中，同学们要能熟练掌握木材真空干燥设备、结构的特点及性能，能根据木材的性质和特性，合理选择干燥设备。

实训考核标准

序 号	考核项目	满 分	考核标准	得 分	考核方式
1	常规干燥和真空干燥区别	20	结构、特点、性能的区别阐述清晰		实训报告
2	常规干燥和真空干燥工作原理的区别	20	工作原理描述准确，清晰		实训报告
3	常规干燥和真空干燥加热方式的区别	20	加热方式描述准确，清晰		报告、答辩
4	间歇真空干燥设备	20	结构、特点描述准确，清晰		
5	报告规范性	10	酌情扣分		实训报告
6	实训出勤与纪律	10	酌情扣分		考 勤
	总计得分	100			

■ 巩固训练

1. 真空干燥设备和常规干燥设备能否干燥易干燥的针叶材，为什么？
2. 如何选择间歇真空干燥或是连续真空干燥。

■ 拓展提高

传统加热方式中，热是通过对流、传导、辐射进行，由外部向内渗透，但是，在真空条件下通过空气对流传热难以进行，只有依靠热传导及辐射的方式给物料提供热能，被加热物料表面温度高内部温度低，内外温差大，温度难以控制。所以，常规真空干燥方法热的传导速度缓慢、能耗大、效率低、干燥时间长。

微波加热是一种辐射加热，是微波对物体直接发生作用，使其内外同时被加热，无须通过对流或传导来传递热量，所以加热速度快、热效率高、处理时间短，物料内外温度均匀，因此节约能源，干燥效率高，干燥质量好。智能化静态微波真空干燥设备是微波能技术与真空技术相结合，并通过高科技的智能化控制的一种新型微波能应用设备，它兼备了微波干燥及真空干燥的优点，同时克服了常规真空干燥温度高、时间长、能耗大的缺点，在一般物料干燥过程中，干燥温度 30℃ ~ 60℃，具有干燥产量高、质量好、加工成本低，同时通过智能化控制系统可以精确控制水分等优点。此外在低温低压下干燥时氧含量低，被干燥物料氧化反应减弱变缓，从而保证了物料的风味、外观和色泽，易于干燥热敏性物料，其特点为:

① *效率高* 其生产效率为常规干燥的 4 倍。

② *热分布好* 由于微波对水分子的选择性加热，物料内部水分高，加热时由内向外，与水分扩散方向一致而且内外温差小，不会出现常规干燥热分布不匀的现象。

③ *易于控制* 微波发生真空度调整等可通过 PLC 编程控制，外部装有专用的视镜，可以观察干燥的全过程。

④ 能耗经济，自动化程度高。

⑤ 低温高效　众所周知气压降低，水的沸点同时降低，如在一个标准大气压下，水的沸点是100℃，而在 0.073 个标准大气压下，水的沸点却是 40℃。在真空条件下，加热物体可使物体内部水分在无温升状态下蒸发。微波真空低温干燥热敏性物质，干燥速度也远高于常规干燥，其比值一般在十几甚至几十以上。

⑥ 提高品质　在低温无氧的环境中干燥，更能保证产品的品质。

由于真空条件下空气对流传热难以进行，只有依靠热传导的方式给物料提供热能。常规真空干燥方法热的传导速度很缓慢、效率低，并且温度控制难度大，被加热物料还会产生内外温差。微波加热是一种辐射加热，是微波与物体直接发生作用，使其里外同时被加热，无须通过对流或传导来传递热量，所以加热速度快，干燥效率高，干燥质量高。

所以说，微波木材真空干燥窑是木材加工行业应用的一款优质的真空微波干燥设备。

任务 4.2　木材真空干燥工艺

工作任务

1. 任务提出

首先根据含水率干燥基准表查找常见阔叶材干燥基准编号并准确定位木材真空干燥基准，综合考虑木材特性、生产用途、干燥设备等因素，确定 25mm 厚番龙眼板材、60mm 厚水冬瓜板材、50mm 厚椴木板材、55mm 厚柞木板材等常见家具用材的真空干燥基准，能解决常见难干阔叶材真空干燥的缺陷问题。

2. 工作情景

学生以分组形式完成课堂教学，首先教师以 50mm 西南桦板材为例，针对西南桦真空干燥工艺编制过程进行逐步演练分析，学生根据教师分析分组完成工作任务，老师进行总结和讲评。

3. 材料及工具

教材、笔记本、笔、多媒体设备等。

知识准备

1 间歇真空干燥的控制

采用此法干燥木材时，先在常压下对木材进行对流加热，加热过程与常规干燥的预热阶段相似，原则是使木材在既不变干又不增湿的条件下热透。因此，有时要向干燥筒内铺设蒸汽，以提高介质的相对湿度。加热阶段干燥机内风机运转。待木材中心加热到一定温度（通常比预定的空气温度低 8℃～15℃）时，即停止加热，并保持该温度一段时间，再抽真空。

抽真空阶段才是真正的干燥阶段，基准参见后文表 4-2。此时停止加热，风机也停止转动。抽真空时，木材表面水分剧烈蒸发。因此，必须控制抽真空的速度，以防止木材开裂。真空阶段时间长短，根据木料厚度确定。国外经验，木料每厚 1mm，抽真空时间为 1min。如木料厚 50mm，每次抽真空时间为 50min。如此间歇加热和抽真空，反复循环，直至木料的含水率符合要求为止。3 种常用家具木材间歇真空干燥参考工艺基准参见后文表 4-3。

间歇真空干燥机的控制可分为 3 类，温度控制、计时器控制和电子自动控制。一般也分为预热、干燥和调湿 3 个阶段。

（1）预热阶段的控制

采用手动控制法时，一般都显示出预热温度和时间的给定值。预热时间应以木材的树种及初含水率而异，预热时间应为每厘米材厚 1～2h，为了防止木材提前干燥，应设增湿装置。采用电子控制系统时，只需确定干燥室中含水率检验片的平衡含水率值，即控制空气的相对湿度，使之与被干燥木材相适应。采用时间控制法时，原则和前面的相同。

（2）干燥阶段的控制

不管采用哪一种控制方法，间歇真空干燥均分两步进行，首先是加热（贮存热能），然后是抽真空（排湿）。

① *温度控制法*　加热阶段的控制，在待干木材上，距端面 30cm 以上的地方钻一小孔，小孔深度为材厚的一半。其内放置温度计，以连续测定木材的温度。涉及温度控制的参数有：木材中心要达到的温度的极限值；干燥室内空气的温度；温度控制的温差。

② *计时器控制法*　计时器控制法和前一种控制方法相似，但加热的时间不是根据木材内部的温度，而是由计时器控制的。只要根据经验在计时器上显示出加热时间的给定值就可以。加热时间长短因木材厚度而异，一般为 1～2h。

这种控制方法对经验的依赖性较强，但比较简单。它和由计时器控制压缩机运转或关停的除湿干燥的控制方法差不多。

采用前面讲的两种控制方法时，都在木材干燥的整个过程中，不断提高干燥室内的空气和木材内部温度，使木材内部和空气的温差保持在基准表内的规定数值。

③ *电子自动控制法*　采用这种方法时先确定两个温度值 t_1 和 t_2，t_1 用于干燥的第一阶段，即木材含水率到达纤维饱和点之前的干燥，t_2 用于第二阶段，即到达纤维饱和点之后的木材干燥。其次，要确定木材内部和空气介质的温差 Δt。这温差应随木材的树种和厚度而变化，一般为 8℃～16℃。

只要木材温度未达到 $t_{空}-t$，加热阶段就能继续下去。一旦达到这一数值，就停止加热阶段而开始抽真空。只要木材内部温度没有达到预定的下限值（下限值因情况而异，一般为 45℃或 50℃），就继续保持真空状态，达到该下限值时，即开始新的加热阶段。

（3）终了调湿处理阶段

当木料含水率达到要求后，在常压和风机运转的条件下，对木材进行调湿处理。此时，介质温度应比干燥结束时的温度低 6℃～8℃。并向干燥筒内喷蒸，以提高木材的平衡含水率。处理时间依木料厚度而异，一般为 8～24h。

综上所述，提出我国工业用针、阔叶树材的间歇真空干燥基准，见表 4-2、表 4-3。

表 4-2 木材间歇真空干燥基准表

基准号	1	2	3	4
介质温度/℃	90～95	85～90	80～85	75～80
木料中心温度/℃	82	73～75	72	63～65
真空度/Pa	9.3×10^4	9.3×10^4	9.3×10^4	9.3×10^4
减压时间/min	30	50	40	70

注：1 号基准适用于厚度 30mm 以下的针叶树材；2 号基准适用于厚度 50mm 左右的针叶树材；3 号基准适用于厚度 30mm 以下的阔叶树材；4 号基准适用于厚度 50mm 左右的阔叶树材。

表 4-3 三种木材间歇真空干燥参考工艺基准

锯 材	含水率/%	加热阶段			真空阶段		
		介质温度/℃	材芯温度/℃	时间/min	材芯温度/℃	真空度/MPa	时间/min
柞木 20mm	预热	70	60	180			
	＞30	80	70	120	60	0.02	120
	30～20	80	70	120	60	0.02	120
	≤20	90	80	120	65	0.02	240
	终了	90	80	120	65	0.02	120
桦木 20mm	预热	80	70	180			
	30	90	80	120	60	0.02	120
	30～20	90	80	120	60	0.02	120
	≤20	90	85	120	65	0.02	240
	终了	90		120	65	0.02	120
水曲柳 57～62mm	＞40	75	65	72	42	0.015	3
	40～30	80	70	76	42	0.015	3
	30～20	82	72	75	45	0.01	2.5
	20 以下	85	75	75	45	0.01	2.5

（自陈日新等，1992）

2 连续真空干燥的控制

连续真空干燥过程分为 3 个阶段：预热阶段、真空干燥阶段和终了调湿阶段。

表 4-4 连续真空干燥的温度基准表

厚度/mm	20～35	35～55	＞55	厚度/mm	20～35	35～55	＞55
木材含水率/%	温度/℃	温度/℃	温度/℃	木材含水率/%	温度/℃	温度/℃	温度/℃
第一组				第二组			
＞60	70	60	55	＞60	50	45	40
60～40	73	64	59	60～40	55	50	45
40～25	76	68	63	40～25	60	55	50
25～10	80	72	67	25～10	66	61	56
第三组				第四组			
＞60	60	55	50	＞60	40	35	30
60～40	64	59	54	60～40	47	42	36
40～25	68	63	58	40～25	54	49	42
25～10	72	67	62	25～10	60	55	48

注：第一组树种——松、杉、冷杉、云杉、杨木等；第二组树种——桤木、桦木、山核桃、桃花心木、欧洲榆等；第三组树种——楸木、柚木、红柳桉、楝树、白蜡树、铅笔柏、核桃木等；第四组树种——乌木、铁木、栎木等。

（1）预热阶段

被干燥的木料装入干燥筒后，预热时间长短决定于待干木材的厚度及其特性。加热板性能好，预热时间稍短一些。干燥厚度在 50mm 以下的硬质材时，每厘米材厚 2h 设在；干燥厚 50mm 以上的硬质材，每厘米材厚设在 2.5h。干燥半硬质材和软质材时，预热时间应为每厘米材厚 1.5~2h。预热阶段的窑温由木材初含水率而定。一般应比干燥阶段的初始含水率低 5℃左右，在预热阶段，一般不启动真空泵。

（2）干燥阶段

预热后转入木料的干燥阶段。干燥阶段主要控制干燥机内的真空度干燥温度。

因为是连续真空干燥，所以干燥机内始终维持一定的真空度，通常为（8.6~9.3）×10^4Pa。

在干燥过程中，依木材的树种、厚度和含水率阶段不同，采用不同的干燥温度（一般指流入加热板的热水温度），国外根据木材易开裂和变形的程度分为 4 组，每组再按不同的木材厚度分为 3 档，每档的木材按不同的含水率阶段逐步升高干燥温度，见表 4-4。

表 4-4 列出的干燥温度均偏低。干燥温度偏低是西欧木材干燥工艺的特点，可以根据本单位的生产实践，适当提高干燥温度。

（3）终了调湿处理阶段

用接触加热的方法干燥木材时，木材的终了含水率均匀性较差。因此，干燥阶段结束后，一般要进行终了调湿处理。

处理时关闭真空泵，并停止加热。将木材密封在干燥机中"闷放"若干小时。这时木材中心的水分继续向外移动。有助于使木材终了含水率趋于均匀。表 4-5 给出了几种常见家具用材的连续真空干燥参考工艺基准。

表 4-5　部分连续真空干燥参考工艺基准

锯 材	含水率/%	加热温度/℃	真空度/MPa	备 注	锯 材	含水率/%	加热温度/℃	真空度/MPa	备 注
柞木 30mm（整边板）	>60	55	0.02		椴木 40mm（毛边板）	>60	62	0.02	从 65%干到 10% 干燥周期为 4d
	60~40	58	0.02			60~40	65	0.02	
	40~30	62	0.02			40~30	68	0.02	
	30~25	62	0.01			30~25	68	0.01	
	25~10	65	0.01			25~10	73	0.01	
水曲柳 40mm（整边板）				从 60%干到 10% 干燥周期为 4d	桦木 40mm（整边板）	预处理	50	0.02	从 60%干到 10% 干燥周期为 4d
	>60	55	0.02			>60	60	0.02	
	60~40	60	0.02			60~40	63	0.02	
	40~30	64	0.02			40~30	66	0.02	
	30~25	64	0.01			30~25	66	0.01	
	25~10	67	0.01			25~10	70	0.01	

（自梁世镇等，1989）

3 真空干燥法的优缺点及其应用

（1）两种真空干燥法的比较

从以下几方面对间歇真空和连续真空干燥法进行比较：

① 设备结构和投资　连续真空干燥机有多层加热板，结构较复杂，设备投资约比间歇式多40%左右。

② 设备操作　连续式真空干燥机装卸木料时，需要吊装一层层加热板，还要通过很多软管把每层加热板与总管连接起来，故木料装卸比间歇式麻烦和费时。另外，连续式真空干燥的木料系接触加热，为了提高加热效果，木料通常要进行预刨处理，以保证厚度均匀，这将耗费工时。而间歇真空干燥的木料不需要预刨处理。

③ 干燥均匀性　连续真空干燥时，木料表面与热板接触加热，木料表层含水率低于心层。此外，材堆顶部的两三层木料，由于缺乏压紧力，木料与热板接触不紧密。致使顶部几层木料干燥后的终含水率比材堆其他部位得高。因此，连续真空干燥的木料终含水率均匀性不如间歇式的好。

④ 能量消耗　在连续式真空干燥机中，木材中蒸发出来的水蒸气碰到冷却板后，被冷凝成水排出机外。而且干燥筒内始终保持一定的真空度，只有真空度不够时，真空泵才往外抽气。因此，热能消耗及真空泵的电能消耗较少。例如干燥栎木中厚板时，平均单位能耗为：耗热量 5443～8374kJ/kg水，电耗为 0.15～0.20kW·h/kg水。与常规干燥的能耗相当。间歇式真空时，需要对木材间歇常压加热（把冷空气放入机内），又间歇抽真空（把热空气和热蒸汽抽出），故能耗较大。干燥栎木中厚板时，平均单位能耗为：耗热量约为 8400kJ/kg水，电耗为 0.7～0.9kW·h/kg水。

综上所述，间歇真空干燥法有许多优点，但能耗较大。如果从干燥机内抽出的废气热量能回收利用，则可大大的减少能耗。为此，国外采用带有回收装置的双连真空干燥机。另外，为了减少干燥机的热损失，最好将干燥机安装在厂房内。

（2）真空干燥法的优缺点

① 优点　干燥速度快，对有些树种的木材，缩短干燥周期的幅度相当大。从快速干燥这一点来看，真空干燥可和高温干燥相媲美。由于降低了压力就降低了水的沸点，真空干燥可在没有高温的条件下达到高温干燥的速度。不但干燥周期短，干燥缺陷也较少。

初含水率很高的厚板，干燥质量好，特别是干燥硬阔叶木树材厚板或方材时，用常规干燥很难保证质量，或为了保证质量则需很长的干燥时间，而用真空干燥比较容易解决问题。但若用接触加热真空干燥，木材的终含水率不够均匀，这时最好用间歇真空干燥。

真空干燥由于干燥时间短，干燥温度不够高，故干燥出的木材基本上能保持木材的天然颜色和强度。

干燥机容量不大，干燥周期短，故灵活性较好。

② 缺点　干燥室容积小，生产能力低；干燥设备及干燥过程的控制较为复杂；整个材堆的木材终含水率不太均匀。

任务实施

■ 任务实施要求

1. 引导问题由个人课下独立完成，课堂上以小组形式共同完成学习任务，认真讨论，共同确定 25mm 番龙眼板材、60mm 厚水冬瓜板材、50mm 厚椴木板材、55mm 厚柞木板材等常见家具用材的间歇真空干燥和连续真空干燥基准，及时发现问题、分析问题、解决问题。

2. 番龙眼、水冬瓜树种为经济型的家具地板用材，其材性、树种特点、使用环境、学名、别名与俗名等需要同学们自行查找资料，根据其材性判断干燥特性，从而确定真空干燥基准。

3. 真空干燥为特种干燥方法，在学习中要善于归纳总结真空干燥与常规干燥的区别与特点。

4. 做好记录，善于总结，学会自我管理，保护学习环境。

■ 学习引导问题

请同学们认真阅读知识准备内容，独立完成以下引导问题。

1. 真空干燥可分为 3 个阶段_________、_________、_________，干燥过程可_________控制，也可以_________控制。

2. 连续真空干燥的预热阶段一般不启动_________。

3. 间歇真空干燥的控制方法分为_________、_________、_________3 种方法。

4. 是非判断

（1）基准越硬，木材干燥速度越快。（　　）

（2）连续真空干燥木材应力比间歇干燥应力小些。（　　）

（3）木材调湿在常压、通风条件下进行。（　　）

（4）对一种木材合适的基准，用于相同厚度的其他树种木材干燥时一定也适用。（　　）

■ 任务实施步骤

1. 进行本任务前完成引导问题的回答。

2. 熟悉干燥基准的分类，根据基准分类方法确定完成本任务使用的干燥基准的类型。

3. 根据干燥基准表查找常见针叶材及阔叶材干燥基准编号并准确定位木材干燥基准。

在此过程中，首先选择真空干燥推荐干燥基准表，得到 25mm 厚番龙眼板材、60mm 厚水冬瓜板材、50mm 厚椴木板材、55mm 厚柞木板材的真空干燥基准号，若被干板材厚度非基准表中规格木材厚度，可选择相近厚度木材基准号，比较间歇真空干燥和连续真空干燥方法的异同。

4. 确定基准后，根据木材特性、生产用途、干燥设备等因素针对基准的软硬程度进行调整。

5. 每人确定基准后在小组内进行讨论宣讲，最终每组确定一个最优方案在班级内部进行展示。

■ 成果展示

1. 以连续真空干燥方法进行木材干燥干燥基准确定。

（1）25mm 厚红桉干燥基准。

（2）30mm 厚水曲柳板材干燥基准。

（3）50mm 厚椴木干燥基准。

（4）53mm 厚柞木干燥基准。

2. 以间歇真空干燥方法进行木材干燥干燥基准确定。

（1）25mm 厚番龙眼材干燥基准。

（2）60mm 厚水冬瓜板材干燥基准。

（3）50mm 厚椴木干燥基准。

（4）53mm 水曲柳干燥基准。

■ 总结评价

在本任务的学习过程中，同学们要能熟练掌握木材真空干燥基准的确定方法，比较多种干燥基准确定方法，选择最适合生产的干燥基准，并根据树种自身干燥特性、产地、订单要求、干燥经验、设备特点等因素合理确定干燥基准。

完成本任务后请同学们对自己的学习过程进行评价。

实训考核标准

序　号	考核项目	满　分	考核标准	得　分	考核方式
1	连续真空干燥基准确定	40	基准选择合理，每个树种 10 分		实训报告
2	间歇真空干燥基准确定	40	基准选择合理，每个树种 10 分		实训报告
3	报告规范性	10	酌情扣分		报告、答辩
4	实训出勤与纪律	10	酌情扣分		
	总计得分	100			

■ 巩固训练

60mm 厚杉木家具料干燥，能否进行真空干燥，如果可以，请确定其真空干燥工艺，如若不能，请阐述原因。

■ 拓展提高

1. 高频真空干燥概述

高频真空干燥是高频介质加热与真空低温干燥技术的结合方式，适用于较硬、较厚小批量木材的干燥。

高频干燥技术在国内应用于 20 世纪 90 年代初期，前期由于木材加工行业对高频技术较少，加上传统干燥方式成本低廉，这种干燥方式一直没有推广开来，这种干燥方式近几年才被认知、试用，主要用于干燥红木类硬木或柞木、榉木等中硬等木材，也有用于松木等较软木材，基本上是大断面木方，用于别墅或木屋等建筑用材。随着社会环保低碳意识逐渐加深，木材厂家，家具厂家逐渐摒弃燃烧废料或锯木等污染大而热能低的干燥方式，转向更为快速而有效的干燥方式。高频真空干燥方式即为其一。

2. 高频真空干燥设备构成

（1）高频发生器：产生高频磁场，作为木材加热的主要能源。

（2）真空罐体/箱体，包含储水罐。

（3）真空泵及其冷却、冷凝系统、汽水分离系统、压力控制系统（控制排水）。

（4）液压系统：保证木材与高频电极紧密接触并附带木材校直作用。

（5）控制系统：包括真空、温度、含水率、液压等检测并通过控制单元来控制干燥过程。

真空干燥设备主要依赖温度和含水率检测来控制干燥质量，而普通温度和湿度探头会在高频电场中受到干扰，因此干燥过程中很难实现精准控制，而烘干过程中需要人员适时调整高频或定期排掉储水罐内储水，目前基本上是半自动的控制方式，需要人员适时看护，这也是大部分高频真空干燥设备的弊端。

3. 真空干燥的原理及特点

由于在真空状态下，水分的蒸发温度较常压下的蒸发温度低。真空度越高，蒸发温度越低，因此整个干燥过程可以在较低的温度下进行。

真空干燥的特点是：

（1）干燥过程中物料的温度低，无过热现象，水分易于蒸发，干燥产品可形成多孔结构，有较好的溶解性、复水性，有较好的色泽和口感。

（2）干燥产品的最终含水量低。

（3）干燥时间短，速度快。

（4）干燥时所采用的真空度和加热温度范围较大，通用性好。

（5）设备投资和动力消耗高于常压热风干燥。

红木真空干燥是把红木堆放在密闭容器内，在低于大气压力的条件下，进行干燥的方法。在真空条件下，水的沸点降低，引起木材表面水分蒸发速度加快，木材表面和内部的含水率梯度增大。又因木材表面水分剧烈蒸发的同时，要吸收大量的汽化热，引起木材表面的冷却，使得木材表面与内部的温度梯度加大，从而可在较低的温度下加快红木的干燥速度。

真空条件下，干燥装置内空气稀少，红木内部和表面之间压力差较大，在压力梯度作用下，水分很快移向表面，不会出现表面硬化，同时能提高干燥速率，缩短干燥时间，降低设备运转费用。此外，在低压条件下，干燥介质中的氧气稀少，因热作用与氧化作用引起的物料变色少，基本上可以保持物料的天然色泽。

因此，真空干燥设备是一种低温、快速的干燥设备，更是一种节能、环保的干燥设备。

■ 思考与练习

1. 请分析真空干燥和常规干燥的优势和劣势。
2. 针叶材是否采用真空干燥？为什么？

■ 自主学习资料库

1. 朱政贤. 木材干燥. 2 版. 北京：中国林业出版社，1988.
2. 张壁光. 实用木材干燥技术. 北京：化学工业出版社，2005.
3. 梁世镇，顾炼百. 木材工业实用大全 · 木材干燥卷. 北京：中国林业出版社，1998.

项目 5
木材联合干燥方法选用

知识目标

1. 了解联合干燥的优点，掌握联合干燥方法（或工艺）的原则；

2. 了解太阳能吸热器的作用与结构，熟悉常用 3 种太阳能干燥室的基本结构，掌握太阳能干燥室的工艺方法、太阳能干燥的特点与适用性；

3. 掌握除湿干燥与太阳能干燥联合干燥方法的设备构成、工艺过程及适用性；

4. 了解微波干燥的基本原理与主要设备；

5. 掌握常规干燥与微波干燥联合干燥方法的设备构成、工艺过程及适用性。

技能目标

1. 能根据干燥条件及锯材的情况合理选择除湿干燥与太阳能干燥联合干燥方式；

2. 能根据被干板材特性及锯材的情况合理选择常规干燥与微波干燥联合干燥方式。

任务 5.1　除湿干燥与太阳能干燥联合干燥分析

工作任务

1. 任务提出

通过任务的实施，同学们应了解联合干燥的优点，掌握联合干燥方法（或工艺）的原则，了解太阳能吸热器的作用与结构，熟悉常用 3 种太阳能干燥室的基本结构，掌握太阳能干燥室的工艺方法、太阳能干燥的特点与适用性；掌握除湿干燥与太阳能干燥联合干燥方法的设备构成、工艺过程及适用性。以北京地区为例，用太阳能—热泵联合干燥设备，进行太阳能供热系统的性能测试和热泵供热系数测试，对联合干燥进行综合分析。

2. 工作情景

班级学生分为若干学习小组（每组 4~5 人为宜），共同研究由北京林业大学所做的太阳能与热泵除湿联合干燥试验，分析太阳能供热系统的性能测试与热泵供热系数的测试结果，分析太阳能木材干燥的性能特性。根据热泵进风温度与供热系数的关系，寻找太阳能与热泵联合的优越性的依据，归纳总结出太阳能与热泵除湿联合干燥的特性与适用环境。

3. 材料及工具

教材、笔记本、笔、多媒体设备等。

知识准备

1 太阳能干燥

（1）太阳辐射

地球除自转外并以椭圆形轨道绕太阳运行。因此，太阳与地球之间的距离不是一个常数，地球大气层上界的太阳辐射强度也随日地距离不同而异。为了方便，人们使用“太阳常数”这一概念来描述大气层上界的太阳辐射强度。

太阳常数指平均日地距离时，在地球大气层外，垂直于太阳辐射的表面上，在单位面积和单位时间内所接收到的太阳辐射能，用 I_{SC} 表示。实测结果 $I_{SC}=1353W/m^2$。

由于日地距离在一年中是有变化的，因此太阳常数也随日地距离而变化。另外，地球上的各地区并不一定都垂直太阳光线，因此，大气层以外的太阳辐射强度与地球纬度有关。越接近赤道地区辐射强度越大，相反两极地区最小。

根据太阳日照时间和辐射总量，我国可划分为 5 个太阳资源带，见表 5-1。其中一、二类地区太阳能资源很丰富，最适宜用太阳能利用；三类地区也有用太阳能的优势；四类地区较差；五类地区不适合用太阳能。总的趋势是西高东低，高海拔（如西藏高原）大于低海拔地区。太阳光的辐射波长在 0.2~3μm，属于短波辐射，它能穿过玻璃、塑料薄膜等透明材料。当太阳能射线被干燥室的吸热板、物料或空气吸收后转换为热能，发出 3~30μm 波长的远红外线，而 3μm 以上的辐射基本无法透过玻璃、塑料薄膜等透明材料。这些透明材料让光线只进不出的性能，使干燥室获得了干燥物料的热能，产生了“温室效应”。

表 5-1　我国太阳能资源区划表

地区分类	年日照时数/h	年太阳辐射总量/（MJ/m^2）	合标准煤/（kg/m^2）	包括地区
一	3200~3300	6700~8400	230~280	宁夏、甘肃北部，新疆东南部，青海、西藏西部
二	3000~3200	5900~6700	200~230	河北、山西北部，内蒙古、宁夏南部，甘肃中部，青海东部，西藏东南部，新疆南部
三	2200~3000	5000~5900	170~200	山东、河南、河北东南部，山西南部，新疆北部，吉林、辽宁、云南、陕西北部，甘肃东南部，广东、福建南部，江苏、安徽北部，北京
四	1400~2200	4200~5000	140~170	湖北、湖南、江西、浙江、广西、广东北部，陕西、江苏、安徽南部，黑龙江
五	1000~1400	3400~4200	110~140	四川、贵州

（2）太阳能集热器

① *集热器的分类* 太阳能集热器是把太阳辐射能转变为热能的装置。太阳能集热器按是否聚光这一基本特征分为平板型集热器和聚焦型集热器两大类。

平板型集热器吸收太阳辐射的面积与采集太阳辐射的面积相同，因此，它对太阳的直接辐射和散射辐射都能利用。此种集热器结构较简单，制造方便，价格低廉，适用于木材干燥。

聚焦型集热器利用光学系统（反射器或折射器等）改变阳光束的方向，使阳光入射辐射聚集到吸收表面上，以提高能流密度。因此，吸收表面积小，热损失也相应减少。但聚焦型集热器一般不能收集散射辐射，而且结构及设备维护较复杂，制造和运行费用高，不适合木材干燥使用，因此，在这里不加讨论。

② *典型平板空气集热器的结构组成* 平板空气集热器（图 5-1）由以下 4 个部分组成：

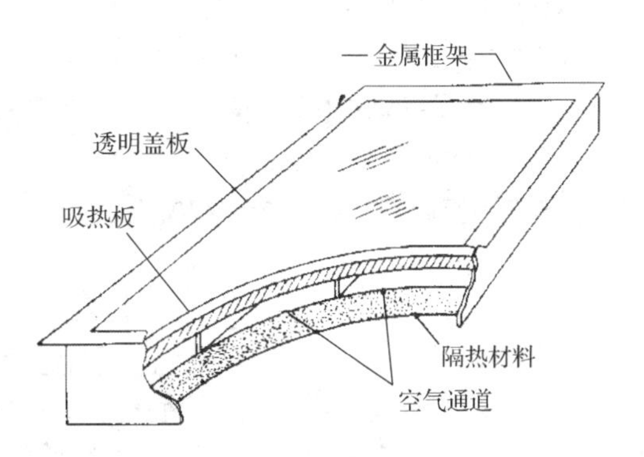

图 5-1 平板空气集热器的结构组成

透明盖板 由一至多层透明玻璃或塑料构成，覆盖在集热器面部。它让太阳辐射透过，并在集热器内部形成一定高度的空气夹层，阻止吸收表面的红外辐射损失及减少对流热损失，同时保护集热板和其他部件不受雨、雪和灰尘的侵蚀。因此，透明盖板必须具备下列性能：阳光透过率高，吸收和反射率低；对集热板的热辐射（红外辐射）透过率低，以减少热损失；有一定的机械强度，抗老化寿命长；不透雨水；膨胀和收缩率小。

常用的透明盖板有：

a. 普通玻璃：耐老化，透光率高（87%，含铁量越低，透光率越高），但易破裂。

b. 钢化玻璃：抗冲击强度高，为普通玻璃的 4～5 倍，因此厚度可减小，从而提高了透光率（87%），也减轻了质量，但价格较高。

c. 透明玻璃钢：用玻璃纤维和环氧树脂制成，强度和透光率高，但易老化。

d. 透明塑料薄膜：用氟树脂制成的薄膜，透光性很好（92%）。耐老化性能也好，国外已大量用作透明盖板。但价格较高。我国生产的聚氯乙烯薄膜易老化，且红外辐射透过率高，热损失大。目前，我国使用较多的是厚度 3mm 左右的普通平板玻璃。从长远看，应推广 3mm 厚的钢化玻璃及氟树脂薄膜。

e. 透明盖板的层数：1 层透明盖板结构简单，造价低，但热损失较大，热效率不够高。2 层透明盖板虽造价提高，但可大大减少导热损失，而阳光透过率的减少很有限。若设计得当，集热器的热效率可提高 35%左右，故 2 层透明盖板是经济可行的。3 层花费明显增加，但收效甚微。

吸热层 吸热层是吸收阳光并将太阳能转换成热能传给集热介质的热交换器。它是平板型集热器中的关键部件。可作吸热层的材料有金属、塑料、玻璃等。国内生产几乎都用金属材料——钢板（包括镀锌钢板）、铝板等。

为增强空气与吸热板之间的有效换热系数，可使吸热板表面粗糙化并刷涂料。粗糙表面在气流边界层内造成高湍流度。为此皱纹板、瓦楞板和网状板是有效的吸热材料。

在吸热板上面或下面加许多肋片可以提高吸热效果约 10%，如图 5-2、图 5-3 所示。还可将吸热板上做成蜂窝状，以减小辐射和对流热损失。

金属材料吸热层的表面都要涂一层黑色的亚光吸热涂料。常用的有黑板漆或沥青漆加 20%的黑炭粉和适量溶剂配制而成。这种涂层的太阳能吸收率为 0.93～0.95，且价格便宜容易购买。

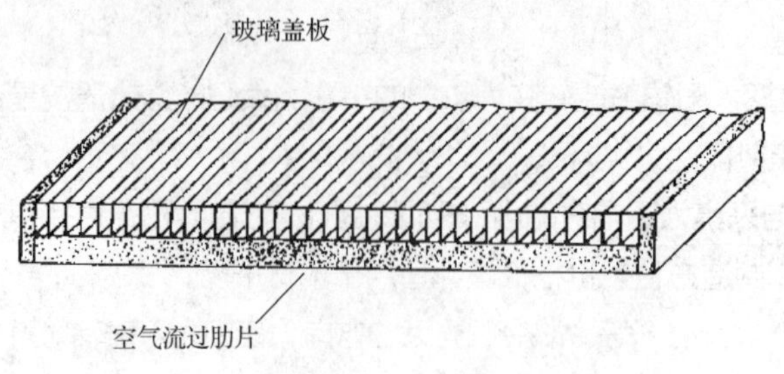

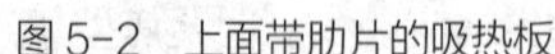
图 5-2　上面带肋片的吸热板

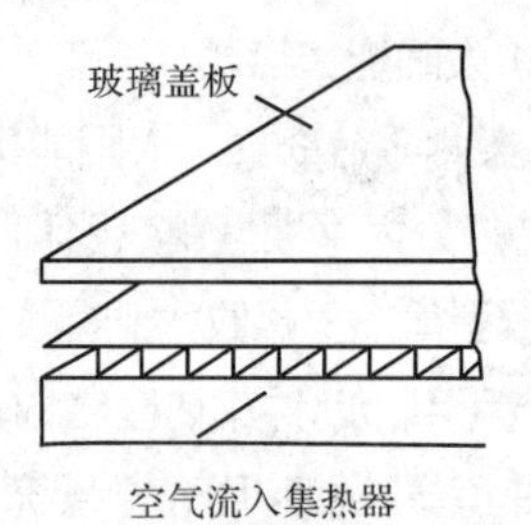

图 5-3　下面带肋片的吸热板

美国林产品研究所研制的平板型集热器。采用尺寸 1.3～2.5cm 见方的木炭块作吸热层，木炭黑色且有许多气孔可贮热，故热效率高，且造价低，简单易行，值得推广。

吸热层和透明盖板之间要留有适当的空间，以让集热介质（空气等）循环流过，把吸热层的热量传给被干燥的木材。空气既可从吸热层上面流过，也可从吸热层下面流过，还可先从吸热板上面流过，再从吸热板下面返回，即双流程集热器，如图 5-4 所示，以提高热效率。

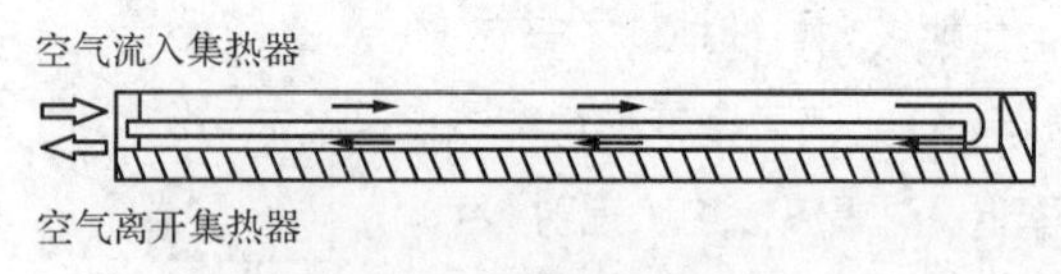

图 5-4　双流程空气集热器

保温层　生产中常用的保温材料有玻璃纤维、矿渣棉、泡沫塑料、膨胀珍珠岩等，前两种应用较广。

外壳　常用的材料有金属（钢板、铝板）、木材、玻璃钢等。最常用的是钢板外壳。

③ 平板型集热器的性能分析　平板型集热器的基本工作原理：来自太阳的辐射能（辐射波长主要在 0.3～4μm 范围内），透过透明盖板照射到吸热层上，其中大部分为吸热层所吸收并转变为热能。从集热器底部流入的冷介质（空气或水）流过吸热层时被加热，温度逐渐升高。然后流出集热器，这部分热量为有效热量。同时，集热器的透明盖板和外壳还向周围环境散失热量。

集热器的性能可用一能量平衡方程式来表示。入射到集热器的太阳辐射能大致转变为三部分能量；有效能量，即被集热介质带走的能量；集热器的热损失；集热器本身贮存的能量。能量平衡方程式可写为：

$$AI(\tau\alpha)=Q_u+Q+Q_s \tag{5-1}$$

式中　A——集热器吸热面积；

I——投射到集热器上的太阳辐射强度；

τ，α——透明盖板的阳光透射率和吸热层对太阳辐射的吸收率；

Q_u——有效热量，即集热介质带走的热量；

Q——集热器散失的热量；

Q_s——集热器本身贮存的热量。

评价集热器的最重要的指标就是集热器的热效率，最常用的是瞬时效率。要确定瞬时效率，首先要在稳定情况下，测定流过集热器的介质流量 G（kg/h）、集热器进出口介质的温差 $t_{出}-t_{入}$（℃）及集热器平面上的太阳辐射强度 I_{SC}，然后按下式计算瞬时效率 η。

$$\eta=\frac{GG_{介}}{AI}(t_{出}-t_{入}) \tag{5-2}$$

式中　$C_{介}$——介质的比热；

　　A——集热器吸热面积。

瞬时效率的变异范围是很大的，正午时且集热器内部温度不高的情况下，其热效率可达 60%；而下午 3:00 以后，热效率为 10%以下。

集热器的朝向：当集热器表面垂直于太阳光线时，吸收的太阳能最多。但平板集热器要能跟踪太阳其花费是很大的。故切实可行的办法是，集热器表面与水平面的夹角，冬天时调定为当地的纬度加 10°；夏天时调定为当地纬度减 10°，这样吸收到的太阳能最多。全年来看，更方便的办法是，集热器表面与水平面的夹角调定为当地纬度的数值，以保证最大量的太阳辐射垂直于集热器表面。

（3）太阳能干燥室

木材太阳能干燥室分为暖房型、半暖房型及集热器与不透光墙壁分开型 3 种。

① *暖房型干燥室*　图 5-5 所示为建于澳大利亚布里斯班（Brisbane，南纬 27° 和东经 157°）的暖房式太阳能干燥室。其具体结构如下：

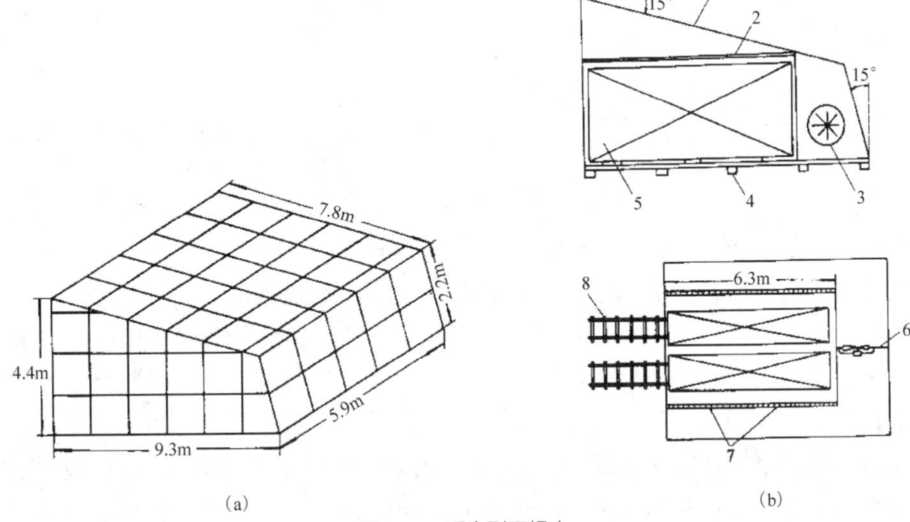

图 5-5　暖房型干燥室

（a）外形图（b）结构简图

1. 玻璃屋面　2. 波形钢板假天棚　3. 可逆风机　4. 墩　5. 材堆　6. 挡风板　7. 穿孔混凝土板　8. 轨道

（自 Wengert 等，1985）

室壳结构　金属框架和玻璃盖板组成集热器；木质后墙、门及地板；布满孔眼的混凝土板立在材堆两侧，以保证气流均匀流过材堆。

加热系统　其屋面及东、西、北（位于南半球）三面墙壁都是由太阳能空气集热器组成的，集热器的外层透明盖板为普通玻璃，内层为聚氯乙烯塑料薄膜。集热器内表面都涂黑。无贮热和其他辅助供热装置。

气流循环　一台直径 1.1m 的可逆轴流风机安装在材堆和前墙之间，由 1.5kW 的电动机驱动，鼓动气流水平横向穿过材堆。材堆的气流速度为 1m/s。排气道设在北墙，手工控制。

外廓尺寸　南北长 8.3m，东西宽 5.9m，后墙高 4.4m，前墙高 2.2m。

干燥室容量　15m^3。

单位容量集热器面积　3.3m^2/m^3。

装堆方式 成材堆垛在材车上，由铁轨运送（双轨穿过后墙）。

干燥室性能 38mm 厚的蓝桉木，从含水率 27%干燥到 12%，需要 62d。

② *半暖房型干燥室* 图 5-6 所示是建在我国江西（北纬 29.5）的半暖房型干燥室。

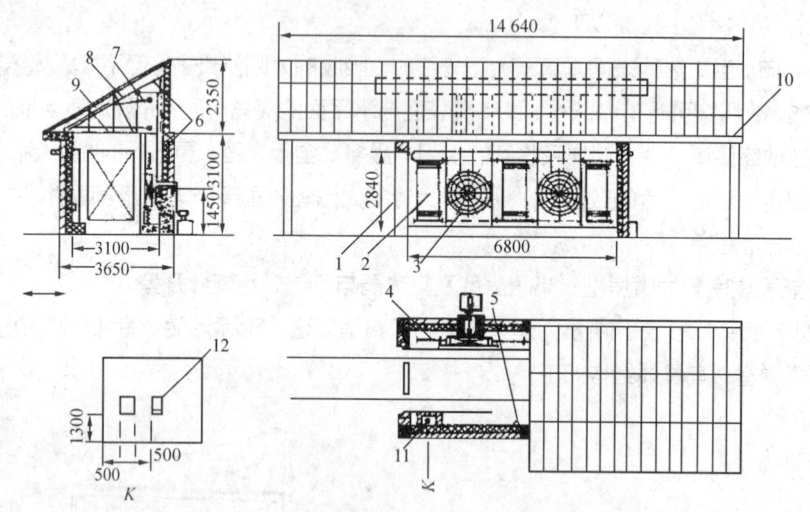

图 5-6 半暖型太阳能干燥室（单位：mm）

1. 大门 2. 散热器 3. 导风板 4. 挡风板 5. 排气口 6. 热风管 7. 水箱
8. 吸热板 9. 集热器 10. 进气口 11. 称量装置 12. 温湿度计
（自孙令坤，1982）

加热系统 向两侧延伸的透光屋面组成的太阳能集热器 9 为加热系统的主热源；另外有蒸汽散热器 2 作辅助热源。集热器的采光面积为 60m^2。由两层 3mm 厚的普通玻璃作透明盖板。用 0.8mm 厚的表面涂黑的铝板作吸热板 8，与玻璃平行放置，两者间距约为 15cm。集热器保温材料为膨胀珍珠岩。集热器倾斜角度为 29°，约等于当地的纬度，辅助蒸汽加热器排列在轴流通风机两侧，散热面积为 58.5m^2，供阴雨天使用。

气流循环 在屋面集热器底部，有一根三角形的风管 6，当干燥室内的轴流通风机运转时，集热器内的热量通过风管不断被吸入干燥室内，供给木材加热和干燥。在室内材堆和北墙之间，有两台直径 1.2m 的轴流风机，每台风量为 22000m^3/h。由 4kW 的电机驱动，迫使气流水平横向流过材堆。

进排气 干燥室南墙的中部有一条三角形的金属管道（排气口），把多余的湿气排出室外。排气口有阀门控制。进气口 10 设在屋面集热板两侧的底部，冷空气从进气口吸入集热器内，从玻璃盖板与吸热板之间的气道流过，被太阳能加热后再送入材堆。

集热器面积与干燥室容量之比率 每立方米木材为 6m^2 集热面积。

装堆 木料堆积在材车上，通过轨道送入室内。

外廓尺寸 屋面集热器长 14.6m，宽 4.6m。屋面下干燥室长 6.8m，宽 3.1m，高 3.1m。

可装材堆尺寸 长 6m，宽 1.8m，高 2.4m。

容量 10m^3 木材。

干燥室壳体结构 钢筋混凝土立柱和围梁构成框架；外层为半砖厚砖墙，内层为纤维板覆面，并涂有环氧树脂防潮层；中间填砌蛭石水泥砖保温层。

贮热装置 水箱贮热。

干燥室性能 30～35mm 厚的落叶松板，从初含水率 20.1%干燥到 7.2%需 12d；30～35mm 厚的栎木板，从初含水率 56%干燥到 12.2%需 43d。干燥后的木料正品率为 82.8%。

③ 集热器与不透光墙壁分开干燥室　图 5-7 所示为建于斯里兰卡科伦波市（北纬 7°）具有分开集热器的太阳能干燥室，是美国林产品研究所设计的。

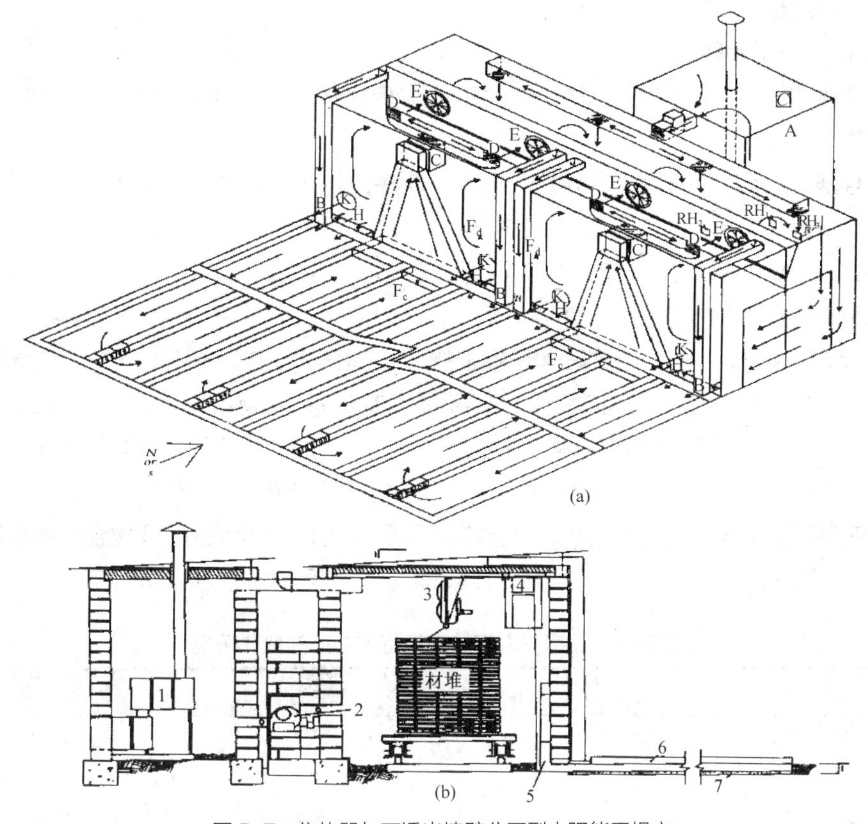

图 5-7　集热器与不透光墙壁分开型太阳能干燥室

（a）集热器和干燥室总图　A. 木废料炉灶间　B. 空气流入集热器　C. 离心风机
D. 热空气集管　E. 轴流风机　F_c、F_d. 温差传感器　G. 增湿装置　H. 回气管　J. 进气口　K. 排气口
RH_1. 恒湿器（控制排气口 K）　RH_2. 恒湿器（夜间停窑）　RH_3. 恒湿器（控制增湿装置 G）
（b）横剖面图　1. 木废料炉　2. 离心风机　3. 轴流风机　4. 热空气管　5. 回气管　6. 集热器　7. 木炭
（Simpson 等，1985）

加热系统　太阳能集热器水平建造在干燥室前面的地坪上。集热器四周用混凝土块砌成，内表面涂亚光黑涂料，顶部覆盖一层 4.7mm 厚的窗玻璃。透光面积共 136m^2，吸热层为 5.1～7.6cm 厚的木炭层（破碎成 1.3～2.5cm 大小的碎块）。辅助热源为一台木废料燃烧炉，安装在干燥室北墙后面。其热效率为 65%，发热量为 48194kJ/h。保证在阴雨天和夜晚供热。

气流循环　两台离心通风机（4.5 号，风量 6075m^3/h，驱动电机 0.74kW）把集热器中的热空气吸入干燥室。集热器后端有 4 个回气孔，把材堆中的部分空气补充返回集热器内。两台风机的运转由温差传感器控制，当集热器中的空气温度比干燥室中的高 2.8℃以上时，风机才运转，以节约电能。室内材堆顶部还有 4 台 7.5 号的轴流通风机，每台风量 17820m^3/h，分别由 0.74kW 电机的驱动，迫使气流穿过材堆循环。干燥后期，只开动其中两台风机。炉灶间另有一台小型离心通风机，风量 2252m^3/h，把热空气鼓入干燥室。

进排气　干燥室一侧下部有 4 个排气孔，当室内湿度大于指定值时，它自动打开，把多余的湿气排出室外。阴雨天室内湿度太高时，有继电器自动停止干燥室内风机运转。此外，干燥室顶部装有压力喷雾口，当室内空气太干燥时，喷雾口自动打开，喷出水雾，以提高空气湿度。

集热器面积与木材容量比率　每立方米木料约为 $10m^2$ 集热面积。

装堆　材车堆积，轨道运送，材堆宽 1.5m。

干燥容量　$14m^3$ 木材。

干燥室壳体结构　墙壁由空心混凝土块砌成，内填保温材料。屋面铺一层 50mm 厚的木板，上面铺保温层和防水层。

干燥室性能　25mm 厚的橡胶木从初含水率 60%干燥到 13%需 7d；同样木料从初含水率 60%干燥到 12%需 10d。前者能耗比例为：太阳能占 41%。木废料能占 46%，电能占 13%；后者能耗比例为：62%的太阳能，18%木废料能，20%电能。

（4）太阳能干燥工艺与优缺点

① 太阳能干燥工艺　木材太阳能干燥基本上都采用低温干燥工艺，操作简单。但干燥室内温湿度受天气和自然条件影响很大，且周期性变化。如果没有辅助热源，通常每天深夜 2 时至晨 8 时，干燥室内温度最低，相对湿度和平衡含水率最高，这时应停止室内风机运转，以节约电能。中午 12 时至下午 6 时，干燥室内温度最高（下午 4 时达到最高峰），相对湿度和平衡含水率最低，这是一天中干燥最快的时期。下午 6 时至次日日出，室外大气温度降低，干燥室热损失增大，室内平衡含水率增高，木材干燥缓慢。建于北纬 18°波多黎各岛的暖房型太阳能干燥室，一天的湿度变化情况见表 5-2。

表 5-2　暖房型太阳能干燥室中湿度的变化情况

时　间	温度/℃	相对湿度/%	平衡含水率/%
0：00	31	60	10.7
2：00	30	66	11.3
4：00	29	66	11.2
6：00	28	62	11.0
8：00	28	65	11.7
10：00	39	41	7.1
12：00	46	32	5.6
14：00	51	24	4.4
16：00	53	20	3.7
18：00	46	36	6.2
20：00	38	56	9.6
22：00	33	66	11.5
平　均	37.8	50	8.7

② 太阳能干燥的优点　太阳能木材干燥室具有以下优点：

a. 太阳能干燥室属对流干燥，是大气干燥的新发展。但干燥周期比大气干燥大为缩短。

b. 太阳能干燥室的温度比其他类型的对流式蒸汽干燥室的温度低，所以干燥质量较好，缺陷也比较少。

c. 与常规干燥相比，这种类型的干燥室可以不要蒸汽锅炉等高投资设备，因此投资建造费用少，设备运转费相应较低，干燥成本较低。

d. 太阳能是取之不尽、用之不竭的无污染能源，对于能源比较紧张的地区是可取的，所以近年来这种干燥室在国外研究和发展得很快。

③ 太阳能木材干燥室的不足：

a. 太阳能是一种低密度、间歇性的能源，且受自然条件制约，使木材很难全年有效地干燥；

b. 集热器面积大，设备投资较高；

c. 为了保证冬季和阴雨天有效地干燥木材，需要有辅助热源，这也增加了设备投资；

d. 集热器的透明盖板容易破损，故设备维修费用较大。

④ 太阳能干燥的应用　太阳能木材干燥适用于日照时间长的地区，我国南方以夏秋季节为宜，尤其适合阔叶树材的预干。

2 除湿干燥与太阳能干燥联合干燥特点

在保证锯材干燥质量的前提下，以较快的干燥速度和较少的能耗完成整个干燥过程，这是木材干燥技术永恒的追求。每一种干燥方法，都有其利弊，如果能够综合这些干燥方法的优点，取长补短，必然能取得获得令人满意的经济效果，这就是所谓的联合干燥。

联合干燥可以是两种干燥方法的联合，如高频—真空干燥、太阳能—除湿干燥等。也可以是两种干燥工艺的联合，如低温预干与高温干燥或常温室干的联合等。从干燥过程看，有的联合干燥分两阶段，如气干与常规室干或高温干燥的联合。有的是全过程的联合，如太阳能—除湿干燥。

除湿干燥本身属节能型干燥方法，但干燥过程中壳体的热量损失完全由压缩机的电能转换热补充往往不足，电辅助加热成本较高。太阳能干燥受气候和时段的限制，热能有限，因此干燥温度较低，周期长。但如果用太阳能来补充除湿干燥热能，则绰绰有余，使两种干燥方法的优点得到很好的统一。既降低了干燥成本，又缩短了干燥周期。

（1）太阳能与热泵除湿联合干燥系统设备及工作方式

图 5-8 为北京林业大学设计的太阳能—热泵除湿联合干燥系统的工作原理示意图。该联合干燥系统由太阳能供热系统、热泵除湿干燥机和木材干燥室三大部分组成。图 5-9 所示为该联合干燥装置的外观图。太阳能供热系统由集热器、通风机、管路及风阀组成。太阳能集热器采用北京市太阳能研究所研制的 PK1570 系列拼装式平板型空气集热器在干燥室顶成 3 列布置，热泵除湿干燥机与普通热泵工作原理相同，具有蒸发器、压缩机、冷凝器与膨胀阀四大部件。但它具有除湿机和热泵两个蒸发器，除湿蒸发器 6 中的制冷工质吸收从干燥室排出的湿空气的热量，使空气中水蒸气冷凝为水而排出，达到使干燥室降低湿度的目的。热泵蒸发器 9 内的制冷工质从大气环境或太阳能系统供应的热风吸热，制冷工质携热量经压缩机 11 至冷凝器 8 处放出热量，同时加热来自干燥室的空气，使干燥室升温。

（2）太阳能与热泵除湿联合干燥系统的特点

该系统综合了太阳能干燥和除湿干燥的核心设备，二者既可以单独使用，也可以联合运行。如果天气晴朗气温高，可单独开启太阳能供热系统；阴雨天或夜间则启动热泵除湿机来承担木材干燥的供热与除湿。在多云或气温较低的晴天，可同时开启太阳能供热系统和热泵除湿系统，太阳能供热系统为干燥室提供热量，热泵除湿系统排出干燥介质水蒸气，但从太阳能集热器出来的热空气不直接送入干燥室，而是经风管送向热泵蒸发器。此时由于送风温度高于大气环境温度，故可明显提高热泵的工

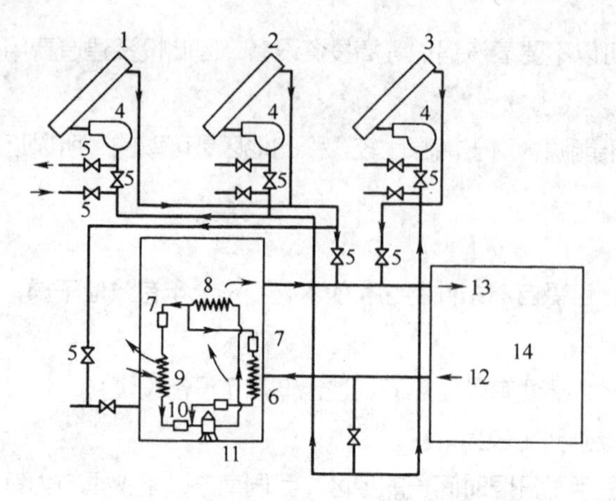

图 5-8　太阳能—热泵联合干燥系统原理图

1、2、3. 太阳能集热器　4. 太阳能风机　5. 风阀　6. 除湿蒸发器
7. 膨胀阀　8. 冷凝器　9. 热泵蒸发器　10. 单向阀　11. 压缩机
12. 湿空气　13. 干热风　14. 干燥室
（自张璧光，2005）

图 5-9　太阳能—热泵联合干燥装置照片

作效率。该系统很好地克服了热泵除湿干燥热量不足和太阳能间歇供热的弱点，保持了无污染、低能耗的特点。

任务实施

■ 任务实施要求

1. 同学们要在学习项目 3 木材除湿干燥后完成本任务的学习，并完成学习引导问题的回答。

2. 任务实施过程中要综合考虑除湿干燥与太阳能干燥各自的优缺点，辩证地分析二者结合后木材干燥的优缺点。

3. 要有开拓创新的思维，考虑有没有更好地二者联合工艺，或者是否还可以与其他干燥方式进行联合生产，在小组内部进行讨论。

4. 互相尊重，互相学习，勤于沟通交流，汇报语言组织流畅。做好记录，善于总结，学会自我管理，保护学习环境。

■ 学习引导问题

请同学们认真阅读知识准备内容，独立完成以下引导问题。

1. 太阳能集热器是把__________转变为__________的装置。太阳能集热器按是否聚光这一基本特征分为__________和__________两大类。

2. 木材太阳能干燥室分为________、__________及__________3 种。

3. 太阳能集热器主要由哪几层构成？分别具有什么功能？

4. 太阳能干燥的优缺点有哪些？

■ 任务实施步骤

1. 认真阅读以下由北京林业大学木材干燥实验室所做的太阳能—热泵联合干燥实验测试，根据数据总结太阳能干燥与太阳能—热泵联合干燥的区别。

太阳能—热泵联合干燥系统主要设备性能参数如下：热泵除湿机的压缩机功率为 3.75kW，除湿风机功率 2×0.4kW，除湿机风量 6000m^3/h，制冷工质为 R22，热泵风机功率 0.4kW，热泵风机风量 3000m^3/h；太阳能集热器有效面积 270m^2，集热器风机功率 3×0.75kW；窑内风机功率 3×0.55kW，辅助电加热器功率 2×6kW。

以北京地区用太阳能—热泵干燥联合干燥 20m^3 松木为例。所用木材为厚度为 4cm 马尾松，初含水率为 50%，终含水率 10%，其基本密度为 0.431g/cm^3。

（1）太阳能供热系统的性能测试

太阳能供热系统的性能可用集热器热效率 η_T 和系统供热系数 COP_T 来表示。前者反映太阳辐射能转变为热能的效率；后者等于集热器内空气实际得热，与太阳能供热系统风机能耗的比值，它反映了系统的供热效率。

$$\eta_T=\frac{Q_T}{Q_T^0}=\frac{GC_P\Delta t}{IA} \quad (5-3)$$

$$COP_T=\frac{Q_T}{W} \quad (5-4)$$

式中 Q_T——空气流经太阳能集热器的实际的热量；

Q_T^0——太阳能照射到集热器的理论热值；

G——空气在集热器中的流量；

Δt——空气在集热器中的温升；

C_P——空气的定压比热；

I——太阳能辐射强度；

A——集热器透光面积；

W——太阳能供热系统的风机能耗。

表 5-3 列出了太阳能供热系统中 3 号集热器在 4 月中某一天的测试数据。3 号集热器总采光面积为 32.4m^2，风机消耗功率为 0.95kW。测试地点为北京林业大学木材干燥实验室。

表 5-3 太阳能供热系统性能参数

日 期	记录时刻	t_0/℃	t_1/℃	t_2/℃	Δt/℃	I（W/m^2）	集热器热效率		G/（kg/h）	Q/kW	供热系数	
							η_T	$\overline{\eta_T}$			瞬时/COP_T	平均/COP_T
4.29 晴	10:00	18	26	40	14	717	31.8	36.43	1890	7.40	7.79	10.62
	11:00	18	28	48	20	826	38.7		1855	10.40	10.95	
	12:00	20	32	55	23	949	38.4		1839	11.80	12.42	
	13:00	21	31.5	55	23.5	1019	36.6		1839	12.10	12.74	
	14:00	22	31	52	21	958	39.9		1849	10.80	11.37	
	15:00	22	32	51	19	863	35.2		1853	9.80	10.32	
	16:00	23	32	48	16	744	34.4		1855	8.30	8.74	

注：t_0为环境温度；t_1为集热器进口温度；t_2为集热器出口温度；Δt为进出口温差；I为辐射强度；η_T为瞬时热效率；$\overline{\eta_T}$为平均热效率；G为送风量；Q为有效得热。

（自张璧光，2005）

（2）热泵供热系数的测试

热泵供热系数是热泵的主要性能参数之一，它等于热泵供热量与压缩机消耗的电能之比。供热系数越大，性能越好。

$$
\begin{aligned}
COP_R &= \frac{Q_R}{W} \\
&= \eta\, COP_R^O \\
&= \eta \frac{T_1}{T_1 - T_2}
\end{aligned}
\quad (5\text{-}5)
$$

式中 COP_R——热泵实际供热系数；

Q_R——热泵实际供热量；

W——压缩机消耗的功率；

η——热泵的总效率，一般在 0.45~0.7 之间；

T_1，T_2——分别为热泵的冷凝和蒸发温度；

COP_R^O——热泵的理论供热系数，取决于蒸发温度和冷凝温度，当冷凝温度一定时，蒸发温度越高，则（T_1-T_2）的差值就越小，热泵供热系数随之增大。

表 5-4　热泵进风温度与供热系数的关系

进风温度/℃	蒸发温度/℃	冷凝温度/℃	压缩机耗电/kW	热泵供热/kW	供热系数		备 注
					理论	实际	
5	-3	52	4.2	8.42	5.42	2.0	大气供风
10	0	52	4.1	9.58	5.70	2.34	
15	2	52	4.0	10.64	5.90	2.66	
20	3	52	3.9	11.27	6.02	2.89	
25	4	52	3.8	12.12	6.13	3.19	
30	5	52	3.8	13.30	6.25	3.50	
35	6	52	3.7	14.13	6.39	3.82	太阳能供风
40	8	52	3.7	15.70	6.63	4.24	

2. 认真分析太阳能供热系统的性能测试与热泵供热系数的测试结果，通过表 5-3 太阳能供热系统性能参数表分析太阳能木材干燥的性能特性。

3. 认真对比表 5-4 热泵进风温度与供热系数的关系，寻找太阳能与热泵联合的优越性的依据。

■ 成果展示

通过任务实施中北京林业大学木材干燥实验室所作的太阳能—热泵联合干燥实验测试，分析其数据结果，完成以下空格。

1. 由表 5-3 中数据可以看出：

（1）太阳能供热效率越__________，能耗越__________。最小供热系数达 7 以上，即太阳能系统风机耗 1kW 电能，可获得 7kW 以上的热能。

（2）太阳能供热量变化越__________，稳定性越__________，一天中不同时刻、不同月份和日照条件不同对太阳能供热量影响很大。

（3）太阳能集热器平均热效率为__________左右，接近国内同类集热器的热效率。

2. 表 5-4 列出了实验测试的热泵供热系数与它进风温度之间的关系。从表 5-4 中数据看出：当热泵冷凝温度维持在 52℃时，热泵进风温度（即热泵热源温度）由 5℃增至 40℃，则热泵供热系数由________增至________，相应的供热量由________kW 增至________kW，净增供热量________kW。这是太阳能供风代替大气环境供风带来的效益。它进一步说明了太阳能与热泵联合的优越性。

3. 太阳能—热泵联合干燥木材的工艺分析

图 5-10 为单独使用太阳能干燥时干燥室内温度、相对湿度和木材含水率变化的工艺曲线。试材为 5cm 厚的红松，初含水率 31%，终含水率 14.4%，材积为 15m³ 干燥时间从 8 月 10 日到 8 月 25 日，共 15d，地点北京。

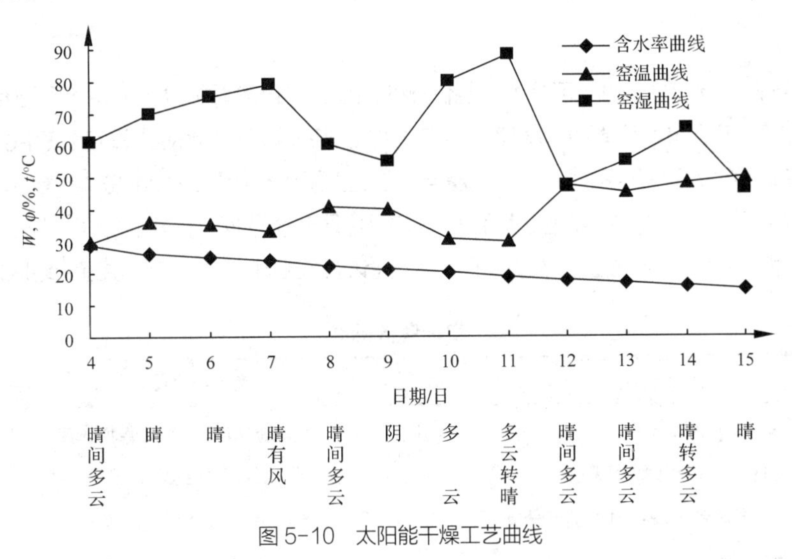

图 5-10 太阳能干燥工艺曲线

图 5-11 为太阳能—热泵联合干燥木材的工艺曲线。试材为红松，基本密度 0.36g/cm³，板厚为 6cm，材积 15m³。初含水率为 66%，终含水率为 18%，干燥时间从 9 月 5 日到 9 月 17 日，共 12.5d，地点北京。

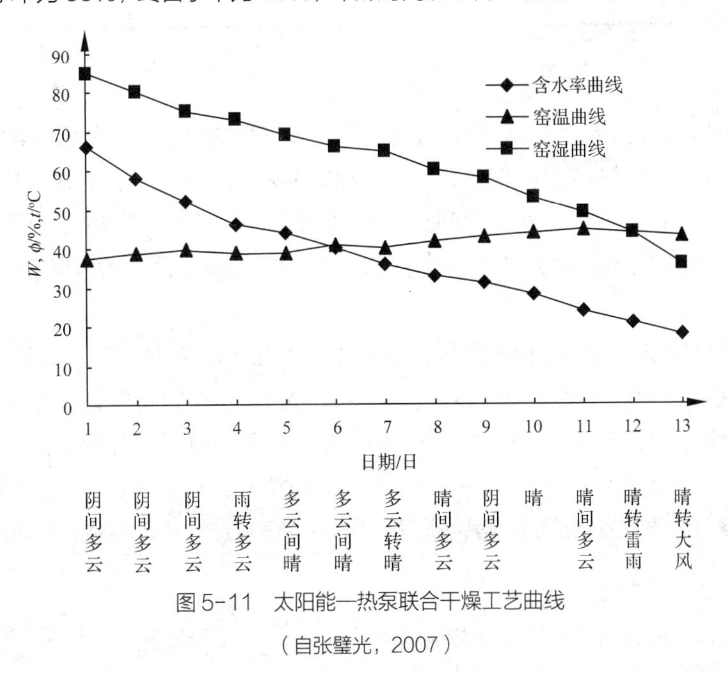

图 5-11 太阳能—热泵联合干燥工艺曲线

（自张璧光，2007）

图 5-10 与图 5-11 中，干燥室内温度、相对湿度和木材含水率均为每天的平均值。比较图中的曲线变化趋势可以看出：

（1）单独使用太阳能干燥时，干燥室内温度、相对湿度的波动较＿＿＿＿＿，木材干燥过程受气候条件的影响大，很难实现预定的干燥工艺。

（2）太阳能—热泵除湿联合干燥时，干燥室内温度和相对湿度的变化比较＿＿＿＿＿，基本上能按规定的工艺运行。木材含水率降低的速度比太阳能＿＿＿＿＿。

（3）太阳能—热泵除湿联合干燥木材的周期明显比单独使用太阳能干燥的周期＿＿＿＿＿，提高了生产的效率。

■ 总结评价

通过本任务的实施，同学们要了解太阳能供热的能耗小，供热系数高，但供热不稳定，随天气状况与自然温度变化大。热泵从太阳能供风管路取热与从环境取热相比，能明显提高热泵的供热系数。太阳能与热泵干燥二者联合可相互取长补短。联合干燥与单独的太阳能干燥相比气候变化的影响减少，干燥室温度和相对湿度变化平稳，干燥时间很短。联合干燥节能效果十分明显，节能率在 70%左右。太阳能是廉价的绿色能源，太阳能—热泵联合干燥有利于环保。建议在太阳能丰富，电价便宜的地区推广使用。

实训考核标准

序号	考核项目	满分	考核标准	得分	考核方式
1	太阳能供热系统性能参数	20	性能参数分析合理，表格填充准确		
2	热泵进风温度与供热系数的关系	20	数据分析恰当，表格填充准确		
3	太阳能—热泵联合干燥木材的工艺分析	30	工艺分析合理，表格填充准确		
4	实训出勤与纪律	10	迟到、早退各扣 3 分，旷课不得分		考勤
5	答辩	20	能说明每一步操作的目的和要求		个别答辩
	总计得分	100			

■ 拓展提高

目前我国以常规蒸汽干燥（即热风干燥）为主，故联合干燥的经济分析采取与常规蒸汽干燥作对比的方法。由于两种干燥方式的用能形式不同，为便于比较折算为干 $1m^3$ 材的标准煤耗。

联合干燥生产试验的平均能耗为 $105kW/m^3$ 材，计算时取 $110kW/m^3$ 材。根据国家近年来公布的发电煤耗，取 1kW·h 的标准煤耗为 400g，则联合干燥的平均能耗为 110×400/1000＝44kg 标准煤/m^3 材。

常规蒸汽干燥能耗取自北京某木材厂近几年来木材干燥生产的统计平均值（以干燥樟子松为主），干燥 $1m^3$ 材平均耗电为 45（kW·h）/m^3 材，平均耗蒸汽为 $0.9t/m^3$ 材，取锅炉及输气管网的总效率为 60%。根据锅炉煤耗的计算方式。产生 1t 蒸汽的标准煤耗为 150kg，则采用常规蒸汽干燥 $1m^3$ 材的总能耗为：（0.9×150＋45×400）÷1000＝153kg 标准煤/m^3 材。

根据联合干燥与蒸汽干燥的能耗，得到联合干燥的节能率为：（153－44）÷153＝71.2%。

■ 巩固训练

除湿与常规联合干燥综合了除湿干燥节能效果＿＿＿＿＿、干燥质量＿＿＿＿＿及常规干燥技术成熟适用性__________，相对除湿干燥和太阳能干燥等其他对流干燥方法，后期干燥速度__________，达到了__________效率，__________质量，__________成本，__________能源的干燥效果。

■ **思考与练习**

1. 请用最简单的语言归纳太阳能与热泵除湿联合干燥的特点。
2. 太阳能干燥还能与哪些干燥方式相联合？会有什么特点？

任务 5.2 常规干燥与微波干燥联合干燥分析

工作任务

1. 任务提出

通过任务的实施，同学们应了解微波干燥的基本原理与主要设备，掌握常规干燥与微波干燥联合干燥方法的设备构成、工艺过程及适用性。以人工速生杨树和马尾松常规干燥与微波联合干燥试验为例，对常规干燥与微波联合干燥进行综合性能分析。

2. 工作情景

班级学生分为若干学习小组（每组 4~5 人为宜），共同研究分析人工速生杨树和马尾松常规干燥与微波联合干燥试验数据，探寻常规干燥与微波联合干燥的工艺特性、优缺点及适用环境。

3. 材料及工具

教材、笔记本、笔、多媒体设备等。

知识准备

1 微波干燥特点

常规的木材干燥方法都是外界热源先通过对流、传导或辐射（远红外）的方式将热量传到木材的表面，再由木材表面通过传导的方式传到木材内层。由于木材是热的不良导体，特别是在低含水率阶段，其热传导率非常低。因此热量从表及里进行传递所需时间非常长，严重制约着进一步提高木材的干燥速度。如果我们能找到一种能量的传递方式，它可以使木材整体在很短的时间内获得热量，迅速升温至我们所要求的温度，则可能从根本上打破木材干燥中所需时间长的“瓶颈”。从而提高木材干燥速度，同时又能保持木材的优良天然性能。微波加热技术的出现为我们找到了解决这一难题的可能。

微波木材干燥是一种全新的干燥方法，它与传统干燥方法的最大区别是：热量不是从木材外部传入，而是通过微波交变电场与木材中水分子的相互作用而直接在内部发生。只要木料不是特别厚，木料沿整个厚度能同时热透，且热透所需时间与木料厚度无关。木材微波干燥除了具有微波加热技术的即时性、选择性、整体性和高效性的特点外，还具有一些其他特点：

（1）干燥速度快，时间短

微波干燥木材时，木料中的大量水分与微波场之间发生相互作用，产生大量的热，使物料的升温和蒸发在整个木料中同时进行，大大缩短了传统干燥方法中热传导所需要的时间。再者，微波作用于木材，可以改变木材的内部结构，使木材细胞壁的通透性增加，从而在很大程度提高了木材的渗透性和扩散性。由此可见在用微波对木材进行干燥时，木材内部的温度梯度、压力梯度均与水分迁移的方向一致，并且木材的渗透性和扩散性得到提高，从而改善了木材干燥过程中的水分迁移条件，其干燥速度理所当然要高于常规干燥（干燥速度比常规干燥速度要快 10 倍以上）。同时由于静压力梯度的存在，使木材微波干燥可能具有由内向外的干燥特点，即对木材整体来说，将是木材内层首先干燥，这可以克服在常规干燥中因木材表层首先干燥而硬化阻碍内部水分继续外移，降低干燥速度，甚至出现湿心现象。

（2）产品质量好，节约木材

由于微波具有强的穿透力，在干燥过程中，加热均匀，温度梯度和含水率梯度小，如果能控制好微波处理的功率大小、干燥时间和通风排湿，微波干燥的质量比热空气对流干燥更容易得到保证。微波干燥能基本消除木材内应力，干燥均匀，能保持木材的原色，可以提高木材利用率 5%以上，制成的木制品不会出现变形、开裂现象。另外，由于微波具有独特的非热效应（生物效应），微波干燥可以在较低温度下更彻底杀灭各种虫菌，消除木制品虫害，可以避免常规干燥中可能出现的由于温度低，湿度大而引起的木材生菌、长霉现象。

（3）可保持木材原有的色泽

木材颜色的改变与温度、作用时间及木材含水率有关，温度越高，作用时间越长，含水率越高则木材变色越快。木材微波干燥周期与常规干燥相比要缩短几十至上百倍，而且每次加热要经过由低温到高温的过程，因而在高温下停留的时间更短，所以用微波干燥木材几乎不改变木材的原色泽。

（4）杀虫灭菌效果好

微波干燥木材过程中能彻底杀灭各种虫菌类，消除木制品虫害，利于提高制品强度和延长使用寿命。

（5）设备占用场地小，适于流水线生产

微波干燥设备主机及辅助设备简单，外廓尺寸小，占地面积小。微波干燥加工能够实现自动化、连续化加工，适于流水生产线，生产率高。

（6）可直接用来干燥木质半成品

人类自古以来对实木进行加工利用时，无一例外都是先将木材干燥后再加工。这是由于如果先下料制成型后再干燥，成型的木构件在干燥过程中只要略有变形、开裂就不能使用，而微波加热技术能直接用来干燥已经成型的木材，能保持木材的原样，不变形、不开裂。因此，我们可以利用微波干燥技术先将板、方料按照木制品的结构，制成各种形状、规格的半成品进形干燥。干燥好后再对半成品进行精加工。一般细木工制作中的边角余料等约占使用材的 40%左右，制成半成品后，再对其进行干燥就可以节省这些余料的干燥能源，另外，先下料再干燥可以使木材中原有的缺陷不再扩展，从而提高木材利用率 15%~20%，节约了大量木材和能源。

除此以外，使用微波干燥木材还可以取消常规干燥中经常采用的浸泡、蒸煮、喷蒸等工艺流程，易于实现木材设备操作的自动化等优点，其在木材干燥中的应用必将有广阔的前景。

2 木材电介质加热

木材的电学性质不仅与木材的应用有关，而且与木材干燥及木材含水率测定方法等有密切关系。如木材高频干燥或微波干燥就是利用木材的介电性质。

（1）木材的导电性

木材导电性是衡量木材在直流或低频电流作用下的导电能力，通常以电阻率 r 表示。电阻率即单位截面积、单位长度木材所具有的电阻值，单位为 Ω·cm。

纤维饱和点以下，木材的电阻率与含水率成反比；高于纤维饱和点后，含水率的变化对电阻率的影响很小。绝干状态下，木材电阻率达 $10^{13}\sim10^{14}$Ω·cm，是良好的绝缘体。达到纤维饱和点时，近似为半导体或导体。横纹电阻率比顺纹电阻率大，室干材横纹电阻率为顺纹的 5 倍，气干材横纹电阻率为顺纹的两倍。

此外木材的电阻率与温度、密度等因素有关。温度越高、密度越大，电阻率越小。

（2）木材的介电性

木材在多变电场中呈现的电学性质常以介电系数 ε 表示，介电系数即以木材为电介质时所得的电容量与以真空为电介质时所得电容量之比值。木材的介电系数随树种、含水率、电场频率、纤维方向等而变化。部分木材的介电系数见表 5-5。

表 5-5　部分木材的介电系数

树　种	顺　纹	径　向	弦　向
云　杉	3.06	1.98	1.91
水青冈	3.08	2.00	2.40
栎　木	2.86	2.30	2.46

木材非对流加热也是木材干燥比较重要的基本加热方式，包括电介质加热和辐射加热。

（3）木材电介质加热

电介质加热不同于传统传热加热，它是在木材内部直接生成热量。电介质加热包括微波加热和高频加热。

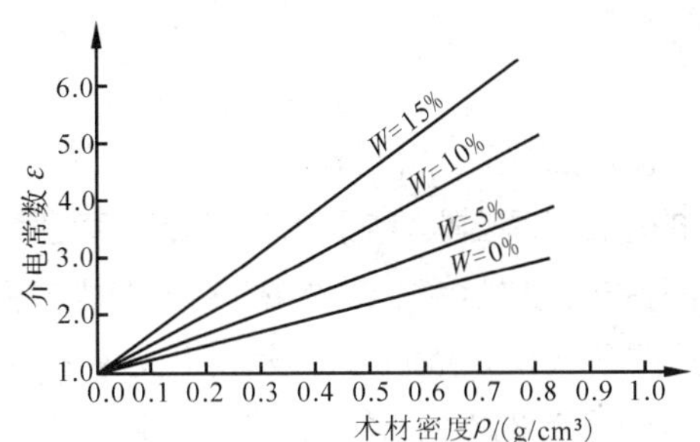

图 5-12　不同含水率木材的介电常数与其密度的关系（电流频率 2MHz）

微波指波长 1m 至 1mm、频率 300MHz 至 300GHz 的电磁波；高频电磁波一般指波长 1000m 至 7.5m、频率 0.3MHz 至 40MHz 的电磁波。

当将某种电阻物体置于两块与高频电流发生器连接的电极板之间时，由于该物体分子被高频电流激励而剧烈振动，温度会很快升高。这时，那两块电极板即构成一个电容器，位于两电极板之间的物体就称为电介质。

木材可以看成是木质、空气和水的混合电介质。其介电常数的大小与木材含水率、密度和纹理方向等有关。不同含水率木材的介电常数与其密度的关系曲线如图 5-12 所示，由此可见，木材的含水率对介电常数的影响比密度大得多。

微波干燥和高频干燥都是把湿木材作为电介质，置于微波或高频电磁场中，在频繁交变的电磁场作用下，木材中的极化水分子迅速旋转，相互摩擦，产生热量，加热和干燥木材。

湿木材在微波或高频电磁场中，吸收的电功率可用下式表示：

$$P=0.55fE^2\varepsilon\tan\delta\times10^{-12} \qquad (5-6)$$

式中 P——单位体积木材吸收的电功率，W/cm³；

f——电流频率，Hz；

E——电场强度，V/cm；

ε——木材的介电系数；

$\tan\delta$——木材损耗角的正切。

由上式可见，电场强度 E 越大、电流频率 f 越高，木材吸收的电功率 P 越大。这是由于电场越强，极化的水分子摆动的振幅越大，摩擦产生的热量就越多。

但过高的电场强度，容易使木材击穿。这就限制了微波或高频加热时，所能输入的最大功率密度。因此，通常用提高频率的方法来提高加热木材的速度。因为频率越高，木材中水分子的摆动就越频繁，摩擦产生的热量也就越多。微波的频率远高于高频电磁波的频率，对木材的加热和干燥的速度也快得多。因此，木材的高频干燥已逐渐被微波干燥所代替。但电磁波对物料的穿透深度与频率成反比，频率越高，穿透深度越浅。所以高频电磁波对木材的穿透深度比微波大，适宜于干燥大断面的方材。

另外，由上式还可以看出，木材加热的快慢也与木材的介电性质有关。通常木材含水率越高、密度越大，则木材的介电系数和损耗角的正切值也越大，木材的加热速度就越快。

3 微波干燥设备

微波干燥设备主要由微波发生器、微波加热器、传动系统、通风排湿系统、控制和测量系统等几部分组成。其中前两部分是主要的设备。

（1）微波发生器

其心脏部分是产生微波的电子管——微波管。目前用于木材加热和干燥的微波管主要采用磁控管。国内多用 915MHz、20～30kW 的磁控管及 2450MHz、5kW 的磁控管。其中功率较大的 915MHz 的磁控管使用较多。国外已生产出 100kW 的大功率管，可降低大规模生产的投资和干燥成本。

磁控管采用风冷和水冷系统，以延长使用寿命，提高管的效率。

（2）微波加热器

适合于木材干燥使用的微波加热器有谐振腔加热器和曲折波导加热器。

① *谐振腔加热器* 图 5-13 所示设备为我国某家具厂生产的微波干燥装置。整个设备分两组，两组间有过渡托辊相连接。每组由两台谐振腔加热器串联而成。每台谐振腔分别由 1 台微波发生器提供微波能。每台微波发生器输出功率 20kW（总输出功率 80kW），微波工作频率（915±25）MHz。微波管采用 CK-611 连接波磁控管。其阳极电压最高 12.5kV，最大电流 3A。灯丝电压（预热时）12.5kV，电流 115A。

阳极水冷，阴极强风冷却。微波发生器电源输入功率 30kW。谐振腔内部尺寸为 800mm×1000mm×1100mm。腔体顶部与波导耦合，以输入微波能。腔顶上开有许多小孔，以排除木材中蒸发出的水分。腔体两端壁上各开有高 70mm、宽 1000mm 的槽口，以便输送带及木材通过。每组加热器的进出槽口外面各装有梳形漏场抑制器，以防微波能泄漏。被干燥的木料平放在输送带上，经过加热器时，受到微波电磁场的强烈作用，产生热量，蒸发水分。木料根据需要可多次通过干燥装置。

② *曲折波导加热器* 这种加热器是横断面为矩形的曲折形状的波导管，如图 5-14 所示。在波导管宽边中央开槽缝，因为这里电场强度最大，被加热的木料从槽缝通过时，吸收的微波能最多。微波能从波导管的一端输入，在波导中被木料吸收后，余下的能量输入后面几段波导。这样不但充分利用了能量，而且改善了加热均匀性。波导的终端负载一般采用水或其他吸收性材料，以吸收剩余的微波能。波导的窄边上开有许多小孔，并接通风系统，以排除木材蒸发的水蒸气。

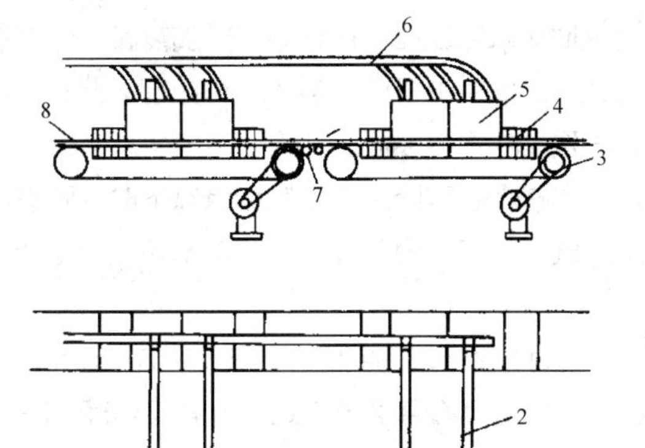

图 5-13　具有谐振腔加热器的微波干燥装置

1. 微波源　2. 波导　3. 传动装置　4. 漏场抑制器
5. 谐振腔　6. 排湿管　7. 中间过渡托辊　8. 传送带

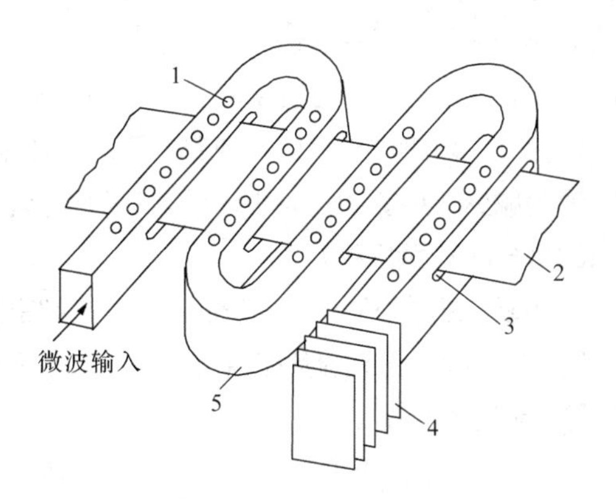

图 5-14　曲折波导加热器

1. 排湿小孔　2. 单板或薄木　3. 槽缝
4. 终端负载　5. 波导

为了防止微波能泄漏，在不影响木料通过的情况下，波导宽边上的槽缝应尽可能开得窄些，并向外翻边。实践证明，横截面为 248mm×124mm 的波导，槽缝高 35mm，翻边宽 45mm，即可使泄漏的能量降低到很小的程度。

微波加热形式的选择，主要取决于被干木料的形状、数量及加工要求。对于小批量生产或实验室试验，可采用小型谐振腔式加热器。对于流水线生产的单板、薄木及细碎木料一般可采用开槽的曲折波导加热器。尺寸较大或形状复杂的木料，往往采用将多台谐振腔加热器串联成隧道式。

4 微波干燥工艺

为了减少耗电，降低干燥成本，微波干燥应与气干结合起来，即先气干到约 20%～30%的含水率，然后再用微波干燥。

隧道式微波干燥装置的干燥基准推荐见表 5-6。

表 5-6　隧道式微波干燥装置的微波干燥基准

材　种	厚度/mm	初含水率/%	终含水率/%	每台微波源输入功率/kW	每次辐照时间/min
马尾松	20～30	20	7	11～7.5	1.2～1.5
榆　木	20～30	20～25	7～10	14～10	1.2～2.2
木　荷	30	30	8	18～9	1.8～2.6
水曲柳	30～50	35～45	8～10	17～10	1.6～2.6
柞　木	25	20～40	8	10～7	1.0～1.5
柳　桉	25～30	15	6～8	14～8	1.2～1.5
香红木	30	30	8	10～7	1.0～1.5
红　松	40～50	20～30	8～10	12～10	2.0～2.5

（自朱政贤，1988）

5 微波与常规干燥联合特性分析

国外采用微波能与对流空气联合干燥，取得良好的效果。即在预热及纤维饱和点以上的干燥阶段，可向干燥室内输送温度较高的热空气，同时间歇地输入微波能。这样，木料加热和水分蒸发所需的大部分热量，可由廉价的对流空气供给，而让微波能提供更多的热量于木材内部。此外，微波能的间歇输入，可使木材内部的水蒸气有足够的时间移动到木材表面，从而可减小木材横断面上的含水率梯度，防止木材表层和内部的不均匀收缩。当木材含水率降到纤维饱和点以下时，随着水分蒸发量的减少，热能消耗大大降低。这时可降低热空气的温度，同时增加微波功率输入，促使木材内部的水分向表面移动。

采用联合干燥还可防止热量从木材散失到空气中，从而大大节省能耗。据国外资料，25mm 厚的松木板，用 104℃的对流热空气与微波能联合干燥，其耗电量比单纯微波干燥节省 40%，而且干燥时间还可以缩短 42%。

任务实施

■ 任务实施要求

1. 同学们要在学习项目 2 木材常规干燥（室干）后完成本任务的学习，并完成学习引导问题的回答。

2. 任务实施过程中要综合考虑常规干燥与微波干燥各自的优缺点，辩证地分析二者结合后木材干燥的优缺点。

3. 要有开拓创新的思维，考虑有没有更好的二者联合工艺，或者是否还可以与其他干燥方式进行联合生产，在小组内部进行讨论。

4. 互相尊重，互相学习，勤于沟通交流，汇报语言组织流畅。做好记录，善于总结，学会自我管理，保护学习环境。

■ 学习引导问题

请同学们认真阅读知识准备内容，独立完成以下引导问题。

1. 微波干燥设备主要由________、________、________、________、________等几部分组成。其中前两部分是主要的设备。

2. 木材含水率越________、密度越________，则木材的介电系数和损耗角的正切值也越大，木材的加热速度就越快。

3. 微波干燥的优缺点有哪些？

■ 任务实施步骤

1. 认真阅读以下人工速生杨树和马尾松木材微波干燥与常规干燥联合干燥试验，根据数据总结常规干燥与微波联合干燥的特点。

（1）人工速生杨树和马尾松，取自安徽合肥，杨树和马尾松气干密度分别为 $0.48g/cm^3$、$0.42g/cm^3$，试材尺寸 100mm×100mm×50mm。

（2）联合干燥试验设备：微波加热设备，额定功率为 1200W，试验采用 60%火力间歇加热，即加热时间为 18s，间歇时间为 12s；对流干燥设备选用 DHG—9240A 型电热恒温鼓风干燥机，功率为 400W，干燥温度、风速可调，试验对流干燥采用高温加热，干球温度为 105℃，湿球温度为 85℃，风速为 0.5m/s。

（3）试验采用对流干燥、微波干燥和对流联合微波 3 种不同加热方式进行供热。微波和热风可以有 3 种不同的组合方式：一是增速干燥方式，即先用热风干燥，当物料的平均含水率达到临界点之后，再利用微波提高干燥速度；二是终端干燥方式，即物料的含水率很低时用微波干燥方式；三是预热干燥方式，即在干燥前用微波将物料预热到水分的蒸发温度，然后用普通热风干燥。

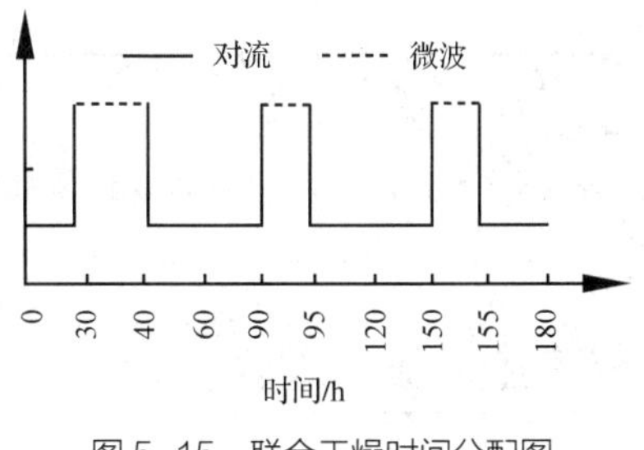

图 5-15　联合干燥时间分配图（自印崧，2008）

（4）联合干燥并非两种干燥方式的简单组合，应考虑干燥过程热流和质流的耦合。微波和对流组合方式较多，考虑木材特有的干燥特性，试验采用全过程间断联合干燥方法，具体时间分配如图 5-15 所示，即在最初的 1h 内微波加热 10min，使木材内部温度迅速升高，以后间断微波加热 5min/h，以保持木材内部的温度。

（5）数据分析

① 不同供热方式下，含水率和干燥速率随时间变化曲线如图 5-16 所示。

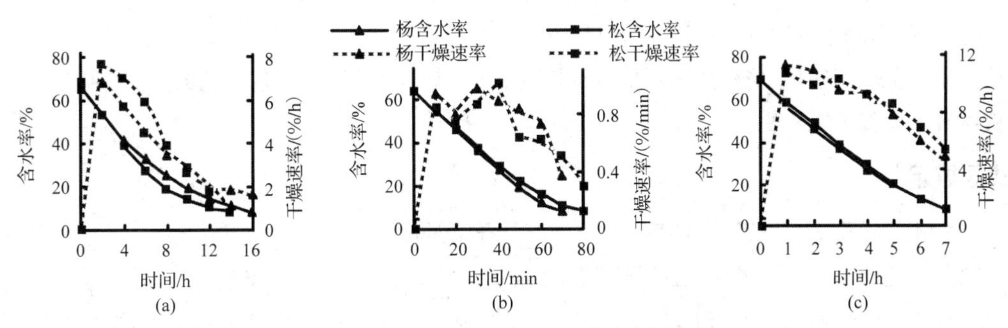

图 5-16　含水率和干燥速率随时间变化曲线（自印崧，2008）

（a）对流干燥　（b）微波干燥　（c）联合干燥

其中，图 5-16（a）为对流干燥曲线，由图可见，全过程可分为加速和降速两个阶段，整个过程无明显恒温阶段。加速阶段为 0～2h，降速阶段为 2～16h，其中降速阶段占全过程的 87%，由此可见对流干燥时间长、速度慢，杨树和马尾松其含水率和干燥速率变化趋势大致相同。

图 5-16（b）为微波干燥曲线，由图可见，全过程可分为加速、恒速和降速 3 个阶段，其中加速阶段时间很短占全过程 10%，恒速阶段占 70%，由此可见，微波干燥时间段短、速度快，杨树和马尾松其含水率和干燥速率变化趋势是一致的。

图 5-16（c）为微波和对流联合干燥，由图可见，全过程可分为加速和缓慢降速两个阶段，其中缓慢降速阶段占全过程的 85%，由此可见，联合干燥速度介于微波干燥和常规对流干燥之间，联合干燥微波加热阶段的干燥速度与纯微波干燥是一致的；而对流加热阶段的干燥速度比纯对流干燥速度快。

② 分层含水率变化规律　分层含水率用于测定沿板厚方向各层水分布和迁移特征，木材在干燥过程中，内部各点的含水率构成一个数量场。

③ 干燥能耗和质量　干燥工艺的评价，应同时考虑干燥速度、干燥能耗和干燥质量 3 个方面的综合因素。干燥速度指标为干燥全过程的平均干燥速度；干燥能耗指标为每干燥一个单位重量水分所耗热能；干燥质量以国家标准《锯材干燥质量》为准。3 种不同供热方式平均干燥速率和能耗见表 5-7。

表 5-7　平均干燥速率和能耗

干燥方法	试件	初始含水率/%	终含水率/%	干燥周期/h	平均干燥速率/%/h	高于饱和点		低于饱和点		脱水率/[kg (H₂O)/h]	能耗/[kJ/kg (H₂O)]
						干燥周期/h	平均干燥速率/(%/h)	干燥周期/h	平均干燥速率/(%/h)		
热风	杨木	65.4	8	16	3.6	9.8	4.6	6.2	1.9	1.86	2484
	松木	68.4	8	14.4	4.2	8.1	6.0	6.3	1.9	1.90	2168
微波	杨木	63.5	8	1.17	47.4	0.81	53.7	0.36	33.3	2.05	1224
	松木	63.4	8	1.33	41.6	0.86	50.5	0.47	25.5	1.57	1584
联合	杨木	68.9	8	7.1	8.6	4.9	10.0	2.2	5.4	2.19	1680
	松木	69.5	8	7.0	8.8	5.1	9.7	1.9	6.3	1.96	1752

（自印崧，2008）

对流干燥、微波干燥及联合干燥 3 种不同供热方式的平均干燥速度比为 1：2：10。

对流干燥、微波干燥及联合干燥 3 种不同供热方式的平均能耗比为 1：0.6：0.7。

联合干燥的木材内应力小，干燥质量好。

2. 认真分析人工速生杨树和马尾松木材微波干燥与常规干燥联合干燥试验数据，总结如何防止干燥过程中产生表裂和内裂缺陷。

■ 成果展示

1. 木材微波干燥的优点有：加热__________，干燥速度__________；干燥质量__________（内应力小，材色不变化）；高效节能，且易于连续化、自动化生产。

2. 木材微波干燥的缺点：设备投资__________，运行成本（主要是电费）__________；由于木材材质及含水率分布不均，有时将导致木材内部局部温度过高，尤其是渗透性差或厚的板材；若木料中含有导磁性金属物质，则由于电磁感应加热使其温度急剧升高，将有可能将其周围的木料烤焦，甚至燃烧。

3. 木材微波—常规联合干燥时，如果工艺操作不当，也会出现各种干燥缺陷。主要缺陷有内裂、表裂和炭化。

内裂通常是在木材含水率__________于纤维饱和点时出现。干燥初期连续地输入过量的微波能，木材内部形成大量的水蒸气，过大的水蒸气压力使木材内部沿木射线方向开裂。为防止内裂，可减少微波功率输入，或适当延长每两次输入微波能之间的间歇时间。当然，这会引起干燥速度的__________。

表裂通常是热空气温度过高时，在心材板子上出现。其原因同常规对流干燥。随着热空气温度的__________，表裂即可防止。

炭化在干燥前后期都会出现。在木材棱边部和内部都会发生。含水率较__________的木材过多地吸收微波能，由于过热就会引起炭化。炭化一般发生在含水率低于 5%的木材部位，适当地控制木材的终含水率使之不能过低。减小微波能输入，并使微波能在加热器中分布__________，可有效地防止炭化。

4. 联合干燥并非两种干燥方法的简单组合，对于微波和对流联合干燥，为了使干燥全过程各层温度分布、含水率分布趋于一致，关键在于调整微波干燥和对流干燥__________及__________的比例。

■ 总结评价

通过任务的实施，同学们要了解微波干燥的基本原理与主要设备，掌握常规干燥与微波干燥联合干燥方法的设备构成、工艺过程及适用性。以人工速生杨树和马尾松常规干燥与微波联合干燥试验为例，对常规干燥与微波联合干燥进行综合性能分析。

实训考核标准

序　号	考核项目	满　分	考核标准	得　分	考核方式
1	微波干燥优点汇总	20	完整，准确		报告
2	微波干燥缺点汇总	20	完整，准确		报告
3	干燥缺陷预防	30	分析合理，措施得当		报告
4	实训出勤与纪律	10	迟到、早退各扣 3 分，旷课不得分		考勤
5	答辩	20	能说明每一步操作的目的和要求		个别答辩
总计得分		100			

■ 拓展提高

1. 木材微波干燥机理

我们一般认为木材微波干燥是把湿木料作为一种电介质，置于微波交变电磁场中，在频繁交变的电磁场作用下，木材中的极化水分子迅速旋转，相互摩擦，产生热量，从而加热和干燥木材。微波场中木材的发热有 3 种途径：

（1）木材内存在两大类离子：一是被吸附在胶束表面的离子基上的束缚离子；一类为处于木材无机物成分中含有的杂质产生的离子，它处于自由状态，为自由离子。在微波电磁场的作用下，自由离子和部分被解离的束缚离子受到场的加速而移动，因而引起离子导电损耗，从而产生热量。

（2）木材物质非结晶区域存在许多羟基等极性偶极子基团和吸着在亲水性羟基上的吸着水分子，其在交变电磁场作用下能够发生频繁取向运动而引起介质损耗，产生热量。

（3）木材中的极化水分子迅速旋转，相互摩擦，产生热量。

第一种途径是离子从电磁场中取得动能，然后转变成热能。离子的迁移速度决定了热量的大小，因而只在微波频段的低端和频率有关。第二种途径是极性分子从电磁场中取得位能，再从运动中将为位能变为热能，因而发热量的大小与频率密切相关。

众所周知，不同材料对微波有不同的反应，不同介质在微波场中吸收微波的能力也不尽相同。一般来说，介质介电常数越大，损耗角越大，吸收微波转化为热量的能力也就越强，产生的热量也就越多。木材本身是一种介电质，其中所含水分是介电常数很大的物质，它能很好地吸收微波。当木材含水率高时，大量的水分子相互摩擦，迅速升温，再将热量传给木材。由于木材中水的相对介电常数和损耗系数最大，在微波场作用下发热量最多，所以在含水率较高时，我们一般认为是木材中的极化水分子发生频繁的取向运动而产生热量，从而实现对木材的干燥。当木材含水率低时，虽然水分子摩擦产生的热量较少，但此时木材本身已经处于一个比较高的温度，其介电常数比常温下有较大程度的提高。所以在整个加热干燥过程中始终能保持微波干燥的高效性。

用微波加热木材时，由于微波加热的选择性，使得具有高含水率的木材很快获得热量，温度较高，而木材周围环境因介电损耗小，发热量少，温度低。所以木材表面向周围环境散发热量，再加上木材表面水分蒸发的冷却作用，使得木材表面温度低于芯层温度，形成“内高、外低的温度场”（一般加热方式为外高、内低的温度场），有利于水分的移动。微波加热时，木材内部获得的热量多、温度高、水分的汽化速度快，形成木材细胞腔内较高的蒸汽压力，与环境形成较大的静压力差，产生一种"泵送效应"，驱动水分以水蒸气的状态移向表面。有时甚至产生很大的总压力梯度，使部分水分还未来得及汽化就已经被排到木料的表面，从而大大加快了水分的排出速度。木料内高外低温度场和木材内外静压力梯度的存在，使微波干燥完全不同于传统的木材干燥方法，形成了微波干燥的独特机理。

2. 其他联合干燥技术

（1）高频与真空联合干燥

高频与真空联合干燥在真空干燥中也称为高频电流加热真空干燥。该方法是把高频干燥和真空干燥有机结合起来，充分利用高频加热穿透能力强、速度快、不需要传热介质的优点，弥补了真空干燥中对流加热接触加热的不足，且加热在内部产生正压，真空在外部产生负压，形成内部水分迅速向外移动有效动力，既保证了干燥质量，又实现了快速干燥。从理论上说，这种联合干燥室是木材干燥的最理想的方式。

高频与真空联合干燥所用设备为专用设备，相对较复杂，投入较大，加上我国目前电力紧缺，电加热成本偏高，所以目前使用较少。

（2）真空过热蒸汽干燥

真空过热蒸汽干燥即对流加热连续真空干燥。它是把过热蒸汽干燥的有效加热与真空干燥木材水分的快速蒸发很好地结合起来。真空过热蒸汽干燥听起来似有矛盾之处，但值得注意的是，真空干燥中的真空度是有限的，并非绝对的真空。也就是说，真空筒内的蒸汽虽较正压下稀少，但并不等于没有。如果充分利用这部分蒸汽加热木材，便可实现木材连续真空干燥。丹麦 DWT 公司在 20 世纪 80 年代成功开发出了这种专用设备，国内南京林业大学在 20 世纪 90 年代也成功进行了试验，并在节能上有新的发展。

该方法一方面由于真空的作用，加快了水分在木材内部的移动，并使水分在较低的温度下沸腾汽化，因而避免了长时间高温作用对木材可能产生的损伤；另一方面对木材持续供热，保证真空干燥连续进行，一举突破了热板加热连续真空干燥和对流加热间歇加热真空干燥的局限性。对针叶材和阔叶材均能取得较好的干燥效果。干燥过程中主要控制真空干燥筒内蒸汽介质的温度和真空度，介质温度一般低于 90℃，真空度（绝对压力）不低于 0.03MPa。

与常规干燥相比，干燥速度可提高 4～5 倍，降等损失可减少 5%～25%，干燥能耗仅为其他干燥方式的 1/3～1/2。

该方法设备复杂，投入较大；另外干燥介质温度不能过低（不低于 60℃），因此高温易裂锯材不宜采用，这些在一定程度上限制了其推广应用。

除了以上联合干燥方法外，还有低温与高温或常温联合干燥、高频与常规联合干燥、除湿与微波联合干燥等。联合干燥也各有优缺点，理论上可行的不一定实用，关键要根据具体情况，结合自身实际，包括气候条件、能源条件、干燥规模、质量要求及锯材性质等，扬长避短，否则难以达到预期的效果。

■ 思考与练习

1. 按照取长补短的原则，试分析气干与哪些干燥方法联合较合理，有何优点？

2. 太阳能与除湿联合干燥有何特点？为什么这种方法不适合较厚的锯材干燥？

3. 根据各种干燥方法的优缺点，除本章所介绍各种联合干燥方法外，从理论上分析还可以进行哪些联合干燥？

■ 自主学习资料库

1. 郝华涛. 木材干燥技术. 北京：中国林业出版社，2007.
2. 王喜明. 木材干燥学. 北京：中国林业出版社，2007.
3. 王恺. 木材工业实用大全·木材干燥卷. 北京：中国林业出版社，1998.
4. 朱政贤. 木材干燥. 2 版. 北京：中国林业出版社，1992.
5. 顾百炼. 木材加工工艺学. 北京：中国林业出版社，2003.